浙江省普通高校“十三五”新形态教材

面向新工科普通高等教育系列教材

Java EE 程序设计与开发实践教程

冯志林　编著

机 械 工 业 出 版 社

本书从实用的角度出发，介绍Java Web开发的常用技术（HTML、JSP、JDBC和Servlet），以及Java EE中流行的3个主流轻量级框架（Struts2+Spring+Hibernate）的集成开发；通过介绍Struts2案例、Hibernate案例和SSH整合应用案例等大量案例实践，帮助读者理解Java EE所表达的软件架构和设计思想，并能综合应用Java EE架构完成Java Web系统的分析设计、开发、部署、调试与测试，培养解决实际问题的能力。本书每章配有习题，以指导读者深入地进行学习。

本书通过二维码提供微课视频，读者可扫码浏览。

本书既可作为高等学校计算机软件技术相关课程的教材，也可作为Java Web系统开发人员的技术参考书。

本书配有授课电子课件，需要的教师可登录www.cmpedu.com免费注册，审核通过后下载，或联系编辑索取（微信：15910938545，电话：010-88379739）。

图书在版编目（CIP）数据

Java EE程序设计与开发实践教程 / 冯志林编著. —北京：机械工业出版社，2021.5

面向新工科普通高等教育系列教材

ISBN 978-7-111-68057-4

Ⅰ. ①J… Ⅱ. ①冯… Ⅲ. ①JAVA语言-程序设计-高等学校-教材
Ⅳ. ①TP312.8

中国版本图书馆CIP数据核字（2021）第072098号

机械工业出版社（北京市百万庄大街22号 邮政编码100037）
策划编辑：郝建伟 责任编辑：郝建伟
责任校对：张艳霞 责任印制：单爱军
北京盛通商印快线网络科技有限公司印刷
2021年5月第1版 · 第1次印刷
184mm×260mm · 22印张 · 544千字
0001－1500册
标准书号：ISBN 978-7-111-68057-4
定价：89.00元

电话服务
客服电话：010-88361066
010-88379833
010-68326294

网络服务
机 工 官 网：www.cmpbook.com
机 工 官 博：weibo.com/cmp1952
金 书 网：www.golden-book.com
机工教育服务网：www.cmpedu.com

前　言

Java EE 是一个开发分布式企业级应用的规范和标准，本书采用由浅入深、循序渐进的方式介绍 Java Web 开发的常用技术（HTML、JSP、JDBC 和 Servlet），以及 Java EE 中流行的 3 个主流轻量级框架（Struts2+Spring+Hibernate）的集成开发，并通过大量案例实践，帮助读者理解 Java EE 所表达的软件架构和设计思想，并能综合应用 Java EE 架构完成 Java Web 系统的分析设计、开发、部署、调试与测试，培养解决实际问题的能力。

全书共 14 章，第 1 章介绍 Java EE 的基本知识，第 2 章和第 3 章介绍 HTML 和 JSP 两种基本网页技术，第 4 章介绍 JDBC 数据库访问技术，第 5 章和第 6 章介绍 Servlet 和 Struts2 两种动态网页技术，第 7 章介绍 Struts2 基础案例实践，第 8 章和第 9 章介绍两个综合 Struts2 案例实践，第 10 章介绍 Hibernate 框架技术，第 11 章介绍 Hibernate 基础案例实践，第 12 章介绍 Hibernate 高级查询案例实践，第 13 章介绍 Spring 框架技术，第 14 章介绍 SSH 整合应用案例实践。

本书是浙江省一流本科课程、浙江省高等学校在线开放课程《Java EE 程序设计》的配套新形态教材，作为纸数融合新形态一体化教材，配有丰富的案例制作视频、图片、教学课件、自测试卷等数字化教学资源。书中设有二维码，读者通过扫描二维码可以获得更多的图文和视频展示。

本书既可以作为高等院校计算机、软件工程等专业的教材，还可以作为 Java Web 应用开发者的参考用书。

本书由冯志林编著。本书出版得到浙江省普通高校新形态教材建设项目资助。

由于时间仓促，书中难免存在不妥之处，请读者谅解，并提出宝贵意见。

编　者

目　录

第1章 绪　　论

Java EE是基于Java的解决方案，是Java平台的企业版，是一套技术架构。Java EE的核心是一组技术规范与指南，它使开发人员能够开发具有高可移植性、高安全性和高可复用的企业级应用。Java EE是一套全然不同于传统应用开发的技术架构，包含许多组件，可以简化和规范应用系统的开发与部署。Java EE具有优秀的体系结构，确保开发人员能将注意力更多地集中于企业应用的架构设计和业务逻辑上。

第1章任务1

1.1 Java EE简介

Java技术最初是在浏览器和客户端机器中被使用的。当时，很多人质疑它是否适合用于服务器端的开发。随着Java EE技术的出台，Java被公认为是开发企业级的服务器端解决方案的首选平台之一。

Java EE提供了一组用于开发和运行服务器端应用程序的编程接口，是一套面向企业应用的体系结构和应用解决方案，具有可靠性高、可用性强、可扩展性好以及易维护等特点。在Java EE中，与业务逻辑无关的工作可以交给中间件（Middleware）供应商去完成，开发人员可以集中精力在如何创建业务逻辑上，相应地缩短了开发时间，提高了整体部署的可伸缩性。

Java技术系统包括3个版本。

1．Java SE

Java Standard Edition，Java技术标准版，主要以控制台程序、Java小程序和其他一些典型的桌面应用为目标。

2．Java EE

Java Enterprise Edition，Java技术企业版，以服务器端程序和企业级应用的开发为目标。

3．Java ME

Java Micro Edition，Java技术微型版，为小型设备、互联移动设备、嵌入式设备程序开发而设计。

第1章任务2

1.2 Java EE分层架构

分层模式是常见的架构模式，用于描述一种架构设计过程：从最低级别的抽象开始，称为第1层。在此基础上逐步向上进行抽象，直至达到功能的最高级别。

Java EE使用多层分布式的应用模型，该模型可通过4层来实现。

1）客户层：运行在客户端机器上的组件。

2）Web层：运行在Java EE服务器上的组件。

3）业务层：运行在Java EE服务器上的业务逻辑层组件。

4）企业信息系统层：运行在企业服务器上的软件系统。

目前，Java平台开发主要有3种开发方式。

1．Java Web 开发（第一种）

传统 Java 平台方式，核心技术包括：JSP、Servlet、JDBC 和 JavaBean 等。

2．Java 框架开发

（1）轻量级 Java EE（第二种）

采用开源框架，如 Struts2、Hibernate、Spring 等，或者是它们相互整合的方式来架构系统，开发出的应用通常运行在开源 Web 服务器（如 Tomcat）上。

（2）经典企业级 Java EE（第三种）

采用企业级 EJB+JPA 架构为核心，系统需要运行于专业的 Java EE 服务器（如 WebLogic、WebSphere 等）之上，主要用于开发商用的大型企业项目。

本书介绍第二种 Java EE 开发方式，即轻量级 Java EE 开发，它是以 JDK 为底层运行时环境（JRE）、Tomcat 为 Web 服务器、SQL Server 和 MySQL 为后台数据库的 Java EE 开发平台，使用 MyEclipse 作为可视化集成开发环境（IDE）。

第 1 章任务 3

1.3 开发框架

1．开发框架概述

框架可分为重量级框架和轻量级框架。一般称 EJB、JPA 和 JSF 等框架为重量级框架，因其软件架构较复杂，启动加载时间较长，系统相对昂贵，需启动应用服务器加载 EJB 组件。而轻量级框架则不需要昂贵的设备和软件费用，且系统搭建容易，服务器启动快捷，适合于中小型企业或项目。目前，使用轻量级框架开发项目非常普遍，常用的轻量级框架包括 Struts、Hibernate、Spring 等。

2．轻量级开发框架

轻量级框架设计的目的是使程序开发效率高、工作效果好，以适应各类复杂的应用系统开发。轻量级框架可以帮助开发人员完成开发中的一些基础性工作，使他们可以集中精力完成应用系统的业务逻辑设计。开发人员可以根据自己对各种框架的熟悉程度，在其满足系统功能和性能要求的前提下，自由地选择不同框架的混合搭配使用。

采用轻量级框架的好处主要有：

1）缩短开发周期、减少重复开发工作量、降低开发成本。

2）程序设计更规范、程序运行更稳定。

3）更能适应需求变化，降低运行维护费用。

3．SSH 轻量级开发框架

SSH 是 Struts+Spring+Hibernate 的一个集成框架，是目前较流行的一种 Web 应用程序开源框架。SSH 框架系统分为四层：表示层、业务逻辑层、数据持久层和域模块层，以帮助开发人员在短期内搭建结构清晰、可复用性好、维护方便的 Web 服务器端应用程序。

在 SSH 集成开发框架中，三个框架各自的作用是：

1）使用 Struts 作为系统的整体基础架构，负责 MVC（Model（模型）、View（视图）、Controller（控制器））的分离，在 Struts 框架的模型部分控制业务跳转。

2）利用 Hibernate 框架对持久层提供支持。

3）利用 Spring 框架做管理，管理 Struts 和 Hibernate。

4．Struts2 框架

Web 应用开发经历了 3 个阶段，静态模式、Model 1 模式和 Model 2 模式。早期 Web 应用开发是静态模式，即工程全部由静态 HTML 页面构成，无法实现动态页面效果。而后出现了 Model 1 模式，在整个 Web 应用中几乎全部都是由 JSP 页面组成。在 Model 1 模式中，控制逻辑和显示逻辑混合在一起，导致代码的重用性非常低，而且还不利于工程维护与扩展。Model 2 模式在 Model 1 的基础上分离了控制，通过两部分实现应用，即 JSP 与 Servlet。JSP 负责页面显示，Servlet 负责控制分发、业务逻辑以及数据访问。Model 2 模式将 JSP 中的逻辑操作部分分离出来，这样做不仅减轻了 JSP 的职责，而且更有利于分工开发，耦合性降低。

Model 2 模式是一种 MVC 框架。视图层负责页面的显示工作，控制层负责处理及跳转工作，模型层负责数据的存取。Struts2 是目前 Java Web 应用中 MVC 框架中不争的王者，该框架具有组件的模块化、灵活性和重用性的优点，同时也简化了基于 MVC 的 Web 应用程序的开发。

5．Hibernate 框架

传统 Java 应用都是采用 JDBC 来访问数据库，它是一种基于 SQL 的操作方式，但对目前的 Java EE 信息化系统而言，通常采用面向对象分析和面向对象设计的过程。系统从需求分析到系统设计都是按面向对象方式进行，但是到详细的数据访问设计阶段后，又回到了传统的 JDBC 访问数据库的老路上来。

Hibernate 的问世解决了这个问题，Hibernate 是一个面向 Java 环境的对象/关系映射工具，它用来把对象模型表示的对象映射到基于 SQL 的关系数据模型中去，这样就不用再为怎样用面向对象的方法进行数据的持久化而大伤脑筋了。

Hibernate 是连接 Java 应用程序和关系数据库的中间件，它封装了 JDBC，封装了所有数据访问细节，实现了 Java 对象的持久化，使业务逻辑层专注于业务逻辑。Hibernate 通过对象关系映射（Object Relational Mapping，ORM）解决了面向对象与关系数据库之间存在的互不匹配的现象。

6．Spring 框架

Spring 框架是为了降低企业应用开发的复杂性而创建的一个全方位的应用程序框架。Spring 使用基本的 JavaBean 就能完成重量级开发框架中通过 EJB 来完成的事情，与 EJB 相比，Spring 是一个轻量级容器。

Spring 框架的主要特点有：

1）实现 IoC（Inversion of Control，控制反转）容器，是非侵入性的框架。

2）提供 AOP（Aspect-oriented programming，面向切面编程）概念的实现方式。

3）提供对持久层和事务的支持，提供 MVC Web 框架的实现，并对一些常用的企业服务 API 提供一致的模型封装。

4）依赖注入，即提供低耦合依赖关系支持。Spring 框架完全解耦类之间的依赖关系，所有类之间的依赖关系可以通过配置文件的方式解决。如果一个类（如类 A）要依赖另一个类（如类 B），只需要在类 A 的定义中添加一个接口，然后通过 Spring 框架的配置文件轻松地把类 B 的实例对象注入到类 A 的调用接口中。至于如何实现这个接口，与类 A 没有关系，完全由类 B 负责实现，这样就全解耦了类 A 和类 B 之间的依赖关系。

1.4 思考与练习

1．概念题

1）Java EE 的设计思想是什么？简述 Java EE 里面所包括的主要技术。

2）Web 容器的作用是什么，常见的 Web 容器有哪些？

3）描述如何去构建一个 Java EE 的开发环境？

4）Java EE 技术框架可分为哪三部分？简述这三部分的作用。

2．操作题

完成 Java EE 开发环境配置，包括 JDK 安装、Tomcat 安装以及熟悉利用 MyEclipse 工具开发 Web 工程的基本操作。

第 1 章任务 4

第2章　HTML 技术

Web 又称 World Wide Web（万维网），是开发互联网应用的技术总称，采用开放式的客户/服务器结构，分成客户端（通常是浏览器）、服务器端和通信协议三个部分。Web 客户端设计技术主要包括：HTML 语言、Java Applet、JavaScript、CSS、DHTML 等。Web 服务器端技术主要包括 CGI、Servlet、JSP、PHP、ASP.NET、SSH 等。通信协议技术主要包括 HTTP、HTTPS、FTP、UDP 和 TCP 等。Web 浏览器和服务器之间一般遵照 HTTP 进行通信传输。

第 2 章任务 1

2.1　HTTP 协议

2.1.1　什么是 HTTP

HTTP（HyperText Transfer Protocol，超文本传输协议），是一种无状态协议，是应用于计算机网络通信的一种规则。一般我们通过浏览器从相应服务器获取相关的网页文件，此过程只进行一次连接，即“发送请求”—“接收响应”，不建立持久连接。

客户端通过发送 HTTP 请求向服务器请求对资源的访问。HTTP 通信过程：建立连接→浏览器发送 HTTP 请求→服务器响应，并发送相关文件→服务器连接关闭，浏览器解析相关文件，渲染页面。

2.1.2　HTTP 请求

HTTP 请求分为四个部分（请求行、请求头信息、空行和请求实体）。

1．请求行（请求方式、请求路径和协议版本）

请求行以一个方法符号开头，后面跟着请求 URI 和协议的版本，以 CRLF 作为结尾。请求行以空格进行分隔，除了作为结尾的 CRLF 外，不允许出现单独的 CR 和 LF 字符。

格式如下：

```
Method Request-URI HTTP-version CRLF
```

其中，Method 表示请求的方法；Request-URI 是一个统一资源标示符，表示要请求的资源；HTTP-version 表示请求的 HTTP 协议版本；CRLF 表示回车换行。

HTTP1.1 支持的请求方法有 7 种：GET、POST、HEAD、OPTIONS、PUT、DELETE 和 TARCE。在 Internet 应用中，最常用的方法是 GET 和 POST 方法。

（1）GET 方法

GET 请求方式（包括 URL 请求、超链接请求和表单缺省请求等）：在 URL 请求地址后附带参数，通常数据容量不能超过 1KB。

GET 方法是默认的 HTTP 请求方法，例如当我们通过在浏览器的地址栏中直接输入网址的方式去访问网页的时候，浏览器采用的就是 GET 方法向服务器获取资源。

GET 以 URL 方式提交数据（比如参数和表单数据），并将数据作为 URL 的一部分向服务器发送请求。例如：

```
http://localhost/login.jsp?username=wangyong&password=1234
```

因此，GET 在安全性和 URL 长度上都会有所限制。

（2）POST 方法

POST 请求方式将数据封装在消息主体（Entity-body），可以在请求实体中向服务器发送数据，数据量不限大小。相对于 GET 方法而言，POST 方法可接受大批量数据且消息体中的数据并无编码要求。

2．请求头信息（key:value）

下面列举一些常用属性：

```
01    Accept：text/html,image/*                   ——>通知服务器客户端所支持的数据类型
02    Accept-Encoding: gzip                       ——>通知服务器客户端支持的压缩格式
03    Accept-Language: en-us,zh-cn                ——>通知服务器客户端的语言环境
04    Host:www.baidu.com                          ——>通知服务器客户端请求的主机地址
05    User-Agent:Mozilla/4.0                      ——>通知服务器客户端的软件环境
06    Cookie:                                     ——>客户端请求资源时可以带的本地数据
07    Connection:close/Keep-Alive                 ——>客户端请求完毕之后需要断开连接
                                                     (Close)或者保持连接(Keep-alive)
08    Date：Tue 11 Jul 2017 21:02:37 GMT          ——>客户端请求资源的当前时间
```

3．空行

请求头和请求实体之间用一个空行隔开，没有请求实体时，空行仍不能省略。

4．请求实体

可选项，用于发送信息。

下面是一个 HTTP 请求的例子，代码如下：

```
01    GET/sample.jsp HTTP/1.1
02    Accept:image/gif.image/jpeg,*/*
03    Accept-Language:zh-cn
04    Connection:Keep-Alive
05    Host:localhost
06    User-Agent:Mozila/4.0(compatible;MSIE5.01;Window NT5.0)
07    Accept-Encoding:gzip,deflate
08
09    username=wangjing&password=1234
```

其中，01 行是“GET”代表请求方法，“/sample.jsp”表示 URI，HTTP/1.1 代表协议和协议的版本。02～07 行是请求头信息，08 行为空行，09 行为请求实体内容（请求正文中包含客户提交的查询字符串信息：username= wangjing&password=1234）。

2.1.3 HTTP 响应

在接收和解释请求消息后，服务器会返回一个 HTTP 响应消息。与 HTTP 请求类似，HTTP 响应也分为 4 个部分（响应行、响应头信息、空行和响应实体）。

1．响应行（协议版本、状态代码和状态文字）

格式如下：

```
HTTP-Version Status-Code Reason-Phrase CRLF
```

其中，HTTP-Version 表示服务器 HTTP 协议的版本，Status-Code 表示服务器发回的响应状态代码，Reason-Phrase 表示状态代码的文本描述。

状态代码有 3 位数字组成，第一位数字定义了响应的类别，且有 5 种可能取值。

- 1xx：指示信息--表示请求已接收，继续处理。
- 2xx：成功--表示请求已被成功接收、理解、接受。
- 3xx：重定向--要完成请求必须进行更进一步的操作。
- 4xx：客户端错误--请求有语法错误或请求无法实现。
- 5xx：服务器端错误--服务器未能实现合法的请求。

常见状态代码、状态描述的说明如下：

- 200 OK：客户端请求成功。
- 400 Bad Request：客户端请求有语法错误，不能被服务器所理解。
- 401 Unauthorized：请求未经授权。
- 403 Forbidden：服务器收到请求，但是拒绝提供服务。
- 404 Not Found：请求资源不存在，如输入了错误的 URL。
- 500 Internal Server Error：服务器发生不可预期的错误。
- 503 Server Unavailable：服务器当前不能处理客户端的请求。

2．响应头信息（key:value）

下面列举一些常用属性：

- Server: Apache Tomcat ——>通知客户端服务器的类型
- Content-Encoding:gzip ——>通知客户端数据的压缩格式
- Content-length:80 ——>通知客户端回送数据的长度
- Content-language:zh-cn ——>通知客户端回送数据的语言环境
- Content-type:text/html;charset=utf-8 ——>通知客户端回送数据的类型
- Last-Modified: Tue 11 Jul 2017 21:02:37 ——>通知客户端最后的缓存时间
- Transfer-Encoding:chuncked ——>通知客户端回送数据按照块传送
- Etag:W/03843840934890238 43 ——>通知客户端回送数据的唯一标识
- Date: Tue 11 Jul 2017 21:02:37 GMT ——>服务器请求资源的当前时间

3．空行

响应头和响应实体之间用一个空行隔开，没有请求实体时，空行仍不能省。

4．响应实体（也可能没有）

下面是一个完整的 HTTP 响应消息的例子，代码如下：

```
01    HTTP/1.1 200 OK
02    Server: Microsoft-IIS/5.1
03    Content-language:zh-cn
04    Date: Sun, 06 Jul 2017 11:01:21 GMT
05    Content-Type: text/html;charset=utf-8
06    Content-length:80
07    Last-Modified: Wed, 02 Jul 2008 01:01:26 GMT
08    ETag: "0f71527dfdbc81:ade"
09    Content-Length: 46
10
11    <html><head></head><body>welcome</body></html>
```

其中，01 行是响应行，用于显示服务器响应的状态，HTTP/1.1 显示了对应的 HTTP 协议版本，200 为状态数字，OK 为状态信息用于解释状态数字（这里 OK 对应 200，表示请求正常）；02～09 行是响应头信息，10 行为空行，11 行为响应实体内容（也就是服务器返回的网页内容，页面上显示 welcome）。

第 2 章任务 2

2.2 HTML 语法

2.2.1 什么是 HTML

Web 页面（即网页）是一种文档，HTML（Hyper Text Markup Language，超文本标记语言）就是用于编写这种文档的一种标记语言。网页文档的本质就是 HTML，它的结构和格式的定义是由 HTML 元素完成的，HTML 元素是由单个或一对标签定义的包含范围。

HTML 标签是 HTML 语言中最基本的单位，一个标签就是左右分别有一个小于号（<）和大于号（>）的字符串。开始标签是不以斜杠（/）开头的标签，其内容是一串允许的属性-值对。结束标签则是以一个斜杠（/）开始的标签。

标签通常是成对出现的，比如 <div> 和 </div>。也有单独呈现的标签，如<img src="百度百科.jpg" />等。一般成对出现的标签，其内容在两个标签中间，如<h1>标题</h1>。单独呈现的标签，则在标签属性中赋值，如<input type="text" value="按钮" />。

此外，HTML 标签是大小写无关的，例如“主体”<body>跟<BODY>表示的意思是一样的，推荐使用小写。

2.2.2 HTML 标签的四种形式

HTML 标签有 4 种形式。

1．空元素

```
<br>                                  ——>插入单个换行
```

2．带有属性的空元素

```
<hr color = "blue">                   ——>水平分割线
```

3．带有内容的元素

```
<title> first page</title>            ——>文档的标题
```

4．带有属性和内容的元素

```
<font color = "red">hello world! </font>    ——>定义字体，大小以及颜色
```

2.2.3 基础标签

基础标签主要包括以下 10 个。

1．html 标签

```
<html>…</html>                        ——>定义 HTML 文档
```

2．head 标签

```
<head>…</head>                        ——>文档的信息
```

3. meta 标签

```
<meta>                              ——>HTML 文档的元信息
```

4. title 标签

```
<title>…</title>                    ——>文档的标题
```

5. link 标签

```
<link>                              ——>文档与外部资源的关系
```

6. style 标签

```
<style>…</style>                    ——>文档的样式信息
```

7. body 标签

```
<body>…</body>                      ——>可见的页面内容
```

8. 注释标签

```
<!--…-->                            ——>注释
```

9. img 标签

```
<img src="url" width=n height=n>    ——>图片
```

其中，属性 src 指定图片资源的位置，属性 width 和 height 指定图片的尺寸。

10. href 标签

```
<a href="url" target="">…</a>       ——>超链接
```

其中，属性 href 指定链接的目标，开始标签和结束标签之间的内容为浏览器中显示的链接文本。属性 target 决定链接源在什么地方显示（_blank, _parent, _self, _top），如<a href="listform.action" target="_blank">表单的例子</a>。

2.2.4 文本相关的标签

文本相关的标签主要包括以下 7 个。

1. b 标签

```
<b></b>                             ——>表示加粗 bold
```

例如，<b>HTML 文件</b>

2. i 标签

```
<i></i>                             ——>表示斜体 italic
```

3. u 标签

```
<u></u>                             ——>表示下划线 underline
```

4. s 标签

```
<s></s>                             ——>表示删除线 strike
```

5. sup 标签

```
<sup></sup>                         ——>表示上标 supscript
```

6. sub 标签

```
<sub></sub>                                ——>表示下标 subscript
```

7. font 标签

```
<font></font>                              ——>表示字体 font
```

2.2.5 与段落控制相关的标签

1. 段落标记

```
<p>                                        ——>表示段落 paragraph
```

常用属性：align：水平对齐方式，取值：left（左）、center（居中）、right（右）。

例如，<p align="center">水平对齐方式居中对齐</p>

2. 换行标记

```
<br>                                       ——>表示换行，生成空行 blank row
```

3. 标题标记

```
<h1>……<h6>                                 ——>表示各种不同大小的标题
```

4. 列表标记

```
<ol></ol>                                  ——>创建一个标有数字的列表
<ul></ul>                                  ——>创建一个标有圆点的列表
<li>                                       ——>创建列表中的每个子项
```

5. 分组标记

分组标记包括两种：

```
<div>                                      ——>表示一个块元素
<span>                                     ——>表示一个行内元素
```

📖 <div>和<span>一般要与 CSS 配合使用。

<div>标签常用于组合块级元素，它不论大小，默认占一行。<span> 标签被用来组合文档中的行内元素，它占它自身大小的位置。同一个页面中有多个 span 或 div 时，在没有设置样式的前提下，span 元素是排成一行，而 div 则是排成一列。

2.3 表格控件

第 2 章任务 3

HTML 表格以<table>标签开始，以<table>标签结束。表格里一般由多行组成，行由<tr>标签进行表示，因此<tr>标签一般有多行。在<tr>中只能包含<td>或是<th>两种元素。<td>表示单元格，<td>中有两个重要的属性：colspan（指定单元格可跨多少列）和 rowspan（指定单元格可跨多少行）。表格的标题用<caption>表示，表格页眉的单元格用<th>表示，与<td>标签类似，放在<tr>标签里。

下面是一个简单的 HTML 表格，包含两列两行，代码如下：

```
<table border="1">
    <tr>
```

```
                <th>月份</th>
                <th>工资</th>
        </tr>
        <tr>
                <td>1 月</td>
                <td>2000 元</td>
        </tr>
</table>
```

2.4 表单控件

第 2 章任务 4

2.4.1 表单概念

表单主要用来获取客户端用户数据（信息）的，如注册表单、查询表单、登录表单等。表单标签内放输入框 input、单选、多选、select 下拉列表、提交按钮等标签内容。

2.4.2 表单语法

表单使用<form>元素，以及在其中嵌入相关元素，就可以创建作为 html 文档一部分的表单。

表单基本语法如下：

```
<form method=# action=URL>
```

1．属性 method

属性 method 用于指定向服务器发送表单数据时所使用的 HTTP 方法，可以是 GET 或 POST 中的一种，默认是 GET。当采用 GET 方法提交表单时，提交的数据被附加到 URL（action 中指定）的末端，作为 URL 的一部分发送到服务器。

格式为：

```
name1=value1&name2=value2
```

例如，指定 action="reg.jsp"，当提交表单后，在浏览器的地址栏中，将会看到以下信息 http://localhost:8080/reg.jsp?username=zhang&password=1234。

📖 =和&符号周围都不能有空格，否则将传入错误的值。

当采用 POST 方法提交表单时，将表单中的信息作为一个数据块发送到服务器。

2．属性 action

属性 action 指定对表单进行处理的地址。

第 2 章任务 5

2.4.3 input 元素

<input>元素用于接收用户输入的信息，用来创建表单中的控件，其语法是：

```
<input type="type" name="name" size="size" value="value">
```

1．属性 type

属性 type 用于指定创建的控件的类型，主要包括下面几种类型：

- 单行文本输入控件（type=text）。
- 提交按钮（type=submit）。
- 重置按钮（type=reset）。
- 口令输入按钮（type=password）。
- 单选按钮（type=radio）。
- 复选框（type=checkbox）。
- 隐藏控件（type=hidden）。

2．属性 name

属性 name 指定控件的名称，处理表单的服务器端脚本可以获得以名称-值对所表示的表单数据，利用名称可以取出对应的值。

3．属性 size

属性 size 用于指定控件的初始宽度。

4．属性 value

属性 value 指定控件的初始值。

2.4.4 列表框

列表框允许用户从一个下拉列表（下拉菜单）中选择一项或多项，其功能和单选按钮、复选按钮的功能相同，但显示的方式不同。列表框由<select>元素创建，列表框中各选项由<option>提供。

2.4.5 多行文本输入控件

对于要输入多行文本的情况下，可以用多行文本输入控件。

语法为：

```
<textarea name="name" rows=n cols=n>...</textarea>
```

其中，rows 用于指示可视区域显示的行数，cols 用于指定可视区域显示的列数。开始标签和结束标签之间的内容作为文本区域的默认内容出现。

2.4.6 表单控件案例

【例 2-1】 页面创建 welcome.html。

新建 welcome.html 页面，内容如下：

```
<html>
<head>
    <meta http-equiv="Content-Type" content="text/html;charset=utf-8">
</head>
<body>
    <form>
        <h2 >欢迎注册</h2><br>
        输入账号（文本框）：<input type="text"><br>
        输入密码（密码框）：<input type="password"><br>
        选择性别（单选按钮）：<input type="radio" name="sex" checked="checked">男
                            <input type="radio" name="sex">女<br>
        选择爱好（复选框）：
```

```
            <input type="checkbox" name="hobby">唱歌
            <input type="checkbox" name="hobby">跳舞
            <input type="checkbox" name="hobby" checked>打球<br>
        选择工作方式（下拉列表框）：
            <select name="worktime">
                <option value="0">全职</option>
                <option value="1">兼职</option>
            </select><br>
        备注（多行文本框）：
            <textarea name="remarks" rows=3 cols=10>请留下您的备注</textarea><br>
            <input type="submit" value="注册"  />
            <input type="reset" value="清空"  />
            <input type="button" value="普通按钮"  />
    </form>
</body>
</html>
```

1．属性 meta

如果 html 格式的网页中包含中文，则需要在<head>和</head>之间增加：

```
<meta http-equiv="Content-Type" content="text/html;charset=utf-8">
```

否则在 MyEclipse 中运行工程时，该页面的中文内容可能显示乱码。

2．单选互斥

两个单选按钮的变量名都为 sex，实现互斥。

3．复选数组

三个复选框的变量名都为 hobby，是一个数组变量。

保存该网页文件，并用浏览器打开，运行结果如图 2-1 所示。

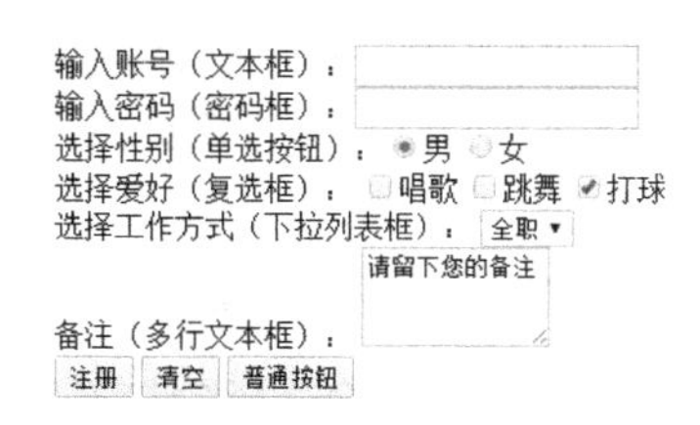

图 2-1　HTML 标签案例

2.5　思考与练习

1）简述在表单开始标记中一般包含哪些属性，其含义分别是什么？

2）简述在创建超链接时，相对路径的使用范围与相对路径的使用方法。

3）简要说明表格与框架在网页布局时的区别。

4）简述前端页面有哪三层构成，分别起到的作用是什么？

5）简述 HTML5 有哪些新增的表单元素。

第3章　JSP技术

JSP是一种实现普通静态HTML和动态HTML混合编码的技术。借助内容和外观的分离，页面制作中可以方便地分开不同性质的任务。JSP设计的目的在于简化表示层的展示，JSP技术是由Servlet技术发展来的，不需要手工编译（由容器自动编译）。

第3章任务1

3.1　JSP简介

1．什么是JSP

JSP（JavaServer Pages）是由Sun公司（已被甲骨文收购）倡导建立的一种新动态网页技术标准。JSP用Java作为脚本语言，在传统的网页HTML文件（*.htm,*.html）中加入Java程序片段（Script）和JSP标签，构成了JSP网页（*.jsp）。

虽然从代码编写来看，JSP页面更像普通Web页面而不像Servlet，但实际上，JSP最终会被转换成标准的Servlet，该转换过程一般在出现第一次页面请求时。JSP没有增加任何本质上不能用Servlet实现的功能。

2．JSP的优点

Web网页开发人员不一定都是熟悉Java语言的程序员，利用JSP技术能够将许多功能代码块封装起来，成为一个自定义的标签（Tag），并组合构成标签库（Tag Library）。因此，Web页面开发人员无需再编写复杂的Java语法，可以运用标签快速开发出动态内容网页。

3．JSP的执行过程

JSP页面最终以Servlet方式在容器中运行，以一个JSP网页Hello.jsp为例：

- Web容器将Hello.jsp文件翻译成Servlet类的源文件（Hello_jsp.java），然后将其编译成Servlet类class（Hello_jsp.class）。
- Web容器以和手工编写Servlet同样的方式装载和运行Servlet。例如，可以手工编写一个Servlet类Hello_jsp.java，Web容器可以直接装载和运行。

📖 JSP页面只需在第一次执行时编译，后面再次运行时将不再被编译。

4．JSP生命周期管理

JSP网页的生命周期包括4个步骤：

1）Web容器实例化Servlet并运行jspInit()方法。

2）JSP对象成为一个Servlet，准备接收客户请求。

3）Web容器创建一个新的线程来处理客户请求，使用Servlet的_jspService()方法运行。

4）采用传统servlet处理方式来处理JSP页面的调用。

【例3-1】 验证页面静态变量和对象变量的效果。

新建Web工程，在WebRoot目录下新建一个JSP文件（counter.jsp）及一个类文件（Counter.java）。

第3章任务2

（1）counter.jsp

```
<!DOCTYPE HTML PUBLIC "-//W3C//DTD HTML 4.01 Transitional//EN">
<%@page pageEncoding="utf-8"%>
<%@page import="zjc.*" %>
<html>
<body>
页面计数器 1：（每次页面刷新，始终显示 1）
    <%  int count1=0;%>
    <%  ++count1; out.println(count1); %>
    <br>
页面计数器 2：（每次页面刷新，将保留上一次的值，然后加 1 显示）
    <% out.print(zjc.Counter.getCount()); %>
</body>
</html>
```

📖 <% %>所围住的是 JSP 代码。

（2）Counter.java

```
package zjc;
public class Counter {
    private static int count2;
    public static int getCount() {
        ++count2;
        return count2;
    }
}
```

启动 Web 工程，页面显示内容如图 3-1 所示。

页面计数器1：（每次页面刷新，始终显示1）1
页面计数器2：（每次页面刷新，将保留上一次的值，然后加1显示）1

图 3-1　首次运行页面结果

多次刷新后（如 2 次），页面显示内容如图 3-2 所示。

页面计数器1：（每次页面刷新，始终显示1）1
页面计数器2：（每次页面刷新，将保留上一次的值，然后加1显示）3

图 3-2　多次运行页面结果

可以看到，计数器 1 的值每次刷新后始终不变，计数器 2 的值每次刷新后将加 1 显示。

Web 容器将 counter.jsp 文件翻译成 Servlet 类的部分源文件（Counter_jsp.java），代码如下：

```
public class Counter_jsp extends HttpServlet {
    protected void _jspService(HttpServletRequest request, HttpServletResponse response)
            throws ServletException, IOException {
    // count1 变量在_jspService 方法内定义，每次调用该方法时，count1 变量将清零
        int count1 = 0;
        PrintWriter pw = response.getWriter();
        response.setContentType("text/html");
        pw.write("<html><body>");
        pw.write("页面计数器 1：（每次页面刷新，始终显示 1）");
```

```
            pw.write(++count1);
            pw.write("</body></html>");
        }
    }
```

3.2 JSP 页面结构

JSP 页面结构包括下面 8 个构成要素：

- 静态内容，即 HTML 代码。
- JSP 脚本。
- JSP 声明。
- JSP 表达式。
- JSP 注释。
- JSP 指令。
- JSP 动作。
- 内置对象。

1．JSP 脚本

脚本是 Java 程序的一段代码，格式是：<% Java 代码 %>。只要符合 Java 语法的语句都可写在脚本中，脚本中的代码最终将被放到 Servlet 的_jspService 方法中，在有 HTTP 请求时执行。

📖 所有在脚本中声明的变量都是局部变量，将在_jspService 方法中被定义，也只能在该方法中使用。

2．JSP 声明（declaration）

用于声明生成的 Servlet 类的成员，即成员变量和方法，格式是：

```
<%! Java 代码%>
```

📖 <%!和 %>间的部分将被添加到 Servlet 的_jspService 方法之外。

【例 3-2】 采用脚本和声明定义的变量，观察在 Servlet 类中定义的位置。

新建 Web 工程 JSPTest2，在 WebRoot 目录下新建一个 JSP 文件（counter.jsp），代码如下：

```
<html>
<body>
  <%!int count3=0;%>
  页面计数器 3：（每次页面刷新，将保留上一次的值，然后加 1 显示）
      <%  ++count3; out.println(count3);     %>
</body>
</html>
```

启动 Web 工程，多次刷新后（如 2 次），页面显示内容如图 3-3 所示。

页面计数器3：（每次页面刷新，将保留上一次的值，然后加1显示） 3

图 3-3　多次运行页面结果

可以看到，计数器 3 的值和计数器 2 的值一样，每次刷新后将加 1 显示。

下面分析产生结果的原因。Tomcat 服务器在运行时，将把 counter.jsp 转换成一个继承

HttpServlet 类的 Counter_jsp 类，代码如下：

```
public class Counter_jsp extends HttpServlet {
// count3 变量在_jspService 方法外定义，每次调用该方法时，count 变量将保留原值
    int count3 = 0;
    protected void _jspService(HttpServletRequest request, HttpServletResponse response)
            throws ServletException, IOException {
        PrintWriter pw = response.getWriter();
        response.setContentType("text/html");
        pw.write("<html><body>");
        pw.write("页面计数器 3：（每次页面刷新，将保留上一次的值，然后加 1 显示）");
        pw.write(++count3);
        pw.write("</body></html>");
    }
}
```

从上面代码可以看出：由于 count3 变量在_jspService 方法外定义，每次调用该方法时，count3 变量将保留原值，而 count1 变量在_jspService 方法内定义，每次调用该方法时，count1 变量将清零。

📖 JSP 声明者定义的变量具有静态变量 count2 的效果。

不论是采用脚本定义和申明定义的变量，都隶属于下面 4 种 JSP 定义的作用域：

1）page。在引用对象的 JSP 页面中提供对象。

2）Request。提供在所有请求页面中可用的对象。

3）Session。提供在会话中 JSP 页面上可用的所有对象。

4）Application。提供对象以访问给定应用程序中的所有网页。例如，用户访问一个网站，并通过访问其他链接打开网站中的其他页面。网站中的所有网页形成一个应用程序作用域。

3．JSP 表达式

用于向页面输出表达式结果，格式是：<%= … %>。由于 JSP 表达式在运行时将自动作为 out.print()方法的参数，因此，一个返回值为 void 的函数是不能作为表达式的。

例如，<%= count1 %>就等价于<% out.println(count1); %>

4．JSP 注释

用于对代码进行注释，有两种格式：

1）<!--客户端注释，客户端可以看到-->；。

2）<%--服务器端注释，客户端不能查看到--%>；。

5．JSP 指令

JSP 指令用来给 JSP 容器一个解释说明，格式是：<%@ … %>。

共有下面三种 JSP 指令：

1）page：指明与页面相关的属性。

JSP2.0 为 page 定义了 13 种属性，常用的 3 种属性如下：

● import。定义将在生成的 Servlet 类中添加的 Java import 语句。

例如，<%@page import="zjc.*"%>将导入一个 zjc 包，导入多个包时将用“,”分隔，<%@page import="zjc.*, java.util.*"%>。默认情况下自动加入：java.lang，javax.Servlet，javax.Servlet.http，javax.Servlet.jsp。

● contentType。定义 JSP 响应的 MIME 类型。

● pageEncoding。定义 JSP 页面的字符编码。默认值为："ISO-8859-1"，其他支持中文的值有"GB2312"、"gbk"和"UTF-8"等。

2）include：包含另外一个文件，在当前页面被解析时需加入其中，以增强代码复用性。

include 指令用于通知容器，将指定位置上的资源内容包含进来。被包含的文件内容可以被 JSP 解析，这种解析发生在 JSP 文件编译期间。利用 include 命令，可以把一个页面分成不同的部分，最后再合成为一个完整的文件，从而实现页面的模块化。例如，<%@include file="head.jsp" %>。

3）taglib：定义 JSP 可以使用的标签库。

声明此 JSP 文件使用了自定义的标签，同时引用标签库，也指定了这些标签的前缀。可以使用 taglib 来包含 Structs、JSF 等标签库，以及用户自定义标签库。例如，<%@taglib uri="/struts-tags" prefix="s"%>用于使用 Struts 基本标签库。

6．JSP 动作

动作指令与编译指令不同，编译指令时通知 Servlet 引擎的处理消息，而动作指令只是运行时的动作。编译指令在将 JSP 编译成 Servlet 时起作用，而处理指令通常可替换成 JSP 脚本，它只是 JSP 脚本的标准化写法。

● JSP: forward：执行页面转向，将请求的处理转发到下一个页面。
● JSP: param：用于传递参数，必须与其他支持参数的标签一起使用。
● JSP: include：用于动态引入一个 JSP 页面。
● JSP: plugin：用于下载 JavaBean 或者 Applet 到客户端执行。
● JSP: useBean：创建一个 JavaBean 实例。
● JSP: setProperty：设置 JavaBean 实例的属性值。
● JSP: getProperty：获取 JavaBean 实例的属性值。

第 3 章任务 4

3.3 JSP 内置对象

1．内置对象含义

内置对象指在 JSP 页面中内置的、不需要定义就可以在网页中直接使用的对象。JSP 程序员一般情况下使用这些内置对象的频率比较高。内置对象特点包括：

1）内置对象是自动载入的，因此它不需要直接实例化。

2）内置对象是通过 Web 容器来实现和管理的。

3）在所有的 JSP 页面中，直接调用内置对象都是合法的。

2．JSP 内置对象类型

JSP 规范中定义了 9 种内置对象，主要介绍使用下面 5 种：

1）out 对象：负责管理对客户端的输出。

2）request 对象：负责得到客户端的请求信息。

3）response 对象：负责向客户端发出响应。

4）session 对象：负责保存同一客户端一次会话过程中的一些信息。

5）application 对象：表示整个应用环境的信息。

3．内置对象的作用范围

1）out：page。

2）request：request。

3）response：page。

4）session：session。

5）application：application。

4. out 对象

该对象是 javax.Servlet.jsp.JspWriter 类的实例，主要用于向客户端输出数据。该对象的常用方法包括：

1）print()：输出各种类型数据。

2）newLine()：输出一个换行符。

3）close()：关闭输出流，从而可以强制终止当前页面的剩余部分向浏览器输出。

5. request 对象

该对象是 javax.Servlet.http.HttpServletRequest 类的实例，主要用于封装用户提交的信息。通过调用该对象相应的方法可以获取封装的信息，即使用该对象可以获取用户提交信息。该对象的常用方法如表 3-1 所示。

表 3-1　request 对象的常用方法

返回值	方法名	作用
String	getParameter(String name)	返回 name 指定参数的参数值；当没有实际参数与之对应，则返回 null
String[]	getParameterValues(String name)	以字符串数组的形式返回指定参数所有值
String[]	getParameterNames()	返回客户端传送给服务器端的所有的参数名
String	getProtocol()	返回请求用的协议类型及版本号
String	getRemoteAddr()	返回发送此请求的客户端 IP 地址
String	getRemoteHost()	返回发送此请求的客户端主机名
String	getServerName()	返回接受请求的服务器主机名
int	getServerPort()	返回服务器接受此请求所用的端口号

【例 3-3】 实现一个简单的用户登录程序。

第 3 章任务 5

要求用户输入用户名和密码，如果输入的用户名为 admin，密码也为 admin，则输出 OK，否则输出 ERROR。

该程序的输入是用户名和密码，输出为两个字符串，因此需要两个页面实现。

1）新建 Web 工程，工程名为 HelloJsp，选择 Java EE 版本为“JavaEE 5”。

2）新建页面 login.jsp 提供一个输入用户名和密码的表单。代码如下：

```
<%@page pageEncoding="utf-8" %>
<html>
<head></head>
<body>
    <form action="validate.jsp" method="post">
        用户名：<input type="text" name="userName" value=""/><br>
        密码：<input    type="password" name="userPass" value=""/><br>
        <input type="submit" value="登录">
    </form>
</body>
</html>
```

📖 JSP 指令<%@ page pageEncoding="utf-8"%>是为了使 JSP 页面中能够显示中文字符。

3）新建页面 validate.jsp 接收页面 login.jsp 提交的用户名和密码，并对用户输入的用户名和密码进行验证，如果满足条件输出 OK，否则输出 ERROR。代码如下：

```
<%@page pageEncoding="utf-8"%>
<html>
<head></head>
<body>
    <%
        String name = request.getParameter("userName");
        String pass = request.getParameter("userPass");
        out.println(name);
        out.println("<br>");
        if ("admin".equals(name) &&"admin".equals(pass)){
            out.println("OK");
        }else{
            out.println("ERROR");
        }
%>
</body>
</html>
```

4）运行工程，显示内容如图 3-4 所示。

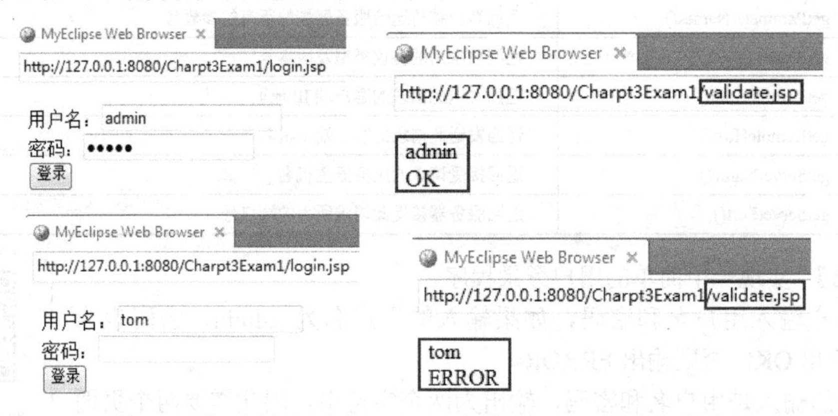

图 3-4　输入用户名正确（admin）与错误（tom）的运行结果

6．response 对象

response 对象是 HttpServletResponse 类的实例，主要用于向客户端发送数据。该对象的常用方法如表 3-2 所示。

表 3-2　response 对象的常用方法

方法	作用
addCookie(Cookie cook)	添加一个 Cookie，以保存客户端的用户信息
sendError(int)	向客户端发送错误的信息，如 404、500
sendRedirect(String url)	把响应发送到另一个 url（常用）
sentContentType(String contentType)	设置响应的 MIME 类型（常用）

7. session 对象

session 对象是 HttpSession 类的实例，用于保存每个用户的信息，以便跟踪每个客户的操作状态。从一个客户打开浏览器并连接到服务器开始，到客户关闭浏览器离开这个服务器结束，被称为一个会话。

当一个客户首次访问服务器上的一个 JSP 页面时，JSP 引擎产生一个 session 对象，同时分配一个 String 类型的 Id 号，JSP 引擎同时将这个 Id 号发送到客户端，存放在 Cookie 中，这样 session 对象和客户之间就建立了一一对应的关系。

该对象的常用方法如表 3-3 所示。

表 3-3 session 对象的常用方法

方法	作用
getId()	返回 sessionId
get/set/removeAttribute	获取/设置/删除属性
get/setMaxInactiveInterval()	获取/设置两次请求间隔多长时间此 session 被取消。如果为负值则永远不会超时
invalidate	销毁 session 对象

【例 3-4】 request 对象和 session 对象实例演示。

第 3 章任务 6

要求 main.jsp 只有在经过登录以后才能访问。

1）修改 HelloJsp 工程中的 validate.jsp，将登录信息放置到 session 中。代码如下：

```
<%@page pageEncoding="utf-8"%>
<html>
<head></head>
<body>
    <%
        String name = request.getParameter("userName");
        String pass = request.getParameter("userPass");
        out.println(name);
        out.println("<br>");
        if ("admin".equals(name) &&"admin".equals(pass)){
            out.println("OK");
            session.setAttribute("login", "true");
        }else{
            out.println("ERROR");
        }
    %>
</body>
</html>
```

📖 session.setAttribute("login", "true")用于在 session 中保存登录成功的变量 login。

2）修改 main.jsp，增加重定向代码，代码如下：

```
<%@page pageEncoding="utf-8"%>
<html>
<head></head>
<body>
```

```
        <%
            String logined = (String) session.getAttribute("login");
            if (!"true".equals(logined)) {
                response.sendRedirect("login.jsp");
            }else{
                out.println("登录成功");
            }
        %>
    </body>
    </html>
```

- session.getAttribute("login")。用于从 session 中获取变量 login 的值。
- response.sendRedirect("login.jsp")。通过 response 对象将下一个页面重定向到登录页面 login.jsp，即强制跳转到 login.jsp，从而满足 index.jsp 只有在经过登录以后才能访问。

3）运行工程，当执行 http://127.0.0.1:8080/Charpt3Exam2/index.jsp 时，由于没有登录成功过，因此工程将重定向到（即强制调用）login.jsp。当输入正确的用户名和密码后，再次执行 index.jsp 时，将显示“登录成功”。显示内容如图 3-5 所示。

图 3-5　重定向页面结果

8．application 对象

application 对象是 ServletContex 类的实例，是一个共享的内置对象，在服务器开启之后建立，服务器关闭之后 application 对象就会销毁，也就是说它是为所有访问该服务器的用户共享。当用户在所访问的网站的各个页面之间浏览时，这个 application 对象都是同一个，直到服务器关闭。它允许 JSP 页面的 Servlet 与包括在同一应用程序中的任何 Web 组件共享信息。该类的常用方法：set/get/removeAttribute，即设置/获取/删除一个属性。

第 3 章任务 7

【例 3-5】 application 示例：网站计数器。

1）在 HelloJsp 工程中 WebRoot 目录下新建 count.jsp，用于对指定页面进行计数，输入参数为 pageName，指定要计数的页面名称。代码如下：

```
<%@page pageEncoding="utf-8"%>
<!DOCTYPE HTML PUBLIC "-//W3C//DTD HTML 4.01 Transitional//EN">
<html>
<head>
</head>
<body>
    <%
        String pageName = request.getParameter("pageName");
        Integer count = (Integer) application.getAttribute(pageName);
        if (count == null) {
            count = new Integer(0);
        }
        count = new Integer(count.intValue() + 1);
```

```
            out.println("页面单击总次数: " + count);
        application.setAttribute(pageName, count);
        %>
    </body>
    </html>
```

- request.getParameter("pageName")。用于获取 applicationTest.jsp 中的<jsp:param name="pageName" value="testCount" />中的参数值 testCount。
- application.setAttribute(pageName, count)。用于将本次的页面单击数保存到 application 的 testCount 变量中。

2）新建网页 applicationTest.jsp，该页面包含 count.jsp，以实现由 count.jsp 对 applicationTest.jsp 的计数。代码如下：

```
    <%@page pageEncoding="utf-8"%>
    <!DOCTYPE HTML PUBLIC "-//W3C//DTD HTML 4.01 Transitional//EN">
    <html>
    <head></head>
    <body>
        <jsp:include page="count.jsp">
            <jsp:param name="pageName" value="testCount" />
        </jsp:include>
    </body>
    </html>
```

- <jsp:param name="pageName" value="testCount" />。用于给 count.jsp 网页传递参数。参数名称为 pageName，参数值为 testCount，参数值可以不提供。
- JSP 指令<%@page pageEncoding="utf-8"%>。必须提供，否则将会出现中文乱码。因为尽管 applicationTest.jsp 网页中没有中文字符，但是其包含的网页 count.jsp 中有中文，所以也必须增加中文支持的 JSP 指令。

3）运行工程，当执行 http://127.0.0.1:8080/Charpt3Exam3/applicationTest.jsp 时，可以看到页面单击总次数。显示内容如图 3-6 所示。

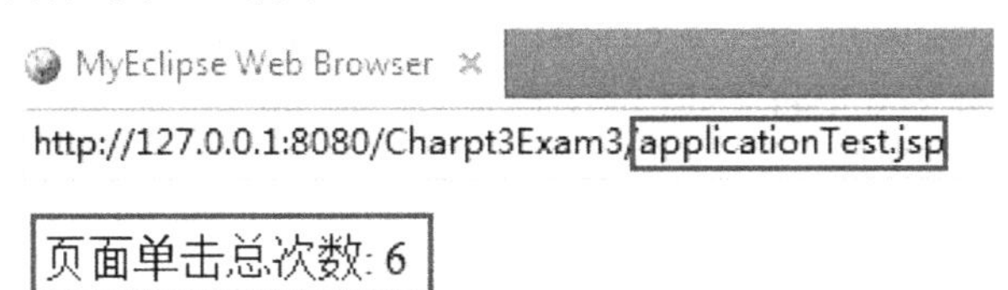

图 3-6　多次运行页面结果

3.4　思考与练习

1）简述 JSP 有哪些动作？作用分别是什么？

2）JSP 页面是如何被执行的？JSP 执行效率比 Servlet 低吗？

3）在 Servlet 和 JSP 之间能共享 session 对象吗？

4）什么情况下调用 doGet() 和 doPost()？

5）JSP 的内置对象及方法有哪些？

6）简述页面间对象传递的方法。

第4章　JDBC技术

JDBC（Java Database Connectivity）是一种用于执行SQL语句的Java API，它由一组用Java语言编写的类和接口组成。JDBC是一套面向对象的应用程序接口，它制定了统一的访问各类关系数据库的标准接口，并为各个数据库厂商提供了标准接口的实现。通过使用JDBC技术，开发人员可以用纯Java语言和标准的SQL语句编写完整的数据库应用程序，有效满足数据库软件系统开发的跨平台性。

第4章任务1

4.1　JDBC简介

1．什么是JDBC

JDBC是Sun公司定义的一套访问数据库的接口，Sun公司并没有提供具体实现，仅提供一套标准，具体的实现是由各大数据库厂家完成，每个数据库厂家都有自己的JDBC实现，也就是JDBC驱动实现类。

Java应用程序连接指定数据库，需要使用厂家提供的JDBC驱动才能连接，其实这也体现了Java多态的应用，即一个接口可以有很多具体的实现。

2．JDBC工作流程

使用JDBC需要首先与数据库建立连接，然后向数据库发送SQL语句，最后处理从数据库返回的结果。具体地，JDBC工作流程包括如下6个步骤：

1）注册加载一个Driver驱动。

2）创建数据库连接（Connection）。

3）创建语句对象Statement、PreparedStatement或CallableStatement，执行SQL语句。

4）处理SQL结果集ResultSet（SELECT语句）。

5）关闭Statement。

6）关闭连接Connection。

3．JDBC的3个重要对象

1）Connection对象。用于表示与数据库的连接。连接过程包括所执行的SQL语句和在该连接上所返回的结果。一个应用程序可与单个数据库有一个或多个连接，或者可与许多数据库有连接。连接一旦建立，就可用来向它所涉及的数据库传送SQL语句。

2）Statement对象。用于向数据库发送SQL语句，JDBC提供了三个类（Statement、PreparedStatement和CallableStatement）。如果声明对象执行的是SELECT语句，则将返回一个结果集（ResultSet）对象。

3）ResultSet对象。用于表示一个存储查询结果的对象，但是结果集并不仅仅具有存储的功能，它同时还具有操纵数据的功能，可完成对数据的更新等。

4.2 JDBC 工作流程

第 4 章任务 2

1. 加载数据库驱动程序

使用 Class.forName（驱动程序名）加载驱动程序，其中驱动程序名是各种数据库 Driver 接口，如 MySQL：com.mysql.jdbc.Driver。如果加载成功，则可以执行后续操作；如果加载失败，则抛出异常。

表 4-1　常用数据库的驱动程序名及 URL

数据库	驱动	URL
SQLServer	com.microsoft.sqlserver.jdbc.SQLServerDriver	jdbc:sqlserver://IP:1433; DatabaseName=dbName
MySQL	com.mysql.jdbc.Driver	jdbc:mysql://IP:3306/dbName
Oracle	oracle.jdbc.driver.OracleDriver	jdbc:oracle:thin:@IP:1521:SID

2. 获得数据连接

加载驱动类后，就可以与数据库建立连接。通过 DriverManager.getConnection(url, username,password)可以获得数据连接对象。例如：

```
string url="jdbc:mysql://localhost:3306/myDB";
string user="root";
string pass="root";
Connection conn=DriverManager.getConnection(url,user,pass);
```

3. 执行 SQL 语句

执行 SQL 语句是通过语句对象（Statement）完成的。语句对象有三种：Statement（执行简单的、无参数的 SQL 语句）、PreparedStatement（预编译语句对象）、CallableStatement（用来执行存储过程）。

（1）Statement 对象的使用

该对象可以通过 Connection 对象的 createStatement 方法建立。该对象的主要方法有：

- executeQuery 方法：执行查询语句（select），将查到的记录以结果集（ResultSet）的方式返回。
- executeUpdate 方法：执行 insert、update、delete 操作。
- execute 方法：执行查询语句（可以返回结果集，也可以执行更新操作）。

（2）PreparedStatement 对象的使用

该对象包含已编译的 SQL 语句。包含在 PreparedStatement 对象中的 SQL 语句可具有一个或多个 IN 参数。IN 参数的值在 SQL 语句创建时未被指定。相反的，该语句为每个 IN 参数保留一个问号？作为占位符。每个问号的值必须在该语句执行之前，通过适当的 setXXX 方法来提供。

由于 PreparedStatement 对象已预编译过，所以其执行速度要快于 Statement 对象。因此，多次执行的 SQL 语句经常创建为 PreparedStatement 对象，以提高效率。

（3）CallableStatement 对象的使用

该对象为所有的 DBMS 提供了一种以标准形式调用“存储过程”的方法。“存储过程”存在数据库中，在 JDBC 中调用“存储过程”的语法如下。

- 不返回结果且带参数的存储过程的调用语法为：{call 过程名[(?, ?, ...)]}。
- 返回结果且带参数的存储过程的调用语法为：{? = call 过程名[(?, ?, ...)]}。
- 不返回结果且不带参数的存储过程的调用语法为：{call 过程名}。

📖 方括号表示其间的内容是可选项。

4．处理结果集

一个 Statement 对象在打开后可以多次调用 executeQuery(string sql)、executeUpdate(string sql)、execute(string sql)方法来执行 SQL 语句，与数据库管理系统进行交互。

ResultSet 对象完全依赖于 Statement 对象和 Connection 对象。每次执行 SQL 语句时，都会用新的结果重写结果集。

结果集读取数据的方法主要是 ResultSet 对象的 getXXX(int)或 getXXX(String)，其中 XXX 代表某种数据类型，如 Integer、Float、String、Date、Boolean 等，其参数可以是整型，表示第几列（注意是从 1 开始的），也可以是字符串形式的列名，该方法的返回值是对应的 XXX 类型的值。

5．关闭连接

在处理完对数据库的操作后，一定要将 Connection 对象关闭，以释放 JDBC 占用的系统资源。在不关闭 Connection 对象的前提下再次用 DriverManager 静态类初始化新的 Connection 对象，会产生系统错误。

关闭连接使用 Connection 对象的 close 方法：

```
conn.close();
```

4.3 JDBC 应用案例

第 4 章任务 3

1．用 JDBC 连接 SQL Server 数据库

1）在 SQL Server 中创建数据库 myDB。

2）通过查找数据库驱动类 SQLServerDriver，判断数据库是否连接成功。

```
Class.forName("com.microsoft.jdbc.sqlserver.SQLServerDriver")
```

📖 需要下载 sqljdbc4.jar 并作为 External JAR 添加到项目中。

3）建立到数据库的连接，使用的 url 为：

```
jdbc:microsoft:sqlserver://localhost:1433;DatabaseName=myDB
```

📖 由于 SQL Server 数据库按用户进行访问，连接时需要提供用户名和密码。

```
Connection con = DriverManager.getConnection(url, user, pwd);
```

4）进行数据库操作。

5）关闭数据库。

2．创建和删除表

SQL 中使用 CREATE TABLE 和 DROP TABLE 语句来创建和删除一个表。它通过 statement

对象的 executeUptate()方法来完成。

1）创建一个表 user，此表有两列，列 ID 为整数型，列 Name 为字符型：

```
stmt.executeUpdate ("CREATE TABLE user (ID integer,Name VARCHAR(20)");
```

2）删除一个表：

```
stmt.executeUpdate ( "DROP TABLE user");
```

3．对表中记录的操作

对表中记录的操作包括修改、插入和删除，它们对应于 SQL 的 UPDATE、INSERT 和 DELETE 操作。它采用 Statement 类中的 executeUpdate()方法。此方法的参数是一个 String 对象，即要执行的 SQL 语句，返回值是一个整数。

1）修改操作。将 user 表中 ID 为 1001 的记录的 Name 项改为“张三”：

```
stmt.executeUpdate(" UPDATE user SET Name = '张三' WHERE ID =1001");
```

2）插入和删除记录操作。在表中插入和删除记录：

```
stmt executeUpdate ("INSERT INTO user (ID, Name) VALUSES(1002,'王五')");
stmt.executeUpdate ("DELETE FROM user WHERE ID =1001");
```

3）增加和删除表结构中的列操作。在表中增加一列，类型为字符型：

```
stmt.executeUpdate( "ALTER TABLE user ADD COLUMN Address VARCHAR(50)" );
```

删除表中某一列：

```
stmt.executeUpdate ("ALTER TABLE user DROP COLUMN Address" );
```

4．对表记录集的操作（Statement 方式）

1）创建 Statement 对象。

```
Statement stmt = con.createStatement();
```

2）执行查询语句。在 Statement 对象上，可以使用 executeQuery()方法来执行一个查询语句。executeQuery()的参数是一个 String 对象，即一个 SQL 的 SELECT 语句。它的返回值是一个 ResultSet 类的对象。

```
ResultSet rs = stmt.executeQuery( "SELECT *FROM user");
```

📖 此语句将在结果集 rs 中返回 user 表中的所有行。

```
ResultSet rs = stmt.executeQuery("SELECT name,address FROMuser WHERE ID<1001");
```

📖 此语句将在结果集 rs 中返回 user 表中 ID 小于 1001 的行的 name 列和 address 列。

3）关闭 Statement 对象。当一个对象在使用完后，都要关闭它。

```
stmt.close();
```

5．对表记录集的操作（PreparedStatement 方式）

PreparedStatement 类是 Statement 类派生的子类，因此它可以使用 Statement 类中的方法。和 Statement 一样，要想执行一个 SQL 查询语句，首先创建一个 PreparedStatement 对象，然后执行查询语句，最后，关闭 PreparedStatement 对象。

1）创建 PreparedStatement 对象。Connection 对象可以创建 PreparedStatement 对象。在创建时，应该给出要预编译的 SQL 语句。

```
PreparedStatement pstmt = con.PreparedStatement( "SELECT *FROM Customer");
```

2）执行查询语句。PreparedStatement 对象也使用 executeQuery()方法来执行语句。与 Statement 类不同的是，该方法没有参数。因为在创建 PrepareStatement 对象时，已经给出了要执行的 SQL 语句，并进行了预编译。

```
ResultSet rs = pstmt.execQuery();
```

3）关闭 PrepareStatement 对象。PrepareStatement 对象也是使用 close()方法来关闭的，实际上，它是调用父类 Statement 的 close()方法。

```
pstmt.close();
```

6. 对表记录集的操作（CallableStatement 方式）

CallableStatement 类是 PreparedStatement 类派生的子类，可以使用 PreparedStatement 类和 Statement 类中的方法。

1）创建 CallableStatement 对象。用 Connection 类的 prepareCall()方法可以创建一个 CallableStatement 对象。它的参数是一个 String 对象，一般格式为"call 存储过程名"。

```
· CallableStatement cstmt = con.prepareCall( "call Query1()");
```

2）执行存储过程。CallableStatement 类使用父类 PreparedStatement 类的 executeQuery()方法或 execute()方法来执行存储过程。

```
ResultSet rs = cstmt.executeQuery();
```

3）关闭 CallableStatement 对象。CallableStatement 对象也是使用 close()方法来关闭的，实际上使用 Statement 的 close()方法。

```
cstmt.close();
```

7. 检索结果集

ResultSet 对象包括一个由查询语句返回的表，这个表包含所有的查询结果。ResultSet 对象有一个游标指向当前行，并有 next()方法使游标移向下一行。next()方法返回的是一个 boolean 值，若为 true，则说明游标已成功地移向下一行；若为 false，则说明无下一行，即结果集已处理完毕。

第一次使用 next()方法时，游标将指向结果集的第一行，这时可对第一行的数据进行处理。然后，用 next()方法，将游标移向下一行，继续处理第二行数据。

在对每一行进行处理时，可以对各个列按任意顺序进行处理。如 ResultSet 类的 get×××()方法可以从某一列中获得结果。其中×××是 JDBC 中的 Java 数据类型，如 getInt，getString，getDate 等。

例如，按行顺序查询结果集信息，代码如下：

```
Statement stmt = con.createStatement();
ResultSet rs= stmt.executeQuery( "SELECT id, name, address FROM user" );
while (rs.next()){
    int idV = rs.getInt(1);
    String nameV = rs.getString("name");
    byte addressV[] = rs.getBytes(3);
```

```
        System.out.println(idV + "" + nameV +""+ addressV[0]);
    }
```

4.4 思考与练习

1）简述 execute，executeQuery，executeUpdate 的区别是什么？

2）简述如何使用 JDBC 接口来调用存储过程？

3）JDBC 的 DriverManager 是用来做什么的？JDBC 的 Statement 是什么？

4）JDBC 是如何实现 Java 程序和 JDBC 驱动的松耦合的？

5）在 Java 程序中，如何创建一个 JDBC 连接？如何获取数据库服务器的相关信息？

第 5 章　Servlet 技术

Servlet 是一个 Java 类，运行在 Web 服务器或应用服务器上。它是来自 HTTP 客户端的请求与 HTTP 服务器上的数据库或应用程序之间的中间层。利用 Servlet，可以交互式地浏览和修改数据，收集来自网页表单的用户输入，呈现来自数据库的记录，还可以生成动态 Web 内容。

5.1　Servlet 简介

第 5 章任务 1

Servlet 是指服务器小程序，是用 Java 编写的服务器端程序，由客户端请求、服务器调用和执行。Servlet 作为 Java 语言的 Web 编程技术，是先于 Java EE 平台出现的，JSP 也是在 Servlet 基础上发展而来。

Servlet 属于 JSP 的底层，学习它有助于了解底层细节。Servlet 是一个 Java 类，适合纯编程，如果是纯编程的话，比将 Java 代码混合在 HTML 中的 JSP 要好得多。此外，Struts 框架的思路和 Servlet 的设计思路基本一致，学好 Servlet 有助于对 Struts 框架的理解和掌握。

5.2　Servlet 工作过程

第 5 章任务 2

1．Servlet 工作过程步骤

Servlet 工作过程包括 6 个步骤：

1）读取客户端（如浏览器、移动端）发送的显式的数据，如 HTML 表单。

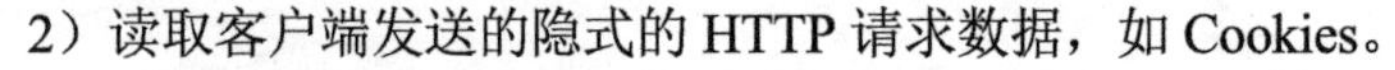

2）读取客户端发送的隐式的 HTTP 请求数据，如 Cookies。

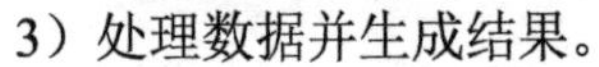

3）处理数据并生成结果。

📖 这个过程需要访问数据库，进行数据获取。

4）发送显式的数据到客户端。数据包括文本文件（HTML、JSP、XML、JSON 等）、二进制文件（GIF 图像）、Excel 表格等。

5）发送隐式的 HTTP 响应到客户端，如设置 Cookies 和缓存参数等。

6）服务器关闭或者 Servlet 空闲时间超过一定限度时，调用 destroy 方法退出。

2．Servlet 的生命周期

Servlet 生命周期可被定义为从创建直到销毁的整个过程，如图 5-1 所示。

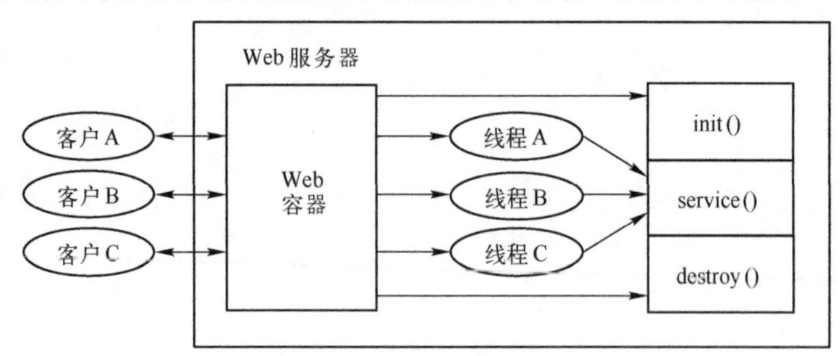

图 5-1　Servlet 生命周期

当来自客户端的请求映射到 Servlet 时，Web 容器（如 Tomcat 服务器）执行以下步骤：

1）加载 Servlet 类，创建该类的实例。

📖 每一个用户请求都会产生一个新的线程。

2）Servlet 通过调用 init ()方法进行初始化。

3）Servlet 调用 service()方法来处理客户端的请求。

4）Servlet 通过调用 destroy()方法终止。

5）Servlet 由 JVM 的垃圾回收器进行垃圾回收。

3. Servlet 的三个方法

1）init 方法：可选，用于初始化。

init()方法加载默认数据或者连接数据库，以用于 Servlet 的整个生命周期。init()方法只在第一次创建 Servlet 时被调用，在后续用户请求时不再调用。

2）service 方法：用于处理请求。

service()方法是执行实际任务的主要方法。容器调用 service()方法来处理来自客户端的请求，并把格式化的响应写回给客户端。service()方法将检查 HTTP 请求类型（GET、POST、PUT、DELETE 等），并分别调用 doGet、doPost、doPut，doDelete 等方法进行处理。

3）destroy 方法：可选，用于清除并释放在 init 方法中所分配的资源。

destroy()方法只在 Servlet 生命周期结束时被调用一次。当服务器被关闭，或者 Servlet 空闲超过一定时间后，调用 destroy()方法退出。可以在 destroy()方法中关闭数据库连接、停止后台线程。

5.3 Servlet 实现相关的类和接口

第 5 章任务 3

Servlet 实现主要包括下面 3 个接口和类：Servlet 接口、GenericServlet 类和 HttpServlet 类。

1. Servlet 接口

1）声明：

```
public interface Servlet
```

2）这个接口是 Servlet 必须直接或间接实现的接口。

3）它定义的方法包括：

- init(ServletConfig config)：用于初始化 Servlet。
- getServletInfo()：获取 Servlet 的信息。
- getServletConfig()：获取 Servlet 配置相关信息。
- service(ServletRequest request,ServletRespose response)：运行应用程序逻辑的入口点，它接收两个参数，ServletRequest 表示客户端请求的信息，ServletResponse 表示对客户端的响应。
- destroy()：销毁 Servlet。

2. GenericServlet 类

1）声明：

```
public abstract class GenericServlet
```

2）提供了对 Servlet 接口的基本实现。

3）它是一个抽象类，其 service 方法是一个抽象方法，其派生类必须直接或间接地实现该方法。

3．HttpServlet 类

1）声明：

```
public abstract class HttpServlet extends GenericServlet implements Serializable
```

2）该类是专门针对使用 HTTP 协议的 Web 服务器的 Servlet 类。

3）该类通过执行 Servlet 接口，能够提供 HTTP 协议的功能。

4）该类提供了响应对应 HTTP 标准请求的 doGet()、doPost()等方法。

4．自定义 Servlet 类该选择哪个接口和类？

所有自定义 Servlet 类都必须实现 javax.servlet.Servlet 接口，但是通常我们都会从 javax.servlet.GenericServlet 或 javax.servlet.http.HttpServlet 择一来实现。

如果写的 Servlet 代码和 HTTP 协议无关，就继承 GenericServlet 类；若有关，就继承 HttpServlet 类。

5．利用 HttpServlet 类创建 Servlet

创建一个实现 javax.Servlet.http.HttpServlet 接口的 Servlet 类过程如下：

1）重载 init()方法和 destroy()方法以分别实现初始化和析构。

2）重载 doGet()或者 doPost()方法，以实现对 HTTP 请求的动态响应。

3）doGet()和 doPost()方法是由 service()方法调用的。

第 5 章任务 4

5.4 Servlet 实现 Request 和 Response 的接口

HttpServlet 类的 doGet()和 doPost()方法都包含两个参数：HttpServletRequest 和 HttpServletResponse。

- HttpServletRequest 接口提供访问客户端请求信息的方法，如表单数据、HTTP 请求头等。
- HttpServletResponse 提供了用于指定 HTTP 应答状态、应答头的方法，还提供了用于向客户端发送数据的 PrintWriter 对象。该对象的 println 方法可用于生成发送给客户端的页面。

1．HttpServletRequest 接口

1）声明：

```
public interface HttpServletRequest extends ServletRequest
```

2）代表了 HTTP 请求，继承了 ServletRequest。

3）HttpServletRequest 接口提供访问客户端请求信息的方法，如表单数据、HTTP 请求头等。可以获取由客户端传送的阐述名称，也可以获得客户端正在使用的通信协议，可以获取产生请求并且接收请求的服务器远程主机名和 IP 地址等信息。

4）JSP 中的内置对象 request 是一个 HttpServletRequest 实例。

HttpServletRequest 接口的常用方法如表 5-1 所示。

表 5-1　HttpServletRequest 接口的常用方法

功能分类	函数名	描述
输入数据	getContentLength()	得到输入请求参数相关的信息
	getContentType()	
	getInputStream()	
	getParameterMap()	
	getParameter()	
	getParameterNames()	
	getParameterValues()	
国际化	getCharacterEncoding()	得到国际化参数和编码格式
	getLocale()	
	getLocales()	
	setCharacterEncoding()	

2. HttpServletResponse 接口

1）声明：

```
public interface HttpServletResponse extends ServletResponse
```

2）代表了对客户端的 HTTP 响应，继承了 ServletResponse。

3）HttpServletResponse 接口给出响应客户端的 Servlet 方法。它允许 Servlet 设置内容长度和响应类型，并且提供输出流 ServletOutputStream。

4）JSP 中的内置对象 response 是一个 HttpServletResponse 实例。

HttpServletResponse 接口的常用方法如表 5-2 所示。

表 5-2　HttpServletResponse 接口的常用方法

功能分类	函数名	描述
输出数据	setContentLength()	获得输出流对象
	setContentType()	
	getOutputStream()	
	getWriter()	
响应 URL	encodeRedirectURL()	网址编码和重定向
	EncodeRedirectURL()	
	encodeURL()	
	sendRedirect()	

5.5　应用案例 1：Servlet 制作 1（Servlet 接口）

第 5 章任务 5

1. 新建 Web 工程

新建 Web 工程，设置工程名为“ServletEample”，选择 Java EE 版本为“JavaEE 5”，显示结果如图 5-2 所示。

图 5-2　新建工程

2. 在 src 处新建 class 文件

新建 Class，设置类的包名：zjc，类名：HelloWorldServlet，类的实现接口为 javax.servlet.Servlet，显示结果如图 5-3 所示。

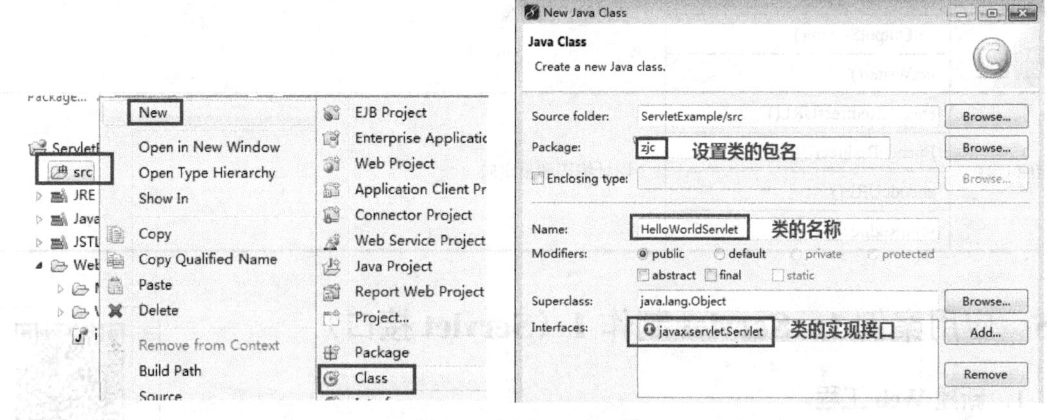

图 5-3　新建 Servlet 类

HelloWorldServlet.java 类代码如下：

```
package zjc;
```

```
import java.io.IOException;
import javax.servlet.Servlet;
import javax.servlet.ServletConfig;
import javax.servlet.ServletException;
import javax.servlet.ServletRequest;
import javax.servlet.ServletResponse;
public class HelloWorldServlet implements Servlet {
    public void destroy() {
    }
    publicServletConfiggetServletConfig() {
        return null;
    }
    public String getServletInfo() {
        return null;
    }
    public void init(ServletConfig arg0) throws ServletException {
    }
    public void service(ServletRequest arg0, ServletResponse arg1)
            throwsServletException, IOException {
    }
}
```

3．重载 service 方法

重载 service 方法，能够在网页上打印输出字符串"HelloWorld"，代码如下：

```
public void service(ServletRequest arg0, ServletResponse arg1)
        throwsServletException, IOException {
    PrintWriter out = arg1.getWriter();
    out.println("HelloWorld");
}
```

此处通过 ServletResponse 类得到的 PrintWriter 对象 out 就是 JSP 中的内置对象 out。

4．新增 Servlet

打开 WebRoot→WEB-INF 下的 web.xml 文件，在 Servlets 选项中单击“Add new servlet”，显示结果如图 5-4 所示。

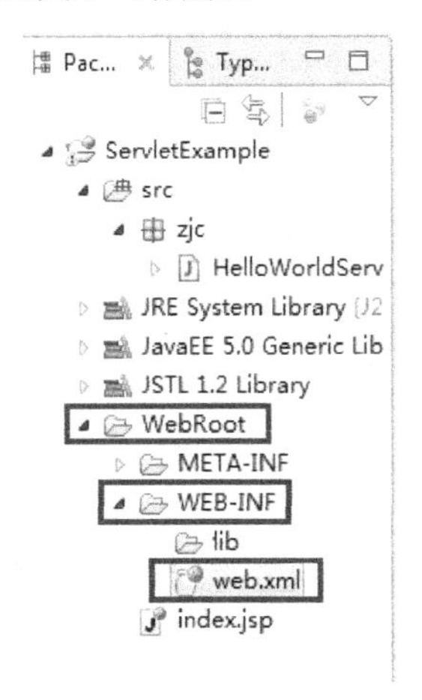

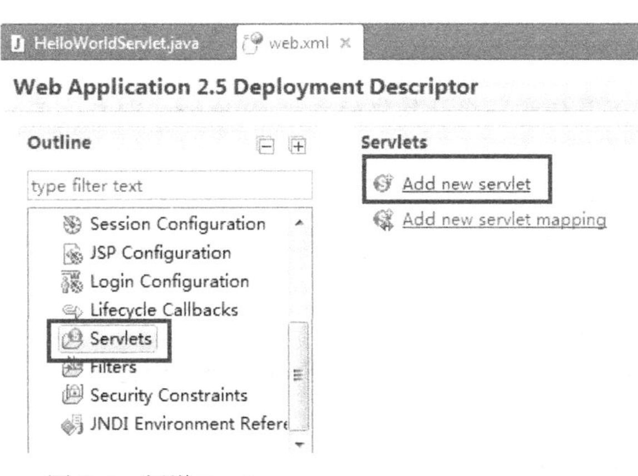

图 5-4　新增 Servlet

输入 Servlet name 为 MyServlet，单击按钮，输入类名称的前几位，选择该 Servlet 的类名 HelloWorldServlet（包名为 zjc）。显示结果如图 5-5 所示。

图 5-5　设置 Servlet 的 name 和 class 属性

5．新增 Servlet mapping

重新单击“Servlets”项，然后选择“Add new Servlet mapping”，输入 Servlet name 为 MyServlet，以及执行该映射所对应的网址：/helloWorld。显示结果如图 5-6 所示。

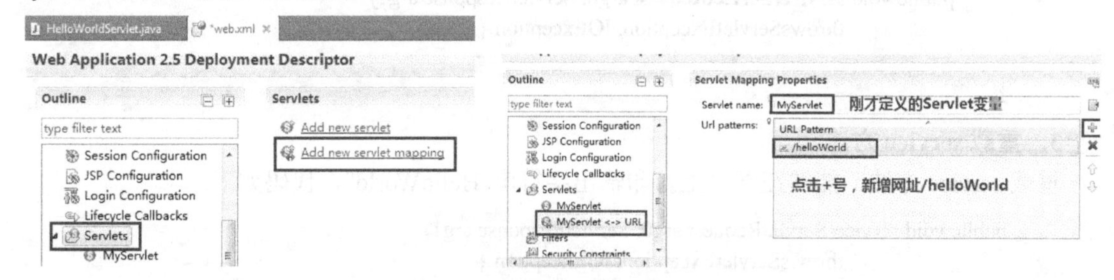

图 5-6　新增 Servlet mapping

6．运行 Web 工程

右键单击工程项目，选择“Run As | MyEclipse server Application”，在网址栏中输入：http://127.0.0.1:8080/ServletExample/helloWorld，显示结果如图 5-7 所示。

图 5-7　运行结果

📖 127.0.0.1 是任意一台计算机的本机 IP 地址，即本地 Tomcat 的 IP 地址。

5.6　应用案例 2：Servlet 制作 2（HttpServlet 类）

第 5 章任务 6

1．新建 Web 工程

新建 Web 工程，设置工程名“ServletInputExample”，选择 Java EE 版本为“JavaEE 5”。

2．新建 input.html 网页

在 Dreamweaver 中新增 input.html 网页，设置表单的动作（action）属性为 myservlet，方法

（method）属性为 POST，输入控件的名称（name）属性为 inputAAA。界面显示结果如图 5-8 所示。

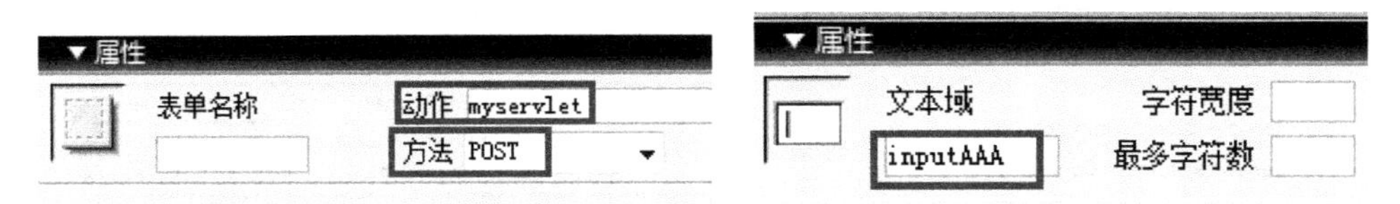

图 5-8　新增 input.html 网页

input.html 代码如下：

```
<html>
<head>
    <meta http-equiv="Content-Type" content="text/html;charset=utf-8">
</head>
<body>
    <br>
    <form method="POST" action="myservlet">
        请输入你想显示的内容：<input name="inputAAA" type="text"><br>
        <input type="submit" name="Submit" value="提交">
        <input type="reset" name="Submit2" value="重置">
    </form>
</body>
</html>
```

3．新建 Servlet 类

新建 Class，设置类的包名：zjc，类名：InputServlet，父类：HttpServlet，显示结果如图 5-9 所示。

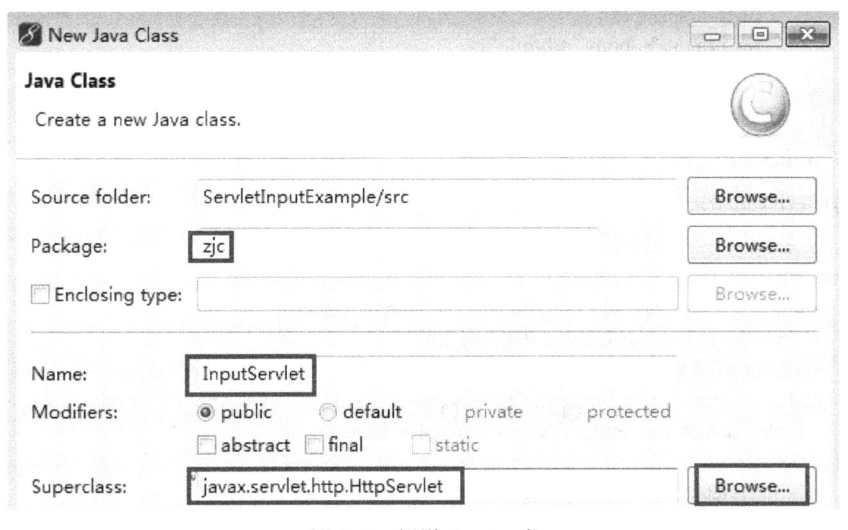

图 5-9　新增 Servlet 类

4．重载 doGet 方法和 doPost 方法

选择 Source 菜单，然后单击 Override/Implement Methods，把 doGet 方法和 doPost 方法打勾。界面如图 5-10 所示。

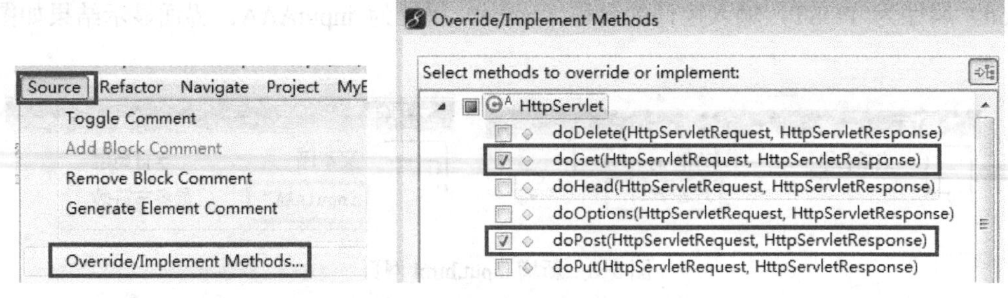

图 5-10　重载 doGet 方法和 doPost 方法

重载 InputServlet 类的 doPost 方法，代码如下：

```
package zjc;
import java.io.IOException;
import java.io.PrintWriter;
import javax.servlet.ServletException;
import javax.servlet.http.HttpServlet;
import javax.servlet.http.HttpServletRequest;
import javax.servlet.http.HttpServletResponse;
public class InputServlet extends HttpServlet {
        protected void doPost(HttpServletRequest    req, HttpServletResponse    resp)
                        throwsServletException, IOException {
                resp.setCharacterEncoding("gb2312");
                req.setCharacterEncoding("gb2312");
                String input = req.getParameter("inputAAA");
                PrintWriter pw = resp.getWriter();
                pw.println("<html><head><title>");
                pw.println("显示输入内容");
                pw.println("</title></head><body>");
                pw.println(input);
                pw.println("</body></html>");
        }
}
```

5．修改 web.xml 文件

新增 myservlet 的说明，修改后的 web.xml 代码如下：

```
<?xml version="1.0" encoding="UTF-8"?>
<web-app
    xmlns:xsi="http://www.w3.org/2001/XMLSchema-instance"
    xmlns="http://java.sun.com/xml/ns/Java EE"
    xsi:schemaLocation="http://java.sun.com/xml/ns/Java EE
    http://java.sun.com/xml/ns/Java EE/web-app_2_5.xsd" id="WebApp_ID" version="2.5">
    <display-name>ServletInputExample</display-name>
    <servlet>
        <servlet-name>inputServlet</servlet-name>
        <servlet-class>zjc.InputServlet</servlet-class>
    </servlet>
    <servlet-mapping>
        <servlet-name>inputServlet</servlet-name>
        <url-pattern>/myservlet</url-pattern>
    </servlet-mapping>
</web-app>
```

6. 运行工程

右键单击项目，选择“Run As|MyEclipse server Application”，在网址栏中输入：http://127.0.0.1:8080/ServletInputExample/input.html。当在 input.html 的输入框中输入内容后，可以在/myservlet 页面中显示输入的内容，如图 5-11 所示。

图 5-11 运行结果

该程序完整的执行过程如下：

1）当单击 input.html 中表单的“提交”按钮后，Tomcat 将自动执行 action 中指定的 URL 网页地址（即/myservlet）。注意：action 中不能加/。

2）Tomcat 执行到/myservlet 时，将查找 web.xml 中的<servlet-mapping>项，发现存在 url-pattern 为/myservlet 的这项，然后从该<servlet-mapping>项的 servlet-name 中知道将执行 inputservlet。

3）在<servlet>项中查找，发现存在 servlet-name 为 inputservlet 的这项，然后从该<servlet>项的 servlet-class 中知道将执行的 servlet 类为 zjc.InputServlet。

4）由于 input.html 中表单 form 的 method 属性 POST，因此，将执行 zjc.InputServlet 类的 doPost 方法。

下面给出本例的 5 个要点说明。

（1）要点说明 1：Servlet 的执行过程

首先根据在地址栏输入的路径信息找到<servlet-mapping>中<url-pattern>对应的<servlet-name>，再对应找到<servlet>中该<servlet-name>对应的<servlet-class>类，从而实例化该 Servlet 并执行。

在本例中的<url-pattern>为/myservlet（此路径为相对路径），所以在地址栏中输入全路径 http://127.0.0.1:8080/ServletExample/myservlet 后将找到对应的 inputServlet 这个 Servlet，再对应找到 inputServlet 对应的<servlet-class>类 zjc.InputServlet 类，实例化该 Servlet 并执行。

（2）要点说明 2：InputServlet 类

这个 InputServlet 类继承了 HttpServlet 接口。HttpServlet 是一个实现了 Servlet 接口的类，所以这个 Servlet 就间接地实现了 Servlet 的接口，从而可以使用接口提供的服务。

这个程序中的 doGet()方法就是具体的功能处理方法，这个方法可以对浏览器以 GET 方法发起的请求进行处理，在这里这个方法的功能就是输出一个 HTML 页面。

本例中并没有出现具体的 init()方法和 destroy()方法，而是由 Servlet 容器以默认的方式对这个 Servlet 进行初始化和销毁动作。

（3）要点说明 3：Servlet 的管理

Servlet 编译完以后不能直接运行，还需要存放在指定位置，并在 web.xml 文件中进行配置。在这里以 Tomcat 为 Servlet 应用服务器为例进行介绍。

1）Servlet 的存放。将 Servlet 编译成功后生成的.class 文件按要求放在 Tomcat 安装目录的指定位置，在本例中将 InputServlet.class 文件放在 Tomcat 安装目录的 webapps/ServletExample/WEB-INF/ classes 目录下。

2）Servlet 的配置。配置文件是 webapps/ServletExample/WEB-INF 目录下的 web.xml 文件，注意：该文件不需要手工创建，当运行 Web 工程时，MyEclipse 自动会将工程的本地文件 web.xml 上传到 Tomcat 的 webapps 的 SimpleServlet 目录中。

（4）要点说明 4：web.xml 中对 Servlet 的配置管理

在 web.xml 配置文件中<servlet>和<servlet-mapping>标识用于对 Servlet 进行配置，这个配置信息可以分为两个部分，第一部分是配置 Servlet 的名称和对应的类，第二部分是配置 Servlet 的访问路径。

1）<servlet>是对每个 Servlet 进行说明和定义。

🕮 Servlet 容器中有 N 个 servlet 类，就需要配置 N 次。

2）<servlet-name>是 Servlet 的名称，这个名字可以任意命名，但是要和<servlet-mapping>节点中的<servlet-name>保持一致。

3）<servlet-class>是 Servlet 对应类的路径，在这里要注意，如果有 Servlet 带有包名，一定要把包路径写完整，否则 Servlet 容器就无法找到对应的 Servlet 类。

4）<init-param>用于对 Servlet 初始化参数进行设置（没有可省略）。

例如，可以在这里指定两个参数：

① 参数 user 的值为 zjc。

② 参数 address 的值为 http://www.zjc.zjut.edu.cn。

这样以后要修改用户名和地址时就不需要修改 Servlet 代码，只需修改配置文件。对这些初始化参数的访问，可以在 init()方法体中通过 getInitParameter()方法进行获取。

5）<servlet-mapping>是对 Servlet 的访问路径进行映射。

🕮 <servlet>和<servlet-mapping>必须是成对出现的。

6）<servlet-name>是这个 Servlet 的名称，要和<servlet >节点中的<servlet-name>保持一致。

7）<url-pattern>定义了 Servlet 的访问映射路径，这个路径就是在地址栏中输入的路径。

（5）要点说明 5：表单提交的管理

由于表单提交方式采用 POST 方式，因此该网页的名称是/myservlet，也就是 form 表单的 action 中指定的网页地址 http://127.0.0.1:8080/ServletInputExample/myservlet。

🕮 /myservlet 后面的.action 可以省略。

例如，http://127.0.0.1:8080/ServletInputExample/myservlet.action 和 http://127.0.0.1: 8080/ServletInputExample/myservlet 的效果是一样的。

5.7 思考与练习

1．概念题

1）简述 Servlet 的基本架构和生命周期。

2）简述 Servlet API 中 forward() 与 redirect()的区别？

3）简述 filter 的作用是什么？主要实现什么方法？

4）简述 Servlet 如何得到客户端机器的信息。

第 5 章任务 7

2．操作题

1）对综合案例 1 进行改造，要求如下：

- 当输入网址/hello 时，能在页面上输出 hello。
- 当输入网址/world 时，能在页面上输出 world。

第 5 章任务 8

2）设计一个 Servlet 案例，实现用户在表单中输入姓名、学号，选课、提交后由 Servlet 处理。

第 6 章　Struts2 技术

Struts2 是 Apache 软件基金会赞助的一个开源项目，通过采用 JSP 和 Java Servlet 技术，实现基于 Model-View-Controller（MVC）设计模式的应用框架，它是 MVC 模式中的一个经典产品。Struts2 是一个简洁的、可扩展的框架，可从构建、部署、维护等多个方面来简化整个开发周期。Struts2 实质上是以 Webwork 为核心的，与 Struts1 有很大区别，使用了全新的设计思想。

第 6 章任务 1

6.1　MVC 模式

1．什么是 MVC 模式

MVC 设计模式是在 20 世纪 80 年代出现的一种软件设计模式，至今已被广泛使用，后来被推荐为 Sun 公司 Java EE 平台的设计模式。MVC 把应用程序分成三大基本模块：模型（Model，即 M）、视图（View，即 V）和控制器（Controller，即 C），三者联合即 MVC，它们分别担当不同的任务。

MVC 将应用中各组件按功能进行分类，不同的组件使用不同技术，相同的组件被严格限制在其所在层内，各层之间以松耦合的方式组织在一起，从而提供良好的封装。MVC 减弱了业务逻辑接口和数据接口之间的耦合，让视图层更富于变化。

Java Web 应用开发也伴随着 MVC 设计模式，经历了 Model I 和 Model II 两个阶段。

2．Model I 模式

Model I 模式的实现比较简单，适用于快速开发小规模项目。Model I 模式有两种开发形式：一种是纯 JSP 方式开发，另一种是使用 JSP+JavaBean 方式开发应用程序。

从工程化的角度看，Model I 模式开发的局限性非常明显，JSP 页面身兼 View 和 Controller 两种角色，将控制逻辑和表现逻辑混杂在一起，从而导致代码的重用性非常低，增加了应用的扩展和维护的难度。

（1）纯 JSP 方式开发

这种方式是在 JSP 文件中直接嵌入 Java 代码，即小脚本方式，所有的逻辑控制和业务处理都以小脚本的方式实现。

优点是简单方便，适合开发小型的 Web 应用程序。缺点是 JSP 页面中多种语言代码混合，增加了开发难度，不易于系统后期维护和扩展，系统出现运行异常时，不易于代码调试。

（2）JSP+JavaBean 方式开发

这种方式对纯 JSP 方式进行了一些改进，使用 JavaBean 封装业务处理及数据库操作，JSP 调用 JavaBean 实现内容显示。这种方式的优点是页面代码相对简洁，业务处理和数据库操作封装到 JavaBean 中，提高了代码的重用性，通过对 JavaBean 的修改，提高了系统的扩展性，便于系统调试。缺点是业务逻辑依然由 JSP 来完成，JSP 页面依然需要嵌入 Java 代码。

3．Model II 模式

在 Model II 模式中，JSP 页面嵌入了流程控制代码和业务逻辑代码，将这部分代码提取出来，放入单独的 Servlet 和 JavaBean 类中，也就是使用 JSP+Servlet+JavaBean 共同开发，这种方式就是 Model II 模式。

Model II 是典型的基于 MVC 架构的设计模式，Servlet 作为前端控制器，负责接收客户端发送的请求，在 Servlet 中只包含控制逻辑和简单的前端处理。然后，调用后端 JavaBean 来完成实际的逻辑处理。最后，转发到相应的 JSP 页面处理显示逻辑。MVC 设计模式如图 6-1 所示。图中的 MVC（Model-View-Controller，模型-视图-控制器）设计模式，即将数据显示（JSP）、模型访问（JavaBean）和流程控制（Servlet）处理相分离，使之相互独立。

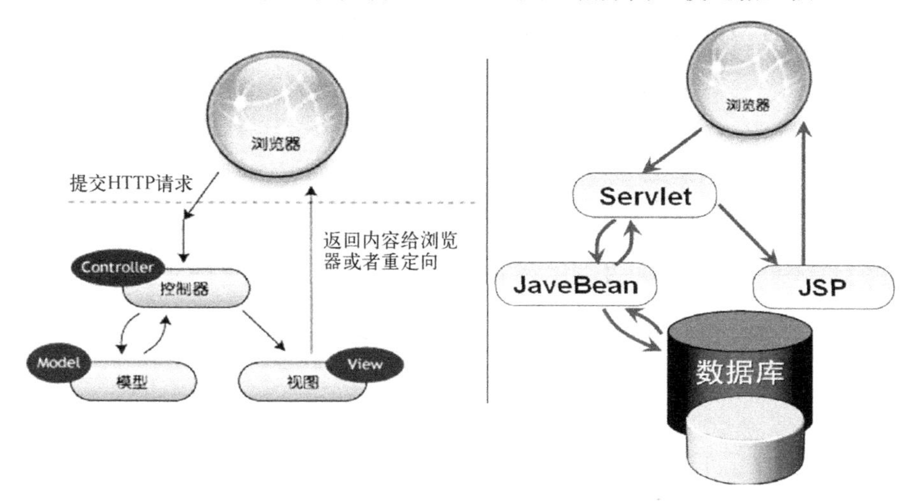

图 6-1　MVC 设计模式

4．MVC 优点

MVC 更符合软件工程化管理的精神，即不同的层各司其职，每一层的组件具有相同的特征，有利于通过工程化和工具化生成与管理程序代码。应用被分隔为三层，降低了各层之间的耦合，提供了应用的可扩展性。

- 模型层：模型返回的数据与显示逻辑分离。模型数据可以应用任何的显示技术，例如，使用 JSP 页面、Velocity 模板或者直接产生 Excel 文档等。
- 视图层：多个视图可以对应一个模型。按 MVC 设计模式，一个模型对应多个视图，可以减少代码的复制及代码的维护量，一旦模型发生改变，也易于维护。
- 控制层：由于它把不同的模型和不同的视图组合在一起，完成不同的请求。因此，控制层负责对用户请求和响应。

6.2　Struts2 简介

6.2.1　什么是 Struts2

Struts2 是建立在 JSP 和 Servlet 之上的一个 Web 应用开发框架，是 Apache 基金会 Jakarta 项目的一部分。Struts2 是 MVC 的一种新实现，继承了 MVC 的各项特性，并根据 Java EE 的特点，做了相应的变化与扩展。

🕮 Struts2 和 Struts1 存在很大区别，Struts1 已经淘汰不用。

传统的 Java Web 开发采用 JSP+Servlet+JavaBean 的方式来实现 MVC，但它有一个缺陷：程序员在编写程序时必须继承 HttpServlet 类、覆盖 doGet()和 doPost()方法，严格遵守 Servlet 代码规范编写程序。

在 Web 应用中使用 Struts2，开发人员可以把精力集中在真正的业务逻辑上，而不再分心于如何分派请求，从而可以大大提高 Web 应用的开发速度。它是一个 MVC 设计模式构建 Web 应用程序的开源框架，充分体现了 MVC 设计模式的“分类显示逻辑和业务逻辑”能力。

用 Struts2 实现的 MVC 系统与传统的用 Servlet 编写的 MVC 系统相比，两者在结构上的区别如图 6-2 所示。

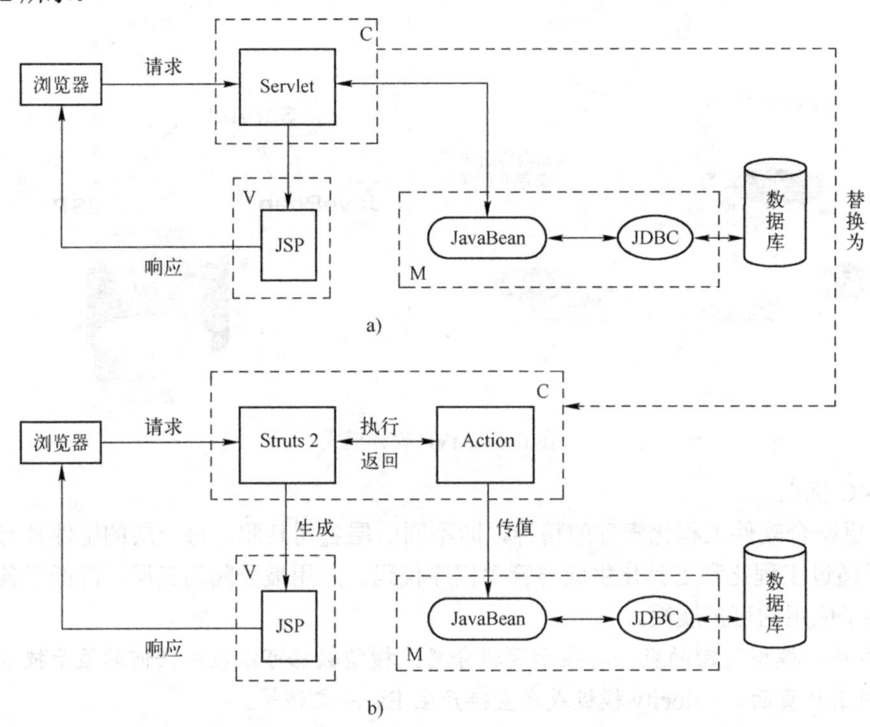

图 6-2 Struts2 实现的 MVC 系统与 Servlet 实现的 MVC 系统
a) Servlet 控制的 MVC 系统 b) Struts 2 控制的 MVC 系统

特别地，Servlet 和 Action 的生命周期有很大区别。

- Servlet: 默认在第一次访问的时候创建，只创建一次，是一个单例对象。
- Action: 一样是访问的时候创建对象，每次访问 Action 的时候都会创建新的 Action 对象，是一个多实例对象。

6.2.2 Struts2 工作原理

第 6 章任务 2

Struts2 框架按照模块来划分，可以分为 Servlet 过滤器（Servlet Filters）、Struts 核心模块（Servlet Core）、拦截器（Interceptors）和用户实现（User Created）部分。Struts2 框架如图 6-3 所示。

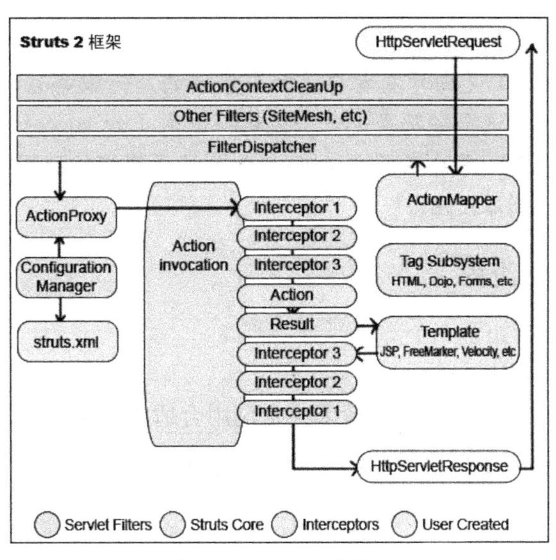

图 6-3　Struts2 框架

在图 6-3 中，Struts2 框架两个核心部件的功能描述如下：

- FilterDispatcher 是控制器的核心，是 Struts2 实现 MVC 中控制层的核心。用户从客户端提交 HttpServletRequest 请求将到达 FilterDispatcher。
- ActionProxy 通过 struts.xml 询问框架的配置文件，找到需要调用的 Action 类。但在调用之前，ActionInvocation 会根据配置加载 Action 相关的所有 Interceptor（拦截器）。

Struts2 框架的应用着重在控制上，如图 6-4 所示。简单的流程是：页面→控制器→页面，最重要的是控制器的取数据与处理后传数据的问题。

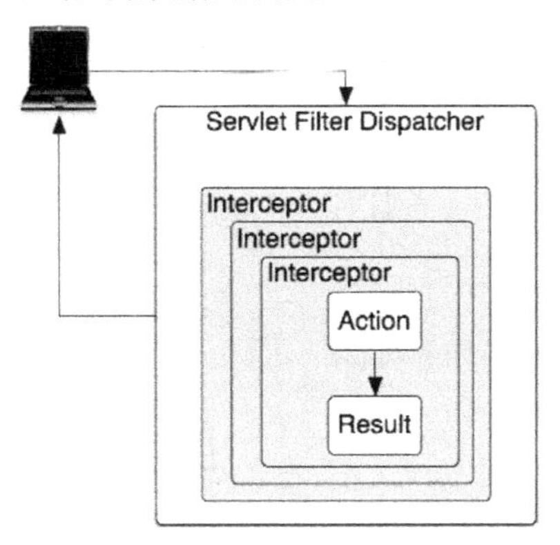

图 6-4　Struts2 框架的控制流程

在图 6-4 中，FilterDispatcher、Interceptor 和 Action 的功能描述如下：

- FilterDispatcher（核心控制器）是 Struts2 框架的基础，包含了框架内部的控制流程和处理机制。FilterDispatcher 是由 Web 应用负责加载的，Struts2 的核心控制器被设计成 Filter，而不是一个 Servlet，负责拦截所有的用户请求，如果用户请求以.action 结尾，则该请求被转入 Struts2 框架处理。通过读取配置文件 struts.xml 来确定交给哪个 Action 继续处理。FilterDispatcher 需在 web.xml 文件中配置。
- Interceptor（拦截器）是 Struts2 框架核心，通过拦截器，实现了 AOP（Aspect-Oriented Programming，面向切面编程）。使用拦截器动态拦截 Action 调用的对象，可以简化 Web

开发中的某些应用，例如，权限拦截器可以简化 Web 应用中的权限检查。

- Action（业务控制器）是由开发者自己编写实现的，一般都有一个 execute()方法，该方法返回一个字符串，这个字符串是一个逻辑视图名（如 success、error、input 等），通过配置后对应一个视图。用户在开发 Action 和业务逻辑组件的同时，还需要编写相关的配置文件，供核心控制器使用。

6.2.3 Struts2 项目运行流程

Struts2 的运行流程包括如下 5 个部分：

1）客户端发送请求，如/*.action。

2）核心控制器 FilterDispatcher 根据请求决定调用合适的 Action。

3）拦截器链自动请求应用通用功能，如验证、工作流或文件上传等功能。

4）回调执行 Action 的 exceute 方法，该方法先获得用户请求参数，然后执行某种业务操作，既可以是将数据保存到数据库中，也可以从数据库中检索信息。

5）Action 的 exceute 方法处理结果信息将被输出到浏览器中，可以是 HTML、JSP 页面、图片，也可以是 PDF、XML、JSON、Excel 等其他文档。

图 6-5 清楚地反映了 Struts2 的运行流程。浏览器端发送*.action 请求给 Web 服务器 Tomcat，Tomcat 将根据 FilterDispatcher 进行页面分发。通过查找 struts.xml 文件，调用 Struts2 引擎，执行 LoginAction 类的 execute 方法。当数据获取成功，则将查询结果通过 main.jsp 发送给客户端进行显示。

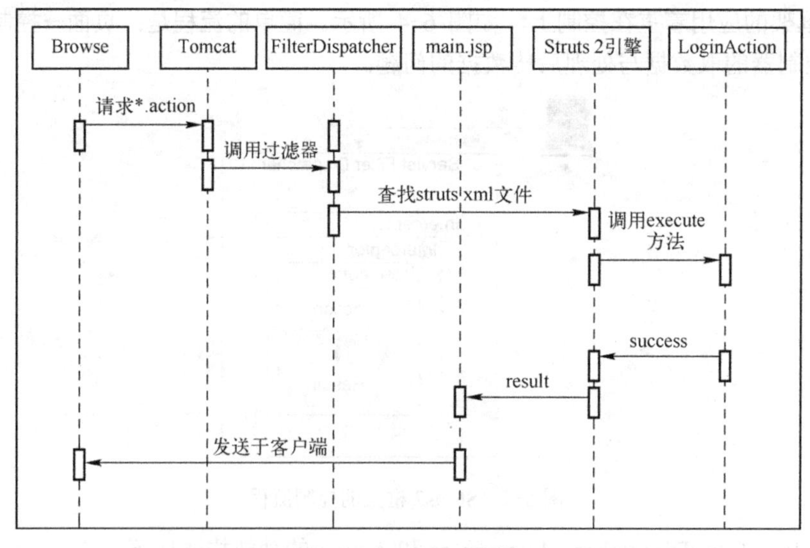

图 6-5 Struts2 时序图

6.3 Struts2 配置文件

6.3.1 Struts2 框架的配置文件

Struts2 框架的配置文件主要包括 5 个：web.xml、struts.xml、struts-

default.xml、struts.properties 和 struts-plugin.xml。Struts2 的核心库包（2.1.8 版本）主要包含了图 6-6 左边共 11 个 jar 文件：

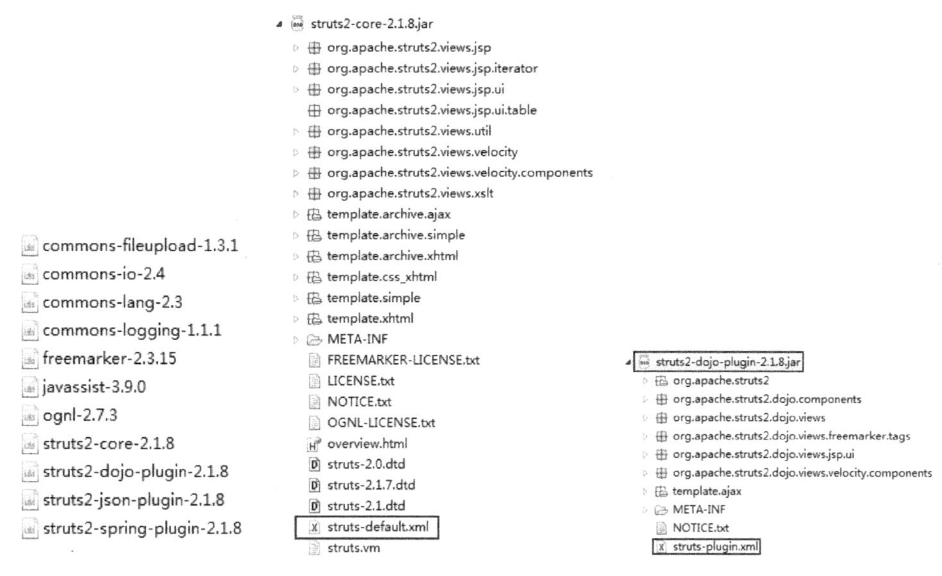

图 6-6　Struts2 的核心库包

2 个 Struts2 配置文件（struts-default.xml 和 struts-plugin.xml）分别包含在图 6-6 右边的 2 个 jar 包中：

- struts-default.xml 包含在 struts2-core-2.1.8.jar 中。
- struts-plugin.xml 包含在 struts2-dojo-plugin-2.1.8.jar 中。

其他 3 个 Struts2 配置文件（web.xml、struts.xml 和 struts.properties）是包含在新建的 Web 工程中的。

6.3.2　web.xml 配置文件

web.xml 是 Web 应用中加载有关 Servlet 信息的重要配置文件，起着初始化 Servlet、Filter 等组件的作用。

通常，所有的 MVC 框架都需要 Web 应用加载一个核心控制器。对于 Struts2 框架，需要加载 FilterDispatcher。Web 应用负责加载 FilterDispatcher，FilterDispatcher 将加载 Struts2 框架。为了让 Web 应用加载 FilterDispatcher，需要在 web.xml 文件中配置 FilterDispatcher。代码如下：

```
<!-- 配置 Struts2 框架的核心 Filter -->
<filter>
    <!-- 配置 Struts2 核心 Filter 的名字 -->
    <filter-name>struts2</filter-name>
    <!-- 配置 Struts2 核心 Filter 的实现类 -->
    <filter-class>org.apache.struts2.dispatcher.FilterDispatcher </filter-class>
</filter>
<!-- 配置 Struts2 核心 Filter 的映射-->
<filter-mapping>
    <!-- 配置 Struts2 的核心 FilterDispatcher 拦截所有用户请求 -->
    <filter-name>struts2</filter-name>
    <url-pattern>/*</url-pattern>
</filter-mapping>
```

配置文件中的 3 个关键元素有：

- <filter>用来指定要加载 Struts2 框架的核心控制器 FilterDispatcher。
- <filter-mapping>用来指定让 Struts2 框架处理用户的哪些请求，<url-pattern>的值为“*”时表示用户的所有请求都使用此框架来处理。
- <filter>与<filter-mapping>都有一个子元素<filter-name>，它们的值必须相同。

📖 FilterDispatcher 是 Struts2.0 到 2.1.2 版本的核心过滤器。
StrutsPrepareAndExecuteFilter 是自 Struts2.1.3 开始就替代了 FilterDispatcher。
如果工程中 Struts 是 2.1.3 之前的版本，用 org.apache.struts2.dispatcher.FilterDispatcher，否则，用 org.apache.struts2.dispatcher.ng.filter.StrutsPrepareAndExecuteFilter。

6.3.3 struts.xml 配置文件

struts.xml 文件是 Struts2 框架的核心配置文件，主要负责管理 Web 应用中的 action 映射，以及该 action 包含的 result 定义和拦截器的配置、bean 的配置、package 的配置等。Struts2 框架允许使用<include>在 struts.xml 中包含其他配置文件。代码如下：

```
<struts>
<!-- Struts2 的 action 都必须配置在 package 里 -->
<package name="default" extends="struts-default">
        <interceptors>
                <interceptor-stack name="mystack"> //定义拦截器栈 mystack
                        <interceptor-ref name="ic1"/>  //定义拦截器 ic1
                        <interceptor-ref name="ic2"/>  //定义拦截器 ic2
                </interceptor-stack>
        </interceptors>
        <!-- 定义一个 HelloWorld，实现类为 zjc.HelloWorld -->
        <action name="HelloWorld" class="zjc.HelloWorld">
                <!-- 配置 action 返回 success 时转入/Hello.jsp 页面 -->
        <result name="SUCCESS">/Hello.jsp</result>
        </action>
</package>
</struts>
```

1. package 元素

通过包（package）的配置，可以实现对某包中的所有 action 统一管理，如权限的限制等。package 元素的主要属性如下。

- name：该属性必须指定，表示包的名称，由于 struts.xml 中可以定义不同的<package>，而且它们之间还可以互相引用，所以必须指定名称。
- extends：该属性是可选的，表示当前定义的包继承其他的包。如果继承了其他包，就可以继承其他包中的 action、拦截器等。

📖 由于包信息的获取是按照配置文件中的先后顺序进行的，所以父包必须在子包之前被定义。

通常应用程序会继承一个名为“struts-default”的内置包，它配置了 Struts2 所有的内置结果类型，该文件包含在 struts2-core-2.1.8.jar 中。struts-default 这个单词不能拼写错误，否则运行时将会报错。

- namespace：该属性是可选的，用来指定一个命名空间，定义命名空间非常简单，只要指定 namespace="/*"即可，其中"*"是我们自定义的。如果直接指定"/"，表示设置命名空间为根命名空间。如果不指定任何 namespace，则使用默认的命名空间，默认的命名空间为""。

当指定了命名空间后，相应的请求也要改变，例如：

```
<action name="login" class="org.action.LoginAction" namespace="/user">
    ...
</action>
```

表单 form 的 action 请求就不能是“login”，而必须改为“user/login”。当 Struts2 接收到请求后，会将请求信息解析为 namespace 名和 action 名两部分，然后根据 namespace 名在 struts.xml 中查找指定命名空间的包，并且在该包中寻找与 action 名相同的配置，如果没有找到，就到默认的命名空间中寻找与 action 名称相同的配置，如果依然没找到，就给出错误信息。

📖 表单<form action="user/login">中的 action="user/login"是不能有斜杠/的，<action namespace="/user">中的 namespace="/user"是要有斜杠/的。

- abstract：该属性是可选的，如果定义该包是一个抽象包，则该包不能包含<action>配置信息，但可以被继承。

📖 在 Struts 2 核心包 struts2-core-2.1.8.jar 中可找到 struts-default.xml 文件。

struts-default.xml 中定义的 struts-default 就是 abstract 抽象的，代码如下：

```
<package name="struts-default" abstract="true">
  <result-types>
    <result-type name="chain" class="com.opensymphony.xwork2.ActionChainResult"/>
    <result-type name="dispatcher" class="org.apache.struts2.dispatcher.ServletDispatcherResult" default=
"true"/>
    <result-type name="freemarker" class="org.apache.struts2.views.freemarker.FreemarkerResult"/>
    <result-type name="httpheader" class="org.apache.struts2.dispatcher.HttpHeaderResult"/>
    <result-type name="redirect" class="org.apache.struts2.dispatcher.ServletRedirectResult"/>
    <result-type name="redirectAction" class="org.apache.struts2.dispatcher.ServletActionRedirectResult"/>
    <result-type name="stream" class="org.apache.struts2.dispatcher.StreamResult"/>
    <result-type name="velocity" class="org.apache.struts2.dispatcher.VelocityResult"/>
    <result-type name="xslt" class="org.apache.struts2.views.xslt.XSLTResult"/>
    <result-type name="plainText" class="org.apache.struts2.dispatcher.PlainTextResult"/>
  </result-types>
  ...
</package>
```

📖 struts-default 中定义许多常用的结果类型 result-type，如 dispatcher、chain、redirect 等。

由于自定义 package 的 extends 属性基本都设置为 struts-default，因此不能拼写错误，否则就无法继承 struts-default，也就不能正确地解析 struts-default 中已定义好的 result-type。

2．action 元素

在 struts.xml 文件中，通过<action>元素对 Action 进行配置。Action 是业务逻辑控制器，负责接收客户端请求，处理客户端请求，并把处理结果返回给客户端。

action 元素的主要属性如下。

- name：该属性是必选属性，用于指定客户端发送请求的地址映射名称。用户可以通过这个 name 的值发送请求，然后交给对应的 class 类来处理。
- class：该属性是可选属性，用于指定 Action 实现类的完整类名。具体处理请求的类，是一个包含包名+类名的 action 类。

📖 客户端每次请求 action 时，Struts2 框架都会创建新的 action 对象，因此 action 对象是一个多实例对象。如果需要客户端每次请求的 action 对象是同一个对象，即 action 对象强制成为单例对象，则必须将 action 对象的 class 属性值设为 Spring 中指定的 bean 对象名。

- method：该属性是可选属性，用于指定调用 action 中的方法名，如果不指定 method 属性，则默认提交给 exceute()方法处理请求。通常，需要为每个 action 指定一个方法，并通过 method 元素来进行配置，这样就可以调用 Action 类中的该方法。

3．result 元素

result 元素的作用是调度视图以决定采用哪种形式呈现给客户端，也就是用来设定 Action 处理结束后，系统下一步将要做什么。

result 元素的主要属性如下。

- name：用于指定 action 的返回名称。
- type：用于指定返回的视图技术，如 jsp、freemaker 等。

result 的常用 type 类型共有 4 种。

（1）dispatcher：转发

默认的结果类型，即内部请求转发，类似于 forward。Struts2 在后台使用 RequestDispatcher()转发请求。

（2）chain：链式

用于把几个相关的 action 连接起来，共同完成一个功能。注意：只能转发到一个 action，而不能是页面。例如：

```
<action name="step1" class="org.action.step1action">
        <result name="success" type="chain">step2.action</result>
</action>
<action name="step2" class="org.action.step2action">
        <result name="success">finish.jsp</result>
</action>
```

（3）redirect：用来重定向到其他页面

在后台使用的 sendRedirect()将请求重定向至指定的 URL。如果要传值的话，可以采用 GET 方式传参，例如：

```
<result name="toWelcome" type="redirect">
        /welcome.jsp?account=${account}
</result>
```

📖 ${account}是一个 EL 表达式。

（4）redirectAction：用来重定向到其他 Action

主要用于重定向到 Action。即请求处理完成后，如果需要重定向到一个 Action，那么使用 redirectAction 类型。redirecAction 有两个参数：actionName（指定需要重定向的 Action）和 namespace（指定 Action 所在的命名空间，如果没有指定该参数，框架会从默认的 namespace 中去寻找）。

第 6 章任务 4

例如，package 包含了 3 个 Action。action1 为 login，action2 为 work，action3 为 rest，代码如下：

```
<package name="default" extends="struts-default">
action1<action name="login" class="org.action.UserAction" method="login">
            result1<result name="success" type="redirectAction">work</result>
            result2<result name="success" type="redirectAction">
                <param name="actionName">rest</param>
                <!-- 指定重定向的 Action 所在的 namespace -->
                <param name="namespace">/user</param>
            </result>
            result3<result name="error" type="redirect">error.jsp</result>
            result4<result name="input" type="dispatcher">login.jsp</result>
        </action>
action2 <action name="work" class="org.action.UserAction" method="work">
        …
        </action>
action3<action name="rest" class="org.action.UserAction" method="rest" namespace="/user">
    …
    </action>
</package>
```

在 login 这个 action1 中，当客户端执行 login.action 时，将执行 org.action.UserAction 类的 login 方法，并且可以有 4 个返回 result 处理：

1）result1：success 返回，重定向到 work 这个 action2。

2）result2：success 返回，重定向到/user 包下的 rest 这个 action3。

3）result3：error 返回，重定向到 error.jsp。

4）result4：input 返回，即输入框中输入非法类型，强制跳转到 login.jsp。

在 work 这个 action2 中，当客户端执行 work.action 时，将执行 org.action.UserAction 类的 work 方法。

在 rest 这个 action3 中，当客户端执行 rest.action 时，将执行 org.action.UserAction 类的 rest 方法，但是该 Action 有 namespace 属性，因此必须在 result2 中设置<param name="namespace">/user</param>。

最后分析 result 元素的 4 种 type 类型的不同点。

chain 是链式的，是从一个 Action 跳转到另外一个 Action，但是 chain 的下一个 Action 可以获得前一个 Action 的请求参数的值。redirectAction 是请求一个新的 Action，不会获取上一个 Action 的参数值。

redirectAction 和 redirect 两者请求路径不同，redirect 带后缀，redirectAction 不带后缀。

例如：

```
<result type="redirect">/a.action?uid=1</result>
<result type="redirectAction">/a?uid=1</result>
```

4．bean 元素

在 struts.xml 中配置 bean 元素，把核心组件的一个实例注入给框架。常用属性包括如下几个。

- class：必需的，用来指定此配置的 bean 对应的实现类。
- name：可选的，用来指定 bean 实例的名字。
- type：可选的，用来指定 bean 实例实现的 Struts2 的规范，若配置的 bean 作为框架的一个核心组件来使用，则应该指定该属性的值。

例如，struts-default.xml 中定义如下一些 bean，代码如下：

```
<struts>
    <bean name="xwork"class="com.opensymphony.xwork2.ObjectFactory"/>
    <bean name="struts" class="org.apache.struts2.impl.StrutsObjectFactory"
        type="com.opensymphony.xwork2.ObjectFactory" />
    <bean name="xwork"class="com.opensymphony.xwork2.DefaultActionProxyFactory"
        type="com.opensymphony.xwork2.ActionProxyFactory"/>
    <bean name="struts" class="org.apache.struts2.impl.StrutsActionProxyFactory"
        type="com.opensymphony.xwork2.ActionProxyFactory"/>
        ...
</struts>
```

6.3.4 struts-default.xml 配置文件

struts-default.xml 文件是 Struts2 框架的基础配置文件，为框架提供默认配置，它定义 Struts2 一些核心的 bean、result type 和拦截器等。在 Struts2 核心包 struts2-core-2.1.8.jar 中可找到 struts-default.xml 文件。

6.3.5 struts.properties 配置文件

struts.properties 文件也是 Struts2 框架核心配置文件之一，用于配置 Struts2 的全局属性。它是一个标准的 properties 文件，该文件包含了系列的 key-value 对象，每个 key 就是一个 Struts2 属性，该 key 对应的 value 就是一个 Struts2 属性值。例如：

```
struts.objectFactory=spring
```

指定当 Struts2 和 Spring 框架集成时，Struts2 中的对象都由 Spring 来生成。

6.3.6 struts-plugin.xml 配置文件

Struts2 定义了插件组件的包空间、拦截器和其他配置常量等。插件文件以 jar 压缩包的形式放置在 Struts2 框架包的 lib 文件夹下，文件名中都包含有-plugin，这些插件包解压后，都会有一个配置文件 struts-plugin.xml 文件。

例如，struts2-dojo-plugin-2.1.8.jar 解压后的 struts-plugin.xml，代码如下：

```
<struts>
        <bean name="sx" class="org.apache.struts2.dojo.views.DojoTagLibrary"
            type="org.apache.struts2.views.TagLibrary" />
</struts>
```

6.4 Struts2 标签库

第 6 章任务 5

1. 什么是 Struts2 标签库

对于一个 MVC 框架而言，重点是实现两部分：业务逻辑控制器和视图页面。Struts2 作为一个优秀的 MVC 框架，也把重点放在了这两方面。控制器主要由 Action 来提供支持，而视图则是由大量的标签来提供支持。

标签是 Struts2 的一个特色，它提供了多个标签库，每个标签库又包含了很多标签。这些标签可以使网页的开发更加简便，或者能在 JSP 中尽可能地减少 Java 代码。

Struts2 标签库是一个比较完善，而且功能强大的标签库，它将所有标签都统一到一个标签库中，从而简化了标签的使用，它还提供主题和模板的支持，极大地简化了视图页面代码的编写，同时它还提供对 Ajax 的支持，大大地丰富了视图的表现效果。

Struts2 标签库使用 OGNL 表达式作为基础，可以通过简单的表达式来访问 Java 对象中的属性，因此对于集合、对象的访问功能非常强大。Struts2 标签库不仅提供了表现层数据处理，而且提供了基本的流程控制功能，以及国际化等功能。

Struts2 标签库不依赖于任何表现层技术，大部分的标签可以在各种表现层技术中使用，例如 JSP 页面、Velocity、FreeMarker 等模板技术中。

📖 常用的 Strus2 标签库包括两种：基本标签库和 dojo 扩展标签库。

---

2. Struts2 基本标签库的使用配置

基本标签库的描述文件 struts-tags.tld 在 struts2-core-2.1.8.jar 压缩文件的 MET-INF 目录下，Struts2 的基本标签的定义都在这个文件中。基本标签库可以在 JSP 中使用，只需通过@taglib 编译指令：<%@ taglib prefix="s" uri="/struts-tags" %>，就可以导入标签库，并在 JSP 中使用 struts-tags.tld 中申明的所有标签。

3. Struts2 dojo 扩展标签库的使用配置

dojo 扩展标签库的描述文件 struts-dojo-tags.tld 在 struts2-dojo-plugin-2.1.8 压缩文件的 MET-INF 目录下，Struts2 的所有 dojo 扩展标签库的定义都在这个文件中。扩展标签库可以在 JSP 中使用，只需通过@taglib 编译指令：<%@ taglib prefix="sx" uri="/struts-dojo-tags" %>，就可以导入标签库，并在 JSP 中使用 struts-dojo-tags.tld 中申明的所有标签。

6.5 Struts2 标签库应用

第 6 章任务 6

6.5.1 标签库分类

Struts2 框架的标签库主要分为用户界面标签（UI 标签）、非用户界面标签两大类，如图 6-7 所示。

1）用户界面标签（UI 标签）：主要用来生成 HTML 元素的标签。

- 表单标签：主要用于生成 HTML 页面的 form 元素以及普通表单元素的标签。
- 非表单标签：主要用于生成页面上的 tree、tab 页等。

2）非用户界面标签（非 UI 标签）：主要用于数据访问、逻辑控制等。

● 数据标签：主要包含用于访问值栈中的值，完成国际化等功能的标签。

● 控制标签：主要包含用于实现分支、循环等流程控制的标签。

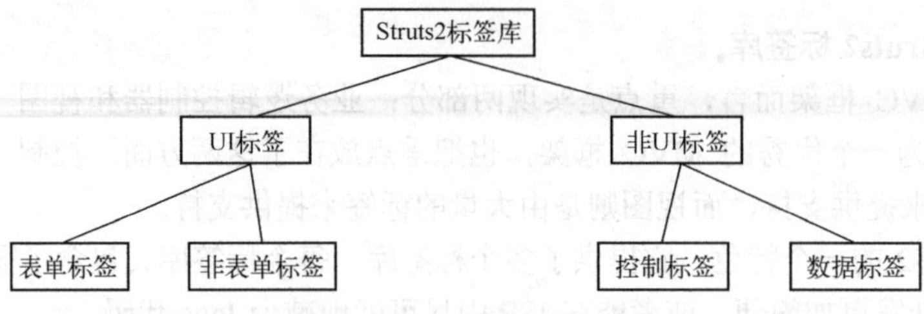

图 6-7　Struts2 框架的标签库

6.5.2　UI 标签——表单标签

UI 表单标签主要包括：表单标签（form）、文本标签（textfield）、密码标签（password）、复选框标签（checkbox）、复选框列表标签（checkboxlist）、选择标签（select）、单选框按钮标签（radio）、多行文本标签（textarea）、组合框标签（combobox）、级联下拉选择框标签（doubleselect）、日历标签（datetimepicker）、自动提示填充组合框标签（autocompleter）、提交按钮标签（submit）等。

表单标签具有一些通用属性，如表 6-1 所示。

表 6-1　表单标签的通用属性

属性名称	描述
name	指定该表单元素的名称，该属性必须与 Action 类中定义的属性相对应
value	指定该表单元素的值
required	指定该表单元素的必填属性
title	指定该表单元素的标题
label	指定表单元素的 label 属性
disabled	指定该表单元素的 disabled 属性
cssClass	指定该表单元素的 class 属性
cssStyle	指定该表单元素的 style 属性，使用 CSS 样式

大部分的表单标签和 HTML 表单元素是一一对应的关系。

例如：

● <s:form action="login.action" method="post"/>对应着：

```
<form action="login.action" method="post"/>
```

● <s:password name="password" label="密码"/>对应着：

```
密码：<input type="password" name="pwd">
```

如果在 Web 工程中有一个 POJO 类，类名为“User”，且该类中有两个属性：一个是 username，另一个是 password，并分别生成它们的 getter 和 setter 方法，则在 JSP 页面的表单中可以这样为表单元素命名：

● <s:textfield name="myuser.username" label="用户名" />

● <s:password name="myuser.password" label="密码"/>

同时，在 Action 类的定义中满足如下 3 点：

- 不需要定义 2 个一般类型（如 String）属性 username 和 password，只需要定义 1 个对象属性 User myuser。
- 当提交表单时，Struts2 将自动调用 setUsername()和 setPassword()方法，给 myuser 对象的 username 和 password 赋值。
- 通过定义 Action 类的对象属性，可以减少 Action 类中一般类型属性的个数。

1．<s:form>标签

form 标签用于定义一个表单，主要包括表 6-2 所示属性。

表 6-2　<s:form>标签的属性

属性名称	数据类型	描述
action	String	要提交到的 Action 的名字
namespace	String	Action 的命名空间
method	String	POST/GET
target	String	框架名/ _blank/ _top 或其他
enctype	String	进行文件上传时设置为 multipart/form-data
theme	String	设置视图的模板，如果不想使用 Struts2 提供的模板，可设置为 theme="simple"

2．<s:textfield>标签

textfield 标签用于定义文本框，如姓名等，主要包括表 6-3 所示属性。

表 6-3　<s:textfield >标签的属性

属性名称	数据类型	描述
maxlength	String	字段可输入的最大长度值
readonly	Boolean	当该属性为 true 时，不能输入
size	String	字段的尺寸

3．<s:password>标签

password 标签用于定义密码输入框，默认输入内容是不显示的，主要包括表 6-4 所示属性。

表 6-4　<s:password>标签的属性

属性名称	数据类型	描述
showPasssword	Boolean	默认是不显示输入内容的
maxlength	String	字段可输入的最大长度值
readonly	Boolean	当该属性为 true 时，不能输入
size	String	字段的尺寸

4．<s:checkbox>标签

checkbox 标签用于定义复选框，可以把它映射为 Boolean 类型的表单属性，主要包括表 6-5 所示属性。

表 6-5　<s:checkbox>标签的属性

属性名称	描述	可取值
indexed	表明是否要为那些被赋值给 name 属性的值建立索引	true 或 false
name	表明由 property 属性指定的属性保存在哪一个作用域变量里。如果 name 属性不存在，则使用其 form 标签的 name 属性值	字符串
property	给出其 form 标签所对应的动作表单里与呈现的 HTML 输入字段相关联的那个属性的名字。请注意，property 属性的值可以被 value 属性重写	字符串
value	一个常数，它将呈现 HTML 单选框的值	字符串

5. <s:checkboxlist>标签

checkboxlist 与 checkbox 标签类似，但可以一次定义多个 checkbox 复选框，主要包括表 6-6 所示属性。

表 6-6　<s:checkboxlist>标签的属性

属性名称	数据类型	描述
list	Collection、Map	要迭代的集合，使用集合中的元素来设置各个选项，如果 list 的属性为 Map，则 Map 的 key 成为选项的 value，Map 的 value 会成为选项的内容
listKey	String	用于指定集合元素中的某个属性作为复选框的 value 。如果集合是 Map，则可以使用 key-value 分别对应 Map 的 key-value 作为复选框的 value
listValue	String	用于指定集合元素中的某个属性作为复选框的标签。如果集合是 Map，则可以使用 key-value 分别对应 Map 的 key-value 作为复选框的标签

例如，下面第一个 list 是集合变量，第二个 list 是 Map 变量：

```
<s:checkboxlist name="fruit" label="请选择你喜欢的水果"
        list="{'apple','oranger','pear','banana'}" ></s:checkboxlist>
<s:checkboxlist name="fruit" label="请选择你喜欢的水果"
        list="#{1:'apple',2:'orange',3:'pear',4:'banana'}" ></s:checkboxlist>
```

第 6 章任务 7

6. <s:select>标签

select 标签用来产生下拉式列表，通过指定 list 属性，系统将会使用 list 属性指定的集合来生成下拉列表框的内容，主要包括表 6-7 所示属性。

表 6-7　<s:select>标签的属性

属性名称	数据类型	描述
list	Collection、Map	要迭代的集合，使用集合中的元素来设置各个选项 option，如果 list 的属性为 Map，则 Map 的 key 成为选项 option 的 value，Map 的 value 成为选项 option 显示值
listKey	String	用于指定集合元素中的某个属性作为复选框的 value 。如果集合是 Map，则可以使用 key-value 分别对应 Map 的 key-value 作为列表框的 value
listValue	String	用于指定集合元素中的某个属性作为复选框的标签。如果集合是 Map，则可以使用 key-value 分别对应 Map 的 key-value 作为列表框的标签
multiple	Boolean	是否多选
size	Integer	显示的选项个数

例如：

```
<s:select label="请选择喜欢的水果"list="{'apple','oranger','pear','banana'}"></s:select>
<s:select label="请选择喜欢的水果" list="#{1:'apple',2:'orange',3:'pear',4:'banana'}"
        listKey="key" listValue ="value"></s:select>
```

7. <s:radio>标签

radio 标签用于表示一个单选框，主要包括表 6-8 所示属性。

表 6-8　<s:radio>标签的属性

属性名称	数据类型	描述
list	Collection、Map	要迭代的集合，使用集合中的元素来设置各个选项，如果 list 的属性为 Map，则 Map 的 key 成为选项的 value，Map 的 value 会成为选项的内容
listKey	String	用于指定集合元素中的某个属性作为单选框的 value 。如果集合是 Map，则可以使用 key-value 分别对应 Map 的 key-value 作为单选框的 value
listValue	String	用于指定集合元素中的某个属性作为单选框的标签。如果集合是 Map，则可以使用 key-value 分别对应 Map 的 key-value 作为单选框的标签

例如：

```
<s:radio label="性别" list="{'男','女'}" name="sex"/>
<s:radio label="性别" list="#{1:'男',0:'女'}" name="sex"/>
```

8. <s:textarea>标签

textarea 标签输出一个多行文本框的表单元素，用来接收用户输入的多行文本数据，主要包括表 6-9 所示属性。

表 6-9　<s:textarea>标签的属性

属性名称	数据类型	描述
cols	Integer	列数
rows	Integer	行数
wrap	Boolean	指定多行文本输入控件是否应该换行

9. <s:combobox>标签

combobox 标签生成一个组合框，即单行文本框和下拉列表框的组合，但两个表单元素只对应一个请求参数，只有单行文本框里的值才包含请求参数，而下拉列表框只是用于辅助输入，并没有 name，也不会产生请求参数。使用该标签，需要指定一个 list 属性，该 list 属性指定的集合将用于生成列表项。主要包括表 6-10 所示属性。

表 6-10　<s:combobox>标签的属性

属性名称	数据类型	描述
list	Collection、Map	用指定的集合内容生成下拉列表项
readonly	Boolean	当该属性为 true 时，不能输入

例如：

```
<s:combobox label="请选择你喜欢的水果" list="{'apple','orange','pear','banana'}"
    name ="fruit"></s:combobox>
```

10. <s:doubleselect>标签

doubleselect 标签提供两个有级联关系的下拉框。用户选中第一个下拉框中的某选项，则第二个下拉框中的选项根据第一个下拉框被选中的某选项内容来决定它自己的下拉框选项内容，产生联动效果。主要包括表 6-11 所示属性。

表 6-11　<s:doubleselect>标签的属性

属性名称	数据类型	描述
name	String	一级下拉菜单的名称
list	Collection map	一级下拉菜单中的下拉列表
listKey	String	一级下拉菜单的属性值
listValue	String	一级下拉菜单的可见属性
doubleValue	Object*	第二个下拉框的表单元素的值
doubleList	Collection	二级下拉菜单中的下拉列表
doubleListKey	String	二级下拉菜单中的属性值
doubleListValue	String	二级下拉菜单中的可见属性
doubleName	String	二级下拉菜单的名称

【例 6-1】 Struts2 下拉框控件使用。

案例要求：实现一个下拉框控件，其中 list 是 Action 返回的一个 List<DataObject>，listKey 和 listValue 用来显示第一级下拉框，doubleList 往往是一个 Map<Integer, List<DataObject>>，其中 Map 中的 Key 值是第一级下拉框的 listKey。

1）新建 Web 工程 DoubleSelectTagTest，添加 Struts2 功能支持，然后新建两个 POJO 类。

- DeviceClass.java，代码如下：

```
package org.model;
public class DeviceClass {
    private int devClassId;
    private String devClassName;
    public int getDevClassId() {
        return devClassId;
    }
    public void setDevClassId(int devClassId) {
        this.devClassId = devClassId;
    }
    public String getDevClassName() {
        return devClassName;
    }
    public void setDevClassName(String devClassName) {
        this.devClassName = devClassName;
    }
}
```

- Device.java，代码如下：

```
package org.model;
public class Device {
    private int devId;
    private String devName;
    private int devClassId;
    public int getDevId() {
        return devId;
    }
    public void setDevId(int devId) {
        this.devId = devId;
```

```
    }
    public String getDevName() {
        return devName;
    }
    public void setDevName(String devName) {
        this.devName = devName;
    }
    public int getDevClassId() {
        return devClassId;
    }
    public void setDevClassId(int devClassId) {
        this.devClassId = devClassId;
    }
}
```

2）新建 StrutsTagAction 类，代码如下：

```
package org.action;
import java.util.ArrayList;
import java.util.HashMap;
import java.util.List;
import java.util.Map;
import org.model.Device;
import org.model.DeviceClass;
import com.opensymphony.xwork2.ActionSupport;
public class StrutsTagAction extends ActionSupport {
    //< >是泛型，也称模板
    private Map<Integer, List<Device>> devMap;
    private List<DeviceClass> devClassList;

    public Map<Integer, List<Device>> getDevMap() {
        return devMap;
    }
    public void setDevMap(Map<Integer, List<Device>> devMap) {
        this.devMap = devMap;
    }
    public List<DeviceClass> getDevClassList() {
        return devClassList;
    }
    public void setDevClassList(List<DeviceClass> devClassList) {
        this.devClassList = devClassList;
    }
    // 为 devMap 和 devClassList 准备内存数据
    public void makeData(){
        devClassList = new ArrayList<DeviceClass>();
        DeviceClass devClass = new DeviceClass();
        devClass.setDevClassId(1);
        devClass.setDevClassName("办公设备");
        devClassList.add(devClass);
        devClass = new DeviceClass();
        devClass.setDevClassId(2);
        devClass.setDevClassName("生活设备");
        devClassList.add(devClass);
        devMap = new HashMap<Integer, List<Device>>();
        List<Device> devList = new ArrayList<Device>();
```

```
            Device dev = new Device();
            dev.setDevClassId(1);
            dev.setDevId(1);
            dev.setDevName("打印机");
            devList.add(dev);
            dev = new Device();
            dev.setDevClassId(1);
            dev.setDevId(2);
            dev.setDevName("扫描仪");
            devList.add(dev);
            // 在 devMap 中新增第一个键名-键值对
            devMap.put(1, devList);
            devList = new ArrayList<Device>();
            dev = new Device();
            dev.setDevClassId(2);
            dev.setDevId(3);
            dev.setDevName("吹风机");
            devList.add(dev);
            dev = new Device();
            dev.setDevClassId(2);
            dev.setDevId(4);
            dev.setDevName("微波炉");
            devList.add(dev);
            // 在 devMap 中新增第二个键名-键值对
            devMap.put(2, devList);
        }
        public String doubleSelectTagActionMethod(){
            makeData();
            return "success";
        }
    }
```

3）新建 doubleSelectTag.jsp，代码如下：

```
<%@page pageEncoding="utf-8"%>
<%@taglib uri="/struts-tags" prefix="s"%>
<html>
<head></head>
<body>
<s:form action="doubleSelectTagAction">
    <s:doubleselect
      name="devClassId" list="devClassList" listKey="devClassId" listValue="devClassName"
      doubleName="devId" doubleList="devMap.get(top.devClassId)"
      doubleListKey="devId" doubleListValue="devName" />
</s:form>
<s:debug/>
</body>
</html>
```

📖 为了让联动生效，必须将<s:doubleselect>标签放入到<s:form>标签中，且指定 action 属性为 struts.xml 中的 doubleselectTagAction。

s:doubleselect 中的 9 个数据属性如下。

- name：第一个下拉列表的名称，name="devClassId"指明了第一个下拉列表名称 devClassId，该名字要在 devMap.get(top.devClassId)中引用到。
- list：指定用于输出第一个下拉列表框中选项的集合。list="devClassList"是将 StrutsTagAction 类中的 devClassList 作为第一个下拉列表选项。
- listKey：指定集合元素中的某个属性作为第一个下拉列表框的 value。listKey= "devClassId"是将 devClassId 作为第一个下拉列表的值，在提交该表单时，参数名就是 devClassId，值为 listKey 的值，如“devClassId=1”。
- listValue：指定集合元素中的某个属性作为第一个下拉列表框的显示值。listValue= "devClassName"用设备分类名称作为下拉列表显示出来的值。
- doubleName：第二个下拉列表的名称。
- doubleList：指定用于输出第二个下拉列表框中选项的集合。doubleList="devMap.get（top.devClassId)"是将 devMap 的值（即设备）作为第二个下拉列表选项。
- doubleListKey：指定集合元素中的某个属性作为第二个下拉列表框的 value。doubleListKey="devId"是将设备编号 devId 作为第二个下拉列表的值。
- doubleListValue：指定集合元素中的某个属性作为第二个下拉列表框的标签。doubleListValue="devName"用设备名称作为下拉列表显示出来的值。
- devMap.get(top.devClassId)，其中 top 代表 list 即 devClassList 当前选中的对象，所以 top.devClassId 对应的就是当前选中的对象 Item 的 ID，devMap.get(top.devClassId)即根据当前选中的对象 Item 中的 ID 来取出第二级下拉列表框的数据集合。

4）设置 struts.xml 文件，代码如下：

```
<?xml version="1.0" encoding="UTF-8" ?>
<struts>
<package name="default" extends="struts-default">
    <action name="doubleselectTagAction" class="org.action.StrutsTagAction"
                method="doubleselectTagActionMethod">
            <result name= "success">/doubleselectTag.jsp</result>
    </action>
</package>
</struts>
```

5）运行工程，执行 http://127.0.0.1:8080/StrutsTagTest/doubleselectTagAction，运行结果如图 6-8 所示。

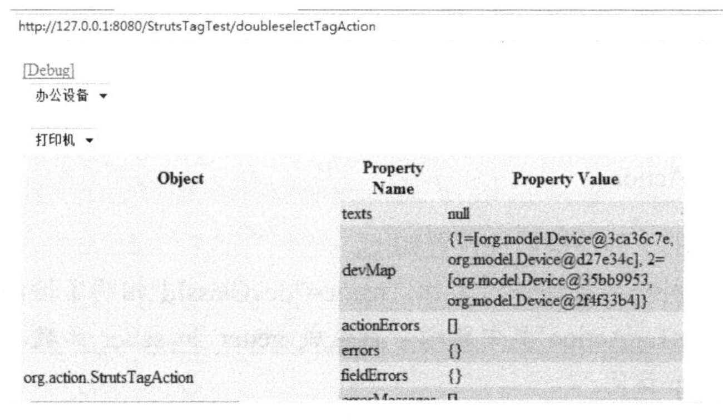

图 6-8　运行结果

11. <sx:datetimepicker>标签

datetimepicker 标签是 Struts2 的 dojo ajax 扩展标签，它是一个日期时间选择器组件。该组件将呈现一个文本框和一个相邻的日历图标，单击日历图标则会弹出日历对话框。主要包括表 6-12 所示属性。

表 6-12 <sx:datetimepicker>标签的属性

属性名称	数据类型	描述
displayFormat	String	日期/时间的格式设置属性

例如：

```
<%@ taglib prefix="sx" uri="/struts-dojo-tags"%>
<sx:head parseContent="true"/>
<sx:datetimepicker label="出生日期" name="birthday" displayFormat="yyyy-MM-dd"/>
```

12. <sx:autocompleter>标签

autocompleter 是一个自动提示填充组合框，在用户输入文本框会自动提示下拉的提示菜单。

【例 6-2】 Struts2 自动提示填充组合框控件使用。

案例要求：实现一个自动提示填充组合框控件。

（1）在工程 StrutsTagTest 中，新增 autocompleterTag.jsp 和 result.jsp

1）autocompleterTag.jsp 代码如下：

```
<%@page pageEncoding="utf-8"%>
<%@taglib uri="/struts-dojo-tags" prefix="sx"%>
<%@taglib uri="/struts-tags" prefix="s"%>
<html>
<sx:head/>
<head></head>
<body>
<s:url id="test" value="resultAction" />
<s:form action="%{test}" method="post">
    <sx:autocompleter
      name="devClassId" list="devClassList" listKey="devClassId" listValue="devClassName"
      label="请选择设备列表"   autoComplete="false" showDownArrow="true"/>
    <s:submit value="提交"/>
    <s:debug/>
    </s:form>
</body>
</html>
```

📖 为了将选择的结果显示到 result.jsp 中，需要新增表单 s:form，且指定 action 属性为 struts.xml 中的 resultAction。

sx:autocompleter 中的下列关键属性设置如下。

- name：自动输入补全列表控件的名称，name="devClassId"指明了控件名称 devClassId，该名字要在 StrutsTagAction 类中新增，且生成 getter 和 setter 函数，这样才能被放入值栈，并被 result.jsp 访问。
- list：指定用于输出下拉列表框中选项的集合。list="devClassList"是将 StrutsTagAction 类中的 devClassList 作为下拉列表选项。

- listKey：指定集合元素中的某个属性作为下拉列表框的 value。listKey="devClassId"是将 devClassId 作为下拉列表的值，在提交该表单时，参数名就是 devClassId，值为 listKey 的值，如"devClassId=1"。
- listValue：指定集合元素中的某个属性作为下拉列表框的显示值。listValue="devClassName" 用设备分类名称作为下拉列表显示出来的值。
- autoComplete：是否启用自动完成功能。自动完成允许浏览器对字段的输入，是基于之前输入过的值。
- showDownArrow：是否显示下拉箭头。

2）result.jsp 代码如下：

```
<%@page pageEncoding="utf-8"%>
<%@taglib uri="/struts-tags" prefix="s"%>
<html>
<head></head>
<body>
    <s:property value="devClassId"/>
</body>
</html>
```

📖 s:property 标签将显示值栈中变量 devClassId 的值。

（2）在工程 StrutsTagTest 中，修改 StrutsTagAction 类，新增属性和方法，代码如下：

```
private String devClassId;
public String getDevClassId() {
    return devClassId;
}
public void setDevClassId(String devClassId) {
    this.devClassId = devClassId;
}
public String autocompleterTagActionMethod(){
    makeData();
    return "success";
}
public String resultActionMethod(){
    return "success";
}
```

📖 新增值栈变量 devClassId，并生成 getter 和 setter 函数。新增 autocompleterTagActionMethod 和 resultActionMethod 方法，供 struts.xml 中的两个 action 调用。

（3）修改 struts.xml，新增两个 action（autocompleterTagAction 和 resultAction）
代码如下：

```
<action name="autocompleterTagAction" class="org.action.StrutsTagAction" method="autocompleterTag
ActionMethod">
    <result name="success">/autocompleterTag.jsp</result>
</action>
<action name="resultAction" class="org.action.StrutsTagAction" method="resultActionMethod">
    <result name= "success">/result.jsp</result>
</action>
```

运行工程，运行结果如图 6-9 和图 6-10 所示。

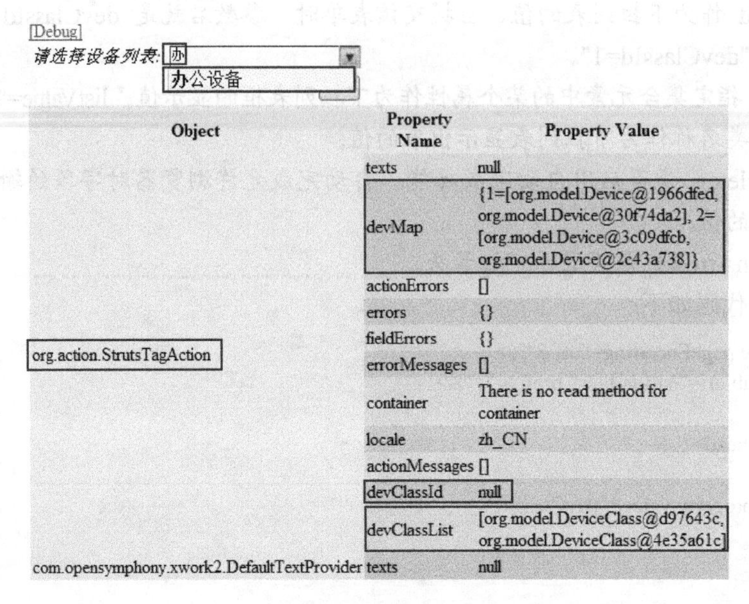

图 6-9　选择设备列表

http://127.0.0.1:8080/StrutsTagTest/resultAction.action

办公设备

图 6-10　运行结果

📖 在 sx:autocompleter 标签中输入部分文字，下拉列表框将提示匹配的字符串。
通过 s:debug 标签可以在页面中查看值栈中的变量，如 devMap、devClassList 和 devClassId 的值。

13．<s:submit>标签

s:submit 是一个表单提交按钮，value 值是按钮的标题，例如：

```
<s:submit id="submit" value="提交" />
```

6.5.3　UI 标签——非表单标签

非表单标签主要用于在页面中生成一些非表单的可视化元素，如表 6-13 所示。

表 6-13　非表单标签

标签名称	描述
<s:a>	生成超链接
<s:div>	生成一个 div 片段
<s:tablePanel>	生成 HTML 页面的 Tab 页
<s:tree>	生成一个树形结构
<s:treenode>	生成树形结构的节点

【例 6-3】 Struts2 非表单标签使用。

案例要求：实现非表单标签。

1）新增一个网页 nonFormTag.jsp，代码如下：

```
<%@page pageEncoding="utf-8"%>
<%@taglib prefix="s" uri="/struts-tags"%>
<%@taglib prefix="sx" uri="/struts-dojo-tags"%>
<html>
<sx:head />
<head>
</head>
<body>
    <s:a href="userAction.action?user.id=%{id}">编辑</s:a>
    <sx:tree id="a" label="浙江">
        <sx:treenode id="aa" label="杭州">
            <sx:treenode id="bbb1" label="西湖区" />
            <sx:treenode id="bbb2" label="拱墅区" />
        </sx:treenode>
        <sx:treenode id="bb" label="绍兴" />
        <sx:treenode id="cc" label="宁波" />
    </sx:tree>
    <sx:tabbedpanel id="tab1">
        <sx:div label="杭州">浙江大学</sx:div>
        <sx:div label="宁波">宁波大学</sx:div>
        <sx:div label="金华">浙江师范大学</sx:div>
    </sx:tabbedpanel>
</body>
</html>
```

2）运行工程，页面显示效果如图 6-11 所示。

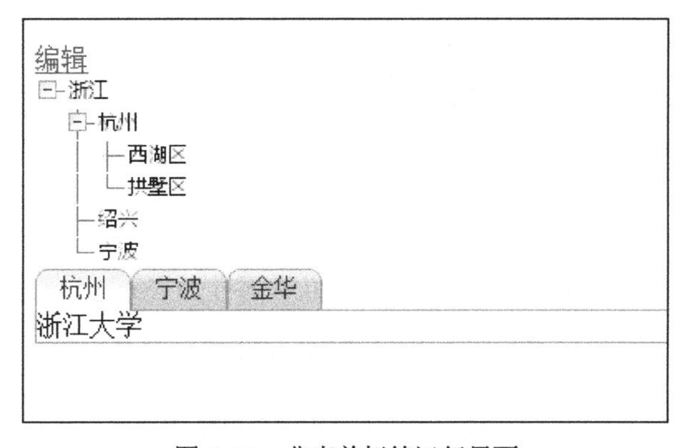

图 6-11　非表单标签运行界面

6.5.4　非 UI 标签——数据标签

数据标签属于非 UI 标签，主要用于提供各种数据访问相关的功能，数据标签类型如表 6-1 所示。

表 6-14　数据标签类型

标签名称	描述
property	用于输出某个值
set	用于设置一个新变量
param	用于为其他标签提供参数
action	用于在 JSP 页面直接调用一个 Action
include	用于在 JSP 页面中包含其他的 JSP 或 Servlet 资源
url	用于生成一个 URL 地址
head	用于在 HTML 页面的 head 部分插入 JavaScript 代码
debug	用于显示调试结果中的“值栈”内容

1．<s:property>标签

property 标签的作用是输出指定值。property 标签输出 value 属性指定的值。如果没有指定的 value 属性，则默认输出值栈栈顶的值。该标签属性如图 6-15 所示。

表 6-15　<s:property>标签的属性

属性名称	描述
default	显示默认值
escape	指定是否 escape HTML 代码
value	指定需要输出的属性值，如果没有指定该属性，则默认输出值

例如，在 JSP 页面中显示上下文环境 request 中 name 变量：

```
<s:property value="#request.name"/>
```

下面代码展示了 property 标签访问存储于 session 中的 user 对象的多个字段：

```
<s:property value="#session['user'].username"/>
<s:property value="#session['user'].age"/>
<s:property value="#session['user'].address"/>
<s:set name="user" value="#session['user'] " />
<s:property value="#user.username"/>
<s:property value="#user.age" />
<s:property value="#user.address" />
```

2．<s:set>标签

set 标签用于将复杂格式的变量进行简化。该标签属性如表 6-16 所示。

表 6-16　<s:set>标签的属性

属性名称	描述
name	指定重新生成新变量的名字
value	原变量的名字

例如，可以新增栈变量，如 foobar 变量：

```
<s:set name="foobar" value="#{'foo1':'bar1', 'foo2':'bar2'}" />
```

3．<s:param>标签

param 标签主要用于为其他标签提供参数，该标签属性如表 6-17 所示。

表 6-17　<s:param>标签的属性

属性名称	描述
name	指定需要设置参数的参数名
value	指定需要设置参数的参数值

例如，要为 name 为 fruit 的参数赋值：

```
<s:param name= "fruit">apple</s:param>
```

或者：

```
<s:param name="fruit" value="apple" />
```

4. <s:action>标签

action 标签可以允许在 JSP 页面中直接调用 Action。该标签属性如表 6-18 所示。

表 6-18　<s:action>标签的属性

属性名称	描述
name	指定该标签调用哪个 Action
namespace	指定该标签调用的 Action 所在的 namespace
executeResult	指定是否要将 Action 的处理结果页面包含到本页面。如果值为 true，就是包含；为 false 就是不包含，默认为 false
ignoreContextParam	指定该页面中的请求参数是否需要

5. <s:include>标签

include 标签用于将一个 JSP 页面或一个 Servlet 包含到本页面中。该标签属性如表 6-19 所示。

表 6-19　<s:include>标签的属性

属性名称	描述
value	指定需要被包含的 JSP 页面或 Servlet

例如

```
<s:include value="JSP 或 Servlet 文件" />
```

6. <s:url>标签

url 标签生成一个 url 地址，可以通过 url 标签制定的<s:param>子元素向 url 地址发送请求参数，例如在 index.jsp 中输入，如下代码：

```
<s:url id="url" action="login">
    <s:param name="id" value="123"/>
    <s:param name="password" value="456"/>
</s:url>
<!--使用上面定义的 url-->
<s:a href="%{url}">测试连接</s:a>
```

运行工程后，执行 index.jsp，Tomcat 将替换上面的<s:url>等内容，并生成新的页面代码：

```
<a href="/StrutsTagTest/login.action?id=123&password=456">测试连接</a>
```

7. <s:head>标签

head 标签主要用于在 HTML 页面的 head 部分插入 JavaScript 代码，例如在 head 部分插入 Ajax 框架 dojo 的配置文件。

在使用<sx:datetimepicker>标签时，必须要在 head 中加入该标签，主要原因是<sx:datetimepicker>标签中有一个日历小控件，其中包含了 JavaScript 代码，所以要加入该标签。

8. <s:debug>标签

debug 标签用于显示调试结果中的“值栈”内容。Struts2 提供了一个非常好的调试方法，就是在页面上添加一个 debug 标签，它会自动帮我们将值栈信息显示在页面上。

第 6 章任务 8

6.5.5 非 UI 标签——控制标签

控制标签主要用于完成流程控制，以及对值栈的控制，控制标签类型如表 6-20 所示。

表 6-20 控制标签类型

标签名称	描述
if	用于控制选择输出的标签
elseif	用于控制选择输出的标签，必须和 if 标签结合使用。一个 if 可以与多个 elself 结合使用
else	用户控制选择输出的标签，必须和 if 标签结合使用。一个 if 只能与一个 else 结合使用
append	用于将多个集合拼接成一个新的集合
generator	用于将一个字符串按指定的分隔符分隔成多个字符串，临时生成的多个子字符串可以使用 iterator 标签来迭代输出
iterator	用于将集合迭代输出
merge	用于将多个集合拼接成一个新的集合，但与 append 的拼接方式不同
sort	用于对集合进行排序
subset	用于截取集合的部分元素，形成新的子集合

1. <s:if>/<s:elseif>/<s:else>标签

这 3 个标签可以组合使用，但只有 if 标签可以单独使用，而 elseif 和 else 标签必须与 if 标签结合使用。if 标签可以与多个 elseif 标签结合使用，但只能与一个 else 标签结合使用。属性如表 6-21 所示。

表 6-21 <s:if>/<s:elseif>/<s:else>标签的属性

属性名称	数据类型	描述
test	boolean	决定标签里的内容是否显示的表达式
id	Object/String	用来标识元素的 id。在 UI 和表单中为 HTML 的 id 属性

例如，判断栈变量 devClassList 长度是否大于 0，设备分类号是否为 1，代码如下：

```
<s:if test="devClassList.size()>0">
    <s:iterator value="devClassList" id="devClass">
        <table border=1>
            <tr>
                <td>
                    <s:if test="#devClass.devClassId==1">办公设备</s:if>
                            <s:elseif test="#devClass.devClassId==2">生活设备</s:elseif>
```

```
                        <s:else>其他设备</s:else>
                    </td>
                </tr>
            </table>
        </s:iterator>
    </s:if>
```

2．<s:iterator>标签

该标签主要用于对集合进行迭代，这里的集合包含 List、Set，也可以对 Map 类型的对象进行迭代输出。该标签的属性如表 6-22 所示。

表 6-22　<s:iterator>标签的属性

属性名称	描述
value	指定被迭代的集合，被迭代的集合通常都由 OGNL 表达式指定。如果没有指定该属性，则使用值栈栈顶的集合
id	指定集合元素的 id，类似于游标、循环变量
status	指定迭代时的 IteratorStatus 实例，通过该实例可判断当前迭代元素的属性。如果指定该属性，其实例包含如下几个方法： int getCount()：返回当前迭代了几个元素。 int getIndex()：返回当前被迭代元素的索引。 boolean isEven：返回当前被迭代元素的索引元素是否是偶数。 boolean isOdd：返回当前被迭代元素的索引元素是否是奇数。 boolean isFirst：返回当前被迭代元素是否是第一个元素。 boolean isLast：返回当前被迭代元素是否是最后一个元素

在处理集合类数据的时候，iterator 标签是强有力的工具，通过这个遍历器可以遍历 Java 中几乎所有的集合类型，包括 Collection、Map、Enumeration、Iterator 以及 Array。同时其 status 属性为构造美观的表格提供了帮助。

例如，打印 List 对象代码如下：

```
<table border="1" width=200>
        <s:iterator value="{'苹果','香蕉','橘子','香梨'}" id="fruit" status="st">
            <tr <s:if test="#st.even">style="background-color:silver"</s:if>>
            <td><s:property value="fruit"/></td>
            </tr>
        </s:iterator>
</table>
```

例如，打印 Map 对象代码如下：

```
<table border="1">
    <tr>
        <td>设备分类名</td>
        <td>设备编号</td>
        <td>设备名称</td>
    </tr>
    <s:iterator value="devMap" id="devList">
        <s:iterator value="#devList.value" id="dev">
            <tr>
                <td><s:if test="#dev.devClassId == 1">办公设备</s:if>
                    <s:else>生活设备</s:else>
                </td>
                <td><s:property value="#dev.devId" /></td>
                <td><s:property value="#dev.devName" /></td>
```

```
                </tr>
            </s:iterator>
        </s:iterator>
    </table>
```

运行结果如图 6-12 所示。

苹果
香蕉
橘子
香梨

设备分类名	设备编号	设备名称
办公设备	1	打印机
办公设备	2	扫描仪
生活设备	3	吹风机
生活设备	4	微波炉

图 6-12　运行结果

3．<s:append>标签

append 标签被用来组合几个迭代器（以列表或映射创建）成为一个单一的迭代器。该标签通常要和<s:param>标签配对使用。

例如：

```
    <s:append id="newList">
            <s:param value="{'苹果','香蕉','橘子','香梨'}"/>
            <s:param value="{'车厘子','蛇果','莲雾'}"/>
    </s:append>
     append 方式：<br>
    <table border="1" width="200">
    <s:iterator value="#newList" id="fruit" status="st">
    <tr <s:if test="#st.even">style="background-color:silver"</s:if>>
            <td><s:property value="fruit"/></td>
            </tr>
            </s:iterator>
    </table>
```

4．<s:merge>标签

merge 标签用来合并几个迭代器（由列表或映射创建）成为一个迭代器。假设有 2 个集合，第一个集合包含 3 个元素，第二个集合包含 2 个元素，分别用 append 标签和 merge 标签方式进行拼接，它们产生新集合的方式有所区别，下面分别列出。

用 append 方式拼接，新集合元素顺序为：

- 第 1 个集合中的第 1 个元素。
- 第 1 个集合中的第 2 个元素。
- 第 1 个集合中的第 3 个元素。
- 第 2 个集合中的第 1 个元素。

用 merge 方式拼接，新集合元素顺序为：

- 第 1 个集合中的第 1 个元素。
- 第 2 个集合中的第 1 个元素。
- 第 1 个集合中的第 2 个元素。
- 第 2 个集合中的第 2 个元素。
- 第 1 个集合中的第 3 个元素。

例如：

```
<s:merge id="newList">
    <s:param value="{'苹果','香蕉','橘子','香梨'}"/>
    <s:param value="{'车厘子','蛇果','莲雾'}"/>
</s:merge>
 merge 方式：<br>
<table border="1" width="200">
<s:iterator value="#newList" id="fruit" status="st">
<tr <s:if test="#st.even">style="background-color:silver"</s:if>>
    <td><s:property value="fruit"/></td>
    </tr>
    </s:iterator>
</table>
```

运行结果如图 6-13 所示。

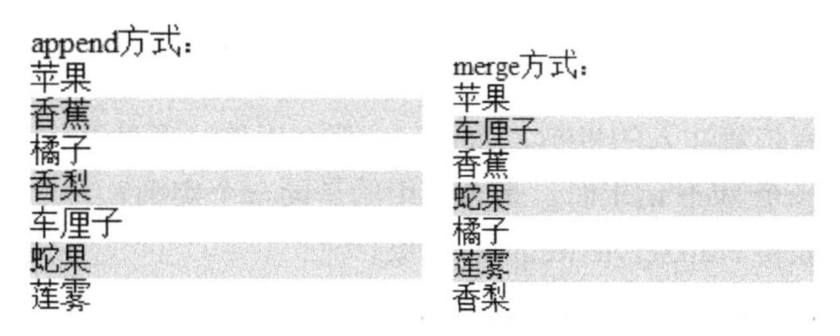

图 6-13　append 和 merge 两种标签实例运行界面

6.6　EL 表达式

第 6 章任务 9

EL（Expression Language）是为了使 JSP 写起来更加简单，它的出现让 Web 的显示层发生了大的变革。EL 是为了便于存取数据而定义的一种语言，在 JSP 2.0 之后成为一种标准。

1．EL 语法结构

EL 语法结构为${expression}，它必须以"${"开始，以"}"结束。其中间的 expression 部分就是具体表达式的内容。EL 表达式可以作为元素属性的值，也可以在自定义或者标准动作元素的内容中使用，但是不可以在脚本元素中使用。EL 表达式可适用于所有的 HTML 和 JSP 标签。

如果用户需要访问值栈中的对象，则可以通过如下代码访问值栈中的属性：

```
${student.name}                    // 获得值栈中的 student 对象的 name 属性
```

2．[]与.运算符

EL 提供(.)和([])两种运算符来存取数据，即使用点运算符(.)和方括号运算符([])。点运算符和方括号运算符可以实现某种程度的互换，如${student.name}等价于${student ["name"]}。

当要存取的属性名称中包含一些特殊字符，如.或?等并非字母或数字的符号时，就一定要使用[]。例如${student.name }应当改为${student["name"] }。

如果要动态取值，就可以用[]来做，而.无法做到动态取值。

例如，${session.student[data]}中 data 是一个变量。

3．变量访问

EL 存取变量数据的方法很简单，例如${student.name}，它的意思是取出某一范围中 student 变量的 name 属性。

下面的实例是一个简单的 EL 表达式，代码如下：

```
<%@ page contentType="text/html; charset=UTF-8"%>
<html>
		<body>
			${stuno + 1} <br>
		</body>
</html>
```

这个实例将在 JSP 页面显示"1"。EL 表达式必须以"${XXX}"来表示，其中"XXX"部分就是具体表达式内容，"${}"将这个表达式内容包含在其中，作为 EL 表达式的定义。

6.7 思考与练习

1）Struts2 的标签都有哪些？

2）Struts2 中是否有依赖注入的机制？如果有，那么用的是哪种？

3）Struts2 处理每一个 Web 请求时，是否使用的是同一个实例？

第 6 章任务 10

4）Struts2 中如何获得 HttpServletRequest 对象？

5）Struts2 如何取得消息资源文件的信息。

6）Struts2 是如何启动的？

7）Struts2 框架的核心控制器是什么？它有什么作用？

8）Struts2 默认能解决 get 和 post 提交方式的乱码问题吗？

9）简述 struts2 配置文件的加载顺序。

第 6 章任务 11

10）Struts2 是如何管理 action 的？这种管理方式有什么好处？

11）什么是 OGNL 表达式？

12）OGNL 在 Struts2 中是如何使用的？

第 7 章　Struts2 基础案例

本章讲解 3 个 Struts2 应用基础案例，应用案例 1 是 Struts2 框架的简单实例开发，应用案例 2 是一个乘法运算的案例开发。

7.1　应用案例 1：Struts2 简单实例开发

第 7 章任务 1

1．新建 Web 工程

新建 Web 工程，设置工程名为“Struts2Example”，并生成 Web 工程（Java EE version 要选择“JavaEE 5”），如图 7-1 所示。

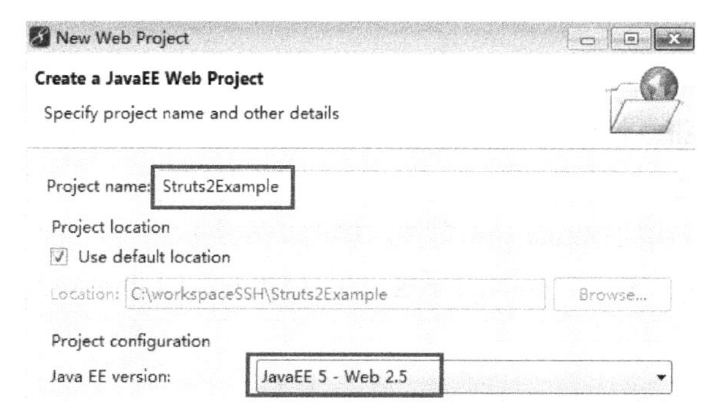

图 7-1　新建 Web 工程

2．添加 Struts2 的功能支持

选中 Struts2Example 工程，然后单击菜单项 MyEclipse→Project Facets[Capabilities]→Install Apache Struts(2.x) Facet，如图 7-2 所示。

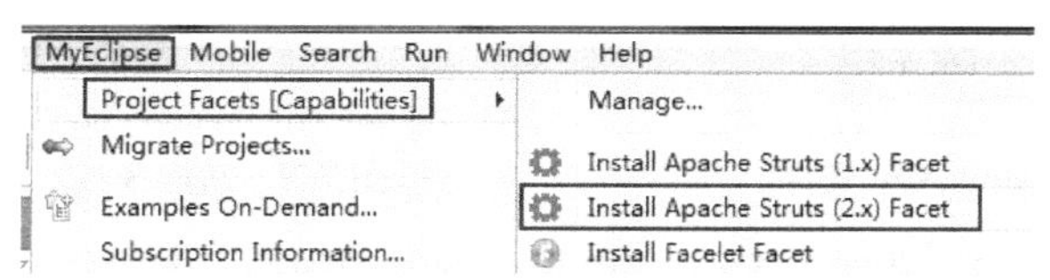

图 7-2　添加 Struts2 的功能支持

默认选择添加 2.1 版本的 Struts 框架，然后选择 url-patter 为/*（也就是对所有的网页都执行过滤操作，其中 Struts2 是一个 Servlet），如图 7-3 和图 7-4 所示。

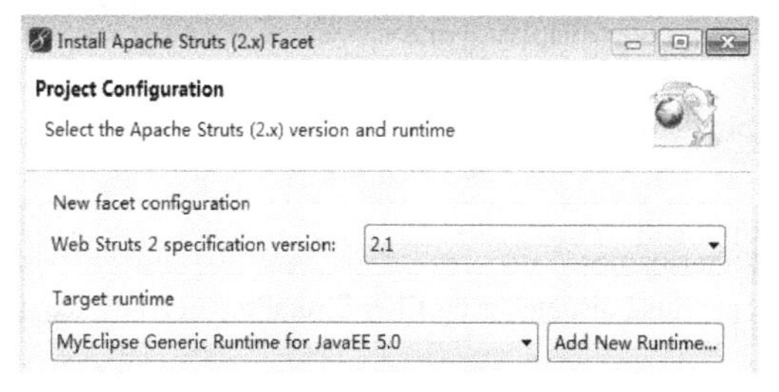

图 7-3　添加 2.1 版本

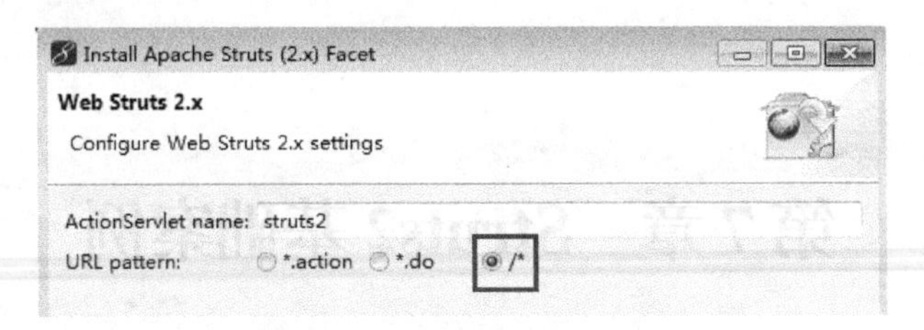

图 7-4　选择 url-patter 为/*

默认添加 Struts2.1 的核心库包（Core 项打勾），如图 7-5 所示。

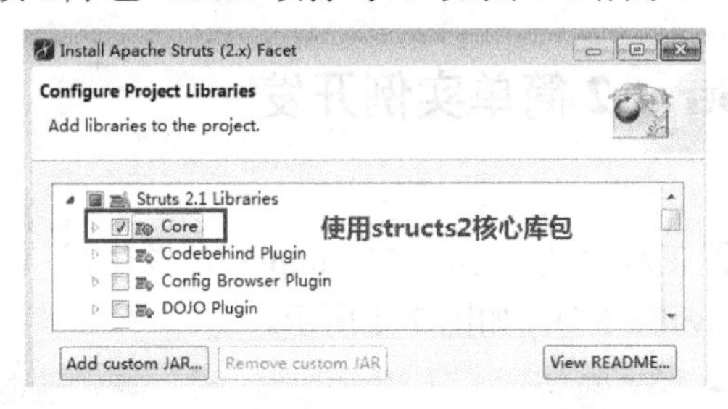

图 7-5　添加 Struts2.1 的核心库包

此时将生成支持 Struts2 框架的 Web 工程。

该工程有下面 3 处地方出现变化：

1）在 src 目录下，新增了 struts.xml 文件，如图 7-6 所示。

2）在工程中，新增了 Struts2 框架的库包引用（Struts 2.1 Libraries），如图 7-7 所示。

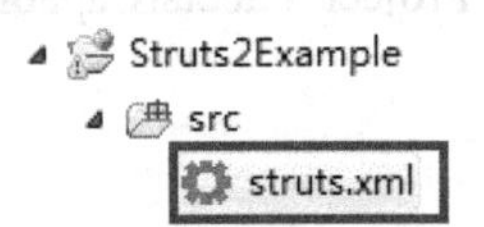

图 7-6　新增 struts.xml 文件

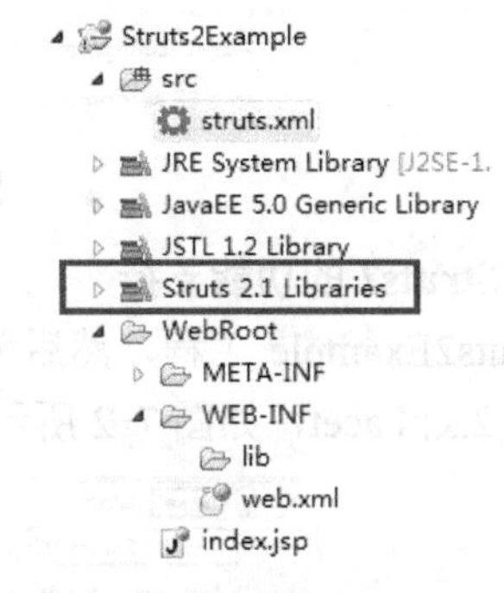

图 7-7　新增 Struts2 框架的库包引用

3）在 web.xml 文件中，新增了 Struts2 框架过滤器的说明（波浪线部分），代码如下：

```
<?xml version="1.0" encoding="UTF-8"?>
<web-app xmlns:xsi="http://www.w3.org/2001/XMLSchema-instance"
xmlns="http://java.sun.com/xml/ns/ Java EE" xsi:schemaLocation="http://java.sun.com/xml/ns/Java EE
http://java.sun.com/xml/ns/Java EE/web-app_2_5.xsd" id="WebApp_ID" version="2.5">
<display-name>Struts2Example</display-name>
<welcome-file-list>
<welcome-file>index.html</welcome-file>
</welcome-file-list>
<filter>
<filter-name>struts2</filter-name>
<filter-class>org.apache.struts2.dispatcher.ng.filter.StrutsPrepareAndExecuteFilter
</filter-class>
</filter>
```

```
<filter-mapping>
<filter-name>struts2</filter-name>
<url-pattern>/*</url-pattern>
</filter-mapping>
</web-app>
```

3．新建 hello.jsp

在 WebRoot 目录下新建 hello.jsp，然后利用 MyEclispse 自带的网页设计工具，单击左向箭头，然后选择“HTML4.0”标签库，如图 7-8 所示。

图 7-8　利用 MyEclispse 自带的网页设计工具，并选择 HTML4.0 标签库

对该页面做如下修改，如图 7-9 所示。

1）action：hello.action（action 属性中不能有/，即不能是/hello.action）。

2）method：post。

3）按钮 value：提交。

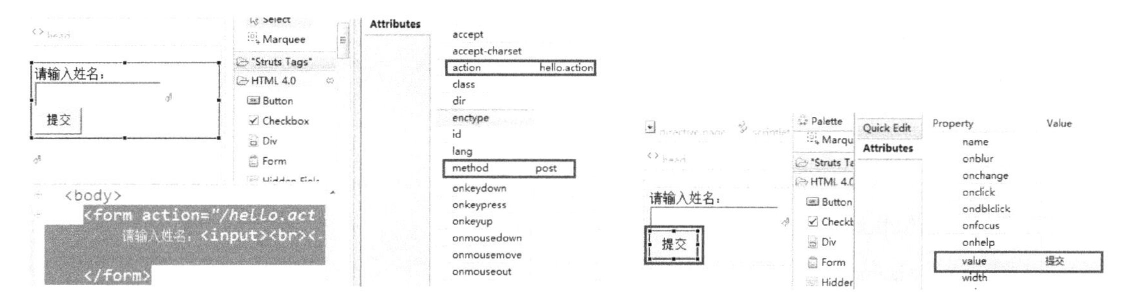

图 7-9　页面属性设置

hello.jsp 的代码如下：

```
<%@page pageEncoding="utf-8"%>
<html>
<head>
</head>
<body>
  <form action="hello.action" method="post">
    请输入姓名：<input type="text" name="nameABC"><br>
    <input type="submit" value="提交">
  </form><br>
</body>
</html>
```

4．新建 Action 实现类

在工程的 src 处单击右键，选择新建 Class（设置包名：org.action，类名：StrutsAction，父类：ActionSupport），如图 7-10 所示。

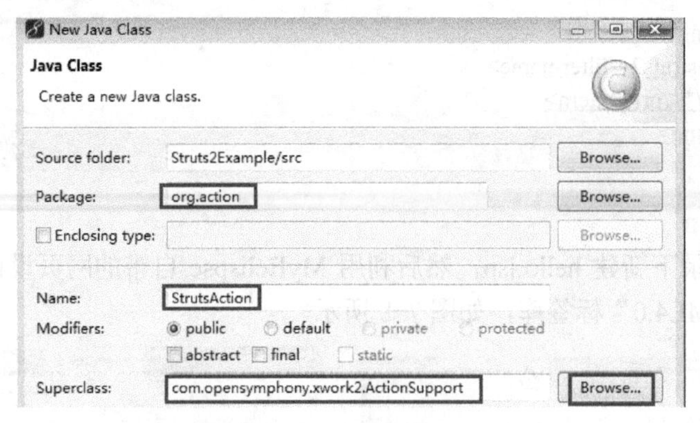

图 7-10　新建 Action 实现 StrutsAction 类

选择菜单 Source→Override/Implement Methods，勾选 execute 方法，生成 execute 方法，如图 7-11 所示。

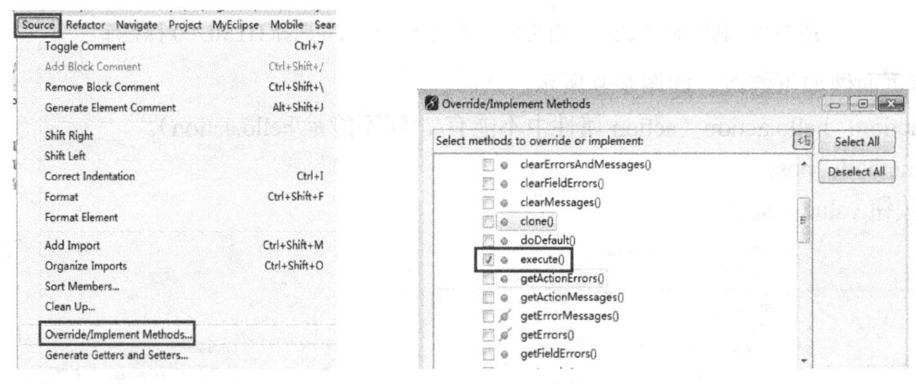

图 7-11　生成 execute 方法

生成的 StrutsAction 类代码如下：

```
packageorg.action;
import com.opensymphony.xwork2.ActionSupport;
public class StrutsAction extends ActionSupport {
  public String execute()throws Exception {
      return   super.execute();
  }
}
```

对 StrutsAction 类做如下修改：

1）新增 Struts2 值栈变量。

```
private String nameABC;
```

2）生成该变量的 getter 和 setter 函数。选择菜单 Source→Generate Getters and Setters，生成 nameABC 变量的 getter 和 setter 函数。

3）重载 execute 方法，代码如下：

```
public String execute() throws Exception {
        Map request = (Map) ActionContext.getContext().get("request");
        /*将调用该 Action 的页面的 nameABC 的值保存到 request 对象中，以供 result 中指
定的跳转页面使用*/
        // nameKEY 是键名，nameABC 是键值
```

```
        request.put("nameKEY", nameABC);
        return "success";
    }
```

📖 当在 hello.jsp 的姓名输入框中输入值（如"王德"）后，hello.jsp 中的输入控件 nameABC（称为网页变量值）就为"王德"。

当单击提交按钮后，根据 form 的 action 属性值，Struts2 框架将执行 hello.action，开启 StrutsAction 类的生命周期。

第 7 章任务 2

Tomcat 对 StrutsAction 类和 hello.jsp 的交互执行过程如下：

- Tomcat 首先将 hello.jsp 的 nameABC 变量值映射给 StrutsAction 类的值栈变量 nameABC 属性值（即值栈变量），实现从网页变量 nameABC 到 action 类属性 nameABC 的映射。为了使这一映射有效，必须使网页变量名和 action 类属性名相同。
- Tomcat 执行 StrutsAction 类的 execute 方法，将 action 类属性 nameABC 的值保存到 request 对象的哈希数组 Map 中，即 request.put("nameKEY", nameABC)，其中 nameKEY 是键名，nameABC（action 类属性）是键值。
- Tomcat 将根据 struts.xml 中的配置属性：<result name="success">/welcome.jsp</result>，跳转到下一个页面 welcome.jsp，并在该页面中取出 request 的 Map 中的 nameKEY 键的值，然后利用<s:property value="#request.nameKEY"/>控件显示该值。

5. 新建 welcome.jsp

在 WebRoot 目录下新建 welcome.jsp，打开 Palette 页，然后选择“Struts Tags”，在页面中添加一个 s:proerty 标签控件，并设置 value 属性为#request.nameKEY（利用#符，获得值栈 request 对象（#request），然后根据键名 nameKEY，将键值显示到 welcome.jsp 网页中），如图 7-12 所示。

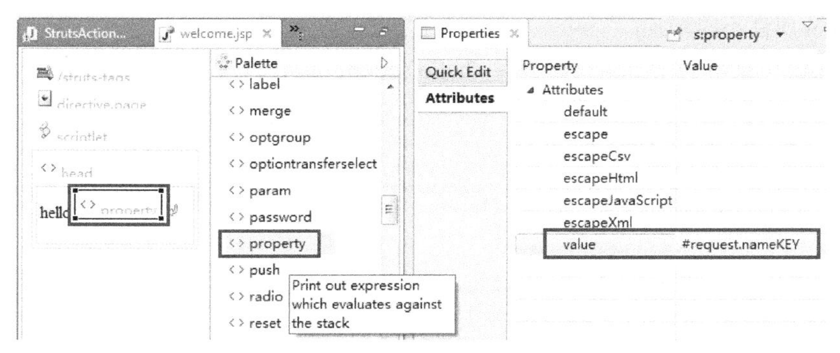

图 7-12　添加一个 s:proerty 标签控件

welcome.jsp 代码如下：

```
<%@page pageEncoding="utf-8"%>
<%@tagliburi="/struts-tags" prefix="s"%>
<html>
<head>
<title>Struts2 应用</title>
</head>
<body>
```

```
hello<s:property value="#request.nameKEY"/><br>
</body>
</html>
```

📖 为了让 JSP 页面支持中文，需要增加：<%@page pageEncoding="utf-8"%>。

6. 配置 struts.xml 文件

配置 struts.xml 文件内容代码如下：

```
<?xml version="1.0" encoding="UTF-8" ?>
<!DOCTYPE struts PUBLIC "-//Apache Software Foundation//DTD Struts Configuration 2.1//EN""http://struts.apache.org/dtds/struts-2.0.dtd">
<struts>
<package name="default" extends="struts-default">
    <action name="hello" class="org.action.StrutsAction">
        <result name="success">/welcome.jsp</result>
        <result name="error">/hello.jsp</result>
    </action>
</package>
</struts>
```

7. 运行工程

执行网页 hello.jsp，输入姓名，单击提交按钮，如图 7-13 所示。

第 7 章任务 3

图 7-13　运行结果

下面是在 Struts2 编程中需要注意的 4 个地方。

（1）action 属性不能增加/

当 hello.jsp 中表单的 action 属性为：/hello.action，运行程序，输入用户名后，将报如下错误，如图 7-14 所示。

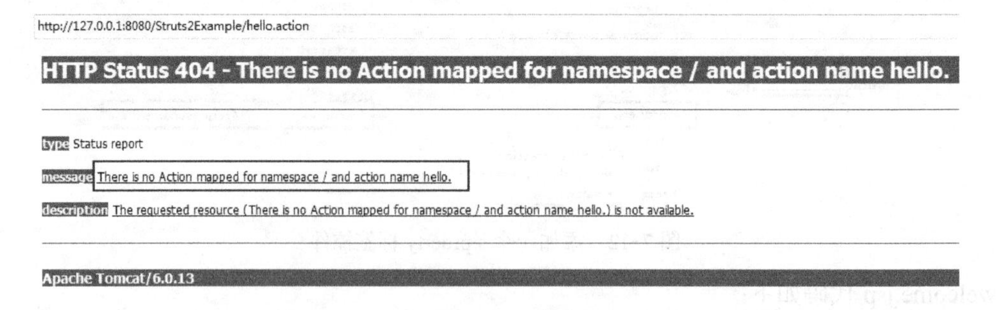

图 7-14　运行结果

Tomcat 将报 HTTP 404 的错误，也就是网址或网页不存在的错误。这是由于表单的 action 属性值不能加“/”，只能是 hello.action。

（2）action 属性不能为系统已用名

如果将 hello.jsp 中表单的 action 属性改为：struts.action，且在 struts.xml 中定义 struts 这个

acion，如图 7-15 和图 7-16 所示。

```
<body>
  <form action="struts.action" method="post">
    请输入姓名：<input name="nameABC"><br><input type="submit"
  </form>
```

图 7-15　表单的 action 属性

```
struts.xml
<?xml version="1.0" encoding="UTF-8" ?>
<!DOCTYPE struts PUBLIC "-//Apache Software Foundation//DTD Struts
<struts>
<package name="default" extends="struts-default">
    <action name="struts.action" class="org.action.StrutsAction">
        <result name="success">/welcome.jsp</result>
        <result name="error">/hello.jsp</result>
    </action></package>
</struts>
```

图 7-16　struts.xml 的 action 属性

此时，运行程序将会报如下 404 错误，如图 7-17 所示。

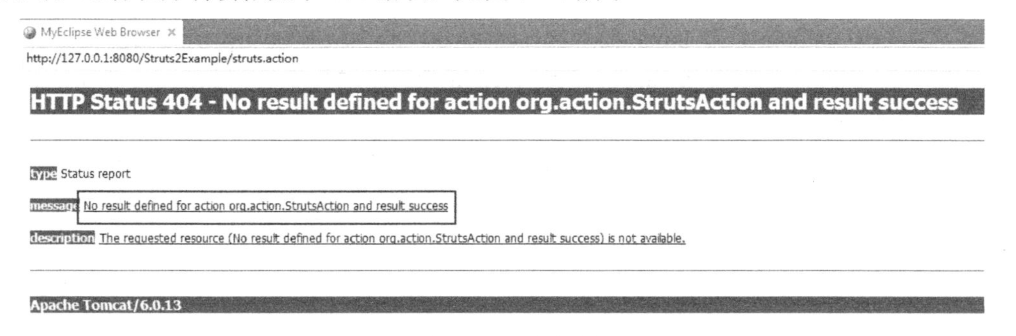

图 7-17　运行结果

事实上，我们定义了类 org.action.StrutsAction，也在 strus.xml 中设置了 struts.action，并指定了一个 result 是 success。这个错误的原因是 struts 这个 action 名称已经被 Struts 框架（即系统 action）使用了，不允许作为自定义 action 的名称。因此，不要使用系统已使用的名称作为 action 的名称。

（3）映射变量必须和 Action 类的属性名相同

修改 org.action.StrutsAction 类中映射变量的名称为 nameABCD，并修改 execute 方法中的变量名，如图 7-18 所示。

```
public class StrutsAction extends ActionSupport {
    private String nameABCD;

    public String getNameABCD() {
        return nameABCD;
    }

    public void setNameABCD(String nameABCD) {
        this.nameABCD = nameABCD;
    }
  }
```

```
public String execute() throws Exception {
    // TODO Auto-generated method stub
    Map request = (Map) ActionContext.getContext().get("requ
    // 将当前页面的nameABC的值保存到request对象中，以供下一个页面使用
    // nameKEY是键名，nameABC是键值
    request.put("nameKEY", nameABCD);
    return "success";
}
```

图 7-18　修改映射变量及 execute 方法中的变量名

当再次执行程序后，可以发现在 hello.jsp 中输入的变量，单击提交按钮后，welcome.jsp 页面中不显示上个网页 hell.jsp 中输入框中的值，如图 7-19 所示。

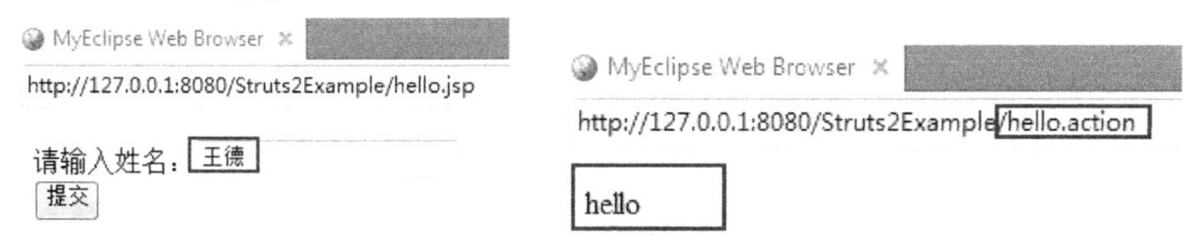

图 7-19　运行结果

这是由于没有使 hello.jsp 中输入框的变量名 nameABC 和 org.action.StrutsAction 类中映射变

量名 nameABCD 相同的缘故。

我们在 execute 方法的 return 函数处插入断点，如图 7-20 所示。然后 debug 方式运行工程，将启动调试器，并可以看到 nameABCD 的值确实为 null，如图 7-21 所示。

```
public String execute() throws Exception {
    // TODO Auto-generated method stub
    Map request = (Map) ActionContext.getContext().ge
    // 将当前页面的nameABC的值保存到request对象中，以供下一个页面使用
    // nameKEY是键名，nameABC是键值
    request.put("nameKEY", nameABCD);
    return "success";
}
```

图 7-20 插入断点

```
// nameKEY是键名、nameABC是键值
request.put("nameKEY", nameABCD);
return "success";
```

nameABCD= null

图 7-21 debug 方式查看变量 nameABCD 的值

即没有实现将 hello.jsp 的 input 输入框 nameABC 的值映射到 org.action.StrutsAction 类的 nameABCD 值。因此，必须将 org.action.StrutsAction 类的映射变量名和 hello.jsp 的 input 输入框 nameABC 的值相同。

重新将 org.action.StrutsAction 类的 nameABCD 值修改回 nameABC，再次以 debug 方式运行工程，将启动调试器，并可以看到 org.action.StrutsAction 类的映射变量 nameABC 的值确实为 hello.jsp 的 input 输入框 nameABC 的值，如图 7-22 所示。

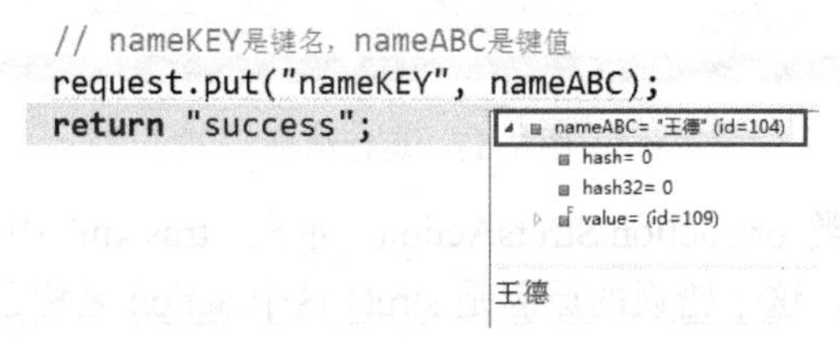

图 7-22 重新查看变量 nameABC 值

（4）名字空间如何使用？

1）修改 struts.xml，新增 1 个 package（default1），并添加 namespace 属性。代码如下：

```
<?xml version="1.0" encoding="UTF-8" ?>
<!DOCTYPE struts PUBLIC "-//Apache Software Foundation//DTD Struts Configuration 2.1// EN" "http://struts.apache.org/dtds/struts-2.0.dtd">
<struts>
    <package name="default" extends="struts-default">
        <action name="hello" class="org.action.StrutsAction">
            <result name="success">/welcome.jsp</result>
            <result name="error">/hello.jsp</result>
        </action>
    </package>
    <package name="default1" extends="struts-default" namespace="/zjc">
        <action name="helloNamespace" class="org.action.StrutsAction">
            <result name="success">/welcome.jsp</result>
            <result name="error">/helloNamespace.jsp</result>
        </action>
    </package>
</struts>
```

📖 zjc 前必须有/，即 namespace="zjc"是错误的。

2）新增 helloNamespace.jsp，设置 form 属性中的 action="zjc/helloNamespace.action"。代码

如下：

```
<%@page pageEncoding="utf-8"%>
<html>
<body>
    <form action="zjc/helloNamespace.action" method="post">
      请输入姓名：<input name="nameABC"><br><input type="submit" value="提交">
    </form>
</body>
</html>
```

📖 这里，zjc 前不能有/，即 action="/zjc/hello.action"是错误的。

3）运行工程，可以得到相同的结果，如图 7-23 所示。

图 7-23　名字空间下的运行结果

📖 设置名字空间时，package 的 namespace 中要增加/，form 的 action 中不能增加/。

7.2　应用案例 2：乘法运算实例开发

第 7 章任务 4

1．新建 Web 工程

新建 Web 工程，设置工程名为“Multiply”，并生成 Web 工程（Java EE 版本要选择“JavaEE 5”）。

2．新建 input.jsp

设置表单的 action 为 multiply.action，method 为 post。

input.jsp 代码如下：

```
<%@page pageEncoding="utf-8"%>
<html>
<head></head>
<body>
     <form action="multiply.action" method="post">
          请输入乘数 1：<input type="text" name="num1"/><br>
          请输入乘数 2：<input type="text" name="num2"/><br>
          <input type="submit" value="求乘积">
     </form>
</body>
</html>
```

3．添加 Struts2 的功能支持

选中 Multiply 工程，然后单击菜单项 MyEclipse→Project Facets[Capabilities]→Install Apache Struts(2.x) Facet。默认选择添加 2.1 版本的 Struts 框架，然后选择 url-patter 为/*（也就是对所有的网页都执行过滤操作，其中 Struts2 是一个 Servlet）。最后，默认添加 Struts2.1 的核心库包

（Core 项打勾）。

4．修改 struts.xml

增加 multiply.action 这个 action 配置，并设置两个 result。代码如下：

```
<?xml version="1.0" encoding="UTF-8" ?>
<!DOCTYPE struts PUBLIC "-//Apache Software Foundation//DTD Struts Configuration 2.1//EN"
"http://struts.apache.org/dtds/struts-2.1.dtd">
<struts>
<package name="default" extends="struts-defalut">
    <action name="multiply" class="org.action.MultiplyAction">
            <result name="success">/mulresult.jsp</result>
            <result name="error">/input.jsp</result>
    </action>
</package>
</struts>
```

5．新增 org.action.MultiplyAction 类

在工程的 src 处单击右键，选择新建 Class（设置包名：org.action，类名：MultiplyAction，父类：ActionSupport）。在 MultiplyAction 类中新增 num1 和 num2 两个属性，以及它们的 getter 和 setter 函数，然后重载 execute 方法。

MultiplyAction 类代码如下：

```
packageorg.action;
import java.util.Map;
import com.opensymphony.xwork2.ActionContext;
import com.opensymphony.xwork2.ActionSupport;
public class MultiplyAction extends ActionSupport {
    private String num1;
    private String num2;
    public String getNum1() {
        return num1;
    }
    public void setNum1(String num1) {
        this.num1 = num1;
    }
    public String getNum2() {
        return num2;
    }
  public void setNum2(String num2) {
        this.num2 = num2;
    }
    public String execute() throws Exception {
        if(num1.trim().length() != 0 && num2.trim().length() != 0){
            //将 JSP 页面中的字符串变量转换成整数
            int intNum1 = new Integer(num1).intValue();
            int intNum2 = new Integer(num2).intValue();
            int intMul = intNum1 * intNum2;
            String mul = new Integer(intMul).toString();
            Map req = (Map)ActionContext.getContext().get("request");
            //将两个乘数和计算结果塞入 request 对象的哈希数组中
            //第一个“键-值”对，键名：num1value，键值：num1
            req.put("num1value", num1);
            //第二个“键-值”对，键名：num2value，键值：num2
```

```
                req.put("num2value", num2);
            //第三个"键-值"对，键名：mulvalue，键值：mul
                req.put("mulvalue", mul);
                return "success";
            }else{
                return "error";
            }
        }
    }
```

6．新增 mulresult.jsp

利用<s:property>标签，将 request 中存放的 3 个键值显示出来，具体代码如下：

```
<%@page pageEncoding="utf-8"%>
<%@tagliburi="/struts-tags" prefix="s"%>
<!DOCTYPE HTML PUBLIC "-//W3C//DTD HTML 4.01 Transitional//EN">
<html>
<head></head>
<body>
    乘数 1：<s:property value="#request.num1value" /><br>
    乘数 2：<s:property value="#request.num2value"/><br>
    乘积结果为：<s:property value="#request.mulvalue"/>
</body>
</html>
```

7．运行时出现错误，错误分析

（1）错误 1

出错信息：No result defined for action org.action.MultiplyAction and result success，如图 7-24 所示。

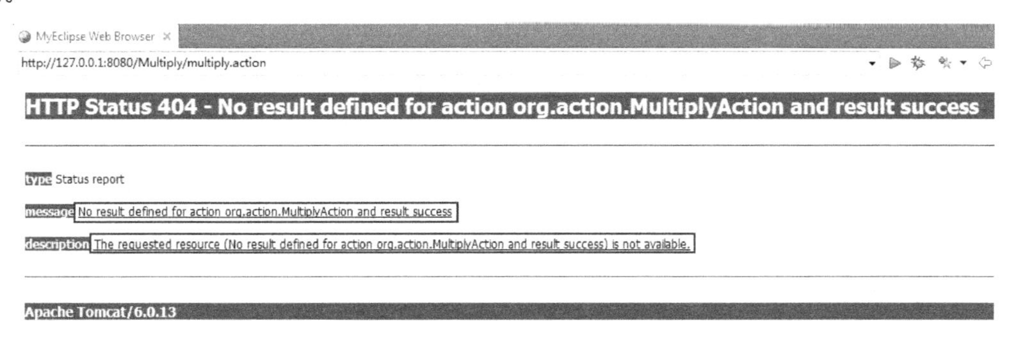

图 7-24　错误提示

错误原因：action 的名字有冲突，multiply.action 中 multiply 这个单词已经被 Struts2 框架使用。有两种解决方案，选择任意一个即可解决该问题。

方案 1：增加 namespace，例如 zjc，不再使用 Struts2 默认的 namespace。

- 定义 namespace

将 struts.xml 中<package name="default" extends="struts-defalut">改为<package name="default" extends="struts-defalut" namespace="/zjc">。

- 使用 namespace

将 input.jsp 中<form action="multiply.action">改为<form action="zjc/multiply.action">。

方案 2：更改 action 名字，将 multiply 改名为 mymultiply。

● 将 struts.xml 中<action name="multiply">改为<action name="mymultiply">。

● 将 input.jsp 中<form action="multiply.action">改为<form action="mymultiply.action">。

📖 建议使用方案 1。

定义 namespace 中：namespace="/zjc"，zjc 前必须有/，即 namespace="zjc"是错误的。

使用 namespace 中：action="zjc/multiply.action"，zjc 前不能有/，即 action="/zjc/multiply.action"是错误的。

修改后，继续运行工程，将报如下错误。

（2）错误 2

出错信息：No result defined for action org.action.MultiplyAction and result success。

可以发现，错误 2 和错误 1 的出错显示内容相同。

错误原因：粗心地将 struts.xml 中 extends 的值 struts-default 写成 struts-defalut，导致无法调入 struts 默认库包。

● 将 struts.xml 中<package name="default" extends="struts-defalut" namespace="/zjc">修改成<package name="default" extends="struts-default" namespace="/zjc">。

● package 的 name 值可以是任意的，例如<package name="abc" extends="struts-default">是正确的，但 extends 的值必须是 struts-default，绝对不能拼写错误。

8．运行工程

执行网页 input.jsp，输入两个乘数，单击“求乘积”按钮，可以得到正确的结果，如图 7-25 和图 7-26 所示。

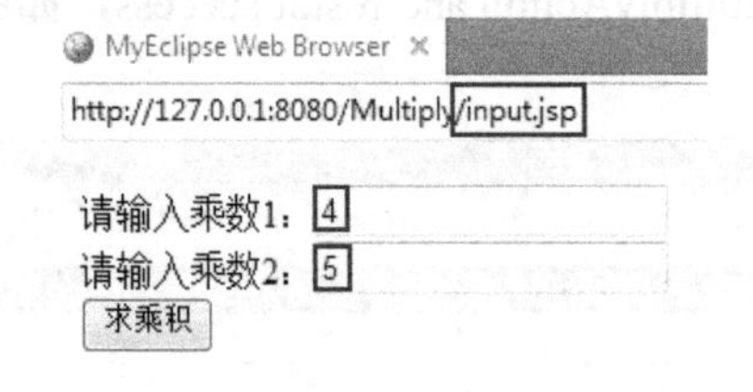

图 7-25　输入两个乘数

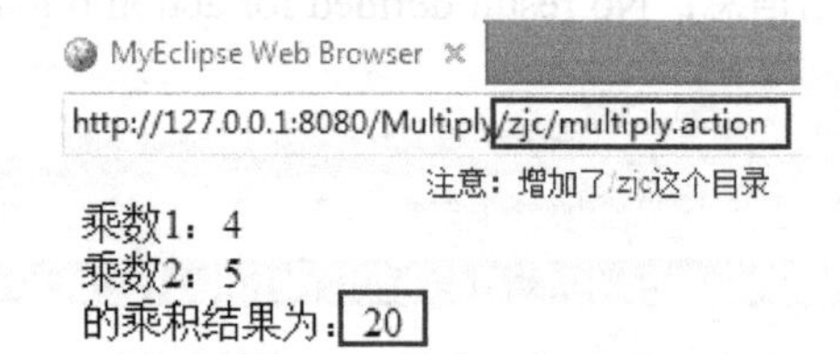

图 7-26　正确的运行结果

7.3　思考与练习

第 7 章任务 5

操作题。完成一元二次方程求解的开发，步骤参考过程如下。

1．新建 Web 工程

新建 Web 工程，设置工程名为“EquationSolution”，并生成 Web 工程（Java EE 版本要选择“JavaEE 5”）。

2．新建 equation.jsp

设置表单的 action 属性为 Solution.action，method 属性为 post。3 个输入框变量分别为：a、b、c。

equation.jsp 代码如下：

```
<%@page pageEncoding="utf-8"%>
<!DOCTYPE HTML PUBLIC "-//W3C//DTD HTML 4.01 Transitional//EN">
<html>
```

```
    <head></head>
    <body>
        题目要求：添加 3 个字段，a,b,c，求 ax^2+bx+c=0 方程的解<br>
        <form action="solution.action" method="post">
            a:<input type="text" name="a"><br>
            b:<input type="text" name="b"><br>
            c: <input type="text" name="c"><br>
            <input type="submit" name="button1" value="求根">
        </form>
    </body>
    </html>
```

3．添加 Struts2 的功能支持

选中 Struts2Example 工程，然后单击菜单项 MyEclipse→Project Facets[Capabilities]→Install Apache Struts(2.x) Facet。默认选择添加 2.1 版本的 Struts 框架，然后选择 url-patter 为/*（也就是对所有的网页都执行过滤操作，其中 Struts2 是一个 Servlet）。最后，默认添加 Struts2.1 的核心库包（Core 项打勾）。

4．修改 struts.xml

增加 solution.action 这个 action 配置，并设置两个 result，代码如下：

```
    <?xml version="1.0" encoding="UTF-8" ?>
    <!DOCTYPE struts PUBLIC "-//Apache Software Foundation//DTD Struts Configuration 2.1//EN"
"http://struts.apache.org/dtds/struts-2.1.dtd">
    <struts>
    <package name="default" extends="struts-default">
        <action name="solution" class="org.action.EquationAction" method="solveEquation">
            <result name="success">/result.jsp</result>
            <result name="error">/equation.jsp</result>
        </action>
    </package>
    </struts>
```

5．新增 org.action.EquationAction 类

在工程的 src 处单击右键，选择新建 Class（设置包名：org.action，类名：EquationAction，父类：ActionSupport）。在 Equation 类中新增 a、b 和 c 三个属性，以及它们的 getter 和 setter 函数，然后新增 SolveEquation 方法。

EquationAction 代码如下：

```
    package org.action;
    import java.util.Map;
    import com.opensymphony.xwork2.ActionContext;
    import com.opensymphony.xwork2.ActionSupport;
    public class EquationAction extends ActionSupport {
        private String a;
        private String b;
        private String c;
        public String getA() {
            return a;
        }
        public void setA(String a) {
            this.a = a;
        }
```

```
        public String getB() {
            return b;
        }
        public void setB(String b) {
            this.b = b;
        }
        public String getC() {
            return c;
        }
        public void setC(String c) {
            this.c = c;
        }
        public String solveEquation() {
            if (a.trim().length() != 0 && !a.trim().equals("0")) {
                int inta = new Integer(a).intValue();
                int intb = new Integer(b).intValue();
                int intc = new Integer(c).intValue();
                double intd = Math.sqrt(intb * intb - 4 * inta * intc);
                if (intd< 0) {
                    return "error";
                } else {
                    double solution1 = (-intb + intd) / (2 * inta);
                    double solution2 = (-intb - intd) / (2 * inta);
                    Map req = (Map) ActionContext.getContext().get("request");
                    // 将两个计算结果保存到 request 的哈希数组中，
                    // 供 result.jsp 网页的 s:property 控件显示值
                    req.put("S1", solution1);
                    req.put("S2", solution2);
                    return "success";
                }
            } else {
                return "error";
            }
        }
    }
```

6. 新增 result.jsp

利用<s:property>标签，将 request 中存放的两个键值显示出来，具体代码如下：

```
<%@page pageEncoding="utf-8"%>
<%@taglib uri="/struts-tags" prefix="s"%>
<html>
<head></head>
<body>
    根 1：<s:property value="#request.S1"/><br>
    根 2：<s:property value="#request.S2"/>
</body>
</html>
```

7. 运行工程

执行网页 equation.jsp，输入 a、b、c 的值 2、−2、1，程序将输出 NaN 这个错误信息，如图 7-27 所示。

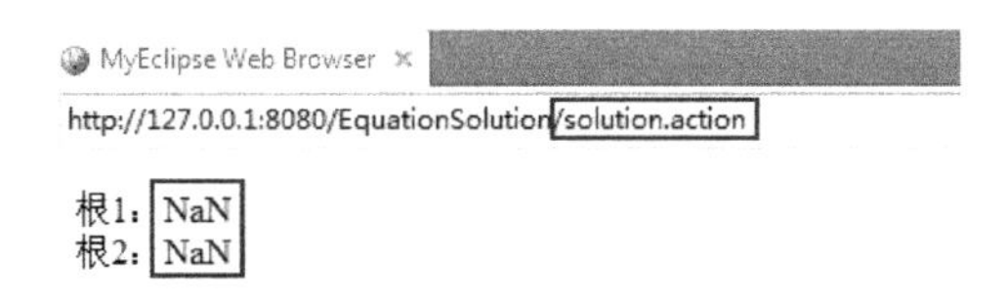

图 7-27　错误的运行结果

8．调试工程

1）在 solveEquation 方法中插入断点，让程序在断点处暂停，如图 7-28 所示。

```
public String solveEquation() {
    if (a.trim().length() != 0 && !a.trim().equals("0")) {
        int inta = new Integer(a).intValue();
        int intb = new Integer(b).intValue();
        int intc = new Integer(c).intValue();
```

图 7-28　插入断点

2）右键单击工程，选择“Debug As”，以 Debug 方式运行工程，如图 7-29 所示。

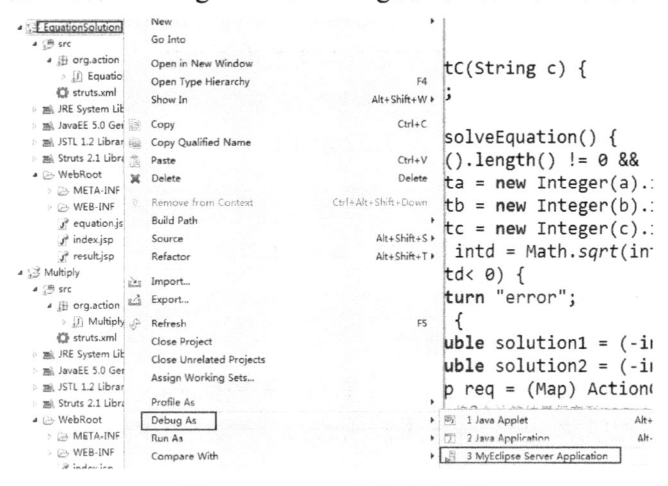

图 7-29　Debug 方式运行工程

3）在 equation.jsp 中输入 a、b、c 的值 2、-2、1，单击“求根”按钮，MyEclipse 将弹出打开“调试透视图”的提示框，单击“Yes”，开启调试模式，如图 7-30 所示。

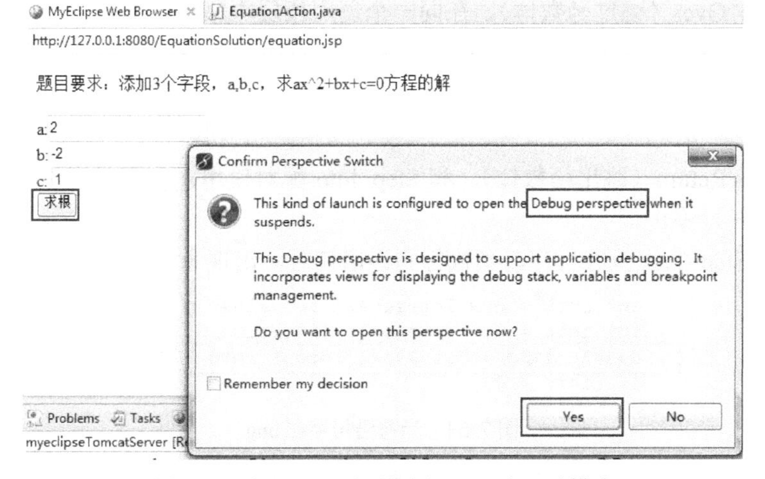

图 7-30　打开“调试透视图”，开启调试模式

4）MyEclipse 将显示调试透视图，并在断点处暂停，等待调试，如图 7-31 所示。

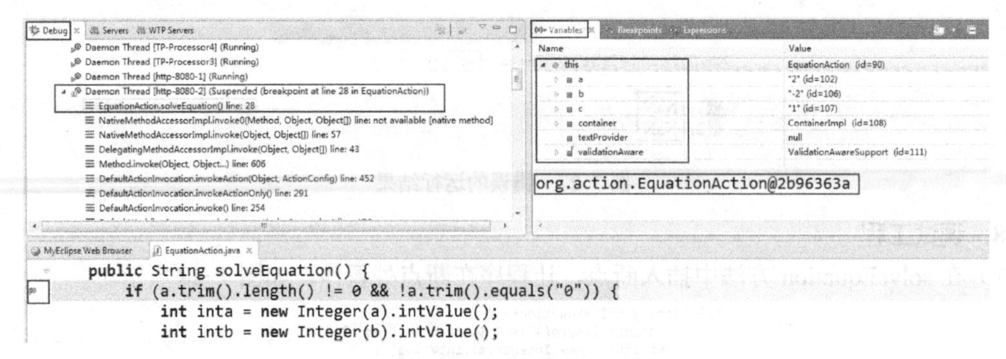

图 7-31　调试透视图界面

在调试透视图中：

- 左上角窗口显示程序栈，栈顶为断点所在位置。
- 右上角窗口显示查看变量，可以通过观察变量的实际值来推断当前的语句行是否有错误。还可以查看本工程中的所有断点，以及表达式的值。
- 底部显示当前断点激活的位置。

5）MyEclipse 将显示调试工具，如图 7-32 所示。

图 7-32　调试工具界面

各个工具按钮的功能如下。

① ：跳过所有的断点，即不再调试。

② ：继续执行程序，直到遇到下一个断点，暂停程序。

③ ：挂起当前程序（一般较少使用）。

④ ：终止调试。

⑤ ：断开连接（一般较少使用）。

⑥ ：Step Into（跳进函数体）。移动到下一个可执行的代码行。如果当前行是一个函数调用，则调试器将进入函数，并停止在函数体的第一行。

⑦ ：Step Over（跳过函数体）。在同一个调用栈层中移动到下一个可执行的代码行。如果当前行是一个函数调用，则调试器将在函数调用之后的下一条语句停止。调试器不会进入函数体。如果当前行是函数的最后一行，则 Step Over 将进入下一个栈层，并在调用函数的下一行停止。

⑧ ：Step Return（跳出函数体）。和 Step Into 配对使用，在调用栈中前进到下一层，并在调用函数的下一行停止。

6）单击 Step Over 执行程序，当执行到该语句时，出现 bug，如图 7-33 所示。

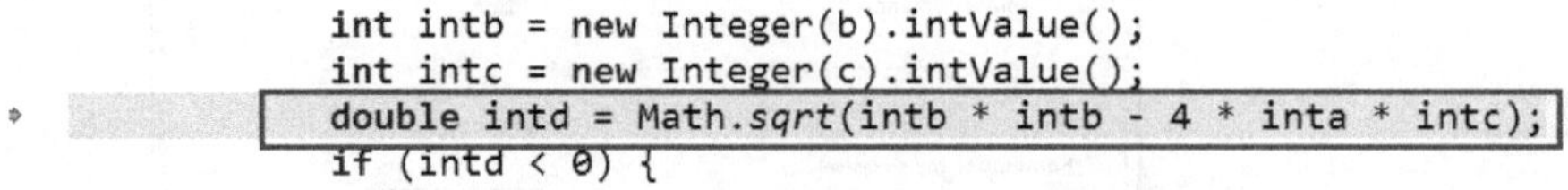

```
int intb = new Integer(b).intValue();
int intc = new Integer(c).intValue();
double intd = Math.sqrt(intb * intb - 4 * inta * intc);
if (intd < 0) {
```

图 7-33　当前语句存在 bug

将鼠标停留在 intd 变量处，调试器将显示该变量的值，intd 的值为 NaN，如图 7-34 所示。

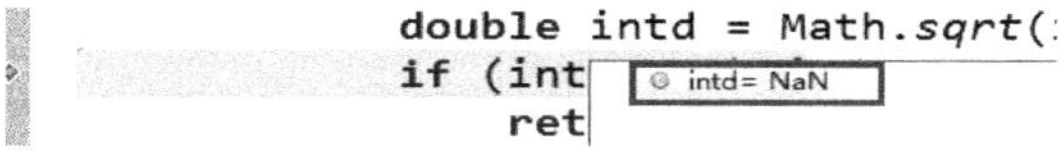

图 7-34　执行结果

程序在运行时的逻辑错误（即 bug）就在这里。这是因为在利用 Math.sqrt 做求根计算时，要求参数必须是大于 0 的。因此在执行 Math.sqrt 之前，要对 intb * intb>= 4 * inta * intc 的值做判断。修改的语句如下：

```
double intd;
if(intb * intb>= 4 * inta * intc){
    intd = Math.sqrt(intb * intb - 4 * inta * intc);
}else{
    // 不是实根，虚根不满足要求，返回 error
    return "error";
}
```

再次运行工程，输入 a、b、c 的值 1、3、-4，可以得到正确的结果值，如图 7-35 所示。

图 7-35　正确的运行结果

最终的 solveEquation 函数修改为如下代码：

```
public String solveEquation() {
    if (a.trim().length() != 0 && !a.trim().equals("0")) {
        int inta = new Integer(a).intValue();
        int intb = new Integer(b).intValue();
        int intc = new Integer(c).intValue();
        double intd;
        if(intb * intb>= 4 * inta * intc){
            intd = Math.sqrt(intb * intb - 4 * inta * intc);
        }else{
            // 不是实根，虚根不满足要求，返回 error
            return "error";
        }
        double solution1 = (-intb + intd) / (2 * inta);
        double solution2 = (-intb - intd) / (2 * inta);
        Map req = (Map) ActionContext.getContext().get("request");
        // 将两个计算结果保存到 request 的哈希数组中，
        // 供 result.jsp 网页的 s:property 控件显示值
        req.put("S1", solution1);
        req.put("S2", solution2);
        return "success";
    } else {
        // 严格的一元二次方程，a 必须有值，且不能为 0
        return "error";
    }
}
```

第 8 章　Struts2 综合案例：学生管理系统

本章讲解一个 Struts2 综合案例，即学生管理系统。主要包括工程框架搭建、实体类创建、数据库访问类创建、前台页面制作、新增学生的 Action 配置及 Action 类制作、运行和数据库备份等内容。

8.1　工程框架搭建

第 8 章任务 1

1. 新建数据库和表

新建 SQL Server 数据库 xsxkFZL，新建一张数据库表 XSB，如图 8-1 所示。

SKY-20160123UKM.xsxkFZL - dbo.XSB

列名	数据类型	允许 Null 值
XH	char(10)	☐
XM	char(10)	☑
XB	bit	☑
CSSJ	datetime	☑
ZY_ID	int	☑
ZXF	int	☑
BZ	varchar(500)	☑
ZP	image	☑

图 8-1　表 XSB

如果要修改表结构，需要关闭如下开关选项（工具→选项→Designers 中的“阻止保存要求重新创建表的更改”），如图 8-2 和图 8-3 所示。

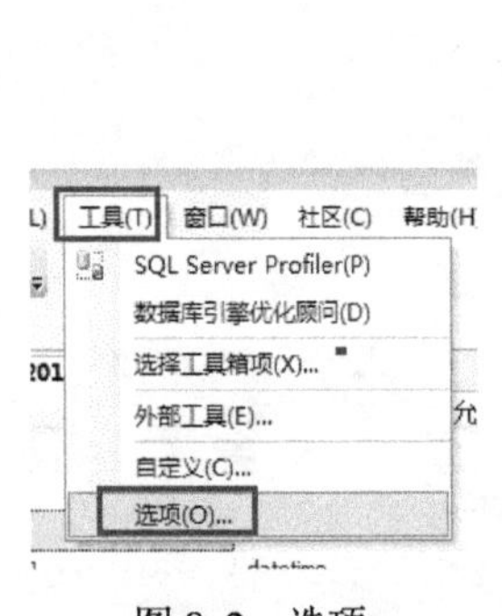

图 8-2　选项

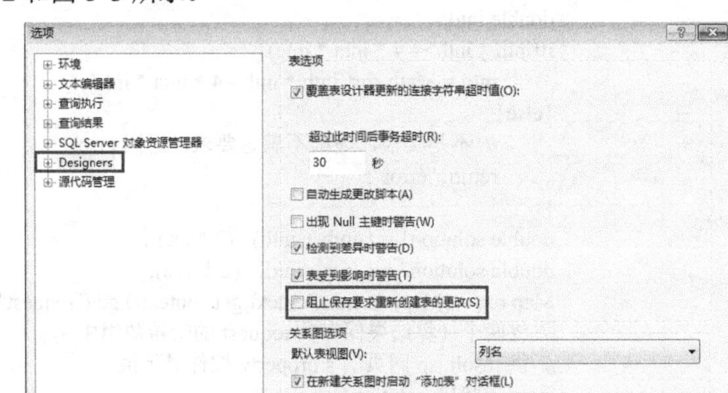

图 8-3　关闭开关选项

2. 新建 Web 工程

新建 Web 工程，设置工程名为“StudentFZL”，并生成 Web 工程（Java EE 版本要选择“JavaEE 5”），如图 8-4 所示。

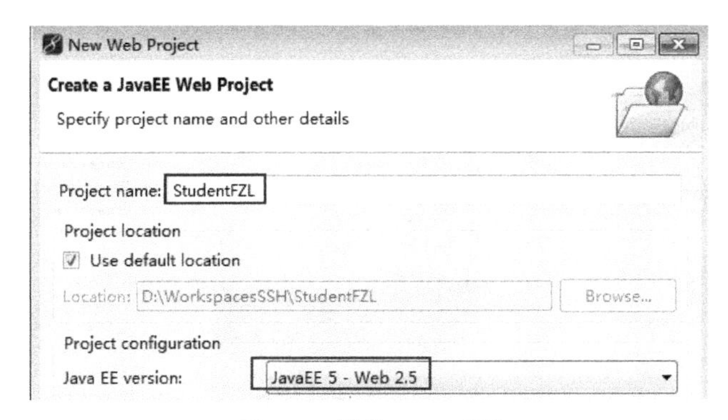

图 8-4　新建 Web 工程

3．将 SSH 库包复制到工程中，并添加引用

将 SSH 库包 ssh.rar 解压缩，将 lib 文件夹复制到工程目录下，然后在工程中引用所有的库包文件（目的是避免单独添加三个框架后，有些包被重复引用，从而导致包冲突的错误），如图 8-5 所示。

单纯复制 jar 包是无效的，并不能被工程引用。需要将所有的 jar 包添加到工程中进行引用，如图 8-6 和图 8-7 所示。

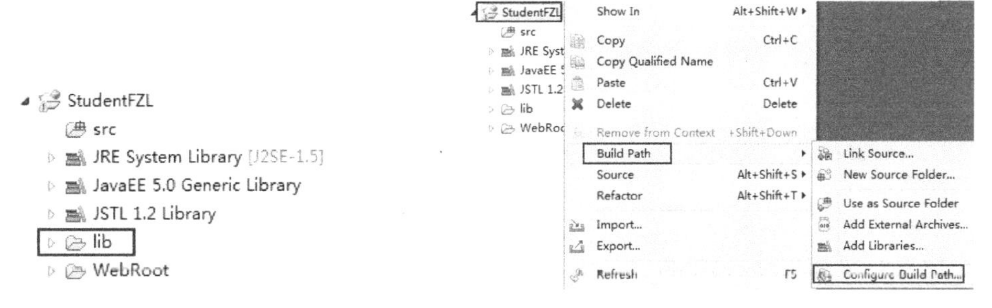

图 8-5　lib 文件夹复制　　　　　　　　　　图 8-6　jar 包引用

图 8-7　所有的 jar 包引用

4．添加 Spring 支持

选中工程，然后单击菜单 MyEclipse→Project Facets[Capabilities]→Install Spring Facet，如图 8-8 所示。

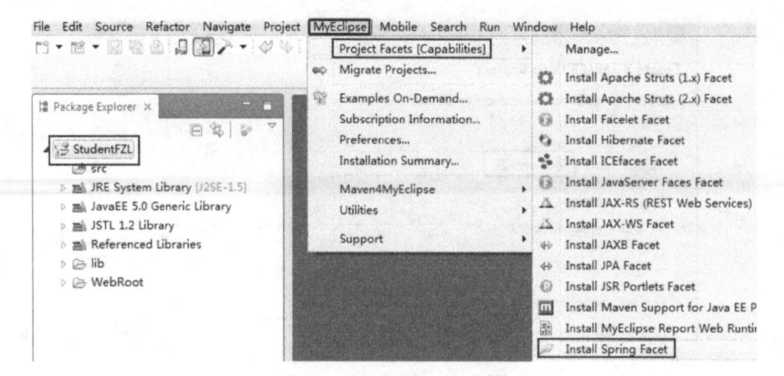

图 8-8　添加 Spring 支持

选择 Spring 的版本为 2.5，Type 为 Disable Library Configuration，即不使用 MyEclise 自带的 Spring 库包，并去掉 Spring-Web 和 AOP 选项，如图 8-9 和图 8-10 所示。

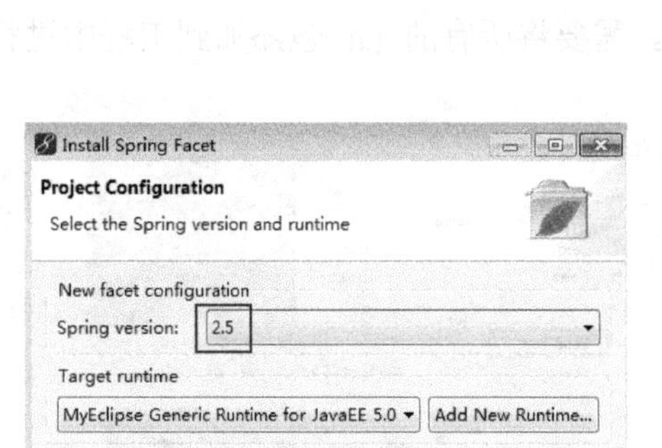

图 8-9　选择 Spring 的版本

图 8-10　去掉 Spring-Web 和 AOP 选项

5. 添加 Struts 支持

选中工程，然后单击菜单 MyEclipse→Project Facets[Capabilities]→Install Apache Struts(2.x) Facet，如图 8-11 所示。

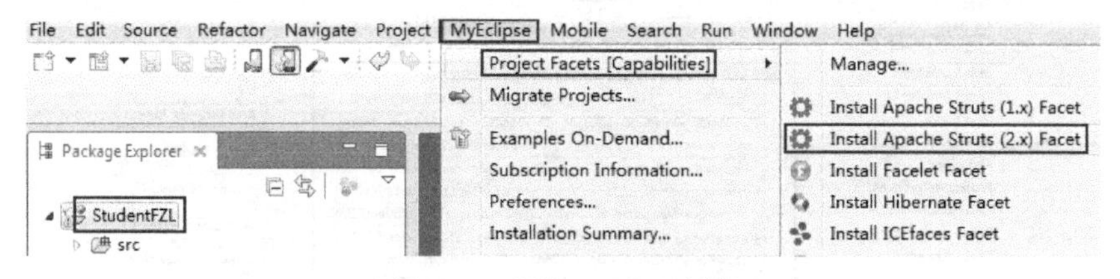

图 8-11　添加 Struts2 支持

选择 2.1 版本，对所有的网页进行 Struts 过滤处理，如图 8-12 和图 8-13 所示。

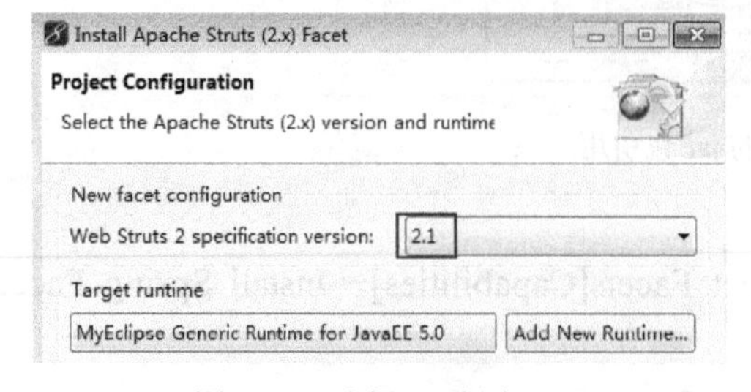

图 8-12　选择 2.1 版本

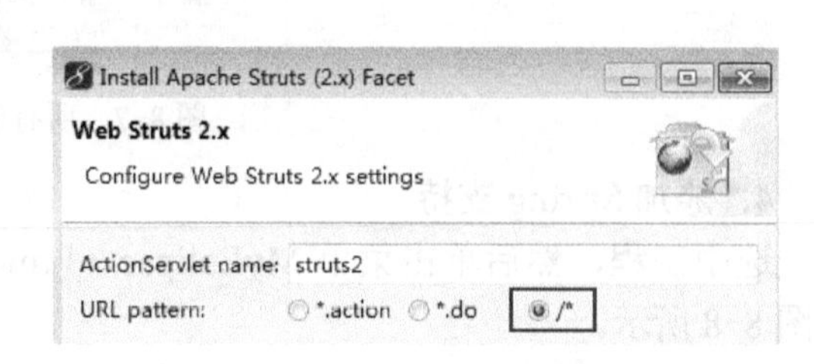

图 8-13　Struts2 过滤处理

不使用 MyEclipse 自带的 Struts 库包，如图 8-14 所示。

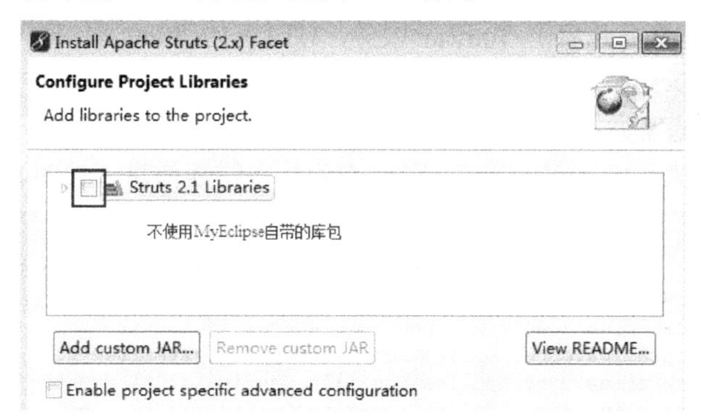

图 8-14　不使用自带的 Struts 库包

6. 运行工程，将报如下一些错误

错误 1：无法在 MyEclipse 的 Tomcat 上启动 Web 工程，如图 8-15 所示。

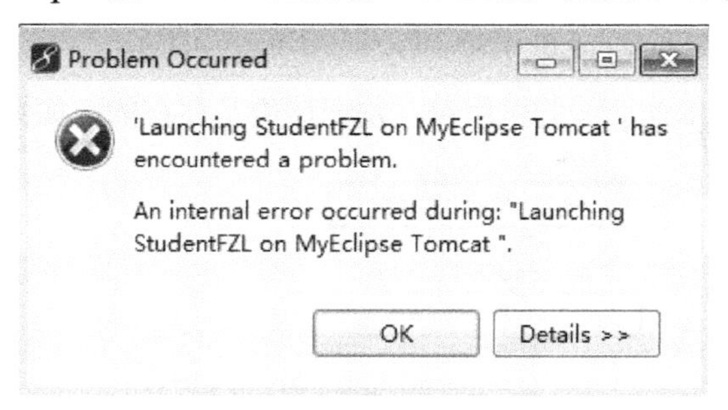

图 8-15　错误 1

不能运行 Web 工程，这是由于 MyEclipse 自带的.metadata 文件夹有错误，需要删除，如图 8-16 所示。

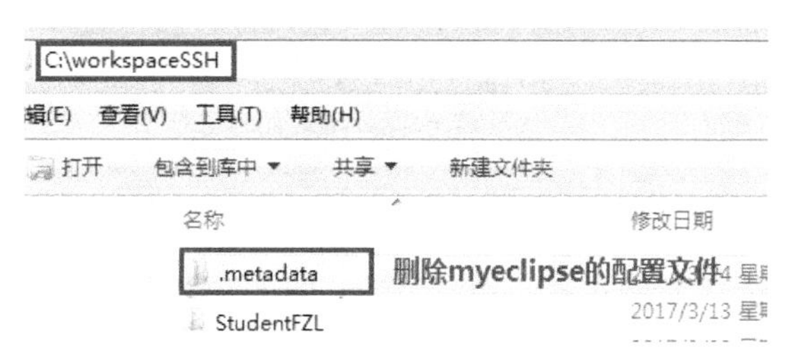

图 8-16　删除.metadata 文件夹

错误 2：HTTP 访问端口 8080 被占用。

双击 Console，最大化 Console 窗口，可以看到如下错误信息，如图 8-17 所示。

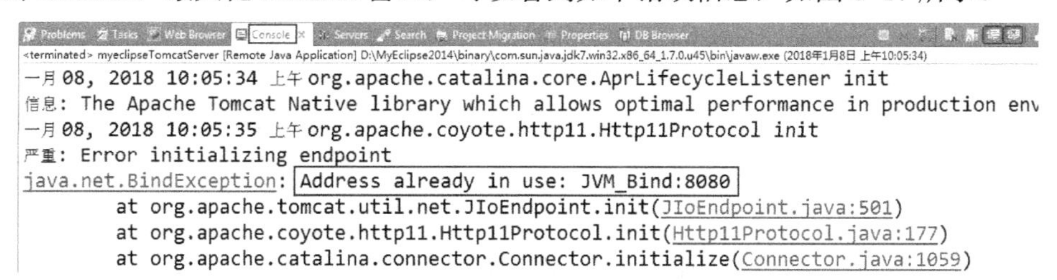

图 8-17　错误 2

这个错误的原因是重复开启了 Tomcat 服务，HTTP 的 8080 端口已经被占用。必须注销你的计算机（〈Ctrl+Alt+Delete〉键），并重新运行工程。

错误 3：Struts 过滤器类找不到。

双击 Console，最大化 Console 窗口，可以看到如下错误信息，如图 8-18 所示。

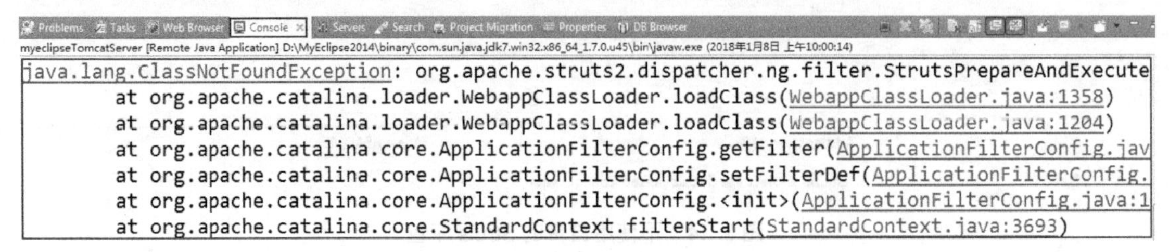

图 8-18　错误 3

错误原因是 Struts2 核心类：

```
org.apache.struts2.dispatcher.ng.filter.StrutsPrepareAndExecuteFilter
```

找不到，但仔细查看本地工程的引用包，发现该类是存在的，如图 8-19 所示。

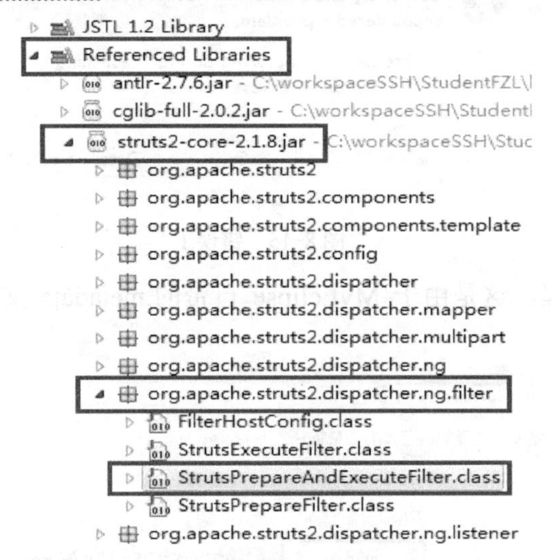

图 8-19　引用包中存在 StrutsPrepareAndExecuteFilter 类

真正该错误所指出的“类不存在”，是指在 Web 服务器上的部署工程中缺少该类，我们可以在“Servers”窗口中找到该部署工程所在的目录，如图 8-20、图 8-21 和图 8-22 所示。

图 8-20　部署工程所在的目录

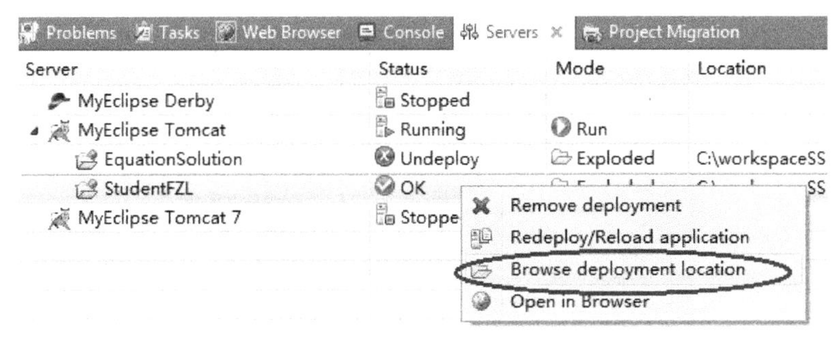

图 8-21 部署工程所在的目录下的内容

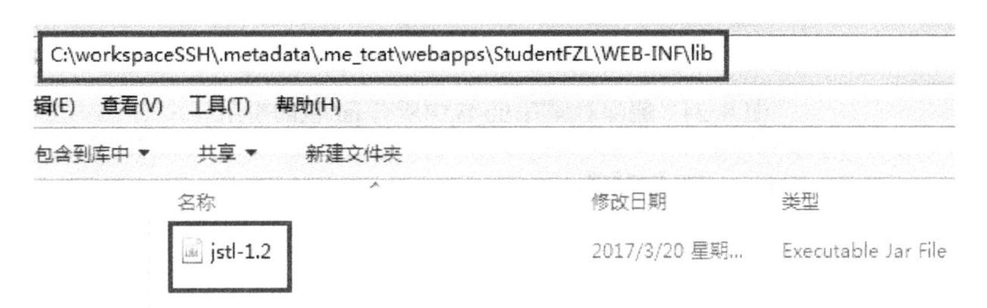

图 8-22 部署工程中的 lib 包缺失

错误的原因是当运行工程时，MyEclipse 没有把本地工程的 lib 目录中的所有 jar 包，同步上传到 Web 服务器的部署工程中。

修改解决步骤：

1）退出 MyEclipse，在资源管理器中将原先 lib 文件夹剪切到 WebRoot\WEB-INF 目录下，替换该目录下的 lib 目录。

2）重新启动 MyEclipse，刷新本地工程，如图 8-23 所示。

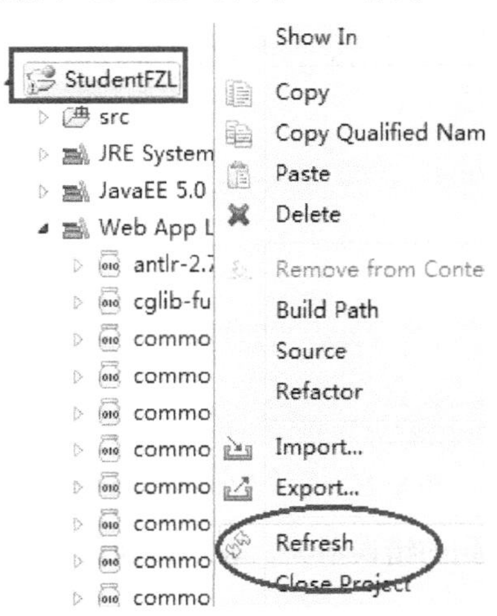

图 8-23 刷新本地工程

3）删除对原有 lib 包中所有 jar 包的引用。选中红色出错的 jar 包引用，然后删除，如图 8-24 和图 8-25 所示。

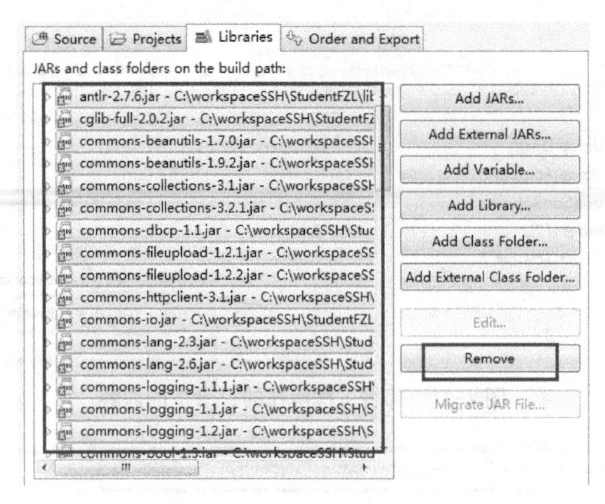

图 8-24 删除对原有 lib 包中所有 jar 包的引用

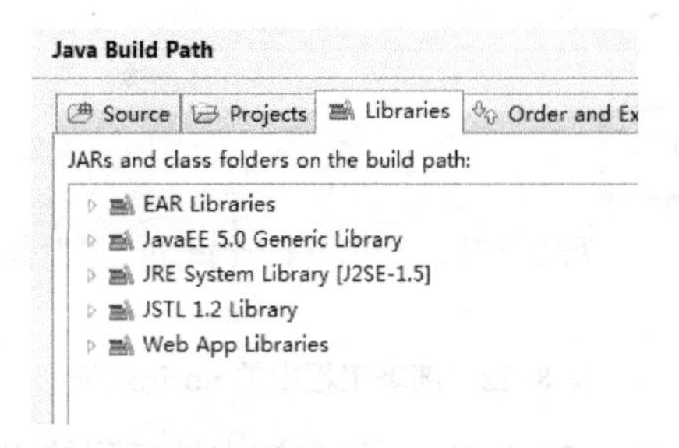

图 8-25 删除后的库包引用情况

4）查看 Web App Libraries，可以发现该目录中已经包含所有的 jar 包，如图 8-26 所示。

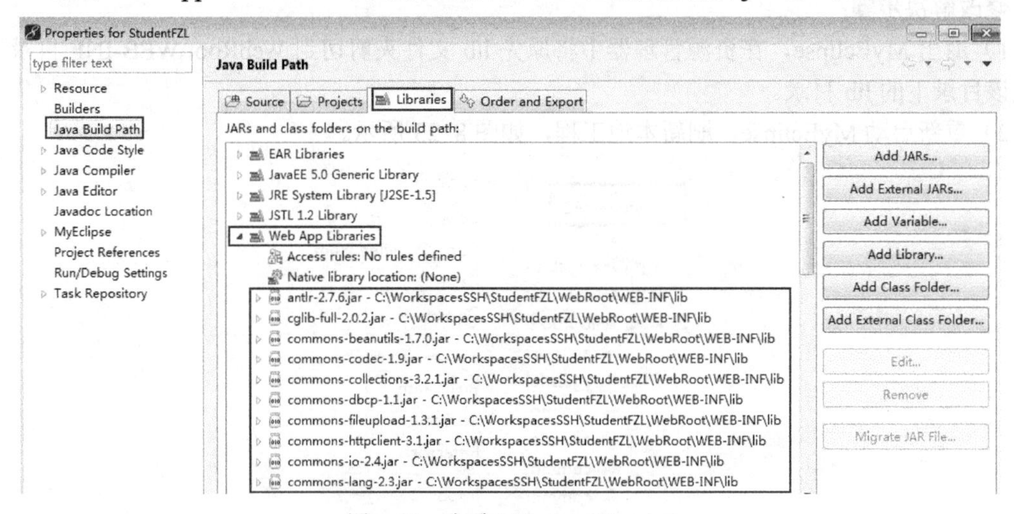

图 8-26 查看 Web App Libraries

5）重新运行工程，类找不到的错误消失，表明该问题已解决。

📖 MyEclipse 只上传 Web App Libraries 目录下的 jar 包到 Web 服务器。

再次看下 Tomcat 中该部署工程所在的目录，可以发现所有的 jar 包都被上传到部署工程的 lib 文件夹下了，如图 8-27 所示。

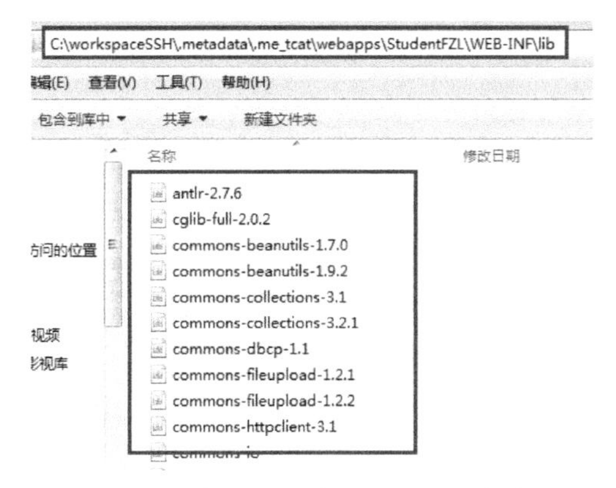

图 8-27　查看 Tomcat 中部署工程所在的目录

7. 将 Struts 作为 Spring 对象进行整合

直接运行工程，将报如下错误，如图 8-28 所示。

```
三月 21, 2017 8:41:49 上午 org.apache.catalina.core.StandardContext filterStart
严重: Exception starting filter struts2
Class: com.opensymphony.xwork2.spring.SpringObjectFactory
File: SpringObjectFactory.java
Method: getClassInstance
Line: 209 - com/opensymphony/xwork2/spring/SpringObjectFactory.java:209:-1
        at org.apache.struts2.dispatcher.Dispatcher.init(Dispatcher.java:431)
        at org.apache.struts2.dispatcher.ng.InitOperations.initDispatcher(InitOperations.jav
        at org.apache.struts2.dispatcher.ng.filter.StrutsPrepareAndExecuteFilter.init(Struts
        at org.apache.catalina.core.ApplicationFilterConfig.getFilter(ApplicationFilterConfi
        at org.apache.catalina.core.ApplicationFilterConfig.setFilterDef(ApplicationFilterCo
        at org.apache.catalina.core.ApplicationFilterConfig.<init>(ApplicationFilterConfig.j
        at org.apache.catalina.core.StandardContext.filterStart(StandardContext.java:3693)
        at org.apache.catalina.core.StandardContext.start(StandardContext.java:4340)
        at org.apache.catalina.core.ContainerBase.addChildInternal(ContainerBase.java:791)
```

图 8-28　运行结果

这是由于采用 SSH 集成框架时，必须将 Struts2 作为 Spring 的对象来管理，否则将报这个错误，即无法创建 Spring 的对象类工厂。

修改步骤如下。

（1）修改 web.xml 文件

1）添加 listerner（监听类），如图 8-29 和图 8-30 所示。

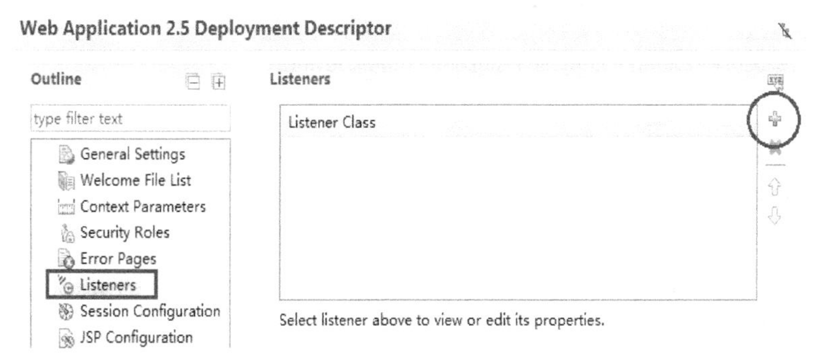

图 8-29　添加 listerner

📖 必须选择 ContextLoaderListener 类，而不是第一个 ContextLoader 类。如果选择 ContextLoader 类，后面运行工程时将报错误。

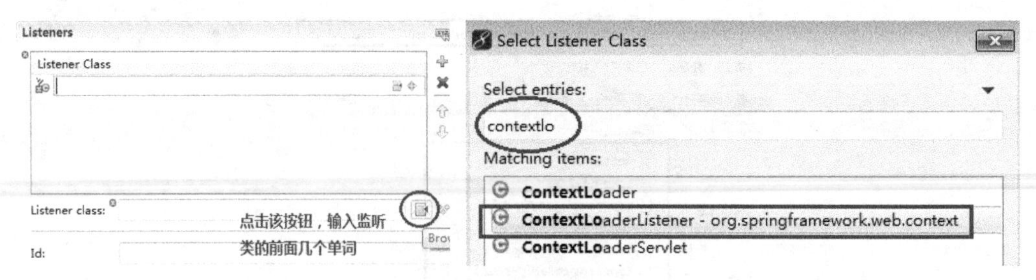

图 8-30　添加监听类

2）添加 Context Parameters（上下文参数），如图 8-31 和图 8-32 所示。

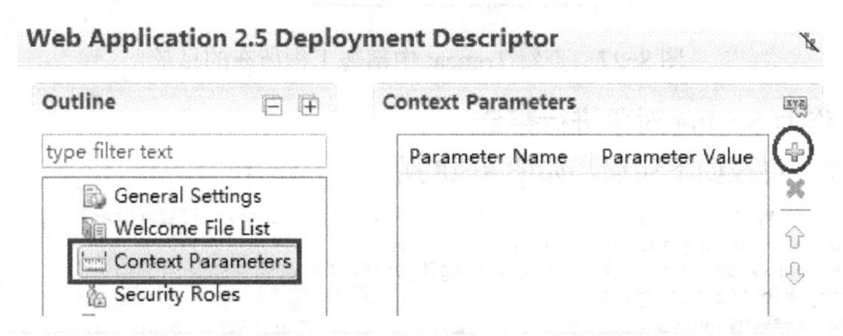

图 8-31　添加 Context Parameters

📖 参数名：contextConfigLocation，参数值：/WEB-INF/classes/applicationContext.xml。

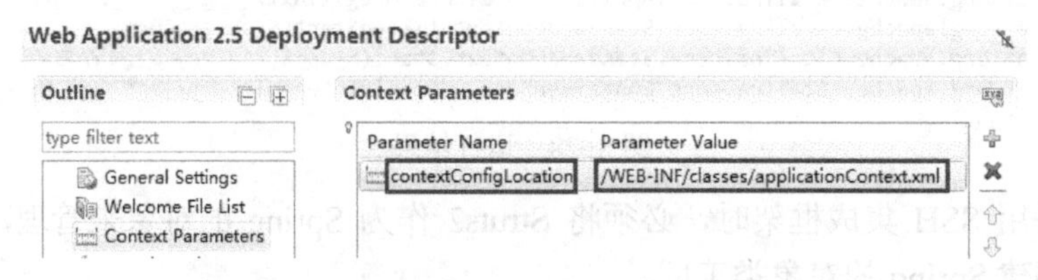

图 8-32　设置参数 contextConfigLocation 属性

最终的代码 web.xml 如下：

```
<?xml version="1.0" encoding="UTF-8"?>
<web-app version="2.5" xmlns="http://java.sun.com/xml/ns/Java EE"
    xmlns:xsi="http://www.w3.org/2001/XMLSchema-instance"
    xsi:schemaLocation="http://java.sun.com/xml/ns/Java EE
    http://java.sun.com/xml/ns/Java EE/web-app_2_5.xsd">
    <welcome-file-list>
        <welcome-file>index.jsp</welcome-file>
    </welcome-file-list>
    <filter>
        <filter-name>struts2</filter-name>
        <filter-class>org.apache.struts2.dispatcher.ng.filter.StrutsPrepareAndExecuteFilter</filter-class>
    </filter>
    <filter-mapping>
        <filter-name>struts2</filter-name>
        <url-pattern>/*</url-pattern>
    </filter-mapping>
    <listener>
        <listener-class>org.springframework.web.context.ContextLoaderListener</listener-class>
```

```
        </listener>
        <context-param>
            <param-name>contextConfigLocation</param-name>
            <param-value>/WEB-INF/classes/applicationContext.xml</param-value>
        </context-param>
    </web-app>
```

（2）运行工程

在 src 文件夹下新建 struts.properties 文件，如图 8-33 所示。

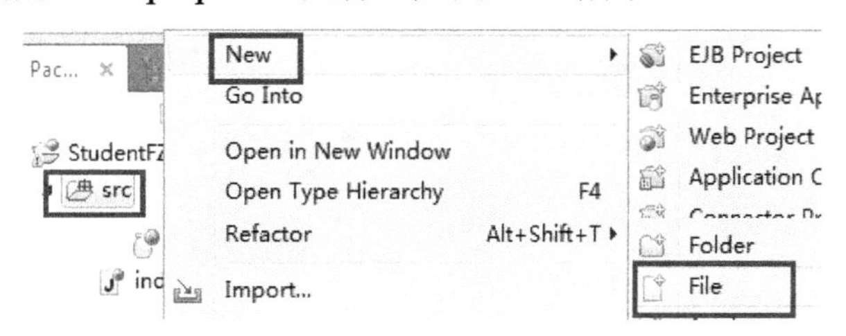

图 8-33 新建 struts.properties 文件

在该文件中，添加：

```
struts.objectFactory=spring
```

📖 这个 struts.properties 文件是 Struts2 和 Spring 两个框架的关联文件。

再次重新运行工程，此时将不会报前面的错误了，系统运行正常。

📖 如果还有错误，可能是 Web 服务器上同时存在其他 Web 工程，请确保 Tomcat 的 webapps 目录下只有 StudentFZL 这一个工程。

因为在 Tomcat 运行 StudentFZL 这个工程时，也将运行 webapps 目录下所有的 Web 工程，只要有一个 web 工程有错误，就将导致 StudentFZL 这个工程不能正常运行。

MyEclipse 自带的 Tomcat 是在工作空间的.metadata 下的.me_tcat 目录，如图 8-34 和图 8-35 所示。

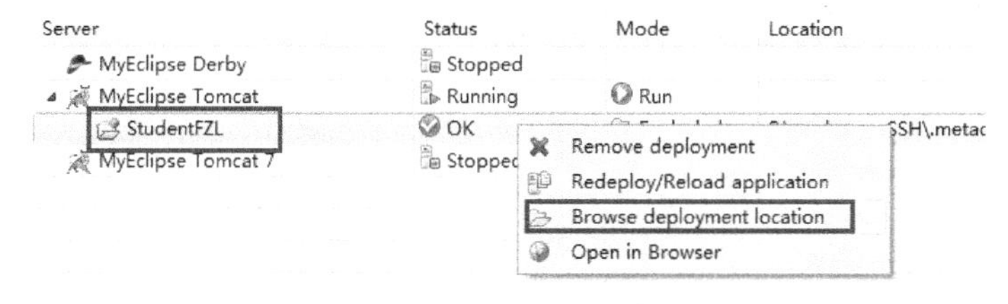

图 8-34 浏览部署工程所在的目录

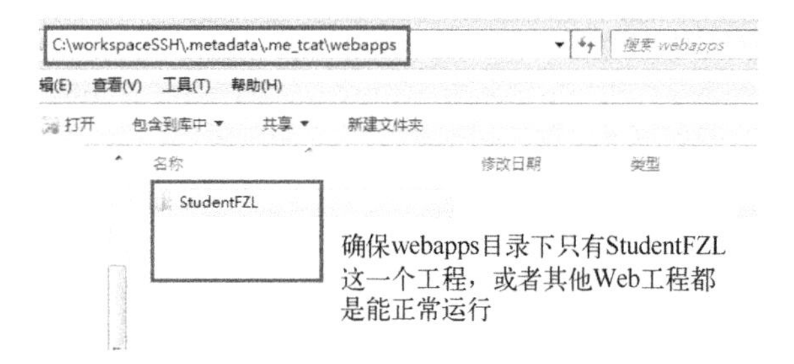

图 8-35 webapps 目录

8.2 实体类创建

第 8 章任务 2

1. 利用 DB Browser 访问数据库

选择菜单 Window→Show View，输入几个首字母，打开 DB Browser 工具，如图 8-36 和图 8-37 所示。

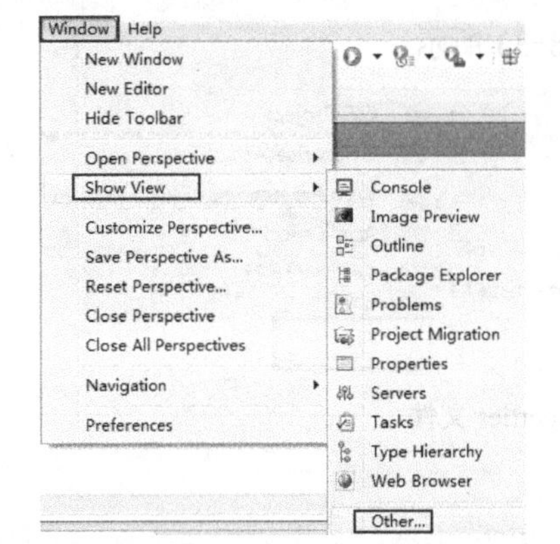

图 8-36　选择菜单 Window→Show View

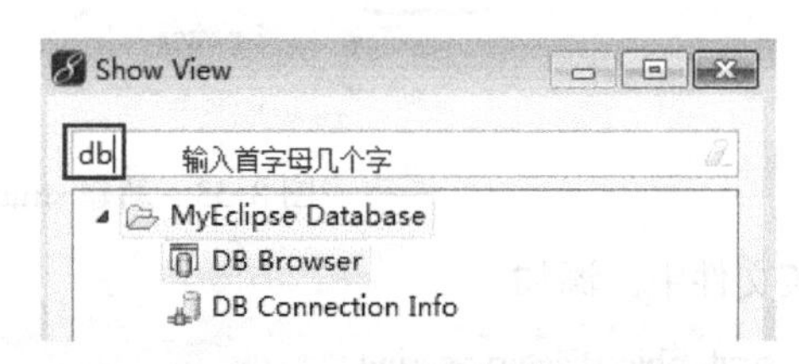

图 8-37　打开 DB Browser 工具

在 DB Browser 窗口中，右键单击，选择 New，如图 8-38 所示。

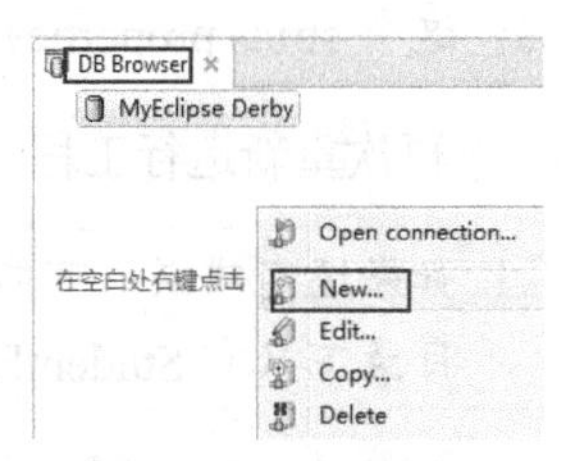

图 8-38　选择 New

如图 8-39 所示设置如下属性。

- 选择 Driver template 为 Mircosoft SQL Server 2005。
- Driver name 为 dblink，该项可以任意命名。
- Connection URL 为 jdbc:sqlserver://127.0.0.1:1433;databaseName=xsxkFZL。
- 单击 Add JARs，选择 C:\WorkspacesSSH\StudentFZL\WebRoot\WEB-INF\lib\sqljdbc4.jar。

图 8-39　设置 dblink 属性

单击 Test Driver 按钮，如果正确，将显示如下对话框，如图 8-40 所示。

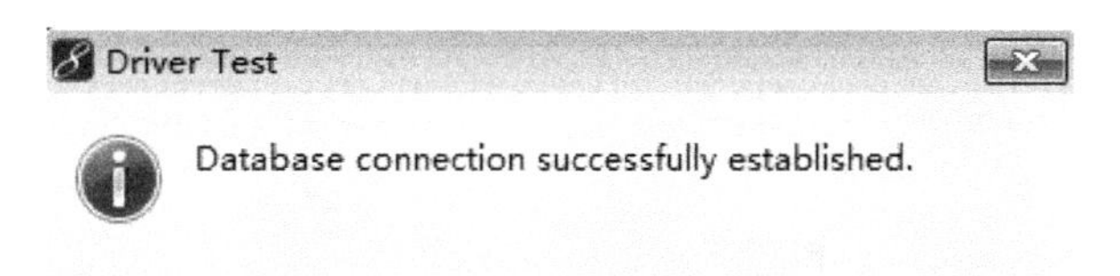

图 8-40　显示连接成功

连接成功后，还可以编辑 dblink，如图 8-41 所示。

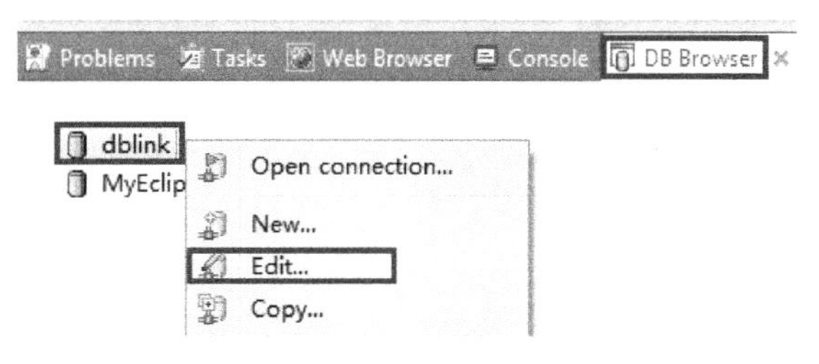

图 8-41　编辑 dblink

获得两个属性值，如图 8-42 所示。

1）数据库连接：

Connection URL（jdbc:sqlserver://127.0.0.1:1433;databaseName=xsxkFZL）

2）驱动类名：

Driver classname（com.microsoft.sqlserver.jdbc.SQLServerDriver）

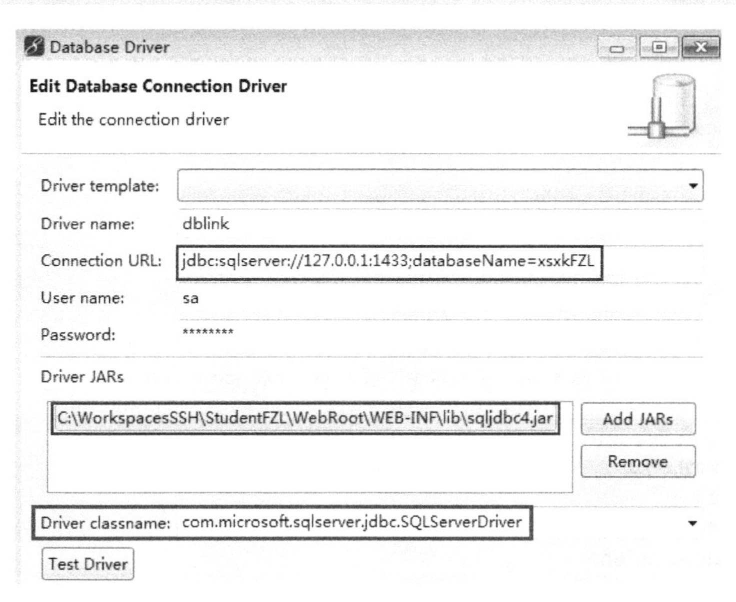

图 8-42　查看 dblink 属性

2．新建一个 POJO 实体类 Xsb

1）设置包名为 org.model，类名为 Xsb，如图 8-43 所示。

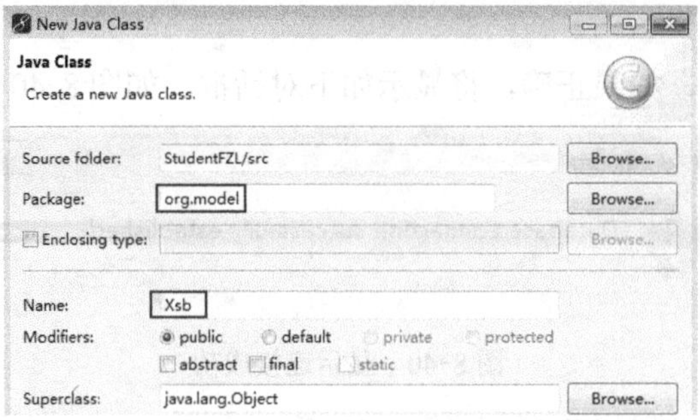

图 8-43　新建 POJO 实体类 Xsb

生成如下 Xsb 类，代码如下：

```
package org.model;
import java.sql.Date; // 注意是 java.sql.Date 类
public class Xsb {
    //定义 Xsb 表中的字段
    private String xh;
    private String xm;
    private byte xb;
    private String zy;
    private Date cssj;
    private String bz;
}
```

2）利用 MyEclipse 自动生成每个字段的 getter 和 setter 函数，如图 8-44 所示。代码如下：

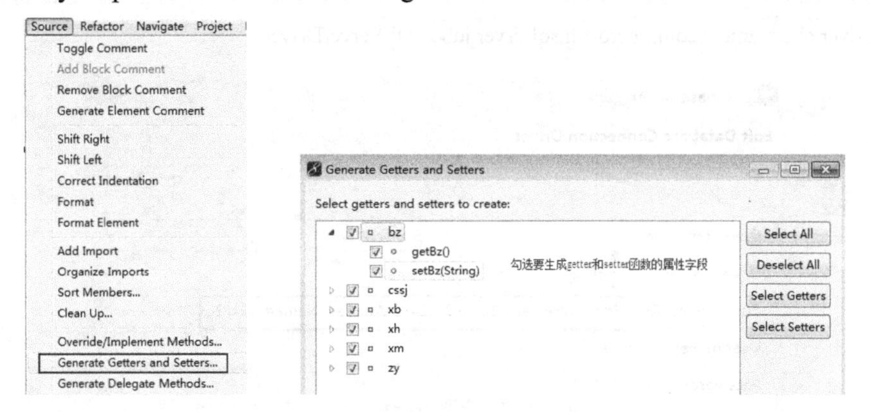

图 8-44　生成每个字段的 getter 和 setter 函数

```
package org.model;
import java.sql.Date;
public class Xsb {
    private String xh;
    private String xm;
    private byte xb;
    private String zy;
    private Date cssj;
    private String bz;
    public String getXh() {
        return xh;
    }
```

```
        public void setXh(String xh) {
            this.xh = xh;
        }
        public String getXm() {
            return xm;
        }
        public void setXm(String xm) {
            this.xm = xm;
        }
        public byte getXb() {
            return xb;
        }
        public void setXb(byte xb) {
            this.xb = xb;
        }
        public String getZy() {
            return zy;
        }
        public void setZy(String zy) {
            this.zy = zy;
        }
        public Date getCssj() {
            return cssj;
        }
        public void setCssj(Date cssj) {
            this.cssj = cssj;
        }
        public String getBz() {
            return bz;
        }
        public void setBz(String bz) {
            this.bz = bz;
        }
    }
```

8.3 数据库访问类创建

第 8 章任务 3

1．新建数据库访问类 DBConn

设置包名为 org.work，类名为 DBConn，如图 8-45 所示。

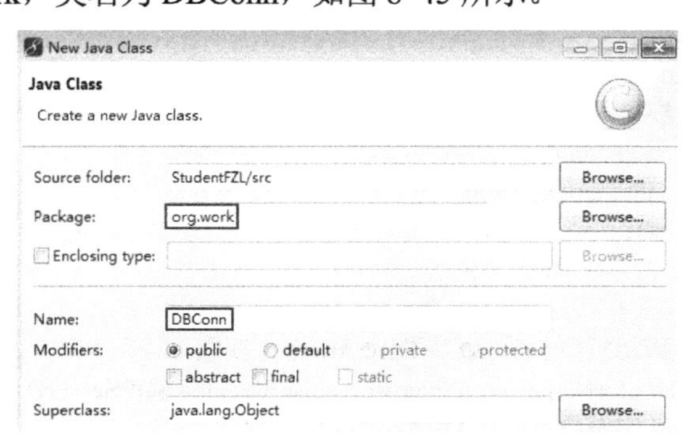

图 8-45　新建 DBConn 类

生成 DBConn 类的代码如下：

```
package org.work;
import java.sql.Connection;
import java.sql.PreparedStatement;
public class DBConn {
    //定义数据连接和语句执行对象
    private Connection conn;
    private PreparedStatement pstmt;

    public DBConn(){
        //查询是否存在 jar 包中的类
        //驱动连接类名可以从 DB Browse 中获取
        Class.forName("com.microsoft.sqlserver.jdbc.SQLServerDriver");
    }
}
```

📖 Class.forName 这个方法用于判断当前工程的所有 jar 包中，是否存在一个 java 类 com.microsoft.sqlserver.jdbc.SQLServerDriver。Class 是类名，forName 是静态方法。

可以为 Class.forName 这个存在异常风险的语句自动生成 try 和 catch 对（用于及时捕获代码出现的异常），如图 8-46 所示。

```
public DBConn(){
    //查询是否存在jar包中的类
    //驱动连接类名可以从DB Browse中获取
    Class.forName("com.microsoft.sqlserver.jdb)
}
```

Unhandled exception type ClassNotFoundException
2 quick fixes available:
Add throws declaration
Surround with try/catch
Press 'F2' for focus

图 8-46　自动生成 try 和 catch 对

2．继续创建 conn 属性对象

生成 DBConn 类的代码如下：

```
package org.work;
import java.sql.Connection;
import java.sql.DriverManager;
import java.sql.PreparedStatement;
import java.sql.SQLException;
import org.model.Xsb;
public class DBConn {
    //定义数据连接和语句执行对象
    private Connection conn;
    private PreparedStatement pstmt;
    public DBConn(){
        //查询是否存在 jar 包中的类
        try {
            //驱动连接类名可以从 DB Browse 中获取
            Class.forName("com.microsoft.sqlserver.jdbc.SQLServerDriver");
            //url 字符串可以从 DB Browse 中获取
            conn = DriverManager.getConnection("jdbc:sqlserver://127.0.0.1:1433;
```

```
                            databaseName=xsxkFZL","sa","zhijiang");
                    } catch (SQLException e) {
                            //自动生成的 try-catch 块
                            e.printStackTrace();
                    }
            }
    }
```

3．继续编写 save 方法

该方法将把内存对象 Xsb xs 写入到数据库表 dbo.XSB 中，代码如下：

```
    public boolean save(Xsb xs){
            try {
            //必须把 dbo 用户写上，且把所有列名写上，否则运行出错
                    pstmt = conn.prepareStatement("insert into dbo.XSB(XH,XM,XB,ZY_ID,CSSJ,BZ) values
(?,?,?,?,?,?)");
            // 给条件查询的 6 个参数分别赋值，注意：不同参数类型的设置方法是不同的
                    pstmt.setString(1, xs.getXh());
                    pstmt.setString(2, xs.getXm());
                    pstmt.setByte(3, xs.getXb());
                    pstmt.setString(4, xs.getZy());
                    pstmt.setDate(5, xs.getCssj());
                    pstmt.setString(6, xs.getBz());
                    pstmt.executeUpdate();
                    return true;
            } catch (SQLException e) {
                    //自动生成的 try-catch 块
                    e.printStackTrace();
                    return false;
            }
    }
```

8.4 前台页面制作

第 8 章任务 4

1．新建 stu.jsp

1）拖放 Struts Tags 中的 form 控件到页面中，如图 8-47 所示。

图 8-47　拖放 form 控件

2）设置表单的两个属性。

设置 action 属性为 save.action，method 属性为 post，如图 8-48 所示。

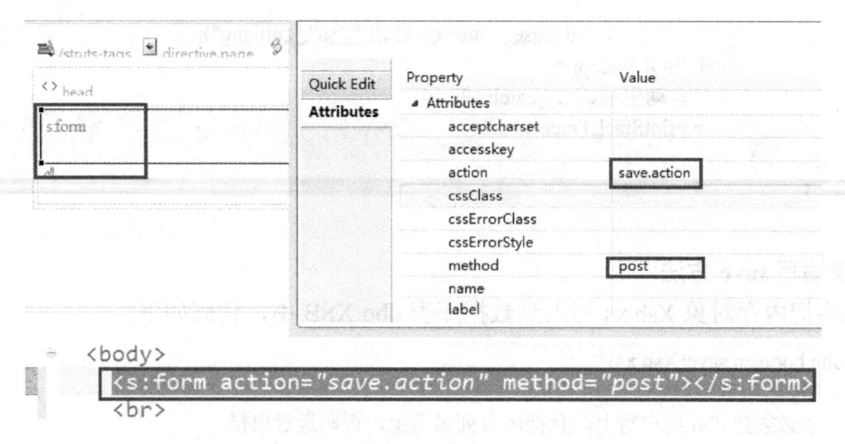

图 8-48　设置表单属性

3）在 Dreamweaver 中生成 7 行 2 列的表格。

输入表格的第一列：学号、姓名、性别、专业、出生时间、备注，如图 8-49 所示。

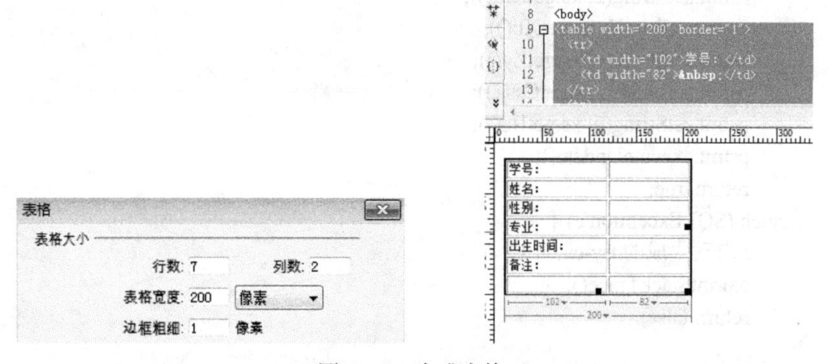

图 8-49　生成表格

生成的表格代码如下：

```
<table width="500" border="1">
    <tr>
        <td width="100">学号：</td>
        <td > </td>
    </tr>
    <tr>
        <td>姓名：</td>
        <td> </td>
    </tr>
    <tr>
        <td>性别：</td>
        <td> </td>
    </tr>
    <tr>
        <td>专业：</td>
        <td> </td>
    </tr>
    <tr>
        <td>出生时间：</td>
        <td>  </td>
```

```
        </tr>
        <tr>
            <td>备注：</td>
            <td> </td>
        </tr>
        <tr>
            <td> </td>
            <td> </td>
        </tr>
    </table>
```

📖 是 HTML 中的一个特殊标签，表示 1 个空格。

4）将表格的 HTML 源码粘贴到 MyEclipse 的<s:form>和</s:form>之间，如图 8-50 所示。

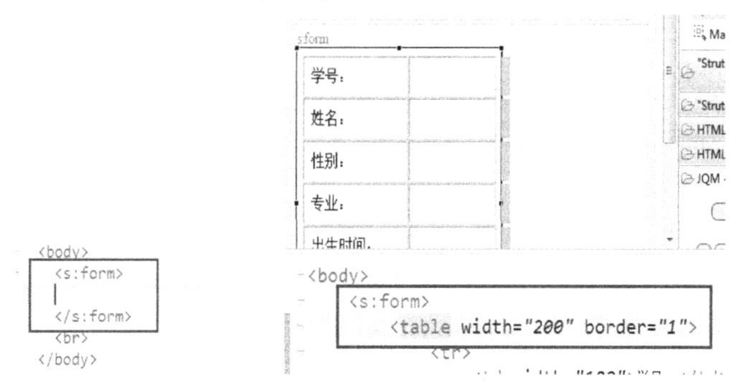

图 8-50　将表格的源码粘贴到 MyEclipse 的<s:form>和</s:form>之间

5）添加表单的学号输入控件（textfield），设置 name 属性为 xs.xh，如图 8-51 所示。

图 8-51　添加“学号”输入控件

📖 这里的 xs 是 Xsb 对象，xh 是 Xsb 对象的 xh 属性。

由于该表单中有 6 个输入控件，如果不用对象 xs 管理，将有 6 个网页变量，这样对应的 action 类中将有 6 个 action 变量（6 个普通 String 变量）。

📖 如果采用对象 xs 管理，则只有 1 个网页变量，该变量是对象变量，这样对应的 action 类中将只有 1 个 action 变量（1 个 Xsb 对象变量）。

6）添加表单的姓名输入控件（textfield），设置 name 属性为 xs.xm。

7）添加表单的性别输入控件（radio），设置 name 属性为 xs.xb，list 属性为#{1:'男',2:'女'}，value 属性为 1（男为默认选项），如图 8-52 所示。

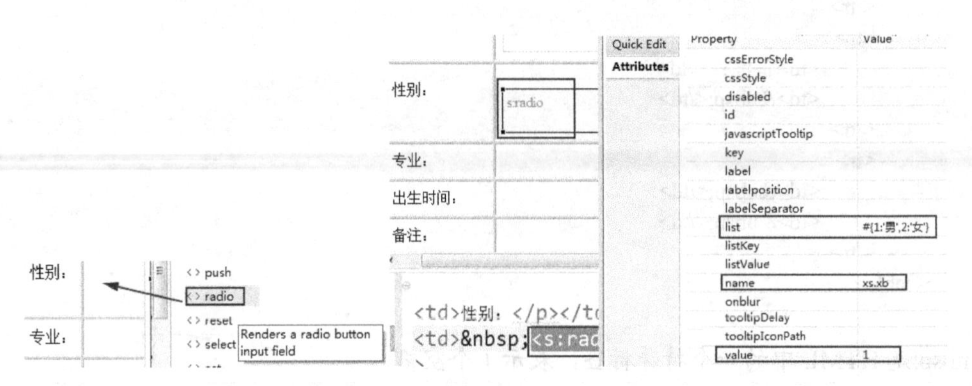

图 8-52 添加“性别”输入控件

这个 radio 控件类似于 HTML 中的列表控件 select：男 ▾，代码为：

```
<select name="select">
    <option value="1"  selected="selected">男</option>
    <option value="2">女</option>
</select>
```

8）添加表单的专业输入控件（textfield），设置 name 属性为 xs.zy。

9）添加表单的出生时间输入控件（datetimepicker）：选择 Struts Dojo Tags 中的 datetimepicker 控件，设置 name 属性为 xs.cssj，displayFormat 属性为 yyyy-MM-dd，如图 8-53 所示。

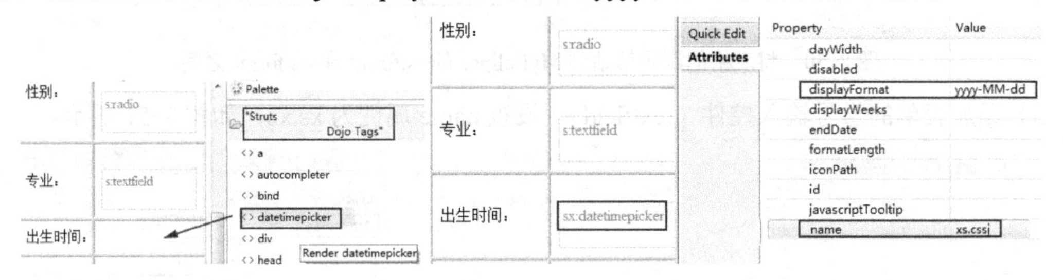

图 8-53 添加“出生时间”输入控件

10）添加表单的备注输入控件（textfield），设置 name 属性为 xs.bz

11）添加表单的提交按钮控件（submit），设置 value 属性为“添加”，如图 8-54 所示。

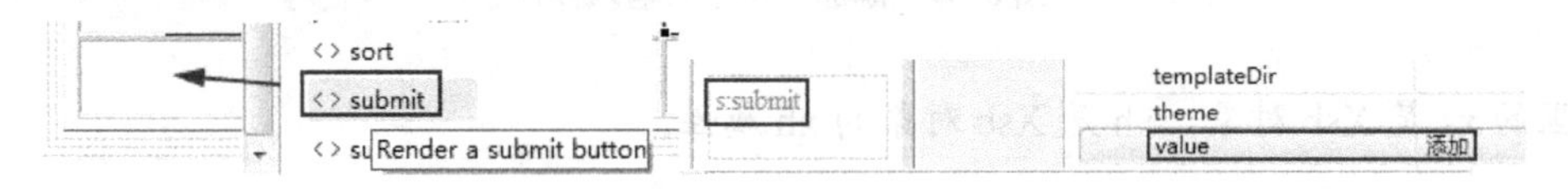

图 8-54 添加“提交”按钮控件

12）添加表单的重置按钮控件（reset），设置 value 属性为“重置”，如图 8-55 所示。

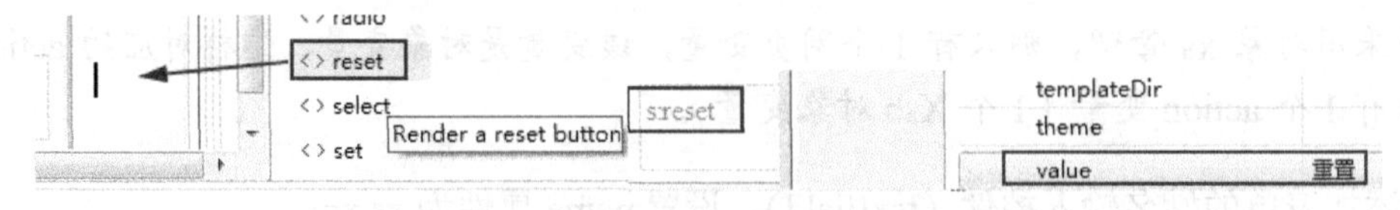

图 8-55 添加“重置”按钮控件

13）运行工程，然后打开 stu.jsp，可以看到页面格式比较乱，如图 8-56 所示。

图 8-56　运行结果

需要设置表单的 theme 属性为 simple：

```
<s:form action="save.action" method="post" theme="simple">
```

14）此时，日历控件还是没有正常显示。需要在<html>之前插入 sx:head 说明：

```
<sx:head parseContent="true"/>
```

最终的运行界面如图 8-57 所示。

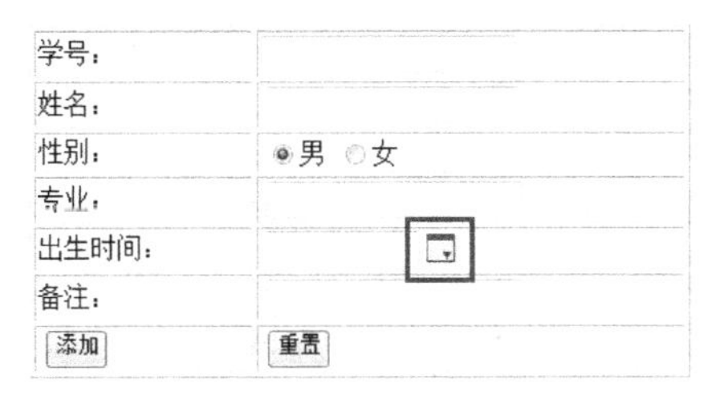

图 8-57　运行界面

最终的页面代码如下：

```
<%@ pageEncoding="utf-8"%>
<%@taglib uri="/struts-tags"prefix="s"%>
<%@taglib uri="/struts-dojo-tags" prefix="sx"%>
<sx:head parseContent="true"/>
<!DOCTYPE HTML PUBLIC "-//W3C//DTD HTML 4.01 Transitional//EN">
<html>
    <head></head>
    <body>
        添加学生信息
        <s:form action="save.action" method="post" theme="simple">
            <table width="280" border="1" height="321">
                <tr>
                    <td width="165">
                        学号：
                    </td>
                    <td width="164"> 
```

```
                    <s:textfield name="xs.xh"></s:textfield>
                </td>
            </tr>
            <tr>
                <td>
                    姓名：
                </td>
                <td>   
                    <s:textfield name="xs.xm"></s:textfield>
                </td>
            </tr>
            <tr>
                <td>
                    性别：
                </td>
                <td>   
                    <s:radio name="xs.xb" list="#{1:'男',2:'女'}" value="1"/>
                </td>
            </tr>
            <tr>
                <td>
                    专业：
                </td>
                <td>   
                    <s:textfield name="xs.zy"></s:textfield>
                </td>
            </tr>
            <tr>
                <td>
                    出生时间：
                </td>
                <td>   
                  <sx:datetimepicker name="xs.cssj" displayFormat="yyyy-MM- dd">
                  </sx:datetimepicker>
                </td>
            </tr>
            <tr>
                <td>
                    备注：
                </td>
                <td>   
                    <s:textfield name="xs.bz"></s:textfield>
                </td>
            </tr>
            <tr>
                <td>
                    <s:submit value="添加"></s:submit>
                </td>
                <td>   
                    <s:reset value="重置"></s:reset>
                </td>
            </tr>
        </table>
    </s:form>
```

```
        </body>
    </html>
```

📖 <sx:head parseContent="true"/>必须添加，否则不能显示日期框。

<s:form action="save.action" method="post" theme="simple">中必须设置 theme="simple"，否则表格显示会很乱。

每个控件的名字，如<s:textfield name="xs.xh"></s:textfield>中，xs 变量是网页变量，该变量将要和 SaveAction 类中定义的 xs 变量（action 属性变量）进行映射。这两个变量不是同一个变量，但要保证变量名相同。

2．新建 success.jsp

新建 success.jsp 页面，代码如下：

```
<%@ page language="java" pageEncoding="UTF-8"%>
<html>
        <head></head>
        <body>恭喜你，操作成功！</body>
</html>
```

8.5 学生 Action 配置及 Action 类制作

第 8 章任务 5

1．新建 action 类（SaveAction）

设置包名为 org.action，类名为 SaveAction，父类为 ActionSupport，如图 8-58 所示。

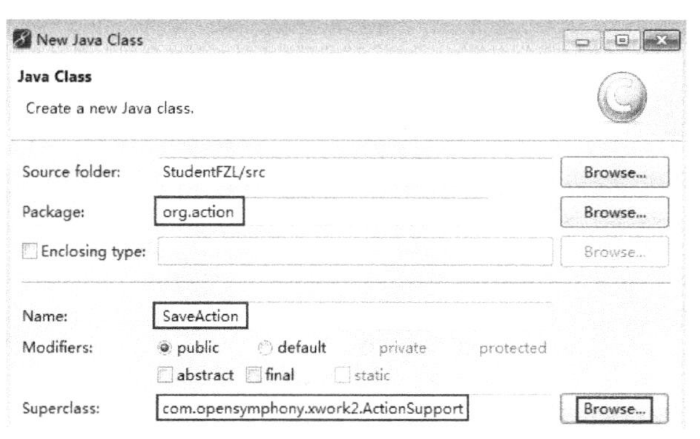

图 8-58　新建 action 类 SaveAction

生成的 SaveAction 类代码如下：

```
package org.action;
import org.model.Xsb;
import com.opensymphony.xwork2.ActionSupport;
public class SaveAction extends ActionSupport {
// 新增 1 个 action 变量（值栈变量），该变量要与 stu.jsp 页面中的网页变量（xs）名字相同
        private Xsb xs;    // 用于新增学生
        public Xsb getXs() {
                return xs;
        }
```

```
        public void setXs(Xsb xs) {
                this.xs = xs;
        }
}
```

2. 配置 struts.xml（添加 save 节）及添加 execute 方法

在 struts.xml 中添加 action，然后在 SaveAction 类中添加 execute 方法，最后执行跳转页。

1）添加 action：save，代码如下：

```
<?xml version="1.0" encoding="UTF-8" ?>
<!DOCTYPE struts PUBLIC "-//Apache Software Foundation//DTD Struts Configuration
2.1//EN""http://struts.apache.org/dtds/struts-2.1.dtd">
<struts>
        <package name="default" extends="struts-default">
                <action name="save" class="org.action.SaveAction">
                        <result name="success">/success.jsp</result>
                        <result name="error">/stu.jsp</result>
                </action>
        </package>
</struts>
```

📖 action 的名字 save 就是 stu.jsp 中表单的 action 值：save.action，只是要把.action 这个后缀去掉。由于没有指定 action 的 method 属性，Struts 框架将调用 SaveAction 类的 execute 方法。

2）添加 execute 方法，采用重载父类的 execute 方法，如图 8-59 所示。

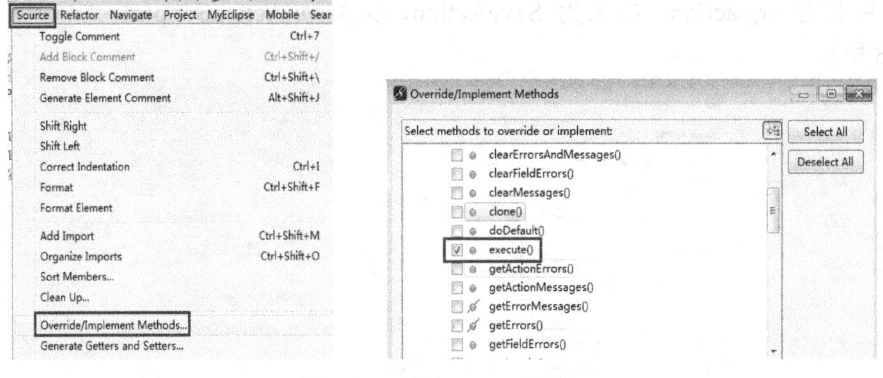

图 8-59　采用 execute 方法

SaveAction 类代码如下：

```
package org.action;
import org.model.Xsb;
import org.work.DBConn;
import com.opensymphony.xwork2.ActionSupport;
public class SaveAction extends ActionSupport {
        // 新增 1 个 action 变量，这个变量要与 stu.jsp 页面中的网页变量（xs）名称相同
        private Xsb xs; // 用于新增学生
        public Xsb getXs() {
                return xs;
        }
        public void setXs(Xsb xs) {
                this.xs = xs;
```

```
		}
		public String execute() throws Exception {
			DBConn db = new DBConn();
			// 新建一个空白的 Xsb 对象 stu，然后把 action 变量(xs 对象)的所有属性赋值给 stu
			Xsb stu = new Xsb();
			stu.setXh(xs.getXh());
			stu.setXm(xs.getXm());
			stu.setXb(xs.getXb());
			stu.setZy(xs.getZy());
			stu.setCssj(xs.getCssj());
			stu.setBz(xs.getBz());
			if (db.save(stu)) {
			//如果成功保存，则返回 SUCCESS，在 struts.xml 的 save 这个 action 配置中将跳至/success.jsp
				return SUCCESS;
			} else {
			// 如果不能保存，则返回 ERROR，在 struts.xml 的 save 这个 action 配置中将跳至/stu.jsp
				return ERROR;
			}
		}
	}
```

网页变量 xs 传递给 action 变量 xs 的过程中：

- 当 stu.jsp 页面提交时，struts 框架自动将 stu.jsp 所有输入框中的值依次赋值给 xs 网页对象的各个属性。
- Struts 框架自动调用 SaveAction 类的回调函数 setXs，将网页变量 xs（形参），赋值给 action 变量 xs。
- 这样可在 action 类的其他方法（如 execute 方法）中，通过 action 变量 xs，间接访问网页控件中的各个属性。

8.6 工程运行结果

第 8 章任务 6

1）在浏览器中输入 stu.jsp，可以弹出主界面，输入如下控件内容，如图 8-60 所示。

图 8-60 运行 Web 工程

2）单击“添加”按钮，将显示成功页面，并在数据库中将插入如下行，如图 8-61 所示。

	XH	XM	XB	CSSJ	ZY_ID	ZXF	BZ	ZP
1	1001	王浩	1	2017-03-15 00:00:00.000	1	NULL	班长	NULL

图 8-61　运行页面及数据库查看结果

“专业”输入框中必须输入整数，即专业编号，不能输入中文，如图 8-62 所示。如果输入中文（如软件工程），则会报如下错误，如图 8-63 所示。

学号：	1001
姓名：	王浩
性别：	◉男 ○女
专业：	软件工程
出生时间：	2017-03-22
备注：	班长
添加	重置

图 8-62　“专业”输入框输入中文

```
信息: Server startup in 1685 ms
com.microsoft.sqlserver.jdbc.SQLServerException: 在将 nvarchar 值 '软件工程' 转换成数据类型 int 时失败。
	at com.microsoft.sqlserver.jdbc.SQLServerException.makeFromDatabaseError(SQLServe
	at com.microsoft.sqlserver.jdbc.SQLServerStatement.getNextResult(SQLServerStateme
```

图 8-63　运行报错

这是由于 dbo.XSB 表的 ZY_ID 是整型字段，不允许插入字符串值。

8.7　思考与练习

操作题

完成数据库备份。详见二维码视频教学。

第 8 章任务 7

第 9 章　Struts2 综合案例：留言管理系统

本章讲解一个 Struts2 综合案例，即留言管理系统。主要包括工程框架搭建、实体类创建、数据库访问类创建、前台页面制作、新增用户、新增留言、查看所有用户、修改用户、删除用户、查看所有留言、修改留言、删除留言的 Action 配置及 Action 类制作等内容。

9.1　工程框架搭建

第 9 章任务 1

1. 新建数据库和表

新建数据库 liuyanFZL，新建 2 张数据库表，每张表需要设置主键，且主键字段必须是“标识列”字段，即自增字段。

1）user 表，如图 9-1 所示。

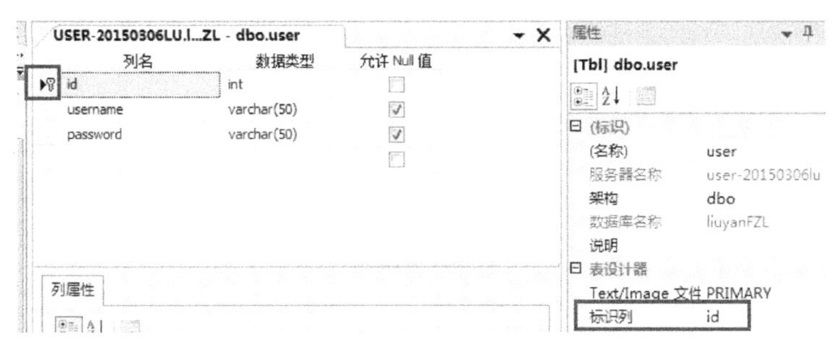

图 9-1　user 表

其中，id 是主键，且为标识列（即自增字段）。

2）liuyan 表，如图 9-2 所示。

图 9-2　liuyan 表

其中，id 是主键，且为标识列（即自增字段）。

2. 新增 1 个外键

📖 liuyan 表的 userId 字段是外键。

1）在外键表 liuyan 上，右键单击“设计”，然后单击“关系”按钮，如图 9-3 所示。

2）单击“添加”按钮新建一个空白的外键，如图 9-4 所示。

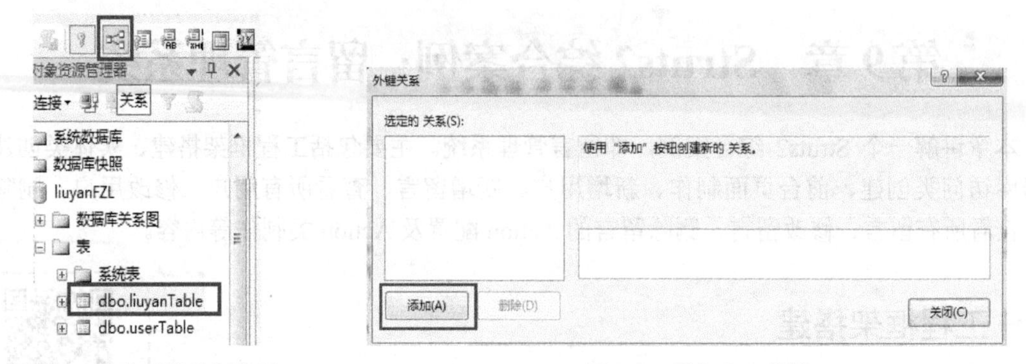

图 9-3　单击“关系”按钮　　　　　　　　　　　　　　　图 9-4　添加空白外键

3）单击“表和列规范”右侧的按钮，如图 9-5 所示。

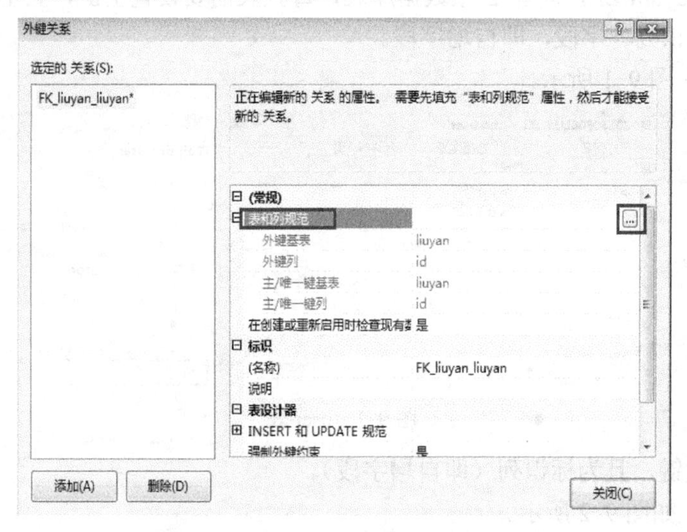

图 9-5　单击“表和列规范”右侧的按钮

4）设置外键的信息，如图 9-6 所示。

📖 user 表是主键表，id 字段是连接字段。liuyan 表是外键表，userId 字段是连接字段。

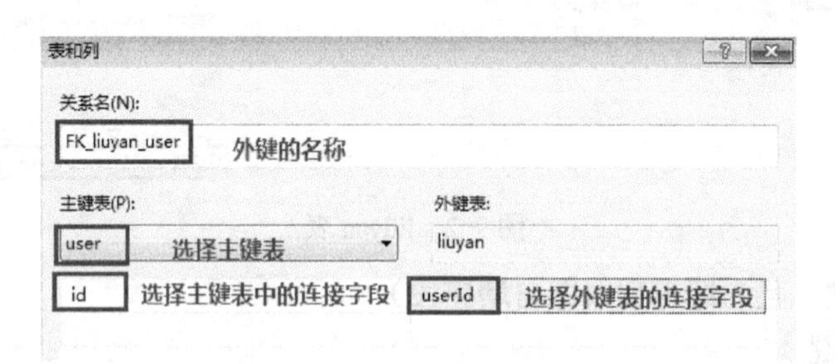

图 9-6　设置外键的信息

5）最终的外键信息如图 9-7 所示。

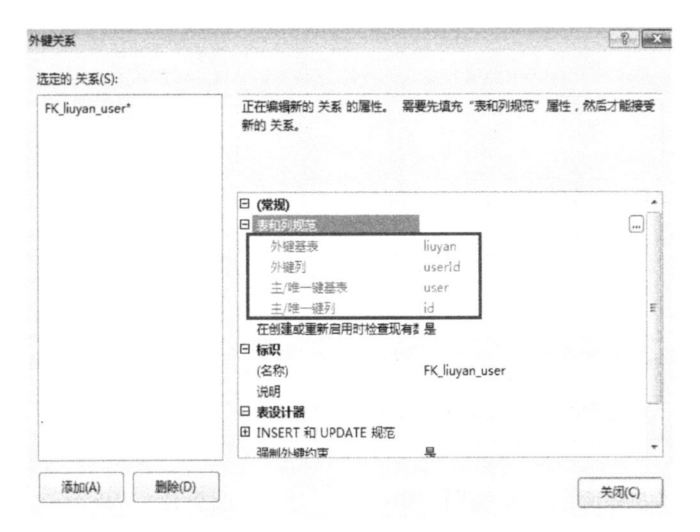

图 9-7 最终的外键信息

打开 2 张表的“键”属性，可以看到主键表 user 只有 1 个键（1 个主键），外键表 liuyan 有 2 个键（1 个主键，1 个外键），如图 9-8 和图 9-9 所示。

图 9-8 主键表 user

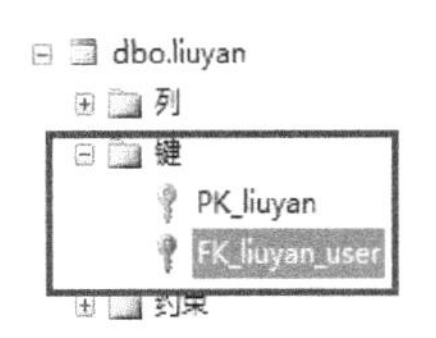

图 9-9 外键表 liuyan

3. 新建 Web 工程

新建 Web 工程，设置工程名为“liuyanFZL”，并生成 Web 工程（Java EE 版本要选择“JavaEE 5”），如图 9-10 所示。

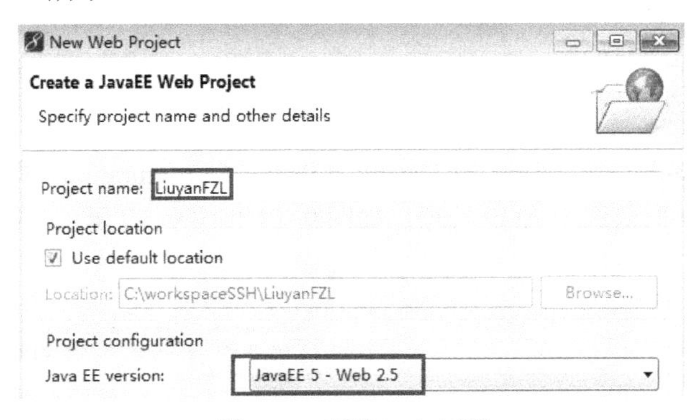

图 9-10 新建 Web 工程

4. 将 SSH 库包复制到工程中，并添加引用

将 SSH 库包 ssh.rar 解压缩，将 lib 文件夹中所有的 jar 包粘贴到 WebRoot→WEB-INF→lib 目录下，如图 9-11 所示。

此时，MyEclipse 将自动生成 Web App Libraries 库包引用，如图 9-12 所示。

📖 只要在 Web App Libraries 中引用的 jar 包，都会被 MyEclipse 上传到 Tomcat 部署工程中。

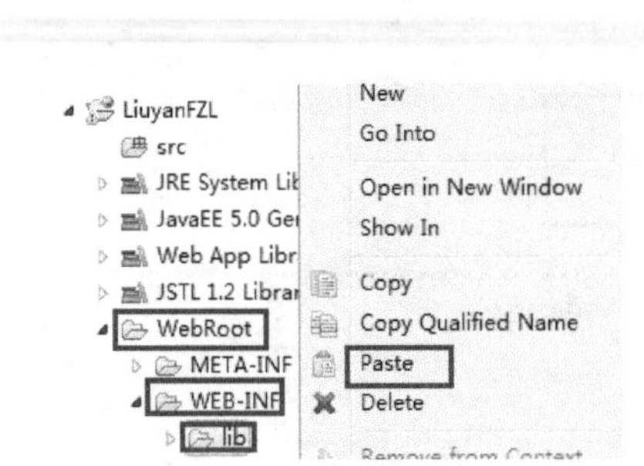

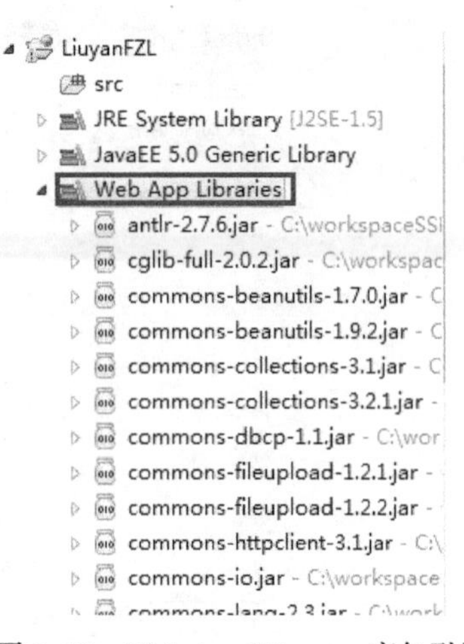

图 9-11　将 lib 文件夹中所有的 jar 包进行粘贴　　　　图 9-12　Web App Libraries 库包引用

5．添加 Spring 支持

选中工程，然后单击菜单 MyEclipse→Project Facets[Capabilities]→Install Spring Facet，如图 9-13 所示。

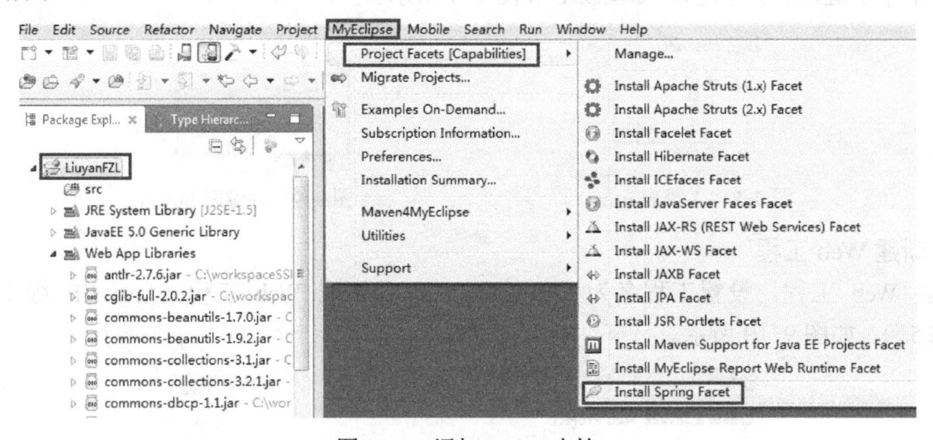

图 9-13　添加 Spring 支持

选择 Spring 的版本为 2.5，Type 为 Disable Library Configuration，即不使用 MyEclise2014 自带的 Spring 库包，并取消选中 AOP 选项，如图 9-14 和图 9-15 所示。

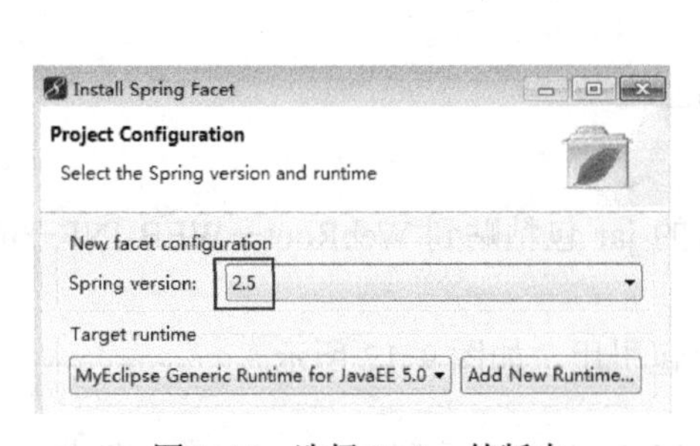

图 9-14　选择 Spring 的版本　　　　图 9-15　取消选中 AOP 选项

6. 添加 Struts 支持

选中工程，然后单击菜单 MyEclipse→Project Facets[Capabilities]→Install Apache Struts(2.x) Facet，如图 9-16 所示。

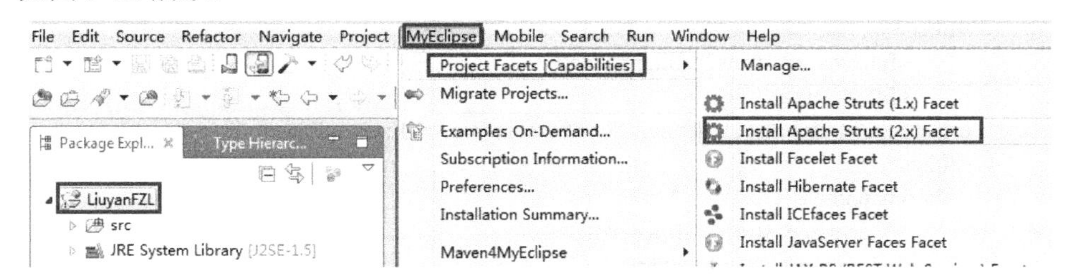

图 9-16　添加 Struts 支持

选择 2.1 版本，对所有的网页进行 Struts 过滤处理，如图 9-17 和图 9-18 所示。

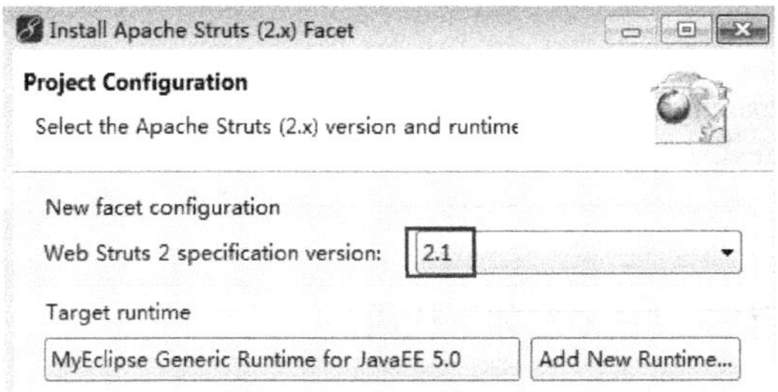

图 9-17　选择 2.1 版本

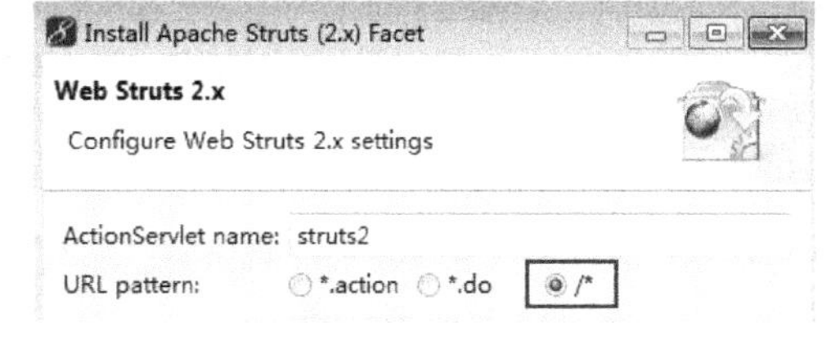

图 9-18　Struts 过滤处理

不使用 MyEclipse 自带的 Struts 库包，如图 9-19 所示。

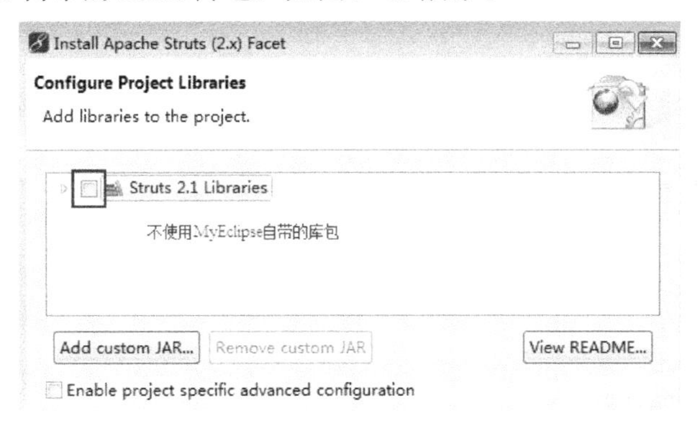

图 9-19　不使用自带的 Struts 库包

7. 将 Struts 作为 Spring 对象进行整合

由于采用 SSH 集成框架时，必须将 Struts 作为 Spring 的对象来管理，否则将报错，即无法创建 Spring 的对象类工厂。修改 web.xml 文件，添加 listerner，指定 listener-class 为 org.springframework.web.context.ContextLoaderListener。添加 context-param，设置参数名为 contextConfigLocation，参数值为/WEB-INF/classes/applicationContext.xml。

最终的 web.xml 代码如下：

```
<?xml version="1.0" encoding="UTF-8"?>
<web-app version="2.5" xmlns="http://java.sun.com/xml/ns/Java EE"
    xmlns:xsi="http://www.w3.org/2001/XMLSchema-instance"
    xsi:schemaLocation="http://java.sun.com/xml/ns/Java EE
```

```
        http://java.sun.com/xml/ns/Java EE/web-app_2_5.xsd">
        <welcome-file-list>
                <welcome-file>index.jsp</welcome-file>
        </welcome-file-list>
        <filter>
                <filter-name>struts2</filter-name>
                <filter-class>
        org.apache.struts2.dispatcher.ng.filter.StrutsPrepareAndExecuteFilter</filter-class>
        </filter>
        <filter-mapping>
                <filter-name>struts2</filter-name>
                <url-pattern>/*</url-pattern>
        </filter-mapping>
        <listener>
         <listener-class>org.springframework.web.context.ContextLoaderListener</listener-class>
       </listener>
       <context-param>
            <param-name>contextConfigLocation</param-name>
            <param-value>classpath:applicationContext.xml</param-value>
    </context-param>
</web-app>
```

在 src 文件夹下新建 struts.properties 文件，在该文件中添加如下代码：

```
struts.objectFactory=spring
```

📖 这个 struts.properties 文件是 Struts2 和 Spring 两个框架的关联文件。

9.2 实体类创建

第 9 章任务 2

1. 生成 POJO 类 User

User 类代码如下：

```
package org.model;
public class User {
        private int id;
        private String username;
        private String password;
        public int getId() {
                return id;
        }
        public void setId(int id) {
                this.id = id;
        }
        public String getUsername() {
                return username;
        }
        public void setUsername(String username) {
                this.username = username;
        }
        public String getPassword() {
                return password;
```

```
        }
        public void setPassword(String password) {
            this.password = password;
        }
    }
```

📖 3 个属性（id、username、password）的名称要和数据库表 user 中的列名字段相同。

2．生成 POJO 类 Liuyan

Liuyan 代码如下：

```
package org.model;
import java.sql.Date;
public class Liuyan {
    private int id;
    private int userId;
    private Date lydate;
    private String title;
    private String details;
    public int getId() {
        return id;
    }
    public void setId(int id) {
        this.id = id;
    }
    public int getUserId() {
        return userId;
    }
    public void setUserId(int userId) {
        this.userId = userId;
    }
    public Date getLydate() {
        return lydate;
    }
    public void setLydate(Date lydate) {
        this.lydate = lydate;
    }
    public String getTitle() {
        return title;
    }
    public void setTitle(String title) {
        this.title = title;
    }
    public String getDetails() {
        return details;
    }
    public void setDetails(String details) {
        this.details = details;
    }
}
```

📖 5 个属性（id、userId、lydate、title、details）的名称要和数据库表 liuyan 中的列名字段相同。

9.3 数据库访问类创建

第 9 章任务 3

1. 利用 DB Browser 访问数据库

新建 dblink，设置连接参数，如图 9-20 所示。

Database Driver
Edit Database Connection Driver
Edit the connection driver
Driver template:
Driver name: dblink
Connection URL: jdbc:sqlserver://127.0.0.1:1433;databaseName=liuyanFZL
User name: sa
Password: ******** 密码zhijiang
Driver JARs
C:\workspaceSSH\StudentFZL\WebRoot\WEB-INF\lib\sqljdbc4.jar
Add JARs
Remove
Driver classname: com.microsoft.sqlserver.jdbc.SQLServerDriver
Test Driver
Connect to database on MyEclipse startup
Save password

图 9-20 新建 dblink

2. 新建 DB 类

新建 DB 类，实现底层数据库访问操作，代码如下：

```
package org.util;
import java.sql.Connection;
import java.sql.DriverManager;
import java.sql.PreparedStatement;
import java.sql.SQLException;
import java.sql.ResultSet;
public class DB {
    private Connection conn; //数据库连接对象
    private PreparedStatement ps; //数据库执行语句对象
    private ResultSet rs;   //数据库结果集对象
    public DB() {
        try {
            Class.forName("com.microsoft.sqlserver.jdbc.SQLServerDriver");
            conn = DriverManager.getConnection(
         "jdbc:sqlserver://127.0.0.1:1433;databaseName=liuyanFZL","sa","zhijiang");
        } catch (ClassNotFoundException e) {
            e.printStackTrace();
        } catch (SQLException e) {
            e.printStackTrace();
        }
    }
    // 需要将添加 10 个方法，分别是用户表和留言表的插入和查询等函数
    // 这里我们暂时不写，等后面用到的时候再自动补充
}
```

9.4 前台页面制作

第 9 章任务 4

1. 新建框架集页面（main.jsp）

1）在 Dreamweaver 的布局中，选择“左侧框架”，如图 9-21 所示。

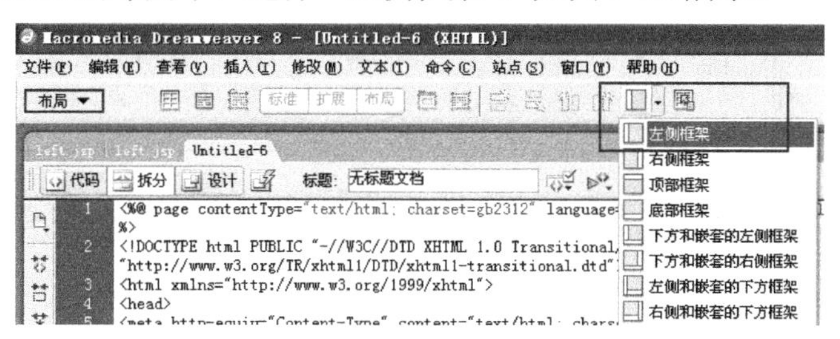

图 9-21 选择“左侧框架”

2）单击“确定”，单击菜单“文件→保存全部”，如图 9-22 所示。

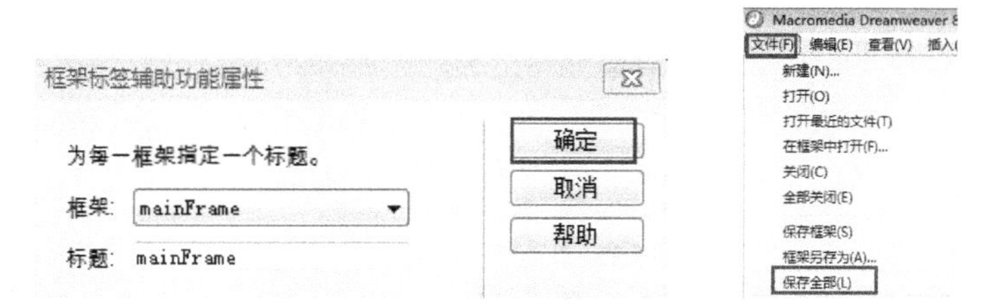

图 9-22 保存全部

3）保存框架集文件 main.jsp，如图 9-23 所示。

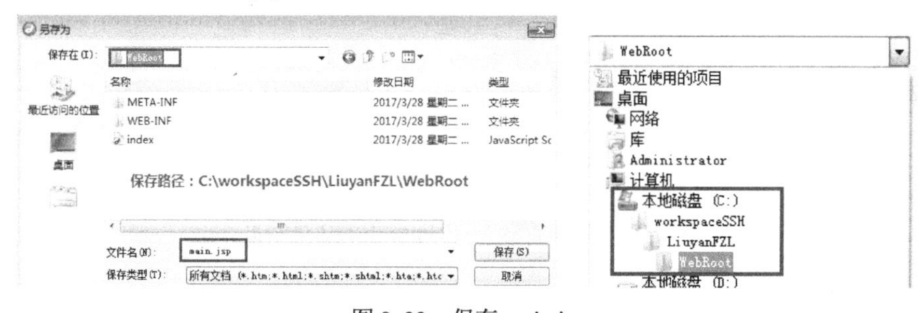

图 9-23 保存 main.jsp

4）保存右侧框架页 right.jsp，如图 9-24 所示。

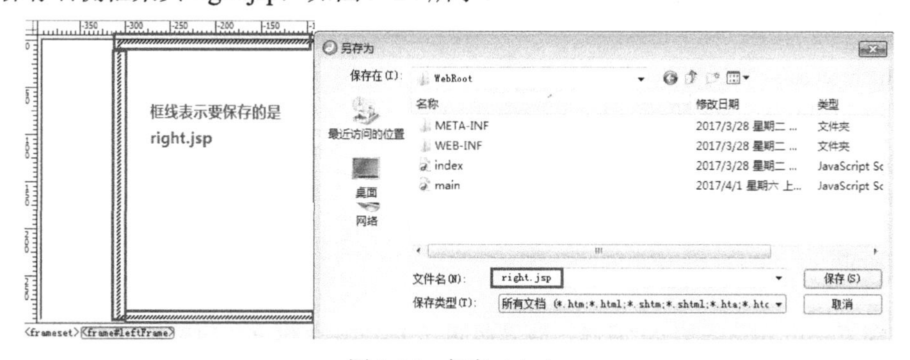

图 9-24 保存 right.jsp

5）保存左侧框架页 left.jsp，如图 9-25 所示。

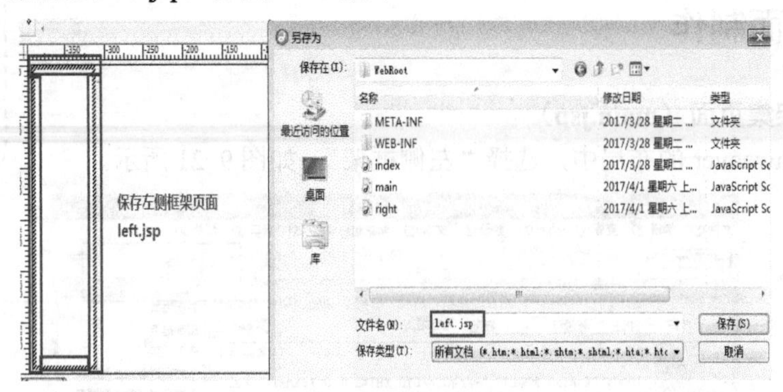

图 9-25　保存 left.jsp

6）在工程的 WebRoot 目录，右键单击“刷新”，即可看到在 Dreamweaver 中保存的 3 个网页，如图 9-26 所示。

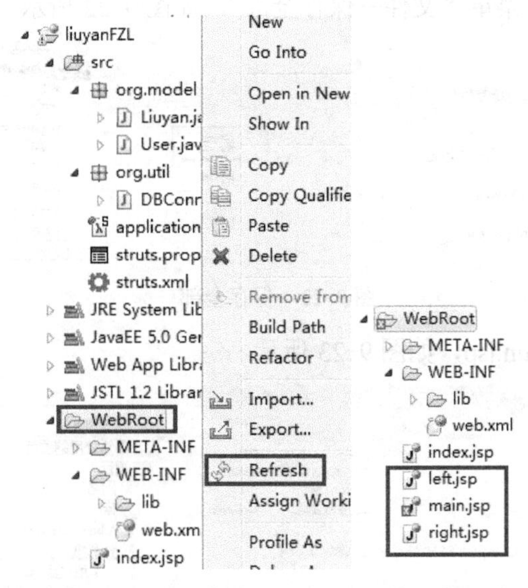

图 9-26　刷新查看 MyEclipse 下的 3 个网页

7）修改 main.jsp 内容代码如下：

```
<!DOCTYPE HTML PUBLIC "-//W3C//DTD HTML 4.01 Transitional//EN">
<html>
<head>
</head>
<frameset cols="20%,*">
        <frame src="left.jsp" />
        <frame src="right.jsp" name="right" />
</frameset>
<body>
</body>
</html>
```

📖 右侧框架有一个 name="right"属性，该属性用于 left.jsp 中弹出的网页显示在该框架中。

📖 <frameset></frameset>必须放在<body>的前面，不能放入<body></body>之间。

2．修改 left.jsp 页面

将 Dreamweaver 生成的网页源代码替换工程 left.jsp 中的源代码内容。

1）在 Dreamweaver 中新建 5 行 1 列的表格，如图 9-27 所示。

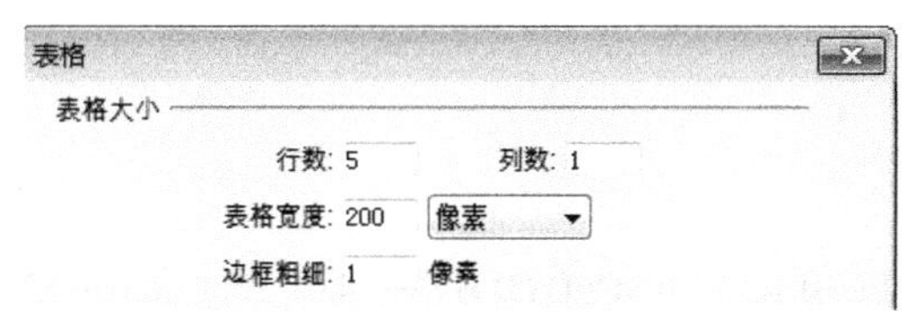

图 9-27 新建表格

2）在第一行中，输入“新增用户”超链接，然后选中所有文字，在链接属性中设置 addUserView.action 值，即超链接<a>的 href 值，如图 9-28 所示。

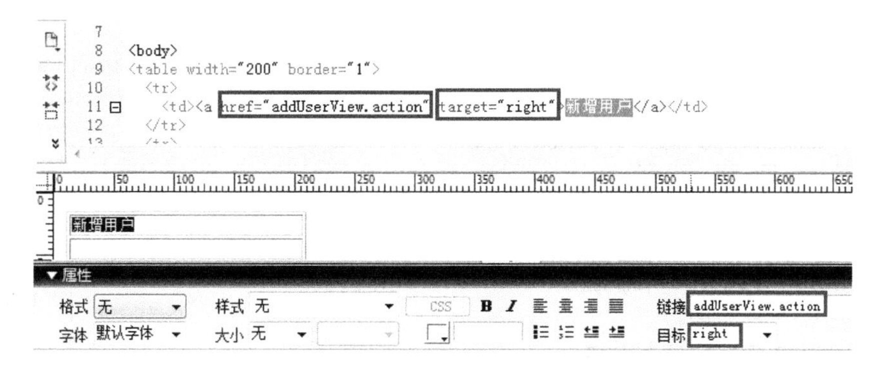

图 9-28 输入“新增用户”超链接

3）完成剩余 4 个超链接，得到最终的代码：

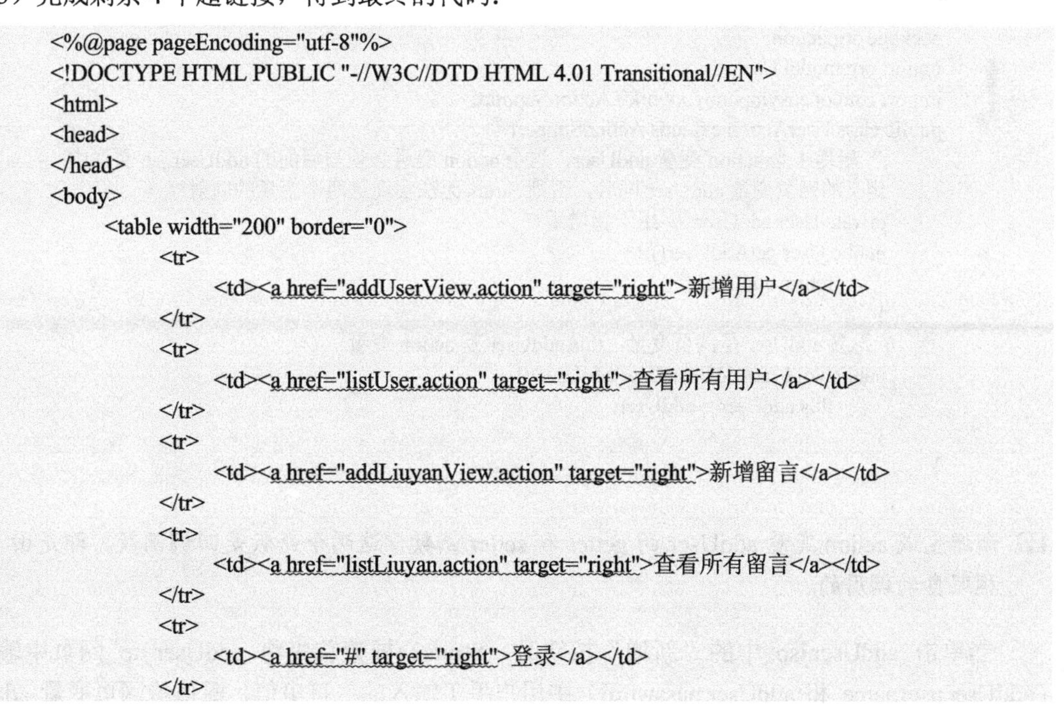

```
<%@page pageEncoding="utf-8"%>
<!DOCTYPE HTML PUBLIC "-//W3C//DTD HTML 4.01 Transitional//EN">
<html>
<head>
</head>
<body>
    <table width="200" border="0">
        <tr>
            <td><a href="addUserView.action" target="right">新增用户</a></td>
        </tr>
        <tr>
            <td><a href="listUser.action" target="right">查看所有用户</a></td>
        </tr>
        <tr>
            <td><a href="addLiuyanView.action" target="right">新增留言</a></td>
        </tr>
        <tr>
            <td><a href="listLiuyan.action" target="right">查看所有留言</a></td>
        </tr>
        <tr>
            <td><a href="#" target="right">登录</a></td>
        </tr>
```

```
        </table>
    </body>
</html>
```

📖 每个超链接都有一个 target="right"属性，该属性用于将弹出的网页显示在 main.jsp 中命名的 right 框架中。

3. 修改 right.jsp 页面

代码如下：

```
<!DOCTYPE HTML PUBLIC "-//W3C//DTD HTML 4.01 Transitional//EN">
<html>
    <head></head>
    <body></body>
</html>
```

4. 修改 web.xml 文件

设置欢迎页面：每当运行该工程时，将首先打开 main.jsp，而不再是默认的 index.jsp。

```
<welcome-file-list>
    <welcome-file>main.jsp</welcome-file>
</welcome-file-list>
```

9.5 新增用户 Action 配置及 Action 类制作

第 9 章任务 5

1. 新建 action 类：UserAction

设置包名为 org.action，类名为 UserAction，父类为 ActionSupport。

生成的 UserAction 类代码如下：

```
package org.action;
import org.model.User;
import com.opensymphony.xwork2.ActionSupport;
public class UserAction extends ActionSupport {
    /* 新增 1 个 action 变量 addUser，这个 action 变量必须与后面的 addUser.jsp 页面中
    定义的网页变量 addUser 同名，否则 Struts 无法实现这两个变量的映射*/
    private User addUser; // 用于新增用户
    public User getAddUser() {
        return addUser;
    }
   // 形参 addUser 是网页变量，this.addUser 是 action 变量
    public void setAddUser(User addUser) {
        this.addUser = addUser;
    }
}
```

📖 新增生成 action 变量 addUser 的 getter 和 setter 函数，这两个函数是回调函数，即是由 Struts 框架自动调用的。

当单击 addUser.jsp 中的“新增”按钮时，Struts2 框架首先将 addUser.jsp 网页中输入框（addUser.username 和 addUser.password）中用户手工输入的字符串值，赋值给网页变量 addUser

的 username 和 password 属性；然后自动调用 setAddUser 方法，将网页变量 addUser 赋值给 UserAction 类中的 action 变量 addUser。此后，UserAction 类的其他方法（如下面的 addUser()方法）中，就可以直接访问 action 变量 addUser，从而间接地获得了所有输入框控件中用户手工输入的字符串值。

2．配置 struts.xml（添加 addUserView 节）及添加 addUserView 方法

在 struts.xml 中新增一个 action(addUserView)，然后在 UserAction 类中添加相应方法（addUserView），最后新建跳转页面 addUser.jsp。

由于 left.jsp 的第一个超链接：<a href="addUserView.action" target="right">新增用户</a>中的 href 网址为 addUserView.action，所以要在 struts.xml 中新增 addUserView。

1）添加 action：addUserView，代码如下：

```
<?xml version="1.0" encoding="UTF-8" ?>
<!DOCTYPE struts PUBLIC "-//Apache Software Foundation//DTD Struts Configuration 2.1//EN""http://struts.apache.org/dtds/struts-2.1.dtd">
<struts>
    <package name="default" extends="struts-default">
    <action name="addUserView" class="org.action.UserAction" method="addUserView">
        <result name="success">/addUser.jsp</result>
    </action>
    </package>
</struts>
```

📖 设置 method 属性，用于执行 org.action.UserAction 类的 addUserView 方法，而不再执行默认的 execute 方法。

2）在 UserAction 类中，添加 addUserView 方法，代码如下：

```
public String addUserView(){
    return "success";
}
```

3）新建 addUser.jsp，代码如下：

```
<%@taglib uri="/struts-tags" prefix="s"%>
<%@page pageEncoding="utf-8"%>
<!DOCTYPE HTML PUBLIC "-//W3C//DTD HTML 4.01 Transitional//EN">
<html>
    <head></head>
    <body>
        <s:form action="addUser.action" method="post" theme="simple">
            <table width="500" border="1">
                <tr>
                  <td>
                        用户名：
                  </td>
                  <td>
                    注意：此处故意将 username 写错成 usernames
                      <s:textfield name="addUser.usernames"></s:textfield> 
                  </td>
                </tr>
                <tr>
```

```
                <td>
                    密码:
                </td>
                <td>
                    <s:password name="addUser.password"></s:password>
                </td>
              </tr>
              <tr>
                <td>  
                    <s:submit value="新增"></s:submit>
                </td>
                <td>  
                  <s:reset value="重置"></s:reset>
                </td>
              </tr>
            </table>
        </s:form>
    </body>
</html>
```

📖 s:textfield 和 s:password 两个输入控件的 name 属性中，加框标记的是网页变量 addUser，这个变量必须和 UserAction 类中定义的 action 变量 private User addUser;同名。

s:textfield 和 s:password 两个输入控件的 name 属性中，addUser 后面的属性（usernames 和 password）必须和 org.model.User 类中的属性相同，如图 9-29 所示。

```
package org.model;

public class User {
    private int id;
    private String username;
    private String password;
```

图 9-29　org.model.User 类中的属性

📖 此处，故意将用户名这个输入框的变量名写错成 addUser.usernames，正确的是 addUser.username。下面详细看下错误的产生过程。

4）运行工程，单击“新增用户”超链接，弹出 addUser.jsp 的内容，如图 9-30 所示。

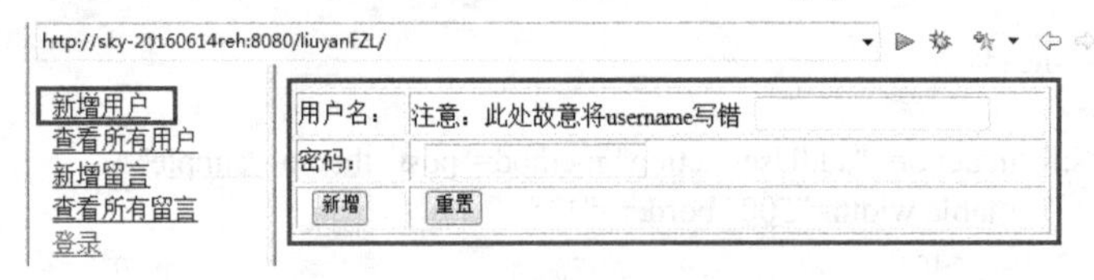

图 9-30　运行工程

这是因为，单击“新增用户”超链接 addUserView.action，根据 struts.xml 中的 addUserView 这个 action 的配置说明，代码如下：

```
<action name="addUserView" class="org.action.UserAction" method="addUserView">
    <result name="success">/addUser.jsp</result>
    <result name="error">/main.jsp</result>
</action>
```

将执行 org.action.UserAction 类的 addUserView 方法，该方法返回 success，即跳转到<result name="success">/addUser.jsp</result>中指定的 addUser.jsp 网页。

3．配置 struts.xml（添加 addUser 节）及添加 addUser 方法

在 struts.xml 中新增一个 action(addUser)，然后在 UserAction 类中添加相应方法(addUser)，最后新建跳转页面 successAddUser.jsp。

1）添加 action：addUser，代码如下：

```
<action name="addUser" class="org.action.UserAction"method="addUser">
        <result name="success">/successAddUser.jsp</result>
        <result name="error">/main.jsp</result>
</action>
```

2）添加 addUser 方法，代码如下：

```
public String addUser(){
    User newUser = new User();
    // 利用 action 变量 addUser 的 getter 方法，获得网页中各个输入控件中用户输入
    // 的字符串值，并将其赋值给 newUser 相应的属性
    newUser.setUsername(addUser.getUsername());
    newUser.setPassword(addUser.getPassword());
    DB db = new DB();
    boolean result = db.addUser(newUser);
    if(result){
        return "success";
    }else{
        return "error";
    }
}
```

利用自动代码补全功能，给 DB 类新增 addUser 方法，如图 9-31 所示。

```
public String addUser(){
    User newUser = new User();
    newUser.setUsername(addUser.getUsername());
    newUser.setPassword(addUser.getPassword());
    DB db = new DB();
    boolean result = db.addUser(newUser); 利用自动代码补全功能，给DB类新增addUser方法
    if(result){
        return "success"
    }else{
        return "error";
    }
```

The method addUser(User) is undefined for the type DB
2 quick fixes available:
Create method 'addUser(User)' in type 'DB'
Add cast to 'db'
Press 'F2' for focus

图 9-31　新增 DB 类的 addUser 方法

打开 DB Browser 中的 User 表，将 2 个字段写到 insert 语句中，如图 9-32 所示。

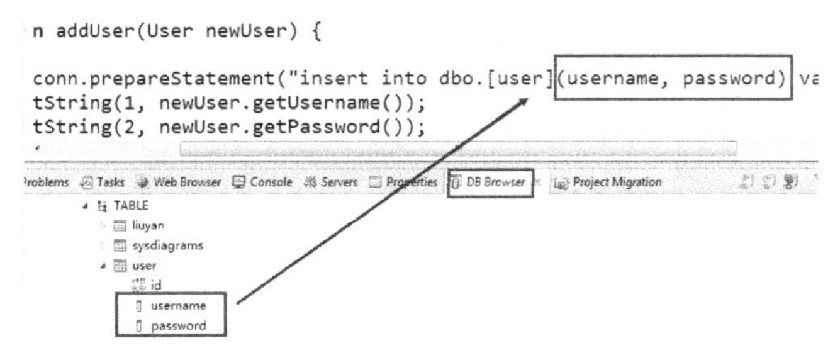
n addUser(User newUser) {
conn.prepareStatement("insert into dbo.[user](username, password) va
tString(1, newUser.getUsername());
tString(2, newUser.getPassword());
DB Browser
TABLE
liuyan
sysdiagrams
user
id
username
password

图 9-32　将字段写入 insert 语句

最终的新增用户代码如下：

```
public boolean addUser(User newUser) {
    try {
        ps = conn.prepareStatement("insert into dbo.user(username, password) values(?, ?)");
        ps.setString(1, newUser.getUsername());
        ps.setString(2, newUser.getPassword());
        ps.executeUpdate();
        return true;
    } catch (SQLException e) {
        e.printStackTrace();
        return false;
    }
}
```

3）新建 successAddUser.jsp，代码如下：

```
<%@ page language="java" pageEncoding="UTF-8"%>
<html>
<head></head>
<body>
    恭喜你，添加用户操作成功！
</body>
</html>
```

4）运行工程。

输入用户名和密码，单击“新增”按钮，工程无法向数据库正确插入数据，console 窗口将报如下错误，如图 9-33 所示。

```
com.microsoft.sqlserver.jdbc.SQLServerException: 关键字 'user' 附近有语法错误。
	at com.microsoft.sqlserver.jdbc.SQLServerException.makeFromDatabaseEr
	at com.microsoft.sqlserver.jdbc.SQLServerStatement.getNextResult(SQLS
	at com.microsoft.sqlserver.jdbc.SQLServerPreparedStatement.doExecuteP
	at com.microsoft.sqlserver.jdbc.SQLServerPreparedStatement$PrepStmtEx
	at com.microsoft.sqlserver.jdbc.TDSCommand.execute(IOBuffer.java:4575
	at com.microsoft.sqlserver.jdbc.SQLServerConnection.executeCommand(SQ
	at com.microsoft.sqlserver.jdbc.SQLServerStatement.executeCommand(SQL
	at com.microsoft.sqlserver.jdbc.SQLServerStatement.executeStatement(S
	at com.microsoft.sqlserver.jdbc.SQLServerPreparedStatement.executeUpd
	at org.util.DB.addUser(DB.java:36)
	at org.action.UserAction.addUser(UserAction.java:32)
```

图 9-33　Console 后台报错

Console 提示（DB.java：36）表示程序员的代码 DB.java 的第 36 行出错。这是由于 User 表是系统表，如果作为用户表，需要加中括号[]，修改 DB.java 的第 36 行处的 insert 语句，将 dbo.user 改成 dbo.[user]，如图 9-34 所示。

```
try {
    ps = conn.prepareStatement("insert into dbo.[user] (username, passwc
    ps.setString(1, newUser.getUsername());
    ps.setString(2, newUser.getPassword());
```

图 9-34　修改 DB.java 的 insert 语句

修改后，继续运行工程，没有报错，如图 9-35 所示。

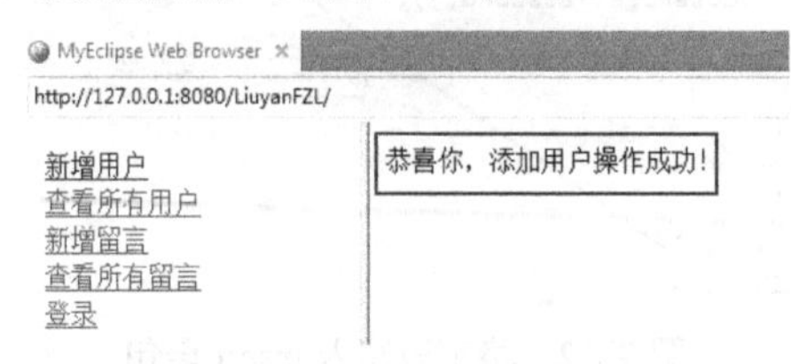

图 9-35　运行结果

但查看 SQLServer 后台数据库表 User 的内容，可以发现错误，如图 9-36 所示。

图 9-36　表 User 的结果错误

- username 字段值为 null，这表明插入对象的 username 属性不正确。
- password 字段值不为 null，这表明插入对象的 password 属性正确。

这时候需要启动调试模式，去查找程序的 bug。

1）插入断点。在 UserAction 类的 addUser 方法中，双击左边条，插入断点，如图 9-37 所示。

图 9-37　插入断点

2）启动调试模式，如图 9-38 所示。

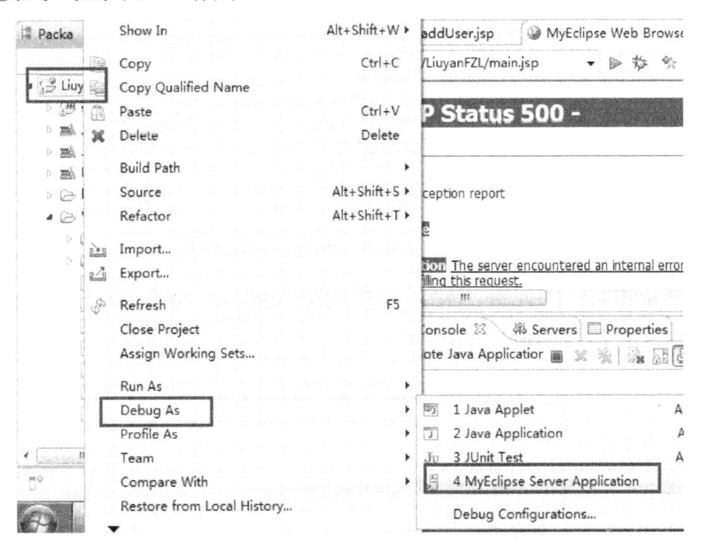

图 9-38　启动调试模式

3）运行工程，输入用户名和密码，单击“新增”按钮，进入调试透视图，如图 9-39 所示。

程序在断点处停止下来，此时可以单击调试的执行模式处的各个不同功能的按钮，进行代码跟踪。

4）由于插入数据库的对象是 newUser，所以将鼠标停留在 newUser 变量上，查看该变量的值是否正确，如图 9-40 所示。

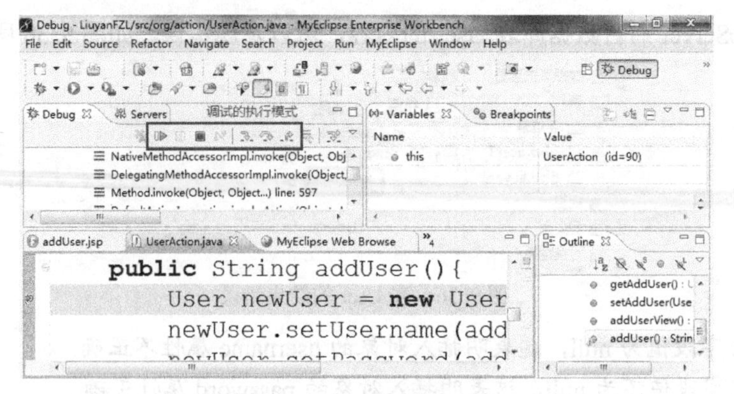

图 9-39　调试透视图

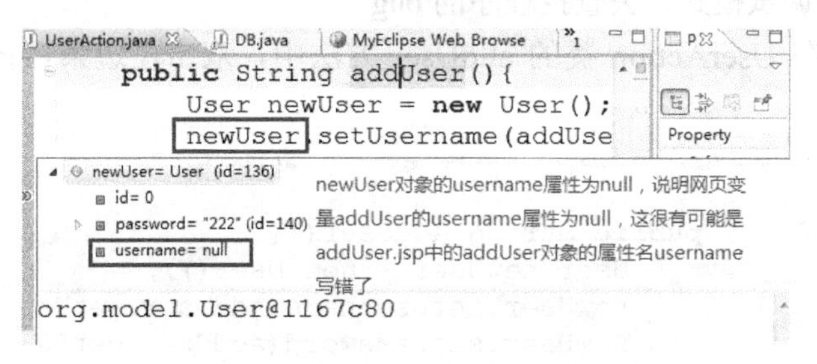

图 9-40　查看 newUser 变量的值

可以发现 newUser 的 username 属性为 null，进一步查看 addUser 的 username 属性也为 null，如图 9-41 所示。

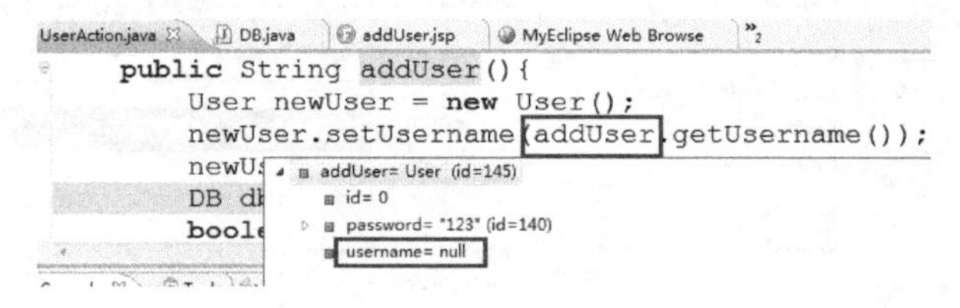

图 9-41　查看 addUser 的 username 属性

这表明网页对象 addUser 的属性出错，网页对象 addUser 是在 addUser.jsp 中的。

5）查看 addUser.jsp，发现确实出错：

```
<s:textfield name="addUser.usernames"></s:textfield>
```

将其修改为：

```
<s:textfield name="addUser.username"></s:textfield>
```

重新运行工程，输入用户名和密码，单击"新增"按钮，弹出操作成功界面，如图 9-42 所示。

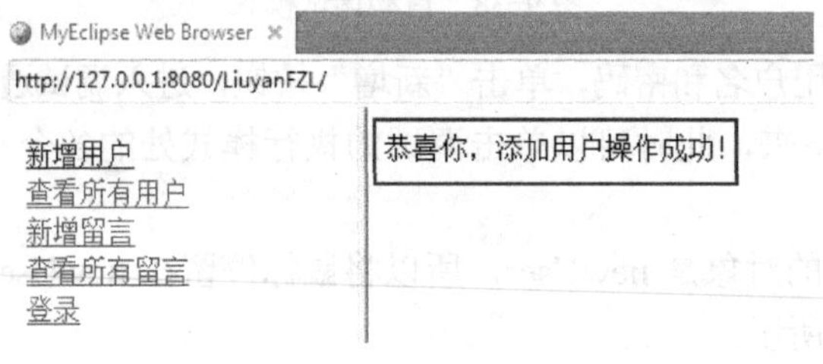

图 9-42　运行结果

再次观察 SQLServer 后台数据库表 userTable 的内容也正确了，如图 9-43 所示。

USER-20150306LU.l...ZL - dbo.userTabl

	id	username	password
	1	NULL	gg
	2	zhang	5
▶*	NULL	NULL	NULL

图 9-43　表 userTable

9.6　新增留言 Action 配置及 Action 类制作

第 9 章任务 6

1. 新建 action 类（LiuyanAction）

设置包名为 org.action，类名为 LiuyanAction，父类为 ActionSupport。

生成的类 LiuyanAction 代码如下：

```
package org.action;
import org.model.Liuyan;
import com.opensymphony.xwork2.ActionSupport;
public class LiuyanAction extends ActionSupport {
// 新增 1 个 action 变量，这个 action 变量必须与后面的 addLiuyan.jsp 页面中定义的
// 网页变量 addLiuyan 同名，否则 struts 无法实现这两个变量的映射
        private Liuyan addLiuyan; // 用于新增留言
        public Liuyan getAddLiuyan() {
                return addLiuyan;
        }
// 形参 addLiuyan 是网页变量，this. addLiuyan 是 action 变量
        public void setAddLiuyan(Liuyan addLiuyan) {
                this.addLiuyan = addLiuyan;
        }
}
```

📖 要生成 action 变量 addLiuyan 的 getter 和 setter 函数，这两个函数是回调函数，即是由 Struts2 框架自动调用的。

当单击 addLiuyan.jsp 中的“新增”按钮时，Struts 框架首先将 addLiuyan.jsp 网页中输入框（addLiuyan.id、addLiuyan.userId、addLiuyan.lydate、addLiuyan.title 和 addLiuyan.details）中用户手工输入的字符串值，赋值给网页变量 addLiuyan 的 id、userId、lydate、title、details 属性。

然后，自动调用 setAddLiuyan 方法，将网页变量 addLiuyan 赋值给 LiuyanAction 类中的 action 变量 addLiuyan。

此后，LiuyanAction 类的其他方法（如下面的 addLiuyan()方法）中，就可以直接访问 action 变量 addLiuyan，从而间接地获得了所有输入框控件中用户手工输入的字符串值。

2. 配置 struts.xml（添加 addLiuyanView 节）及添加 addLiuyanView 方法

在 struts.xml 中添加显示新增留言视图的 action（addLiuyanView），然后在 LiuyanAction 类中添加相应方法（addLiuyanView），最后新建跳转页面

1）添加 action：addLiuyanView，代码如下：

```
<action name="addLiuyanView" class="org.action.LiuyanAction" method="addLiuyanView">
```

```
        <result name="success">/addLiuyan.jsp</result>
    </action>
```

2）添加 addLiuyanView 方法，代码如下：

```
    public String addLiuyanView(){
        return "success";
    }
```

3）新建 addLiuyan.jsp，代码如下：

```
    <%@taglib uri="/struts-tags" prefix="s"%>
    <%@ page language="java" import="java.util.*" pageEncoding="utf-8"%>
    <!DOCTYPE HTML PUBLIC "-//W3C//DTD HTML 4.01 Transitional//EN">
    <html>
        <head></head>
        <body>
            <s:form action="addLiuyan.action" method="post" theme="simple">
                <table width="500" border="1">
                    <tr>
                        <td>
                            用户编号：
                        </td>
                        <td> 
                            <s:textfield name="addLiuyan.userId"></s:textfield>
                        </td>
                    </tr>
                    <tr>
                        <td>
                            留言标题：
                        </td>
                        <td> 
                            <s:textfield name="addLiuyan.title"></s:textfield>
                        </td>
                    </tr>
                    <tr>
                        <td>
                            留言内容：
                        </td>
                        <td> 
                            <s:textfield name="addLiuyan.details"></s:textfield>
                        </td>
                    </tr>
                    <tr>
                        <td>
                            留言时间：
                        </td>
                        <td> 
                            <s:textfield name="addLiuyan.lydate"></s:textfield>
                        </td>
                    </tr>
                    <tr>
                        <td>  
                            <s:submit value="新增"></s:submit>
                        </td>
```

```
                        <td>  
                            <s:reset value="重置"></s:reset>
                        </td>
                    </tr>
                </table>
            </s:form>
        </body>
</html>
```

注意：

📖 4 个 s:textfield 输入控件的 name 属性中，加框标记的是网页变量 addLiuyan，这个变量必须和 LiuyanAction 类中定义的 action 变量 private LiuyanaddLiuyan;同名。

4 个 s:textfield 输入控件的 name 属性中，addLiuyan 后面的属性（userId、lydate、title、details）必须和 org.model. Liuyan 类中的属性相同，如图 9-44 所示。

```
package org.model;
import java.sql.Date;

public class Liuyan {
    private int id;
    private int userId;
    private Date lydate;
    private String title;
    private String details;
```

图 9-44　org.model. Liuyan 类中的属性

运行工程，单击“新增留言”超链接，弹出 addLiuyan.jsp 的内容，如图 9-45 所示。

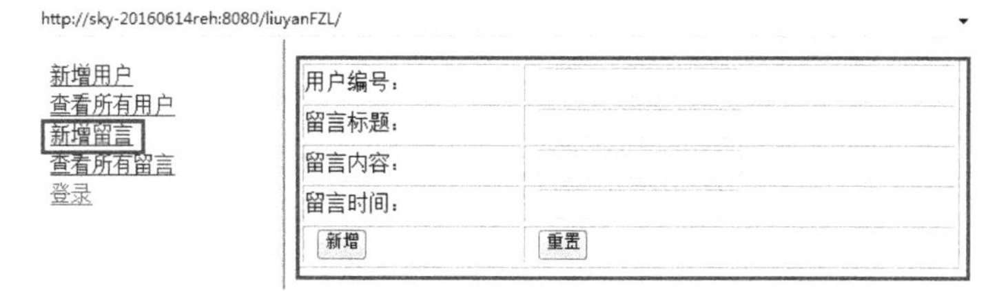

图 9-45　运行结果

3．配置 struts.xml（添加 addLiuyan 节）及添加 addLiuyan 方法

在 struts.xml 中添加新增留言的 action（addLiuyan），然后在 LiuyanAction 类中添加相应方法（addLiuyan），最后新建跳转页面。

1）添加 action：addLiuyan，代码如下：

```
<action name="addLiuyan" class="org.action.LiuyanAction" method="addLiuyan">
    <result name="success">/successAddLiuyan.jsp</result>
    <result name="error">/main.jsp</result>
</action>
```

2）添加 addLiuyan 方法，代码如下：

```
public String addLiuyan(){
    Liuyan newLiuyan = new Liuyan();
    // 利用 action 变量 addLiuyan 的 getter 方法，获得网页中各个输入控件中用户输入
    // 的字符串值，并将其赋值给 newLiuyan 相应的属性
    newLiuyan.setUserId(addLiuyan.getUserId());
    newLiuyan.setTitle(addLiuyan.getTitle());
```

```
        newLiuyan.setLydate(addLiuyan.getLydate());
        newLiuyan.setDetails(addLiuyan.getDetails());
        DB db = new DB();
        boolean result = db.addLiuyan(newLiuyan);
        if(result){
            return "success";
        }else{
            return "error";
        }
    }
```

利用自动代码补全功能，给 DB 类新增 addLiuyan 方法，如图 9-46 所示。

```
struts.xml    MyEclipse Web Browse    LiuyanAction.java
    }

    public String addLiuyanView(){
        return "success";
    }

    public String addLiuyan(){
        Liuyan newLiuyan = new Liuyan();
        newLiuyan.setUserId(addLiuyan.getUserId());
        newLiuyan.setTitle(addLiuyan.getTitle());
        newLiuyan.setContent(addLiuyan.getContent());
        newLiuyan.setLydate(addLiuyan.getLydate());
        DB db = new DB();
        boolean result = db.addLiuyan(newLiuyan);
        if(result){
            return "
        }else{
            return "
        }
    }
The method addLiuyan(Liuyan) is undefined for the type DB
2 quick fixes available:
Create method 'addLiuyan(Liuyan)' in type 'DB'
Add cast to 'db'
Press 'F2' for focus
```

图 9-46　新增 DB 类的 addLiuyan 方法

打开 DB Browser 中的 Liuyan 表，将 4 个字段写到 insert 语句中，如图 9-47 所示。

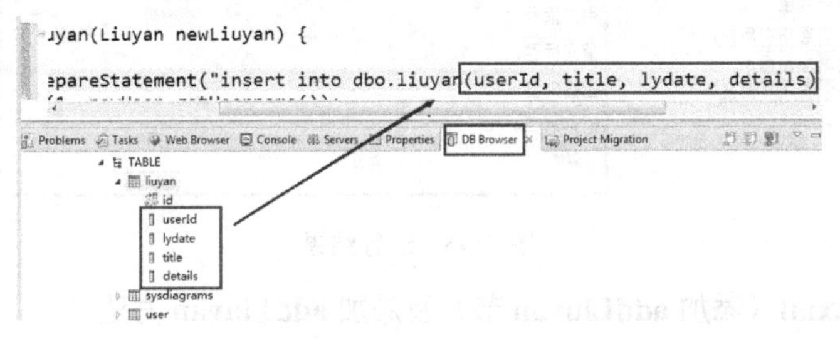

图 9-47　将 4 个字段写入 insert 语句

最终的新增留言代码如下：

```
public boolean addLiuyan(Liuyan newLiuyan) {
    try {
        ps = conn.prepareStatement("insert into dbo.liuyan(userId, title, lydate, details) values(?, ?, ?, ?)");
        ps.setInt(1, newLiuyan.getUserId());
        ps.setString(2, newLiuyan.getTitle());
        ps.setDate(3, newLiuyan.getLydate());
        ps.setString(4, newLiuyan.getDetails());
        ps.executeUpdate();
        return true;
    } catch (SQLException e) {
        e.printStackTrace();
        return false;
    }
```

```
}
```

3）新建 successAddLiuyan.jsp，代码如下：

```
<%@ page language="java" pageEncoding="UTF-8"%>
<html>
<head></head>
<body>恭喜你，添加留言操作成功！</body>
</html>
```

运行工程，如果留言日期没有输入日期格式，将报如下错误，如图 9-48 所示。

用户编号：	1
留言标题：	杭州地铁5号线
留言内容：	2019年开通
留言时间：	2017
新增	重置

HTTP Status 404 - No result defined for action org.action.LiuyanAction and result input

type Status report

message No result defined for action org.action.LiuyanAction and result input

description The requested resource (No result defined for action org.action.LiuyanAction and result input) is not available.

Apache Tomcat/6.0.13

图 9-48　运行结果

这个错误（No result defined for action org.action.LiuyanAction and result input）是因为对象赋值时的类型不匹配，执行 addLiuyan 方法后将出错，出错就要报没有 input 这个 result 的错误。

将留言日期输入“2017-01-23”的日期格式，就能正确新增留言。打开 DB Browser 中的 Liuyan 表，右键选择“Edit Data”，可以在 MyEclipse 中查看 liuyan 表所有的留言记录，如图 9-49 所示。

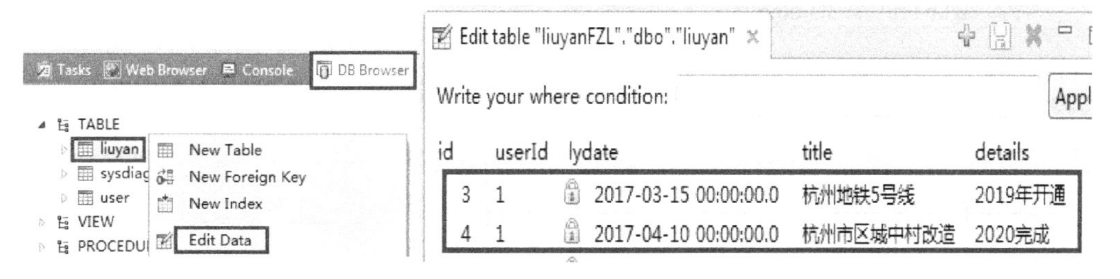

图 9-49　查看留言表的记录

为了避免用户错误输入，应该提供一个 input 类型的 result，告诉用户出错的原因，而不是显示图 9-49 这个错误提示。

1）在 addLiuyan 这个 action 中，新增 input 类型的 result，当用户错误输入日期时，将显示 inputErrorHint.jsp 页面，代码如下：

```
<action name="addLiuyan" class="org.action.LiuyanAction" method="addLiuyan">
        <result name="success">/successAddLiuyan.jsp</result>
        <result name="error">/main.jsp</result>
        <result name="input">/inputErrorHint.jsp</result>
</action>
```

2）新增 inputErrorHint.jsp。在网页中，显示提示信息，并增加一个返回超链接，代码如下：

```
<%@page pageEncoding="utf-8"%>
<html>
```

```
<head></head>
<body>对不起，请确保输入的日期格式正确！
    <a href="javascript:history.back(-1);">返回</a>
</body>
</html>
```

3）此时，当用户输入错误的日期时，单击“新增”按钮，将显示如图 9-50 所示界面。

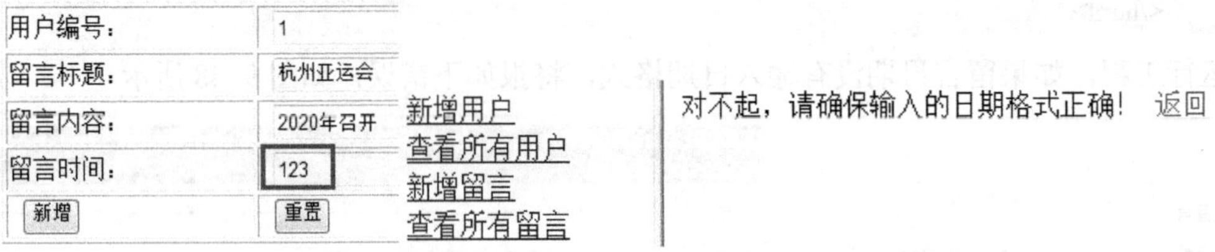

图 9-50　输入错误的日期，提示错误信息页面

4）单击“返回”按钮可以回到原先错误日期输入的页面。

虽然目前该 Web 工程运行正常，但仍然存在两个缺陷：

- 留言日期应该是一个日历控件。
- 用户编号应该是用户名的下拉列表框，不应该手工输入用户的编号（这个编号是自增字段，是数据库系统自身使用的）。

下面对这两个缺陷进行修改。

4. 修改留言日期为日历控件

1）在页面开始处加入：

```
<%@taglib uri="/struts-dojo-tags" prefix="sx"%>
```

📖 如果采用拖放的方式增加日历控件，则不需要手工加这行，因为拖放控件的时候，将自动增加这行。

2）在<html>之前加入：

```
<sx:head parseContent="true"/>
<html>
```

3）拖放一个 datetimepicker 控件：

```
<sx:datetimepicker name="addLiuyan.lydate" displayFormat="yyyy-MM-dd">
</sx:datetimepicker>
```

5. 修改用户编号为用户名的下拉列表框

1）在 LiuyanAction.java 中新增主键表查询变量 listUser_PK，用于 User 表的查询，并将查询结果给 listUser_PK，代码如下：

```
private List<User> listUser_PK;//用于列表显示所有用户
public List<User> getListUser_PK() {
    return listUser_PK;
}
public void setListUser_PK(List<User> listUserPK) {
    listUser_PK = listUserPK;
}
```

📖 新增 1 个 action 变量 listUser_PK，这个变量用于主键表 User 查询，在 addLiuyan.jsp 中有同名的网页变量 listUser_PK，Struts2 会自动执行变量映射，将 action 变量 listUser_PK 赋值给网页变量 listUser_PK，从而在网页上迭代显示所有的用户。

2）在 LiuyanAction.java 中，修改 addLiuyanView 方法的内容。

将如下代码

```
public String addLiuyanView()throws Exception{
        return SUCCESS;
}
```

修改为：

```
public String addLiuyanView(){
        DB db = new DB();
        // 查询所有用户
        listUser_PK = db.findAllUser();
        return "success";
}
```

利用自动代码补全功能，给 DB 类新增 addLiuyan 方法，如图 9-51 所示。

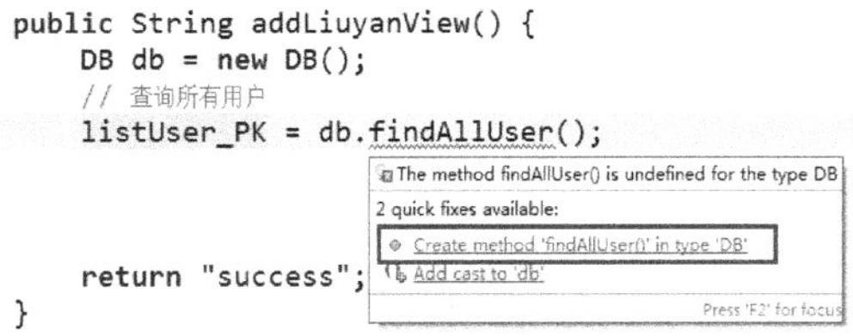

```
public String addLiuyanView() {
    DB db = new DB();
    // 查询所有用户
    listUser_PK = db.findAllUser();
                    The method findAllUser() is undefined for the type DB
                    2 quick fixes available:
                    Create method 'findAllUser()' in type 'DB'
                    Add cast to 'db'
    return "success";
                                                Press 'F2' for focus
}
```

图 9-51　新增 DB 类的 addLiuyan 方法

返回所有用户的代码如下：

```
public List<User> findAllUser(){
        List<User> al = new ArrayList<User>();
        try {
                ps = conn.prepareStatement("select * from dbo.[user]");
                rs = ps.executeQuery();
                while(rs.next()){
                        User newuser = new User();
                        newuser.setId(rs.getInt(1));
                        newuser.setUsername(rs.getString(2));
                        newuser.setPassword(rs.getString(3));
                        al.add(newuser);
                }
                return al;
        } catch (SQLException e) {
                e.printStackTrace();
                return null;
        }
}
```

现在用户列表数据已经有了，需要将它里面的 Username 值迭代显示出来。这就需要利用 Struts2 提供的网页迭代器<s:iterator>标签控件，这个控件可以在网页上做循环。

3）修改 addLiuyan.jsp 中的“用户编号”标题为“用户名称”，删除原有的<s:textfield>

控件，增加 select 控件，并利用<s:iterator>控件从 listUser_PK 中遍历所有值，并循环构成 option 项列表。

将如下代码

```
<s:textfield name="addLiuyan.userId"></s:textfield>
```

修改为：

```
<select name="addLiuyan.userId" size="1">
    <s:iterator value="listUser_PK" id="uc">
        <option value="${uc.id}">${uc.username}</option>
    </s:iterator>
</select>
```

📖 uc 表示 user cursor，指用户游标。它是 listUser_PK 变量(List<User>)中的 User 对象。为了在网页中使用 uc 对象，可以使用 EL 表达式${}来访问 uc 对象。

这里将 uc 的 id 值作为 select 控件每一行的 value 值，将 uc 的 username 值作为 select 控件每一行的显示值。

再次运行程序后，将在下拉列表框中显示用户名列表，如图 9-52 所示。

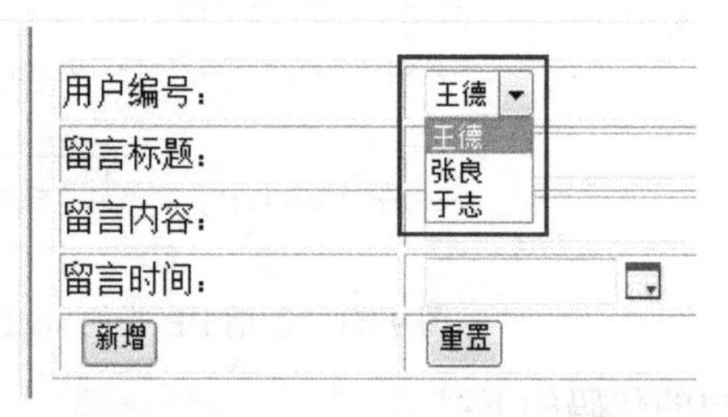

图 9-52 下拉列表框中显示用户名列表

9.7 查看所有用户 Action 配置及 Action 类制作

第 9 章任务 7

由于 left.jsp 的第二个超链接：<a href="listUser.action" target="right">查看所有用户</a>中的 href 网址为 listUser.action，所以要在 struts.xml 中新增 listUser。

在 struts.xml 中添加用户列表的 action：listUser，然后在 UserAction 类中添加相应方法：listUser，最后新建跳转页面。

1. 添加 action：listUser

```
<action name="listUser" class="org.action.UserAction" method="listUser">
        <result name="success">/listUser.jsp</result>
</action>
```

📖 设置 method 属性，用于执行 org.action.UserAction 类的 listUser 方法，而不再执行默认的 execute 方法。

2. 在 UserAction 类中新增 1 个 listUser 数组变量，并生成 getter 和 setter 函数

```
private List<User> listUser;
public List<User> getListUser() {
    return listUser;
}
public void setListUser(List<User> listUser) {
    this.listUser = listUser;
}
```

📖 新增 1 个 action 变量 listUser，用于列表显示所有用户，在 listUser.jsp 中使用，迭代显示所有的用户。

3. 添加 listUser 方法

```
public String listUser(){
// 做数据库查询，将所有用户记录放置到 listUser 变量中，这个变量将在 listUser.jsp 中使用
    DB db = new DB();
    listUser = db.findAllUser();
    return "success";
}
```

4. 新建 listUser.jsp

首先，在 Dreamweaver 中新建 2 行 5 列的表格，并填好表格标题和第一条样本数据，如图 9-53 所示。

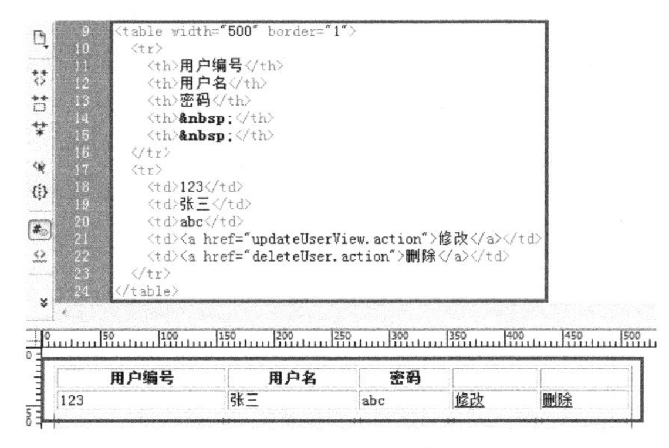

图 9-53　新建 listUser.jsp

然后利用<s:iterator>控件迭代生成所有<tr></tr>对，代码如下：

```
<%@taglib uri="/struts-tags" prefix="s"%>
<%@ page language="java"  import="java.util.*" pageEncoding="utf-8"%>
<!DOCTYPE HTML PUBLIC "-//W3C//DTD HTML 4.01 Transitional//EN">
<html>
<head></head>
<body>
    <table width="500" border="1">
        <tr>
            <td>用户编号</td>
            <td>用户名</td>
            <td>密码</td>
            <td> </td>
```

```
                <td> </td>
            </tr>
            <s:iterator value="listUser" id="user">
                <tr>
                    <td><s:property value="#user.id" /></td>
                    <td><s:property value="#user.username" /></td>
                    <td><s:property value="#user.password" /></td>
                    <td><a href="updateUserView.action>">修改</a></td>
                    <td><a href="deleteUser.action">删除</a></td>
                </tr>
            </s:iterator>
        </table>
    </body>
</html>
```

📖 s:iterator 中的 user 是游标。它是 listUser 变量（List<User>，列表数组对象）中的一个 User 对象。

s:iterator 控件的 value 属性 listUser 是 UserAction 中定义的变量

为了在网页中使用 User 对象，可以使用#来访问 User 对象。这里我们将 User 的 id 值作为每一行 tr 的第一个单元格 td 的值，将 User 的 username 值作为每一行 tr 的第二个单元格 td 的值，将 User 的 password 值作为每一行 tr 的第三个单元格 td 的值。

📖 每一行 tr 的第四个单元格 td 的值是修改超链接，超链接的 href 值为 updateUserView.action。每一行 tr 的第五个单元格 td 的值是删除超链接，超链接的 href 值为 deleteUser.action。

运行工程，单击查看所有用户，可以看到用户列表，如图 9-54 所示。

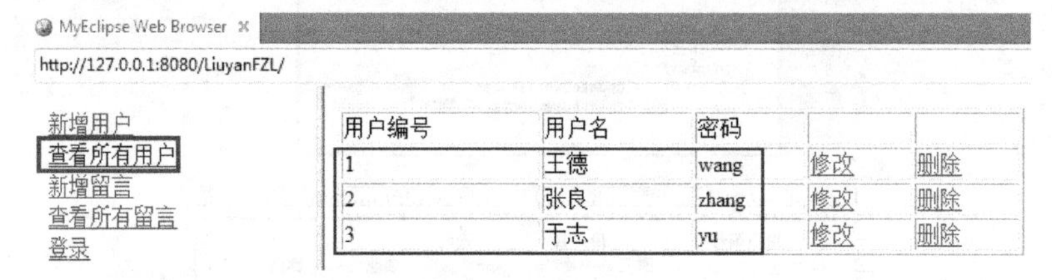

图 9-54　运行结果

由于“修改”和“删除”超链接中没有该行的 id 传入，所以无法执行指定行的相应操作。下面改正这两个超链接的内容。

1）将<a href="updateUserView.action>">改成：

```
<a href="updateUserView.action?updateUserView.id=<s:property value="#user.id"/>">
```

即新增：?updateUserView.id=<s:property value="#user.id"/>

其中，<s:property value="#user.id"/>就是第一列单元格所显示的用户 id 值。

2）将<a href="deleteUser.action>">改成：

```
<a href="deleteUser.action?deleteUser.id=<s:property value="#user.id"/>">
```

即新增：?deleteUser.id=<s:property value="#user.id"/>

📖 超链接中的?表示 GET 方式执行网页的提交操作，这种方式只能传入少量的变量，且变量的值都明文显示，因此不安全。而 POST 方式就不会这样，这种方式会把表单中的所有变量全部提交，而且是非明文提交。

超链接中的 updateUserView 和 deleteUser 这两个变量都是网页变量，这两个网页变量必须和下面定义在 UserAction 类中的两个 action 变量（private User updateUserView;和 private User deleteUser;）同名，从而可以实现变量映射，并在 UserAction 类的 updateUserView()方法中的 int id = updateUserView.getId()使用，以及在 UserAction 类的 deleteUser()方法中的 int delUserID = deleteUser.getId()使用。

最终的 listUser.jsp 页面代码如下：

```
<%@taglib uri="/struts-tags" prefix="s"%>
<%@ pageEncoding="utf-8"%>
<!DOCTYPE HTML PUBLIC "-//W3C//DTD HTML 4.01 Transitional//EN">
<html>
<head></head>
<body>
    <table width="500" border="1">
        <tr>
            <td>用户编号</td>
            <td>用户名</td>
            <td>密码</td>
            <td> </td>
            <td> </td>
        </tr>
        <s:iterator value="listUser" id="user">
            <tr><td><s:property value="#user.id" /></td>
                <td><s:property value="#user.username" /></td>
                <td><s:property value="#user.password" /></td>
                <td><a href="updateUserView.action?updateUserView.id=
                        <s:property value="#user.id"/>">修改</a></td>
                <td><a href="deleteUser.action?deleteUser.id=
                        <s:property value="#user.id"/>">删除</a></td>
            </tr>
        </s:iterator>
    </table>
</body>
</html>
```

9.8 修改用户 Action 配置及 Action 类制作

第 9 章任务 8

1．配置 struts.xml（添加 updateUserView 节）及添加 updateUserView 方法

在 struts.xml 中添加“显示修改用户视图”的 action：updateUserView，然后在 UserAction 类中添加相应方法：updateUserView，最后新建跳转页面。

1）添加 action：updateUserView

```
<action name="updateUserView" class="org.action.UserAction" method="updateUserView">
```

```
        <result name="success">/updateUser.jsp</result>
    </action>
```

2）在 UserAction 类中新增 updateUserView 这个 action 变量，并生成 Getter 和 Setter 函数用于显示修改用户的界面，在 updateUserView.jsp 中使用，代码如下：

```
private User updateUserView;
public User getUpdateUserView() {
    return updateUserView;
}
public void setUpdateUserView(User updateUserView) {
    this.updateUserView = updateUserView;
}
```

3）添加 updateUserView 方法

利用超链接上的 updateUserView 变量的 id 值去查询数据库，将该 id 的用户查询出来，代码如下：

```
public String updateUserView(){
    int id = updateUserView.getId();
    DB db = new DB();
    updateUserView = db.findUser(id);
    return "success";
}
```

📖 updateUserView 变量的 username 和 password 属性执行完第 1 行后都为 null。执行完第 3 行后，将查询出来的用户，重新赋值给 updateUserView，此时 updateUserView 变量中的 username 和 password 属性都有值了。

利用自动代码补全功能，给 DB 类新增 findUser 方法，如图 9-55 所示。

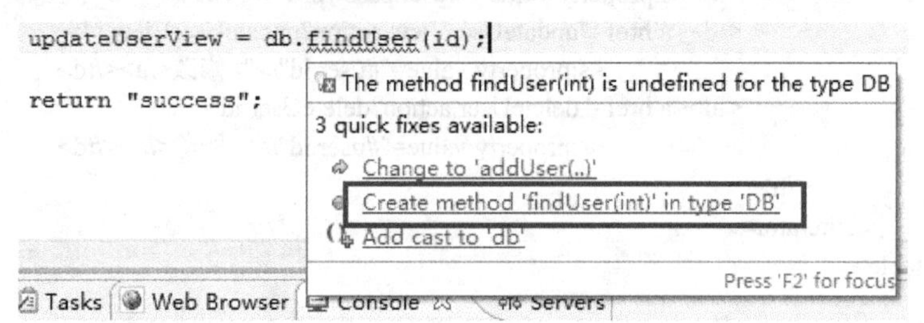

图 9-55　新增 DB 类的 findUser 方法

根据用户编号查询用户记录的代码如下：

```
public User findUser(int id){
    try {
        ps = conn.prepareStatement("select * from dbo.[user] where id=?");
        ps.setInt(1, id);
        rs = ps.executeQuery();
        User newuser = new User();
        while(rs.next()){
            newuser.setId(rs.getInt(1));
            newuser.setUsername(rs.getString(2));
            newuser.setPassword(rs.getString(3));
            return newuser;
```

```
            }
        } catch (SQLException e) {
            e.printStackTrace();
        }
        return null;
    }
```

📖 通过调试器观察，当执行 updateUserView = db.findUser(id);语句之前，updateUserView 变量只有 id 属性有值，其他属性为 null。当执行完该语句后，updateUserView 变量的其他两个属性也有值了。

4）新建 updateUser.jsp。

步骤如下：

a）直接把 addUser.jsp 复制一份，并重命名为 updateUser.jsp。

b）将表单的 action 改为 updateUser.action。

c）将用户姓名和密码这两个输入控件的 s:textfield 和 s:password 改为显示控件 s:property。

d）将提交按钮的值显示由“新增”改成“修改”。

最终的 updateUser.jsp 代码如下：

```
<%@taglib uri="/struts-tags" prefix="s"%>
<%@ pageEncoding="utf-8"%>
<!DOCTYPE HTML PUBLIC "-//W3C//DTD HTML 4.01 Transitional//EN">
<html>
<head></head>
<body>
    <s:form action="updateUser.action" method="post" theme="simple">
        <table width="400" border="1">
            <tr>
                <td>用户姓名：</td>
                <td><s:property value="updateUserView.username" /></td>
            </tr>
            <tr>
                <td>密码：</td>
                <td><s:property value="updateUserView.password" /></td>
            </tr>
            <tr>
                <td>  <s:submit value="修改"></s:submit>
                </td>
                <td>  <s:reset value="重置"></s:reset>
                </td>
            </tr>
        </table>
    </s:form>
</body>
</html>
```

📖 updateUserView 是 UserAction 中定义的变量，该变量在 updateUserView 方法中已经把 username 和 password 属性都赋好值了，所以可以通过显示控件 s:property 显示。

当单击第一行的“修改”超链接后，将显示如图 9-56 所示界面。

用户名：	王得
密码：	wang
修改	重置

图 9-56　单击“修改”超链接

可以发现，原有的用户姓名和密码值都已经可以正常显示。

5）修改用户名和密码为输入框：

将如下代码

```
<tr>
<td>用户姓名：</td>
<td><s:property value="updateUserView.username"/>        </td>
</tr>
<tr>
<td>密码：</td>
<td><s:property value="updateUserView.password"/>        </td>
</tr>
```

修改成：

```
<tr>
    <td>用户名：</td>
    <td>
    <input name="updateUser.username" type="text" value="
        <s:property value="updateUserView.username"/>">
    </td>
</tr>
<tr>
    <td>密码：</td>
    <td>
    <input name="updateUser.password" type="password" value="
        <s:property value="updateUserView.password"/>">
</td>
</tr>
```

6）由于该页面只有两个输入框，即 updateUser 网页变量的 username 和 password 有值，但 id 没有值。但后面在执行 update 语句时，需要有 id 作为 where 条件值，所以必须再添加一个 id 控件，可以只读（readonly）或者隐藏（hidden），这样可以确保后续 update 操作。代码如下：

```
<tr>
    <td>用户编号：</td>
    <td>
        <input name="updateUser.id" type="text" value="
            <s:property value="updateUserView.id"/>" readonly>
    </td>
</tr>
```

该控件显示如图 9-57 所示界面。

用户编号：	1
用户名：	王得
密码：	••••
修改	重置

图 9-57　只读界面效果

改成隐藏控件时，不需要显示用户编号了：

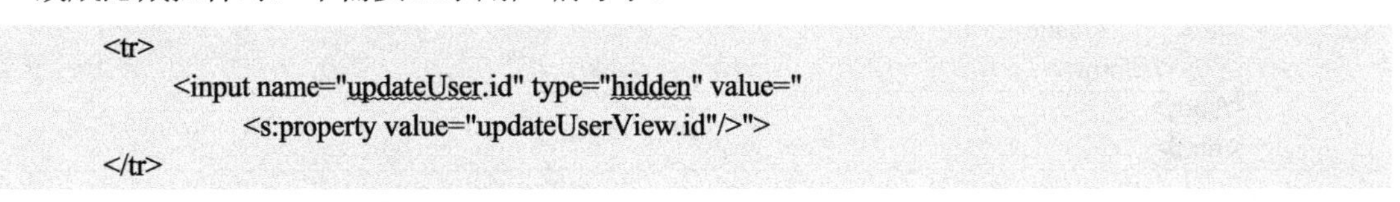

```
<tr>
    <input name="updateUser.id" type="hidden" value="
        <s:property value="updateUserView.id"/>">
</tr>
```

该控件显示如图 9-58 所示界面。

用户名：	王得
密码：	••••
修改	重置

图 9-58　隐藏界面效果

📖 三个 input 输入框的 updateUser 这个变量是网页变量，这个网页变量必须和下面定义在 UserAction 类中的 action 变量（private User updateUser;）同名，从而可以实现变量映射，并在 UserAction 类的 updateUser()方法中的 existUser.setId(updateUser.getId())使用。

每个 input 输入框的 updateUser 变量和用于显示初始值的 updateUserView 变量是两个不同的网页变量，updateUser 变量将用于下面的 updateUser()方法中的 updateUser.getId()，而 updateUserView 变量是“修改”超链接传入的网页变量。

最终的 updateUser.jsp 页面代码（采用只读方式）如下：

```
<%@taglib uri="/struts-tags" prefix="s"%>
<%@page pageEncoding="utf-8"%>
<!DOCTYPE HTML PUBLIC "-//W3C//DTD HTML 4.01 Transitional//EN">
<html>
<head></head>
<body>
    <s:form action="updateUser.action" method="post" theme="simple">
        <table width="400" border="1">
            <tr>
                <td>用户编号：</td>
                <td><input name="updateUser.id" type="text"
                  value="<s:property value= "updateUserView.id"/>" readonly>
                </td>
            </tr>
            <tr>
                <td>用户名：</td>
                <td><input name="updateUser.username" type="text"
                  value="<s:property value=" updateUserView.username"/>"></td>
            </tr>
            <tr>
                <td>密码：</td>
                <td><input name="updateUser.password" type="password"
```

```
                    value="<s:property value=" updateUserView.password"/>"></td>
                </tr>
                <tr>
                    <td>  <s:submit value="修改"></s:submit>
                    </td>
                    <td>  <s:reset value="重置"></s:reset>
                    </td>
                </tr>
            </table>
        </s:form>
    </body>
</html>
```

2．配置 struts.xml（添加 updateUser 节）及添加 updateUser 方法

在 struts.xml 中添加真正“修改用户”的 action ：updateUser，然后在 UserAction 类中添加相应方法：updateUser，最后新建跳转页面。

1）添加 action：updateUser，代码如下：

```
<action name="updateUser" class="org.action.UserAction" method="updateUser">
    <result name="success">/successUpdateUser.jsp</result>
</action>
```

2）在 UserAction 类中新增 updateUser 这个变量，并生成 Getter 和 Setter 函数，代码如下：

```
private User updateUser;
public User getUpdateUser() {
    return updateUser;
}
public void setUpdateUser(User updateUser) {
    this.updateUser = updateUser;
}
```

📖 Action 变量 updateUser 用于传递已更新对象。

3．添加 updateUser 方法

1）从已更新对象 udpateUser 中读出所有属性值，包括已修改的和未修改的，全部读出来，代码如下：

```
public String updateUser(){
    User existUser = new User();
    existUser.setId(updateUser.getId());
    existUser.setUsername(updateUser.getUsername());
    existUser.setPassword(updateUser.getPassword());
    DB db = new DB();
    boolean result = db.updateUser(existUser);
    if(result){
        return "success";
    }else{
        return "error";
    }
}
```

2）利用自动代码补全功能，给 DB 类新增 updateUser 方法，如图 9-59 所示。

```
DB db = new DB();
boolean result = db.updateUser(existUser);
if(result){
    return "success"
}else{
    return "error";
}
}
```

The method updateUser(User) is undefined for the type DB
2 quick fixes available:
Create method 'updateUser(User)' in type 'DB'
Add cast to 'db'
Press 'F2' for focus

图 9-59　新增 DB 类的 updateUser 方法

3）修改用户代码如下：

```
public boolean updateUser(User existUser) {
        try {
                ps = conn.prepareStatement("update dbo.[user] set username=?, password=?
                                                where id=?");
                ps.setString(1, existUser.getUsername());
                ps.setString(2, existUser.getPassword());
                ps.setInt(3, existUser.getId());
                ps.executeUpdate();
                return true;
        } catch (SQLException e) {
                e.printStackTrace();
                return false;
        }
}
```

4）新建 successUpdateUser.jsp，代码如下：

```
<%@ page language="java" pageEncoding="UTF-8"%>
<html>
<head></head>
<body>
        恭喜你，修改用户操作成功！
</body>
</html>
```

9.9　删除用户 Action 配置及 Action 类制作

第 9 章任务 9

在 struts.xml 中添加删除用户的 action：deleteUser，然后在 UserAction 类中添加相应方法：deleteUser，最后新建跳转页面。

1．添加 action：deleteUser

```
<action name="deleteUser" class="org.action.UserAction"  method="deleteUser">
        <result name="success">/successDeleteUser.jsp</result>
</action>
```

2．在 UserAction 类中新增 deleteUser 这个变量，并生成 Getter 和 Setter 函数

```
private User deleteUser;
        public User getDeleteUser() {
                return deleteUser;
        }
        public void setDeleteUser(User deleteUser) {
                this. deleteUser = deleteUser;
```

```
    }
```

📖 Action 变量 deleteUser 用于传递待删除对象。

3. 添加 deleteUser 方法

```
public String deleteUser(){
    int delUserID = deleteUser.getId();
    DB db = new DB();
    User delUser = db.findUser(delUserID);
    boolean result = db.deleteUser(delUser);
    if(result){
        return "success";
    }else{
        return "error";
    }
}
```

利用自动代码补全功能，给 DB 类新增 deleteUser 方法，如图 9-60 所示。

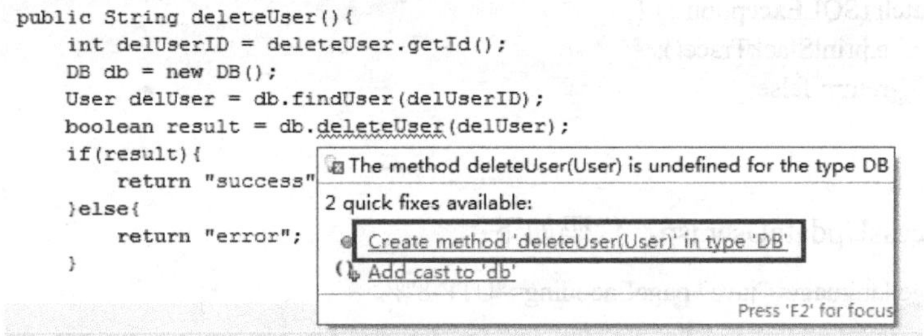

```
public String deleteUser(){
    int delUserID = deleteUser.getId();
    DB db = new DB();
    User delUser = db.findUser(delUserID);
    boolean result = db.deleteUser(delUser);
    if(result){
        return "success"
    }else{
        return "error";
    }
```

The method deleteUser(User) is undefined for the type DB
2 quick fixes available:
Create method 'deleteUser(User)' in type 'DB'
Add cast to 'db'
Press 'F2' for focus

图 9-60 新增 DB 类的 deleteUser 方法

删除用户的代码如下：

```
public boolean deleteUser(User delUser){
        try {
            ps = conn.prepareStatement("delete from dbo.[user] where id = ?");
            ps.setInt(1, delUser.getId());
            ps.executeUpdate();
            return true;
        } catch (SQLException e) {
            e.printStackTrace();
            return false;
        }
    }
```

4. 新建 successDeleteUser.jsp

```
<%@ page language="java" pageEncoding="UTF-8"%>
<html>
<head></head>
<body>
    恭喜你，删除用户操作成功！
</body>
</html>
```

5．修改删除的超链接，添加 onClick 事件

将如下代码

```
<a href="deleteUser.action?deleteUser.id=<s:property value="#user.id"/>">删除</a>
```

修改为：

```
<a href="deleteUser.action?deleteUser.id=<s:property value="#user.id"/>"
        onClick="if(confirm('确定删除该信息吗？'))
                return true;
            else
                return false;
        ">删除</a>
```

即增加超链接的 onClick 属性，代码如下：

```
onClick=" if(confirm('确定删除该信息吗？'))
        return true;
    else
        return false; "
```

此时，当单击“删除”超链接后，将首先弹出如图 9-61 所示的对话框。

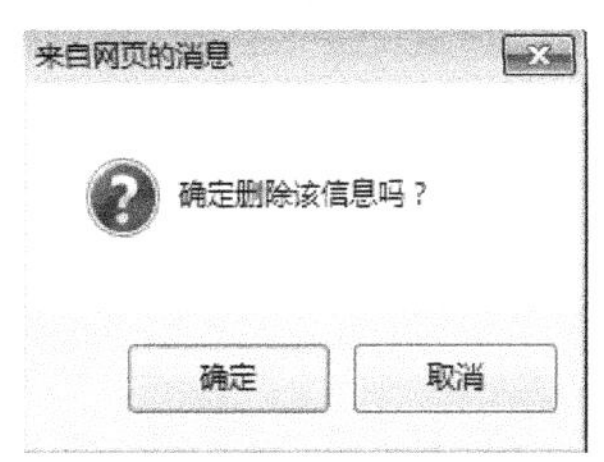

图 9-61　单击“删除”超链接后弹出的对话框

当用户单击“确定”按钮后，将执行 href 中的跳转地址：deleteUser.action。如果单击“取消”按钮，则直接关闭该对话框，并且不执行 href 中的跳转地址。

6．运行出错

当删除的用户没有发表留言时，当单击“确定”按钮后，可以删除该用户。但是如果删除的用户发表过留言，当单击“确定”按钮后，将不能删除该用户，系统报如下错误，如图 9-62 所示。

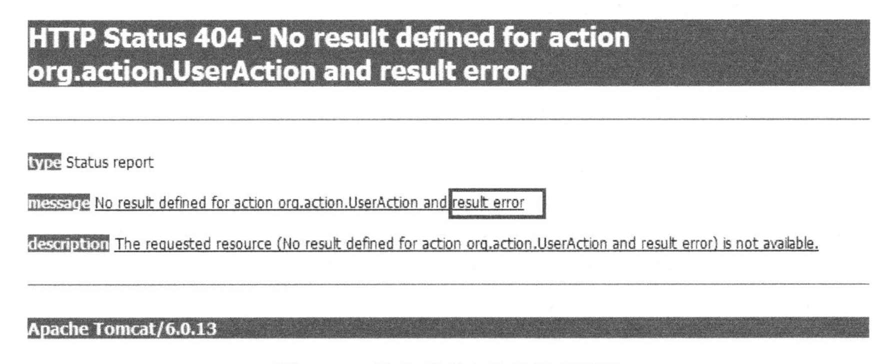

图 9-62　单击“确定”按钮后报错

同时在 Console 中报错，如图 9-63 所示。

```
com.microsoft.sqlserver.jdbc.SQLServerException: DELETE 语句与 REFERENCE 约束"FK_liuyan_users"冲突。该冲突发生于数据库"liuyanFZL", 表"dbo.liuyan", column 'userId'.
	at com.microsoft.sqlserver.jdbc.SQLServerException.makeFromDatabaseError(SQLServerException.java:197)
	at com.microsoft.sqlserver.jdbc.SQLServerStatement.getNextResult(SQLServerStatement.java:1493)
	at com.microsoft.sqlserver.jdbc.SQLServerPreparedStatement.doExecutePreparedStatement(SQLServerPreparedStatement.java:390)
	at com.microsoft.sqlserver.jdbc.SQLServerPreparedStatement$PrepStmtExecCmd.doExecute(SQLServerPreparedStatement.java:340)
	at com.microsoft.sqlserver.jdbc.TDSCommand.execute(IOBuffer.java:4575)
	at com.microsoft.sqlserver.jdbc.SQLServerConnection.executeCommand(SQLServerConnection.java:1400)
	at com.microsoft.sqlserver.jdbc.SQLServerStatement.executeCommand(SQLServerStatement.java:179)
	at com.microsoft.sqlserver.jdbc.SQLServerStatement.executeStatement(SQLServerStatement.java:154)
	at com.microsoft.sqlserver.jdbc.SQLServerPreparedStatement.executeUpdate(SQLServerPreparedStatement.java:308)
	at org.util.DB.deleteUser(DB.java:134)
	at org.action.UserAction.deleteUser(UserAction.java:132)
	at sun.reflect.NativeMethodAccessorImpl.invoke0(Native Method)
	at sun.reflect.NativeMethodAccessorImpl.invoke(NativeMethodAcc
	at sun.reflect.DelegatingMethodAccessorImpl.invoke(DelegatingM
	at java.lang.reflect.Method.invoke(Method.java:606)
```

图 9-63　Console 中报错

📖 com.microsoft.sqlserver.jdbc.SQLServerException: DELETE 语句与 REFERENCE 约束 "FK_liuyan_users" 冲突。该冲突发生于数据库 "liuyanFZL"，表 "dbo.liuyan" 和 column 'userId'。

这是数据库的外键保护措施起效果了，即删除主键表中某行时（如删除 User 表中 id=1 的行），如果外键表中存在多条约束行（即 Liuyan 表中 userId=1 的所有行，即删除留言 id=3 和 4 的两行），则必须把外键表中所有的约束行删除后，才能删除主键表的行。

例如，当删除 id=10 的于倩用户时，可以直接删除于倩用户。当删除 id=1 和 id=10 的王得和张良用户时，必须首先删除留言表中的 id=3 和 4，以及 id=10 和 11 的记录后，才能删除王得和张良用户，如图 9-64 和图 9-65 所示。

dbo.user

id	username	password
1	王得	wang
9	张良	zhang
10	于倩	yu

图 9-64　User 表结果

dbo.liuyan

id	userId	lydate	title	details
3	1	2017-03-15 00:...	杭州地铁5号线	2019年开通
4	1	2017-04-10 00:...	杭州市区城中...	2020完成
10	9	2017-02-22 00:...	杭州亚运会	2020年召开
11	9	2017-08-09 00:...	太空快递	2017发射太空

图 9-65　Liuyan 表结果

7．为了获得好的用户体验效果，不能直接将这个 404 的错误显示给用户

因此，需要在 result 中对 404 错误进行 error 字段的描述。

1）首先，在 deleteUser 这个 action 中，新增 error 类型的 result，当用户错误删除记录时，将显示 deleteUserErrorHint.jsp 页面，代码如下：

```
<action name="deleteUser" class="org.action.UserAction" method="deleteUser">
    <result name="success">/successDeleteUser.jsp</result>
    <result name="error">/deleteUserErrorHint.jsp</result>
</action>
```

2）新增 deleteUserErrorHint.jsp。

在网页中，显示提示信息，并增加一个返回超链接，代码如下：

```
<%@page pageEncoding="utf-8"%>
<html>
<head></head>
<body>对不起，请先删除该用户发表的所有留言后，再删除该用户！
    <a href="javascript:history.back(-1);">返回</a>
</body>
</html>
```

3）此时，当用户错误删除记录时，将显示如下页面，如图 9-66 和图 9-67 所示。单击"返回"按钮可以回到原先的所有用户列表页面。

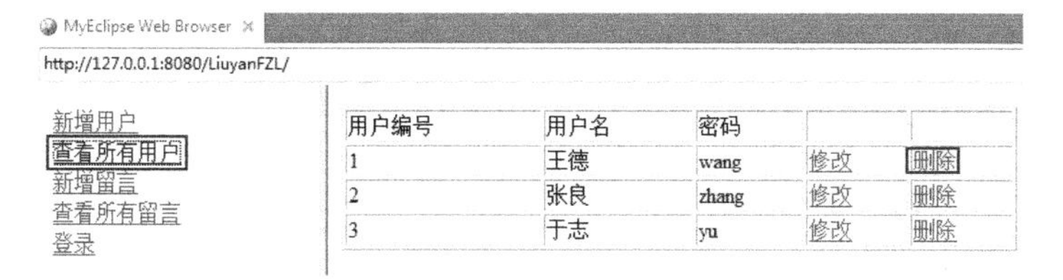

图 9-66　用户错误删除记录

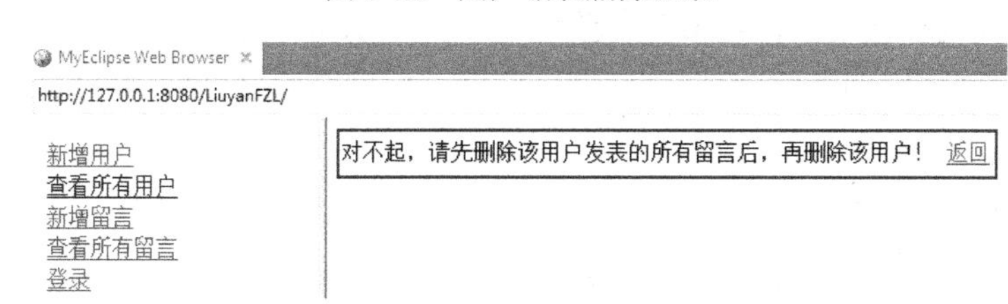

图 9-67　显示错误提示界面

9.10　查看所有留言 Action 配置及 Action 类制作

第 9 章任务 10

由于 left.jsp 的第四个超链接：<a href="listLiuyan.action" target="right">查看所有留言</a>中的 href 网址为 listLiuyan.action，所以要在 struts.xml 中新增 listLiuyan。

在 struts.xml 中添加用户列表的 action：listLiuyan，然后在 LiuyanAction 类中添加相应方法：listLiuyan，最后新建跳转页面。

1．添加 action：listLiuyan

```
<action name="listLiuyan" class="org.action.LiuyanAction" method="listLiuyan">
        <result name="success">/listLiuyan.jsp</result>
</action>
```

📖 设置 method 属性，用于执行 org.action.LiuyanAction 类的 listLiuya 方法，而不再执行默认的 execute 方法。

2．在 LiuyanAction 类中新增一个 listLiuyan 数组变量，并生成 Getter 和 Setter 函数

```
private List listLiuyan;
public List getListLiuyan() {
        return listLiuyan;
}
public void setListLiuyan(List listLiuyan) {
        this.listLiuyan = listLiuyan;
}
```

📖 action 变量 listLiuyan 用于列表显示所有留言，在 listLiuyan.jsp 中使用，迭代显示所有的留言。

3．添加 listLiuyan 方法

该方法执行数据库查询，将所有留言记录放置到 listLiuyan 变量中，该变量将在

listLiuyan.jsp 中使用。

```
public String listLiuyan(){
        DB db = new DB();
        listLiuyan = db.findAllLiuyan();
        return "success";
}
```

4．利用自动代码补全功能，给 DB 类新增 findAllLiuyan 方法

返回所有留言的代码如下：

```
public ArrayList findAllLiuyan() {
    ArrayList al = new ArrayList();
    try {
        ps = conn.prepareStatement("select * from dbo.liuyan");
        rs = ps.executeQuery();
        while (rs.next()) {
            Liuyan newLiuyan = new Liuyan();
            newLiuyan.setId(rs.getInt(1));
            newLiuyan.setUserId(rs.getInt(2));
            newLiuyan.setLydate(rs.getDate(3));
            newLiuyan.setTitle(rs.getString(4));
            newLiuyan.setDetails(rs.getString(5));
            al.add(newLiuyan);
        }
        return al;
    } catch (SQLException e) {
        e.printStackTrace();
        return null;
    }
}
```

5．新建 listLiuyan.jsp

利用<s:iterator>控件迭代生成所有<tr></tr>对。

listLiuyan.jsp 代码如下：

```
<%@taglib uri="/struts-tags" prefix="s"%>
<%@ page language="java"import="java.util.*" pageEncoding="utf-8"%>
<!DOCTYPE HTML PUBLIC "-//W3C//DTD HTML 4.01 Transitional//EN">
<html>
<head></head>
<body>
    <table width="700" border="1">
        <tr>
            <td>留言编号</td>
            <td>留言用户姓名</td>
            <td>留言日期</td>
            <td>留言标题</td>
            <td>留言内容</td>
            <td> </td>
            <td> </td>
        </tr>
        <s:iterator value="listLiuyan" id="ly">
            <tr>
                <td><s:property value="#ly.id" /></td>
```

```
                    <td><s:property value="#ly.userId" /></td>
                    <td><s:property value="#ly.lydate" /></td>
                    <td><s:property value="#ly.title" /></td>
                    <td><s:property value="#ly.details" /></td>
                    <td><a  href="updateLiuyanView.action?updateLiuyanView.id=<s:property  value=
"#ly.id"/>">修改</a></td>
                    <td><a  href="deleteLiuyan.action?deleteLiuyan.id=<s:property  value="#ly.id"/>">
删除</a></td>
                </tr>
            </s:iterator>
        </table>
    </body>
    </html>
```

📖 s:iterator 控件的 value 属性 listLiuyan 是 LiuyanAction 中定义的变量。

运行工程，单击查看所有留言，可以看到留言列表，如图 9-68 所示。

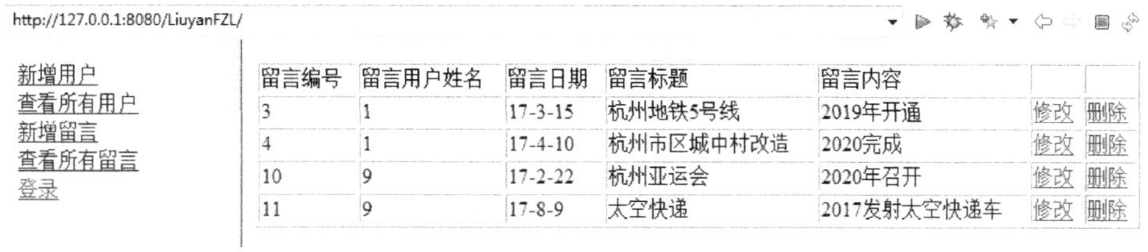

http://127.0.0.1:8080/LiuyanFZL/

新增用户
查看所有用户
新增留言
查看所有留言
登录

留言编号	留言用户姓名	留言日期	留言标题	留言内容		
3	1	17-3-15	杭州地铁5号线	2019年开通	修改	删除
4	1	17-4-10	杭州市区城中村改造	2020完成	修改	删除
10	9	17-2-22	杭州亚运会	2020年召开	修改	删除
11	9	17-8-9	太空快递	2017发射太空快递车	修改	删除

图 9-68　留言列表

可以看到，留言用户姓名列中只是显示了用户编号，而没有显示用户姓名，需要做如下修改。

1）修改 Liuyan 类，增加 username 属性，以及对应该属性的 Getter 和 Setter 函数，代码如下：

```
    public class Liuyan {
        ...
        private String username;
        public String getUsername() {
            return username;
        }
        public void setUsername(String username) {
            this.username = username;
        }
        ...
    }
```

2）修改 DB 类的 findAllLiuyan 方法，代码如下：

```
    public ArrayList findAllLiuyan() {
        ArrayList al = new ArrayList();
        try {
            ps = conn.prepareStatement("select ly.id, ly.userId, ly.lydate, ly.title, ly.details, u.username from
dbo.liuyan ly, dbo.[user] u where ly.userId = u.id");
            rs = ps.executeQuery();
            while (rs.next()) {
                Liuyan newLiuyan = new Liuyan();
                newLiuyan.setId(rs.getInt(1));
                newLiuyan.setUserId(rs.getInt(2));
                newLiuyan.setLydate(rs.getDate(3));
```

```
                    newLiuyan.setTitle(rs.getString(4));
                    newLiuyan.setDetails(rs.getString(5));
                    newLiuyan.setUsername(rs.getString(6));
                    al.add(newLiuyan);
                }
                return al;
            } catch (SQLException e) {
                e.printStackTrace();
                return null;
            }
        }
```

3）修改 listLiuyan.jsp：

将如下代码

```
<td><s:property value="#ly. userId" /></td>
```

修改为：

```
<td><s:property value="#ly.username" /></td>
```

重新运行程序，可以看到如下留言列表界面，如图 9-69 所示。

http://127.0.0.1:8080/LiuyanFZL/

新增用户
查看所有用户
新增留言
查看所有留言
登录

留言编号	留言用户姓名	留言日期	留言标题	留言内容		
3	王得	17-3-15	杭州地铁5号线	2019年开通	修改	删除
4	王得	17-4-10	杭州市区城中村改造	2020完成	修改	删除
10	张良	17-2-22	杭州亚运会	2020年召开	修改	删除
11	张良	17-8-9	太空快递	2017发射太空快递车	修改	删除

图 9-69　留言列表界面

📖 sql 语句 select ly.id, ly.userId, ly.lydate, ly.title, ly.details, u.username from dbo.liuyan ly, dbo.[user] u where ly.userId = u.id 中，如果少了 where ly.userId = u.id 将会得到错误的重复记录值。因此必须采用连接带约束的查询。

不能采用 findUser 方法获得用户，因为在 findUser 方法中使用同一个 ResultSet 对象，将会把 User 表的记录集替换 Liuyan 表的记录集。即不能用下面的代码：

```
User user = findUser(rs.getInt(2));
newLiuyan.setUsername(user.getUsername());
```

9.11　修改留言 Action 配置及 Action 类制作

第 9 章任务 11

1. 配置 struts.xml（添加 updateLiuyanView 节）及添加 updateLiuyanView 方法

在 struts.xml 中添加“显示修改留言视图”的 action：updateLiuyanView，然后在 LiuyanAction 类中添加相应方法：updateLiuyanView，最后新建跳转页面。

1）添加 action：updateLiuyanView，代码如下：

```
<action name="updateLiuyanView" class="org.action.LiuyanAction"   method="updateLiuyanView">
        <result name="success">/updateLiuyan.jsp</result>
```

```
	</action>
```

2）在 LiuyanAction 类中新增 updateLiuyanView 这个 action 变量，并生成 Getter 和 Setter 函数，代码如下：

```
	private Liuyan updateLiuyanView;
	public Liuyan getUpdateLiuyanView() {
		return updateLiuyanView;
	}
	public void setUpdateLiuyanView(Liuyan updateLiuyanView) {
		this.updateLiuyanView = updateLiuyanView;
	}
```

📖 Action 变量 updateLiuyanView 用于显示修改留言的界面，在 updateLiuyanView.jsp 中使用。

3）添加 updateLiuyanView 方法。

利用超链接上的 updateLiuyanView 变量的 id 值去查询数据库，把该 id 的留言查询出来。

📖 此时 updateLiuyanView 变量的 username 和 password 属性都为 null。

然后，将查询出来的留言，重新赋值给 updateLiuyanView，代码如下：

```
	public String updateLiuyanView(){
		int id = updateLiuyanView.getId();
		DB db = new DB();
		updateLiuyanView = db.findLiuyan(id);
		return "success";
	}
```

📖 此时 updateLiuyanView 变量中的 username 和 password 属性都有值了。

4）利用自动代码补全功能，给 DB 类新增 findLiuyan 方法。

根据留言编号查询留言记录，代码如下：

```
	public Liuyan findLiuyan(int id){
		try {
			ps = conn.prepareStatement("select ly.id, ly.userId, ly.lydate, ly.title, ly.details, u.username from
dbo.liuyan ly, dbo.[user] u where ly.userId = u.id and ly.id = ?");
			ps.setInt(1, id);
			rs = ps.executeQuery();
			rs = ps.executeQuery();
			Liuyan ly = new Liuyan();
			while (rs.next()) {
				ly.setId(rs.getInt(1));
				ly.setUserId(rs.getInt(2));
				ly.setLydate(rs.getDate(3));
				ly.setTitle(rs.getString(4));
				ly.setDetails(rs.getString(5));
				ly.setUsername(rs.getString(6));
				break;
			}
			return ly;
		} catch (SQLException e) {
```

```
                e.printStackTrace();
                return null;
            }
        }
```

📖 通过调试器观察，当执行 updateLiuyanView = db.findLiuyan(id)语句之前，updateLiuyanView 变量只有 id 属性有值，其他属性为 null。当执行完该语句后，updateLiuyanView 变量的其他 6 个属性也有值了。

5）新建 updateLiuyan.jsp。

首先修改 addLiuyan.jsp，增加留言编号行，然后利用<s:property>控件生成可显示原有属性值的页面，代码如下：

```
<%@taglib uri="/struts-tags" prefix="s"%>
<%@tagliburi="/struts-dojo-tags" prefix="sx"%>
<%@ page language="java" import="java.util.*" pageEncoding="utf-8"%>
<!DOCTYPE HTML PUBLIC "-//W3C//DTD HTML 4.01 Transitional//EN">
<html>
<head>
<sx:head parseContent="true" />
</head>
<body>
    <s:form action="updateLiuyan.action" method="post" theme="simple">
        <table width="500" border="1">
            <tr>
                <td>用户姓名：</td>
                <td>  <s:property value="updateLiuyanView.username" />
                </td>
            </tr>
            <tr>
                <td>留言编号：</td>
                <td>  <s:property value="updateLiuyanView.id" />
                </td>
            </tr>
            <tr>
                <td>留言标题：</td>
                <td>  <s:property value="updateLiuyanView.title" />
                </td>
            </tr>
            <tr>
                <td>留言内容：</td>
                <td>  <s:property value="updateLiuyanView.details" />
                </td>
            </tr>
            <tr>
                <td>留言时间：</td>
                <td>  <s:property value="updateLiuyanView.lydate" />
                </td>
            </tr>
            <tr>
                <td>  <s:submit value="修改"></s:submit>
                </td>
```

```
                    <td>  <s:reset value="重置"></s:reset>
                    </td>
                </tr>
            </table>
        </s:form>
    </body>
    </html>
```

📖 必须给 updateLiuyan 对象的 id 属性增加一个显示值。

当单击第一条留言的“修改”超链接，页面效果如图 9-70 所示。

用户姓名：	王得
留言标题：	杭州地铁5号线
留言内容：	2019年开通
留言时间：	17-3-15
修改	重置

图 9-70　单击“修改”超链接

继续修改 updateLiuyan.jsp 的内容：

- 利用<input>控件生成可编辑的控件，默认值为<s:property>的值。
- 利用<sx:datetimepicker>控件生成可编辑的日历控件。

修改后的 updateLiuyan.jsp 代码如下：

```
    <%@taglib uri="/struts-tags" prefix="s"%>
    <%@taglib uri="/struts-dojo-tags" prefix="sx"%>
    <%@page pageEncoding="utf-8"%>
    <sx:head parseContent="true"/>
    <html>
    <head>
    </head>
    <body>
        <s:form action="updateLiuyan.action" method="post" theme="simple">
            <table width="300" border="1">
            <tr>
                    <td>留言编号：</td>
                    <td>
                        <input type="text" name="updateLiuyan.id" readonly value="
                            <s:property value="updateLiuyanView.id"/>"/>
                    </td>
                </tr>
                <tr>
                    <td width="80">用户姓名：</td>
                    <td width="200">
                        <input type="text" name="updateLiuyan.username" readonly value="
                            <s:property value="updateLiuyanView.username"/>"/>
                    </td>
                </tr>
                <tr>
                    <td>留言标题：</td>
                    <td>
```

```
                        <input type="text" name="updateLiuyan.title" value="
                            <s:property value="updateLiuyanView.title"/>"/>
                    </td>
                </tr>
                <tr>
                    <td>留言内容：</td>
                    <td>
                        <input type="text" name="updateLiuyan.details" value="
                            <s:property value="updateLiuyanView.details"/>"/>
                    </td>
                </tr>
                <tr>
                    <td>留言时间：</td>
                    <td>
                        <sx:datetimepicker name="updateLiuyan.lyDate" value="
                            %{updateLiuyanView.lydate}" displayFormat="yyyy-MM-dd"/>
                    </td>
                </tr>
                <tr>
                    <td><s:submit value="修改"></s:submit></td>
                    <td><s:reset value="重置"></s:reset></td>
                </tr>
            </table>
        </s:form>
    </body>
</html>
```

页面中的控件属性描述如下：

- 每个输入控件都有 name 属性，都是 updateUser 变量的属性（用于单击“修改”按钮后，执行 updateUser 这个 action 时要传过去的网页变量）。
- 每个输入控件都有 value 属性，都是 updateUserView 变量的属性（用于单击“修改”超链接执行 updateUserView 这个 action 时要传进来的网页变量）。
- 必须给 updateLiuyan 对象的 id 属性增加一个只读输入控件，否则无法在下面的 DB 类的 updateLiuyan 方法中得到留言对象的 id 值。
- 日历控件的初始值 value 属性是一个 OGNL 表达式：%{}。
- %{}符号表示其所包含的字符串是一个 OGNL 表达式，必须用 OGNL 解析。

再次单击“修改”超链接，页面效果如图 9-71 所示。

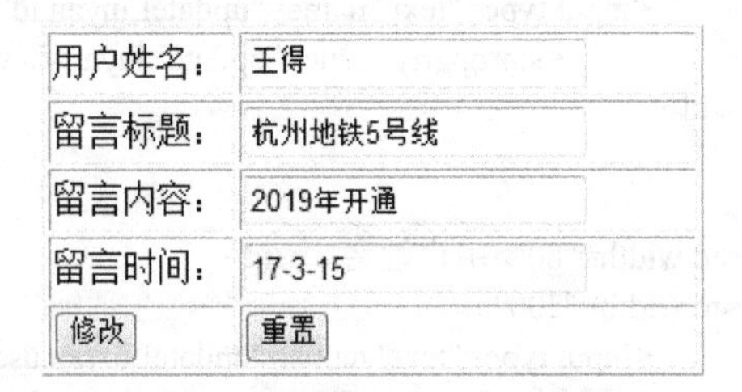

图 9-71　再次单击“修改”超链接

2．配置 struts.xml（添加 updateLiuyan 节）及添加 updateLiuyan 方法

在 struts.xml 中添加真正“修改留言”的 action：updateLiuyan，然后在 LiuyanAction 类中添加相应方法：updateLiuyan，最后新建跳转页面。

1）添加 action：updateLiuyan，代码如下：

```
<action name="updateLiuyan" class="org.action.LiuyanAction" method="updateLiuyan">
    <result name="success">/successUpdateLiuyan.jsp</result>
</action>
```

2）在 LiuyanAction 类中新增 updateLiuyan 这个变量，并生成 Getter 和 Setter 函数，代码如下：

```
private Liuyan updateLiuyan;
public Liuyan getUpdateLiuyan () {
    return updateLiuyan;
}
public void setUpdateLiuyan (Liuyan updateLiuyan) {
    this.updateLiuyan= updateLiuyan;
}
```

📖 Action 变量 updateLiuyan 用于传递已更新对象。

3）添加 updateLiuyan 方法。

从已更新对象 udpateLiuyan 中读出所有属性值，包括已修改的和未修改的，全部读出来，代码如下：

```
public String updateLiuyan(){
    Liuyan existLiuyan = new Liuyan();
    existLiuyan.setId(updateLiuyan.getId());
    existLiuyan.setTitle(updateLiuyan.getTitle());
    existLiuyan.setDetails(updateLiuyan.getDetails());
    existLiuyan.setLydate(updateLiuyan.getLydate());
    DB db = new DB();
    boolean result = db.updateLiuyan(existLiuyan);
    if(result){
      return "success";
    }else{
      return "error";
    }
}
```

4）利用自动代码补全功能，给 DB 类新增 updateLiuyan 方法。

修改留言的代码如下：

```
public boolean updateLiuyan(Liuyan Liuyan){
    try {
        ps = conn.prepareStatement("update dbo.Liuyan set title=?, details=?, lydate=? where id=?");
        ps.setString(1, Liuyan.getTitle());
        ps.setString(2, Liuyan.getDetails());
        ps.setDate(3, Liuyan.getLydate());
        ps.setInt(4, Liuyan.getId());
        ps.executeUpdate();
        return true;
    } catch (SQLException e) {
        e.printStackTrace();
        return false;
    }
}
```

5）新建 successUpdateLiuyan.jsp。

```
<%@ page language="java" pageEncoding="UTF-8"%>
<html>
<head></head>
<body>
    恭喜你，修改留言操作成功！
</body>
</html>
```

9.12 删除留言 Action 配置及 Action 类制作

第 9 章任务 12

在 struts.xml 中添加删除留言的 action：deleteLiuyan，然后在 LiuyanAction 类中添加相应方法：deleteLiuyan，最后新建跳转页面。

1．添加 action：deleteLiuyan

```
<action name="deleteLiuyan" class="org.action.LiuyanAction"   method="deleteLiuyan">
    <result name="success">/successDeleteLiuyan.jsp</result>
</action>
```

2．在 LiuyanAction 类中新增 deleteLiuyan 这个 action 变量，并生成 Getter 和 Setter 函数

```
private Liuyan deleteLiuyan;
public Liuyan getDeleteLiuyan() {
    return deleteLiuyan;
}
public void setDeleteLiuyan(Liuyan deleteLiuyan) {
    this.deleteLiuyan = deleteLiuyan;
}
```

📖 Action 变量 deleteLiuyan 用于传递已更新对象。

3．添加 deleteLiuyan 方法

```
public String deleteLiuyan(){
    int delLiuyanID = deleteLiuyan.getId();
    DB db = new DB();
    Liuyan delLiuyan = db.findLiuyan(delLiuyanID);
    boolean result = db.deleteLiuyan(delLiuyan);
    if(result){
        return "success";
    }else{
        return "error";
    }
}
```

4．利用自动代码补全功能，给 DB 类新增 deleteLiuyan 方法

删除留言的代码如下：

```
public boolean deleteLiuyan(Liuyan Liuyan){
        try {
            ps = conn.prepareStatement("delete from dbo.[Liuyan] where id = ?");
            ps.setInt(1, Liuyan.getId());
```

```
                ps.executeUpdate();
                return true;
            } catch (SQLException e) {
                e.printStackTrace();
                return false;
            }
        }
```

5．新建 successDeleteLiuyan.jsp

```
<%@ page language="java" pageEncoding="UTF-8"%>
<html>
<head></head>
<body>
    恭喜你，删除留言操作成功！
</body>
</html>
```

6．修改删除的超链接，添加 onClick 事件

将如下代码

```
<a href="deleteLiuyan.action?deleteLiuyan.id=<s:property value="#Liuyan.id"/>">删除</a>
```

修改为：

```
<a href="deleteLiuyan.action?deleteLiuyan.id=<s:property value="#Liuyan.id"/>"
        onClick=" if(confirm('确定删除该信息吗？'))
                return true;
            else
                return false;
        ">删除</a>
```

即增加超链接的 onClick 属性：

```
onClick=" if(confirm('确定删除该信息吗？'))
        return true;
    else
        return false; "
```

假定删除留言列表中编号为 11 的留言，单击该行的“删除”超链接，如图 9-72 所示。

留言编号	留言用户姓名	留言日期	留言标题	留言内容		
3	王得	17-4-5	杭州地铁5号线3	2019年开通3	修改	删除
4	王得	17-4-10	杭州市区城中村改造	2020完成	修改	删除
10	张良	17-2-22	杭州亚运会	2020年召开	修改	删除
11	张良	17-8-9	太空快递	2017发射太空快递车	修改	删除

图 9-72　单击“删除”超链接

将首先弹出如图 9-73 所示的对话框。

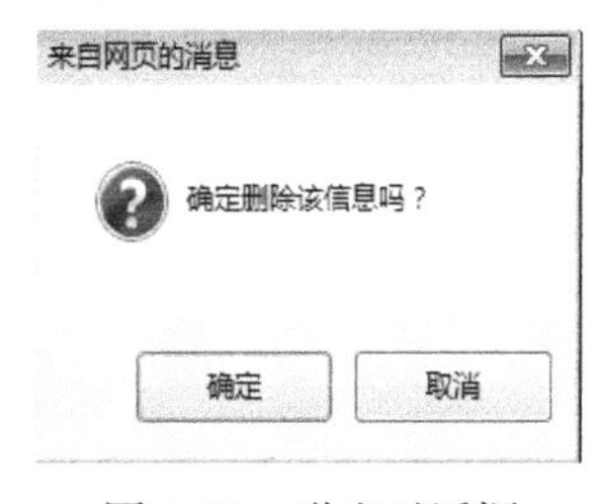

图 9-73　弹出对话框

当用户单击“确定”按钮后，将执行 href 中的跳转地址：deleteLiuyan.action。如果单击“取消”按钮，则直接关闭该对话框，并且不执行 href 中的跳转地址。

正常删除后，将显示页面，如图 9-74 所示。

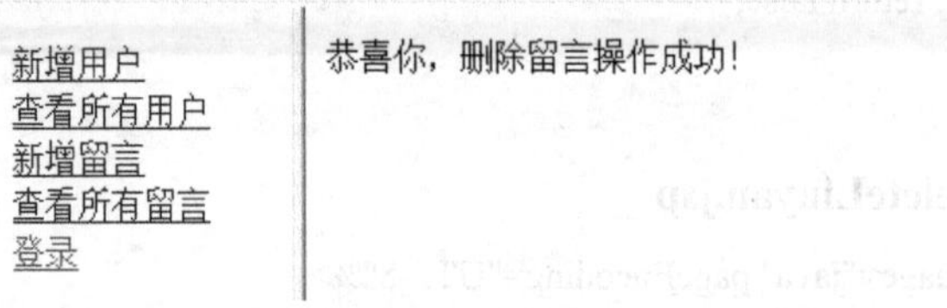

新增用户 查看所有用户 新增留言 查看所有留言 登录	恭喜你，删除留言操作成功!

图 9-74　显示页面

至此，完成 left.jsp 左边的 4 个超链接功能。

9.13　思考与练习

操作题

完成最后一个超链接“登录”的功能，该超链接将实现对数据库中 User 表的验证操作。

第10章　Hibernate技术

传统的 Java 应用都是采用 JDBC 来访问数据库，它是一种基于 SQL 的操作方式，但对于信息化工程系统而言，通常采用面向对象分析和面向对象设计的过程。系统从需求分析到系统设计都是按面向对象方式进行，但是到数据访问和编码阶段，又重新回到了传统 JDBC 数据库访问，即非面向对象的数据访问方式。

Hibernate 是一个基于 JDBC 的开源的持久化框架，是一个优秀的 ORM 实现，它对 JDBC 访问数据库的代码做了封装，大大简化了数据访问层烦琐的重复性代码。

第10章任务1

10.1　Hibernate简介

1．应用程序的数据状态

应用程序中的数据存在两种状态：瞬时态（Transient）和持久状态（Persistent）。程序运行时，有些数据保存在内存中，当程序退出后，数据就不存在了，这些数据称为瞬时的。有些数据，在程序退出后，还以文件的形式保存在硬盘中，这些数据的状态就是持久的。数据存在于数据库中，也是持久的。持久化就是把保存在内存中的数据从瞬时态转换成持久状态。为了解决瞬时态到持久状态的转换，可以采用两种解决方法。

（1）使用 JDBC 转换

传统的数据持久化编程，需要使用 JDBC 以及大量的 SQL 语句，例如 Connection、Statement、ResultSet 等。由于 JDBC API 与大量 SQL 语句混合在一起，使得开发效率降低。为了解决这类问题出现了 DAO 模式（Database Access Object，数据库操作对象），它是 JDBC 下的常用编程模式。在 DAO 模式中，JavaBean 对象和数据表、JavaBean 对象的各个属性与数据表的列，都存在着某种固定的映射关系，但这些关系都需要程序员人工管理。

（2）使用 ORM 框架来解决，主流框架是 Hibernate、iBatis 和 Mybatis 等

为了能够让程序自动维护 JavaBean 对象和数据表之间的关联关系，并将程序员从烦琐的 SQL 语句中解脱出来，ORM 框架思想应运而生。在使用 ORM 框架的时候，需要注意对象关系映射的问题，对象关系映射是为了满足面向对软件开发需求而产生的。

2．ORM（Object-Relation Mapping）

ORM 的全称是 Object Relational Mapping，即对象关系映射，是为了解决程序与关系数据库交互数据问题，而提出来的解决方案。一般地，对象和关系数据是业务实现的两种表现形式，业务实体在内存中表现为“对象”，在数据库中表现为“关系数据”（即表中的行记录）。ORM 通过建立程序描述对象和关系数据库表之间映射，将 Java 中的对象存储到数据库表中。

本质上，ORM 就是将关系数据库中表的数据映射成为对象，并以对象的形式展现，这样开发人员就可以把对数据库的操作转化为对这些对象的操作。采用 ORM 可以方便开发人员，以面向对象的思想来实现对数据库的操作。

3．Hibernate 框架

Hibernate 是最成功的 ORM 框架之一，它操作简单、功能强大、对市面上所有的数据库都

有较好的支持。Hibernate 框架是由 Enterra CRM 团队创建，该框架不同于 Struts2 这种 MVC 框架，它是建立在 ORM 平台上的开放性对象模型架构。

Hibernate 是一个开放源代码的对象关系映射框架，它对 JDBC 进行了非常轻量级的对象封装，它将 POJO（Plain Ordinary Java Object，普通 Java 对象）与数据库表建立映射关系，是一个全自动的 ORM 框架，Hibernate 可以自动生成 SQL 语句，自动执行，使得 Java 程序员可以随心所欲地使用对象编程思维来操纵数据库。

10.2 Hibernate 体系结构

第 10 章任务 2

Hibernate 通过持久化对象（Persistent Object，PO）这个媒介来对数据库进行操作，底层数据库对于应用程序来说是透明的。具体地，Hibernate 把 PO 对象映射到数据库中的数据表，然后通过操作 PO 对象，对数据库中的表进行各种操作。注意：PO 对象包括两个内容：POJO 和映射文件（hbm.xml）。

1．Hibernate 体系结构

Hibernate 体系结构主要包括 4 个内容，如图 10-1 所示。

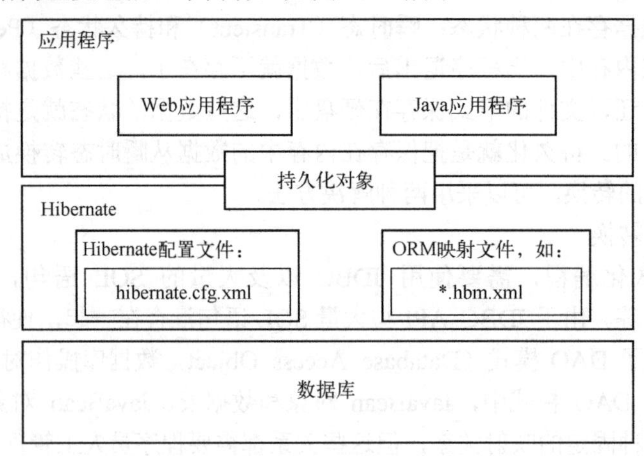

图 10-1 Hibernate 体系结构

（1）Hibernate 配置文件

Hibernate 配置文件是 hibernate.cfg.xml，该文件中可以配置数据库连接参数、Hibernate 框架参数，以及映射关系文件。

（2）持久化对象

持久化对象是指实体类 POJO，即普通 Java 对象。实体类中不包含业务逻辑代码，它用于封装数据库对象记录的对象类型。

（3）ORM 映射文件

ORM 映射文件指定了实体类和数据表的对应关系，以及类中属性和表中字段之间的对应关系。Hibernate 中使用 XML 文件来描述映射关系，文件通常命名为“实体类.hbm.xml”，并放于实体类相同的路径下。

（4）数据库

Hibernate 提供了一系列数据库操作的底层 API，基于 ORM 思想对数据库进行访问。这些 API 主要通过对底层映射关系文件的解析，并根据解析出来的内容动态生成 SQL 语句，自动将属性和字段进行“映射”。

2．Hibernate 对象和关系的映射

对象-关系映射，其实从字面上就可以理解其含义，就是把对象与关系映射起来，对象指的是程序中的类对象，而关系指的是关系数据库的表。类对象和关系数据（即数据库表的行记录）是业务实体的两种表现形式。业务实体在内存中表现为类对象，在数据库中表现为关系数据。

两者存在一定的对应关系：

1）“表”对应“类”。

2）“字段”对应“属性”。

3）“记录”对应“对象”：当查询一条记录时，生成一个类对象。

4）“多条记录”对应“对象集合”：当查询多条记录时，生成一个类对象的集合。

在数据库中有一个用户表 user，该表中有 ID、NAME 和 PASSWORD 三个字段，这样一个表就可以在程序中映射成类“User. Java”，User 类中定义 3 个属性（id、username 和 password）对应 user 表中 3 个字段（ID、NAME 和 PASSWORD），如图 10-2 所示。

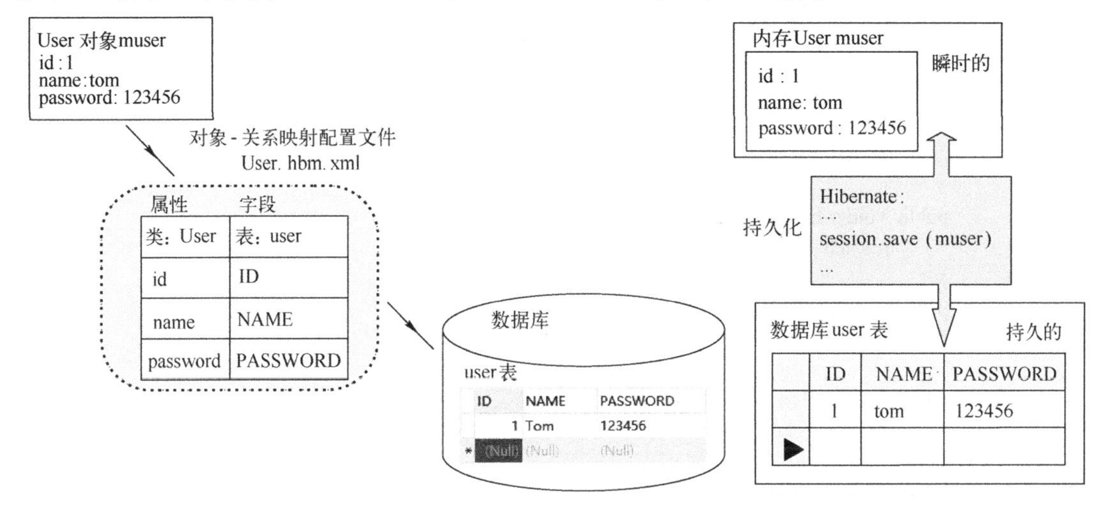

图 10-2　对象（User 类）-关系（user 表）的映射

图 10-2 中有一个 User 类的对象 muser，被对应到数据库 user 表中的一行记录，程序员对表记录的操作可以简化成对这个 muser 对象的操作，操作之后数据库中的记录将做相应变化。

Hibernate 框架首先根据对象-关系映射配置文件 User.hbm.xml 读取 User 类中各个属性和 user 表中各个列的映射，然后将其读入之后组织为 User 类的对象实例 muser 对象，所有的工作只需由 Hibernate 框架在底层进行。

10.3　Hibernate 配置文件

Hibernate 配置文件主要包括 3 类：

- POJO 类和其映射配置文件。
- hibernate.cfg.xml 文件。
- HibernateSessionFactory。

1．POJO 类和其映射配置文件

在 xsxkFZL 数据库中新增一张课程表（KCB 表），表的 5 个字段分别为：课程号

（KCH）、课程名（KCM）、开课学期（KXXQ）、学时（XS）和学分（XF），如图 10-3 所示。

列名	数据类型	允许 Null 值
KCH	varchar(50)	☐
KCM	varchar(50)	☑
KXXQ	smallint	☑
XS	int	☑
XF	int	☑

图 10-3　KCB 表

1）生成 POJO 类（Kcb.java）代码如下：

```
package org.model;
public class Kcb implements java.io.Serializable {
    private String kch;                    // 对应表中 KCH 字段
    private String kcm;                    // 对应表中 KCM 字段
    private Short kxxq;                    // 对应表中 KXXQ 字段
    private Integer xs;                    // 对应表中 XS 字段
    private Integer xf;                    // 对应表中 XF 字段
    public Kcb() {
    }
    public String getKch() {
        return kch;
    }
    public void setKch(String kch) {
        this.kch = kch;
    }
    public String getKcm() {
        return kcm;
    }
    public void setKcm(String kcm) {
        this.kcm = kcm;
    }
    public Short getKxxq() {
        return kxxq;
    }
    public void setKxxq(Short kxxq) {
        this.kxxq = kxxq;
    }
    public Integer getXs() {
        return xs;
    }
    public void setXs(Integer xs) {
        this.xs = xs;
    }
    public Integer getXf() {
        return xf;
    }
    public void setXf(Integer xf) {
        this.xf = xf;
    }
}
```

可以发现，该类中的属性和表中的字段是一一对应的。那么通过什么方法把它们一一映射起来呢？

2）生成映射文件（Kcb.hbm.xml）

POJO 类中的属性和表中的字段通过*.hbm.xml 映射文件来一一对应，Kcb.hbm.xml 文件内容代码如下：

```
<?xml version="1.0" encoding="utf-8"?>
<hibernate-mapping>
<!-- name 指定 POJO 类，table 指定对应数据库的表，catalog 指定数据库名 -->
    <class name="org.model.Kcb" table="KCB"catalog="xsxkFZL">
        <!-- name 指定主键，type 指定主键类型 -->
        <id name="kch" type="java.lang.String">
            <column name="KCH" length="3" />
                <!-- 主键生成策略为手工指派 -->
            <generator class="assigned" />
        </id>
        <property name="kcm" type="java.lang.String">
            <column name="KCM" length="12" />
        </property>
        <property name="kxxq" type="java.lang.Short">
            <column name="KXXQ" />
        </property>
        <property name="xs" type="java.lang.Integer">
            <column name="XS" />
        </property>
        <property name="xf" type="java.lang. Integer">
            <column name="XF" />
        </property>
    </class>
</hibernate-mapping>
```

该配置文件大致分为 3 个部分。

（1）类、表映射配置

用于描述哪个类和哪个表进行映射，例如：

```
<class name="org.model.Kcb" table="KCB"catalog="xsxkFZL">
```

其中，类 class 的 name 属性指定 POJO 类名为 org.model.Kcb，table 属性指定 Kcb 类对应的数据库表名为 KCB，catalog 属性指定表所在的数据库名称为 xsxkFZL。

（2）id 映射配置（主键）

用于描述数据库表中主键字段对应的 id 映射描述，例如：

```
<id name="kch" type="java.lang.String">
    <column name="KCH" length="3" />
    <generator class="assigned" />
</id>
```

其中，KCH 是数据库表中的主键字段，kch 是 Kcb 类的 id 属性，type="java.lang.String"指定 kch 属性的数据类型。生成方式 generator 有下面 4 种常用值。

- native：由数据库负责主键 id 的赋值，最常见的是 int 型，且为自增型的主键。
- identity：与 native 相似，采用数据库提供的主键生成机制，如 SQL Server、MySQL 中的自增主键生成机制。

● assigned：应用程序自身对 id 赋值，即需要在程序中手工赋值。

● foreign：只在基于主键的一对一关系<one-to-one>中使用，表明当前主键上存在一个外键约束，即本表（即外键表）的主键是所关联的主键表的主键。

（3）属性、字段映射配置

用于描述数据库表中各个字段和映射类中各个属性之间的关联关系，例如：

```
<property name="kcm" type="java.lang.String">
        <column name="KCM" length="12" />
</property>
```

其中，name="kcm"是 Kcb 类中的属性名，此属性将被映像到指定的库表字段 KCM。type="java.lang.String"指定 kcm 属性的数据类型。column name="KCM"指定 Kcb 类的 kcm 属性映射到 KCB 表中的 KCM 字段。

2．hibernate.cfg.xml 文件

该文件是 Hibernate 重要的配置文件，主要是配置 SessionFactory 类，例如：

```
<hibernate-configuration>
    <session-factory>
        <property name="connection.url">jdbc:mysql://localhost:3306/xsxkFZL</property>
        <property name="dialect">org.hibernate.dialect.MySQLDialect</property>
        <property name="myeclipse.connection.profile">    com.mysql.jdbc.Driver</property>
        <property name="connection.username">root</property>
        <property name="connection.password">root</property>
        <property name="connection.driver_class">    com.mysql.jdbc.Driver</property>
        <mapping resource="org/model/Kcb.hbm.xml" />
    </session-factory>
</hibernate-configuration>
```

<session-factory>节中指明了一些必要的数据库连接属性，通过这些属性，Hibernate 可以连接上数据库。SessionFactory 类的常用属性如表 10-1 所示。

表 10-1　SessionFactory 类的常用属性

属性名	用途	取值
hibernate.dialect	数据库方言，一个 Hibernate Dialect 类名允许 Hibernate 针对特定的关系数据库生成优化的 SQL	org.hibernate.dialect.MySQLDialect org.hibernate.dialect.SQLServerDialect 等
hibernate.show_sql	输出所有 SQL 语句到控制台	true & false
hibernate.format_sql	在 log 和 console 中打印出更漂亮的 SQL	true & false
hibernate.connection.driver_class	指定数据库使用的驱动程序类	com.mysql.jdbc.Driver com.microsoft.sqlserver.jdbc.SQLServerDriver 等
hibernate. connection.username	指定数据库使用的用户名	
hibernate. connection.password	指定数据库使用的密码	
mapping resource	注册映射文件	

📖 mapping resource 属性用于注册映射文件，每次反向工程一个表后，MyEclipse 将自动插入一条映射文件的 hbm.xml 文件路径（注意用/表示目录）。

Tomact 每次启动 Web 工程时，将首先读取 hibernate.cfg.xml 文件，然后根据 mapping resource 属性依次读取所有的映射文件，实现所有对象-关系映射的操作。

📖 如果 MyEclipse 没有自动插入 mapping resource 属性，需要手工加入，否则运行时将报错。

3．HibernateSessionFactory

HibernateSessionFactory 类是自定义的 SessionFactory，该名字可以由程序员自己命名，本书采用的是 HibernateSessionFactory。HibernateSessionFactory 将负责创建和关闭 Session 对象。Session 对象的创建需要以下 3 个步骤：

1）初始化 Hibernate 配置管理类 Configuration。

2）通过 Configuration 类实例，创建 Session 的工厂类 SessionFactory。

3）通过 SessionFactory 得到 Session 实例（事务）。

```
HibernateSessionFactory sessionFactory=configuration.buildSessionFactory();
Session session=(sessionFactory != null) ? sessionFactory.openSession(): null;
Transaction ts=session.beginTransaction();
```

SessionFactory 非常消耗内存，它缓存了生成的 SQL 语句和 Hibernate 在运行时使用的映射元数据。也就是说，中间数据全部使用 SessionFactory 管理。因此，该对象的使用有时关系到系统的性能。SessionFactory 类在工程添加 Hibernate 支持时，可以选择自动生成该类。该类中有两个静态方法：getSession 和 closeSession，是用来生成和关闭 Session 的，它用到了很多优化的机制，比较高效。

📖 人工管理 SessionFactory 非常麻烦，为了更方便地使用 Hibernate，可以让数据访问类继承 HibernateDaoSupport 类。

HibernateDaoSupport 类可以简化 Hibernate 的数据库编程，不再需要人工调用 closeSession 方法关闭 Session。

本书后面将大量使用 HibernateDaoSupport 类，不再使用 SessionFactory 类。

10.4　Hibernate 核心接口

第 10 章任务 4

Hibernate 核心接口一共有 5 个，分别为：Configuration、SessionFactory、Session、Transaction 和 Query。通过这些接口，可以对持久化对象进行存取、事务控制，如图 10-4 所示。

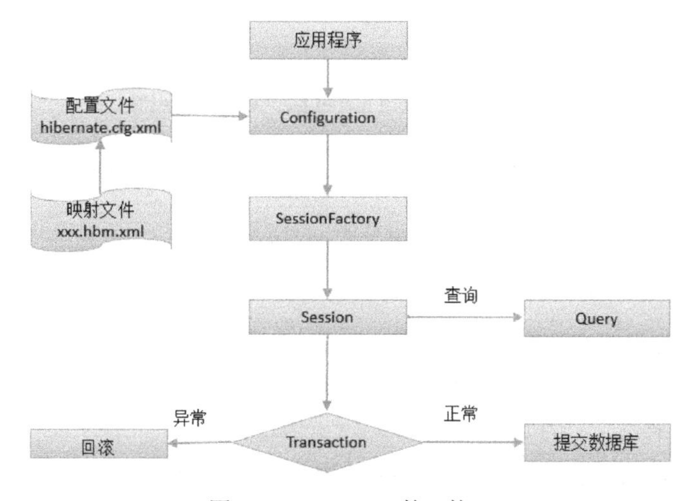

图 10-4　Hibernate 核心接口

1. Configuration 接口

Configuration 负责管理 Hibernate 的配置信息。Hibernate 运行时需要一些底层实现的基本信息，这些信息包括：数据库 URL、数据库用户名、数据库用户密码、数据库 JDBC 驱动类、数据库方言。

使用 Hibernate 必须首先提供这些基础信息以完成初始化工作，为后续操作做好准备。这些属性在 Hibernate 配置文件 hibernate.cfg.xml 中加以设定，当调用：

```
Configuration cfg = new Configuration().configure();
```

时，Hibernate 会自动在部署工程的 classes 目录下搜索 hibernate.cfg.xml 文件，并将其读取到内存中作为后续操作的基础配置。

2. SessionFactory 接口

SessionFactory 负责创建 Session 实例，由 Configuration 实例构建 SessionFactory：

```
Configuration cfg = new Configuration().configure();
SessionFactory sessionFactory = cfg.buildSessionFactory();
```

3. Session 接口

Session 是 Hibernate 持久化操作的基础，提供了众多持久化方法，如 save、update、delete、query 等。通过这些方法，透明地完成对象的增、删、改、查等操作。

Session 实例由 SessionFactory 构建，代码如下：

```
SessionFactory sessionFactory = cfg.buldSessionFactory();
Session session = sessionFactory.openSession();
```

4. Transaction 接口

Transaction 是 Hibernate 中进行事务操作的接口，Transaction 接口是对实际事务实现的一个抽象。事务对象通过 Session 创建，使用如下语句：

```
Transaction ts = session.beginTransaction();
```

5. Query 接口

Query 接口是 Hibernate 的查询接口，用于向数据库中查询对象，在它里面包装了一种 HQL（Hibernate Query Language）查询语言，采用了新的面向对象的查询方式，是 Hibernate 官方推荐使用的标准数据库查询语言。

Query 查询语句形如：

```
Query query = session.createQuery("from org.model.Kcb where kch=1");
```

📖 HQL 语句 from 后面的内容是 POJO 类名（org.model.Kcb），而不是表名（KCB）。如果写成 kcb 或者 KCB 等，都要报错。

也可以直接把包名省略，写成：

```
Query query = session.createQuery("from Kcb where kch=1");
```

上面的语句中查询条件 kch 的值"1"是直接给出的，如果没有给出，而是设为参数就要用 Query 接口中的方法来完成。例如：

```
Query query = session.createQuery("from org.model.Kcb where kch=?");
```

就要在后面设置其值：query.setInt(0, "要设置的值");

上面的方法是通过“?”来设置参数的，还可以用“:”后跟变量的方法来设置参数，如上例可以改为：

```
Query query = session.createQuery("from org.model.Kcb where id=:kchValue");
query.setInt("kchValue","要设置的 id 值");
```

由于上例中的 id 为 int 类型，所以设置的时候用 setInt(…)；如果是 String 类型就要用 setString(…)。还有一种通用的设置方法，就是 setParameter()方法，不管是什么类型的参数都可以应用，且使用方法是相同的，例如：

```
query.setParameter(0, "要设置的值");
```

Query 还有一个 list()方法，用于取得一个 List 集合的实例，此实例中包含的集合可能是一个 Object（对象），也可能是 Object 集合。例如：

```
Query query = session.createQuery("from org.model.Kcb where kch=1");
List list = query.list();
```

由于该例中 id 号是主键，实际只能查出一条记录，因此 List 集合中只能有一个 Object 对象。

10.5 HQL 查询基础

第 10 章任务 5

下面介绍 HQL 的几种常用的查询方式，包括基本查询、条件查询和分页查询。

1．基本查询

基本查询是 HQL 中最简单的一种查询方式。下面以课程信息为例说明其几种查询情况。

（1）查询所有课程信息

```
Session session=HibernateSessionFactory.getSession();
Transaction ts=session.beginTransaction();
Query query=session.createQuery("from Kcb");
List list=query.list();
ts.commit();
HibernateSessionFactory.closeSession();
```

（2）查询某一门课程信息

```
Session session=HibernateSessionFactory.getSession();
Transaction ts=session.beginTransaction();
// 查询一门学时最长的课程
Query query=session.createQuery("from Kcb order by xs desc");
query.setMaxResults(1);                          // 设置最大检索数目为 1
Kcb kc=(Kcb)query.uniqueResult();                // 装载单个对象
ts.commit();
HibernateSessionFactory.closeSession();
```

（3）查询满足条件的课程信息

```
Session session=HibernateSessionFactory.getSession();
Transaction ts=session.beginTransaction();
// 查询课程号为 1 的课程信息
```

```
Query query=session.createQuery("from Kcb where kch=1");
List list=query.list();
ts.commit();
HibernateSessionFactory.closeSession();
```

2．条件查询

查询的条件有几种情况，下面举例说明。

（1）按指定参数查询

```
Session session=HibernateSessionFactory.getSession();
Transaction ts=session.beginTransaction();
// 查询课程名为“Java EE 应用开发”的课程信息
Query query=session.createQuery("from Kcb where kcm=?");
query.setParameter(0, "Java EE 应用开发");
List list=query.list();
ts.commit();
HibernateSessionFactory.closeSession();
```

（2）使用范围运算查询

```
Session session=HibernateSessionFactory.getSession();
Transaction ts=session.beginTransaction();
// 查询课程名为 Android 程序设计或 iOS 程序设计，且学时在 40～60 之间
Query query=session.createQuery("from Kcb where (xs between 40 and 64) and kcm in(' Android 程序设计
','iOS 程序设计')");
List list=query.list();
ts.commit();
HibernateSessionFactory.closeSession();
```

连续取值型用 between 和 and 关键字。离散取值型用 in 关键字。

（3）使用比较运算符查询

```
Session session=HibernateSessionFactory.getSession();
Transaction ts=session.beginTransaction();
// 查询学时大于 51 且课程名不为空的课程信息
Query query=session.createQuery("from Kcb where xs>51 and kcm is not null");
List list=query.list();
ts.commit();
HibernateSessionFactory.closeSession();
```

（4）使用字符串匹配运算查询

```
Session session=HibernateSessionFactory.getSession();
Transaction ts=session.beginTransaction();
// 查询课程号中包含“001”字符串且课程名后面两个字为“设计”的所有课程信息
Query query=session.createQuery("from Kcb where kch like '%001%' and kcm like ' %设计'");
List list=query.list();
ts.commit();
HibernateSessionFactory.closeSession();
```

3．分页查询

为了满足分页查询的需要，Hibernate 的 Query 类提供两种有用的方法：

1）setFirstResult(int firstResult)方法用于指定从哪一个对象开始查询（序号从 0 开始），默认为第 1 个对象，也就是序号 0。

2）setMaxResults(int maxResult)方法用于指定一次最多查询出的对象的数目，默认为所有对象。

下面给出分页查询函数 pagingShow，形参为要显示的页号 pageNow，代码如下：

```
Session session=HibernateSessionFactory.getSession();
Transaction ts=session.beginTransaction();
Query query=session.createQuery("from Kcb");
int pageSize=5;                                    // 每页显示的条数
// 想要显示第几页，开始时 pageNow=1
void pagingShow(int pageNow){
      query.setFirstResult((pageNow-1)*pageSize);        // 指定从哪一个对象开始查询
      query.setMaxResults(pageSize);                  // 指定最大的对象数目
      List list=query.list();
      // 进行 list 对象的操作展示
      ...
      ts.commit();
}
HibernateSessionFactory.closeSession();
```

10.6 Hibernate 查询分类

第 10 章任务 6

通常数据库中的各个表之间存在有各种约束关系，约束是为了保持数据完整性，尽量减少数据冗余，而外键就是其中一种约束。例如，有两张表，专业表 ZYB（主键是 ID）和学生表 XSB（主键是 XH）。

如果现在有个操作是要删除专业，那么专业对应的学生也应该一起删除才是正确的（如果删除某条专业记录，但是该专业对应的学生还留着，这就是数据冗余，这些学生数据就会变成无用的数据）。如果两个表没有约束，那么就有可能会出现删除了专业而没有删除学生的情况。

为此，需要在 XSB 表中设置一个外键（如 ZY_ID）来引用 ZYB 表，此时数据库将增加一个约束（XSB.ZY_ID=ZYB.ID）。一方面，当新增一条 XSB 表记录，ZY_ID 值只能从 ZYB 表中已有的 ID 中取值，从而确保新学生的专业是存在的；另一方面，当删除一个专业的时候，数据库将报错，必须首先删除专业里的所有学生之后，才可以删除专业。因为一旦删除了专业，那么原先这个专业的学生就是无专业的，这是不合乎业务逻辑的。

一般使用关系数据库时（如数据库中有 A 表和 B 表），会存在三种关联关系，即一对多（多对一），多对多，一对一：

- 一对多（多对一）关系是最常见的一种关系。一对多和多对一是共存互逆的两种关系。在一对多（多对一）关系中，A 表中的一行可以匹配 B 表中的多行，但是 B 表中的一行只能匹配 A 表中的一行。例如，专业表 ZYB 和学生表 XSB 之间具有一对多关系：一个专业有很多学生，但是每个学生只能属于一个专业。一对多（多对一）关系可以通过在 XSB 表上建立外键实现。设置外键的表就是“多”方，例如一（ZYB）对多（XSB）关系。
- 多对多关系是一种复杂关系。在这种关系中，A 表中的一行可以匹配 B 表中的多行，反之亦然。要创建这种关系，需要定义第三个表，称为连接表，它的主键由 A 表和 B 表的外键组成。例如，学生表 XSB 和课程表 KCB 具有多对多关系，这是由于这些表都与连接表 XS_KCB 具有一对多关系。XS_KCB 表有双主键，即 XH 列（XSB 表的主键）和 KCH 列（KCB 表的主键）的组合。

● 一对一关系是比较特殊的一种关系。在这种关系中，A 表中的一行最多只能匹配 B 表中的一行，反之亦然。一对一关系其实是一对多（多对一）关系的特殊情况，即当“多”的一方变成“唯一”之后，就是一对一了。

传统使用 JDBC 模式实现多表数据查询时，需要采用面向字段的方式，编写复杂的 SQL 语句，并手动获取结果集的过程。这些复杂的 SQL 语句降低了程序的可维护性，不仅使得程序员难以将注意力集中在业务逻辑上，影响了工作进程，提升了项目的复杂度，还浪费了大量的时间。

Hibernate 框架的目标是帮助用户从数据持久化工作中解脱出来，使用户专注于更为困难的业务逻辑实现。Hibernate 框架采用面向对象检索策略，提供良好的查询方式，帮助程序员较好地解决 JDBC 中编写复杂 SQL 语句的问题。Hibernate 框架通过配置表的持久化类之间的引用关系，完成表之间关联关系的设置，避免冗长的 SQL 代码。

具体地，对于一个复杂的业务应用系统而言，后台数据库中的多个表之间通过多个外键关联，因此，表与表之间存在复杂的关联关系。Hibernate 框架把表抽象为实体类，多表之间复杂的关联关系，则按照一定规则转化为实体类之间的引用关系。Hibernate 框架针对这三种关联关系都做了对应的配置和处理。

10.6.1 一对多、多对一关联关系

第 10 章任务 7

下面给出一个“一对多”和“多对一”关联关系，即一个 room 对应多个 person。“一对多”和“多对一”是同时存在的，因此需要同时操作这两个关联关系，如图 10-5 所示。

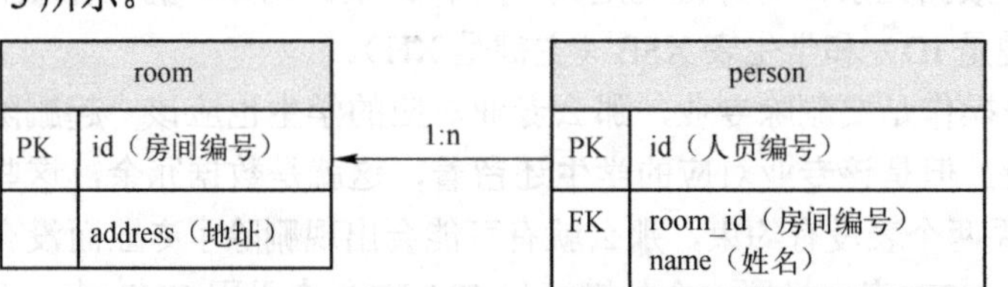

图 10-5 一对多（多对一）关联关系

Hibernate 中“一对多”和“多对一”操作很方便，如果系统采用 Hibernate 框架作为持久层，则完全可以把对应的“一对多”和“多对一”逻辑关系放在 Hibernate 配置文件里面控制，从而减少数据库的负担，且业务逻辑处理的条理更清晰。

在 Hibernate 框架中对这种一对多、多对一关联关系的处理，需要在映射文件中使用 <set>、<one-to-many>、<many-to-one>等标签实现。

1. 关系实体中“一”的配置

1）新建 HibernateTest 数据库，然后新建两张表，其中 id 都是自增字段，如图 10-6 所示。

图 10-6 表结构信息

2）新建 Java 工程，工程名 OneToManyTest。将 SSH 库包复制到工程中，并添加引用。

3）在主键表 room 的持久化类 Room 中定义关联外键表 person 的属性，即定义属性为 Set 类型的变量 persons（需要实例化，即有 new HashSet()），及其 Getter 和 Setter 函数，代码如下：

```
private Set persons = new HashSet();
public Set getPersons() {
        return this.persons;
}
public void setPersons(Set persons) {
        this.persons = persons;
}
```

4）在配置文件 Room.hmb.xml 中通过<set>元素来配置<one-to-many>，代码如下：

```
<set name="persons" cascade="all" lazy="false" inverse="true">
        <key>
                <column name="room_id" not-null="true"/>
        </key>
        <one-to-many class="org.model.Person"/>
</set>
```

<set>元素中的 3 个重要属性描述如下。

（1）cascade 属性

cascade 属性用于设置主控方和被控方之间的级联程度，取值如下。

- all：所有情况下均进行连锁操作。
- save-update：当保存或更新主控方对象时，级联保存或更新所有关联的被控方对象。
- delete：当删除主控方对象时，级联删除所有关联的被控方对象。
- none：如果没有指定 cascade 属性，则表示主控方操作不会级联到被控方的操作。

（2）lazy 属性

lazy 属性用于决定是否对外键表（“多”方）采用延迟加载策略，取值如下。

- true：默认取值，表示延迟加载。只有在需要获取外键表对象（“一”方）的集合属性时，才由程序员手工发出对外键表的查询，并将查询得到的记录集加载到外键表对象（“多”方）的集合属性中。
- false：取消延迟加载，采用非懒惰（no lazy）模式，即在加载主键表对象的同时，Hibernate 框架自动发出第二条查询语句，将查询得到的外键表记录集加载到“多”方的集合属性中。

（3）inverse 属性

inverse 属性用于决定关联关系的维护工作由谁来负责，取值如下：

- true：表示由“多”方控制关联的关系。
- false：表示由“一”方控制关联的关系。

📖 inverse 决定由谁负责将多方集合的改动情况反映到数据库中，所以 inverse 只对集合起作用，也就是只对 one-to-many 或 many-to-many 有效（因为只有这两种关联关系包含 Set 属性，而 one-to-one 和 many-to-one 只含有关系对方的一个引用）。

inverse 属性的设置建议如下：

● <one-to-many>中，建议 inverse="true"，由“多”方来进行关联关系的维护（这样可以由“多”方自己单独保存，不需要“一”方来负责保存）。
● <many-to-many>中，只设置其中一方 inverse="false"，或双方都不设置（这样可以由 2 个“多”方自己单独保存，且只插入到连接表中 1 次，不重复插入）。

2．关系实体中“多”的配置

1）在外键表 person 的持久化类 Person 中定义关联主键表 room 的属性，即定义属性为 Room 类型的变量 room（不需要实例化，即没有 new Room()），及其 Getter 和 Setter 函数，代码如下：

```
private Room room;
public Room getRoom() {
        return this.room;
}
public void setRoom(Room room) {
        this.room = room;
}
```

2）在配置文件 Person.hmb.xml 中通过<many-to-one>元素来配置 room 属性，代码如下：

```
<many-to-one name="room" class="org.model.Room" cascade="all" fetch="select">
        <column name="room_id" not-null="true"/>
</many-to-one>
```

<many-to-one>元素中的有一个重要属性 fetch，描述如下。

fetch 属性用于决定关联对象（即“多”方）抓取的方式，取值如下。

● select: 先查询“一”方对象，再根据关联外键 id，每一个“多”方对象发一个 select 查询，获取关联的多方对象，形成 1+N 次查询（N 是“多”方集合的长度）。
● join: “一”方对象和“多”方对象采用一次外键关联的 SQL 同时查询出来，不会形成多次查询。Hibernate 将使用 HQL 的左连接抓取（left join fetch）和使用外部关联（outer join），直接得到“一”方的关联数据（即“多”方对象集合）。

📖 fetch="select"是在查询的时候先查询出“一”方的实体 Room，然后再根据“一”方查询出“多”子方的实体 Person，将会产生 1+N 条 SQL 语句。fetch="join"是在查询的时候使用左外连接进行查询，不会产生 1+N 的现象。

3．四个属性的使用规则

1）cascade 属性。

既可以在“一”方的<setname="persons" cascade="all">中设置，表示对“一”方进行数据库操作的同时，也将对“多”方进行相同的级联操作。也可以在“多”方的<many-to-onename="room"cascade="all">中设置，表示对“多”方进行数据库操作的同时，也将对“一”方进行相同的级联操作。

2）lazy 属性。

只能在“一”方的<setname="persons" lazy="false">中设置，表示对外键表（“多”方）的数据加载策略（立即加载，还是延迟加载）。

3）inverse 属性。

只能在“一”方的<setname="persons" inverse="true">中设置，表示对外键表（“多”方）的

维护工作策略（由“一”方负责，还是由“多”方自己负责）。

4）fetch 属性。

只能在“多”方的<many-to-onename="room"fetch="select">中设置，表示对外键表（“多”方）的抓取策略（1+N 次逐条查询，还是一次左外连接查询）。

10.6.2　多对多关联关系

第 10 章任务 8

下面给出一个“多对多”关联关系，即多个 XSB 对应多个 KCB，它们之间的“多对多”关联是依靠连接表 XS_KCB 实现的。在 Hibernate 框架中对这种多对多关联关系的处理，需要在映射文件中使用<set>、<many-to-many>标签实现，如图 10-7 所示。

XSB

PK, FK	XH（学号）
	XM（姓名） XB（性别） CSSJ（出生时间） ZY_ID（专业ID） ZXF（总学分） BZ（备注） ZP（照片）

1:n →

XS KCB

PK PK	XH（学号） KCH（课程号）

← n:1

KCB

PK, FK	KCH（课程号）
	KCM（课程名） KXXQ（开学学期） XS（学时） XF（学分）

图 10-7　多对多关联

1．对学生主键表的持久化类和映射文件修改

1）在学生的持久化类 Student 中，定义 Set 类型课程 courses，代码如下：

```
private Set courses = new HashSet();
public Set getCourses() {
        return courses;
}
public void setCourses(Set courses) {
        this.courses = courses;
}
```

2）在配置文件 Student.hmb.xml 中，通过<set>元素来配置多对多关系<many-to-many>元素来描述 courses 属性，代码如下：

```
<set name="courses"table="stu_cour"cascade="all" lazy="true">
        <key column="sid"/>
        <many-to-many class="org.model.Course" column="cid"/>
</set>
```

<set>元素中的三个重要属性描述如下。

- table 属性：当前 Set 集合 courses 所对应的表结构，即连接表 stu_cour。由于该表 stu_cour 中 sid 和 cid 分别是 student 和 course 这两个表的外键，因此是双外键表。
- <keycolumn="sid"/>元素：主控方在外键表 stu_cour 中的外键列 sid（主控方是 student 表，主键是 sid）。
- <many-to-manyclass="org.model.Course" column="cid"/>元素：描述被控方的类名 org.model. Course，以及被控方在外键表 stu_cour 中的外键列 cid（被控方是 course 表，主键是 cid）。

2．对课程主键表的持久化类和映射文件修改

1）在课程的持久化类 Course 中，定义 Set 类型学生 stus，代码如下：

```
private Set stus = new HashSet();
public Set getStus() {
        return stus;
}
public void setStus(Set stus) {
        this.stus = stus;
}
```

2）在配置文件 Course.hmb.xml 中，通过<set>元素来配置多对多关系<many-to-many>元素来描述 stus 属性，代码如下：

```
<set name="stus" table="stu_cour"cascade="all" lazy="true">
        <key column="cid"/>
        <many-to-many class="org.model.Student" column="sid"/>
</set>
```

<set>元素中的三个重要属性描述如下。

- table 属性：当前 Set 集合 stus 所对应的表结构，即连接表 stu_cour。由于该表 stu_cour 中 sid 和 cid 分别是 student 和 course 这两个表的外键，因此是双外键表。
- <key column="cid"/>元素：主控方在外键表 stu_cour 中的外键列 cid（主控方是 course 表，主键是 cid）。
- <many-to-manyclass="org.model.Student" column="sid"/>元素：描述被控方的类名 org.model.Student，以及被控方在外键表 stu_cour 中的外键列 sid（被控方是 student 表，主键是 sid）。

10.6.3　一对一关联关系

第 10 章任务 9

人和身份证之间就是典型的"一对一"关联关系。实现"一对一"关联关系映射的方式有两种：一种是基于主键，一种是基于外键。

1．基于主键的一对一的关系映射

下面给出一个基于主键的"一对一"的关系映射，即一个 person 对应一个 idcard，且它们的 id 字段相同。基于主键的"一对一"中，要求一张表（person）作为主键表，另一张表（idcard）作为特殊外键表（idcard 表中的 id 字段，既是 idcard 表的主键，也是外键，即身份证号码就是 person 表中的 id 号），从而实现一个身份证码只能对应一个人，如图 10-8 所示。

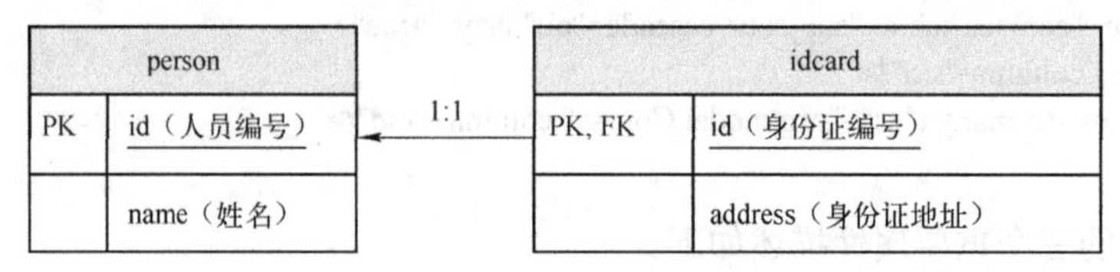

图 10-8　基于主键的一对一的关系映射

1）在主键表人员的持久化类 Person 中，定义身份证对象 Idcard，代码如下：

```
private Idcard idcard;
public Idcard getIdcard() {
        return idcard;
}
public void setIdcard(Idcard idcard) {
```

```
        this.idcard = idcard;
    }
```

2）在配置文件 Person.hmb.xml 中，通过<one-to-one>元素来描述 idcard 属性：

```
<one-to-one name="idcard" class="org.model.Idcard" cascade="all"></one-to-one>
```

3）在外键表身份证的持久化类 Idcard 中，定义人员对象 Person，代码如下：

```
private Person person;
public Person getPerson() {
    return person;
}
public void setPerson(Person person) {
    this.person = person;
}
```

4）在配置文件 Idcard.hmb.xml 中，通过<one-to-one>元素来描述 person 属性：

```
<one-to-one name="person" class="org.model.Person" constrained="true"></one-to-one>
```

<one-to-one>元素中的重要属性 constrained：用于表明是否通过一个外键引用对主键进行约束，取值如下：

- true：表示需要进行外键引用约束。
- false：表示不需要进行外键引用约束。

📖 constrained 属性将影响主键表和外键表在执行 save 和 delete 操作时的先后顺序。

例如，增加数据时，如果 constainted=true，则会先增加关联表 person（主键表），然后增加本表 idcard（外键表）。删除的时候反之。

本例中，constrained 属性表明当前表的主键上存在一个外键约束，即本表 idcard 的主键是关联表 person 的主键。

5）在配置文件 Idcard.hmb.xml 中，修改主键<id>元素，代码如下：

```
<id name="id" column="id">
    <generator class="foreign">
        <!-- 指定引用关联实体的属性名 -->
        <param name="property">person</param>
    </generator>
</id>
```

📖 <generator class="foreign">元素指定主键的生成策略为外键 foreign。<param>元素中的 person 就是指<one-to-one>元素描述的 person 属性。

2．基于外键的一对一的关系映射

下面给出一个基于外键的“一对一”的关系映射，即一个 person 对应一个 idcard，且它们的 id 字段不相同，如图 10-9 所示。基于外键的“一对一”中，外键可以存放在任意一边，并在外键端增加<many-to-one>元素。可以设置双向一对一，也可以设置单向一对一。下面我们以双向一对一为例。

假设将一张表（person）作为主键表，另一张表（idcard）作为外键表，单独有一个字段 person_id 作为外键，即 person_id 的值要引用 person 表中的 id。“单向一对一”表示只有主键方端可以知道外键方端（即 Person 类中有 idcard 属性，但 Idcard 类中没有 person 属性），Person 称为主控端，Idcard 称为被控端。

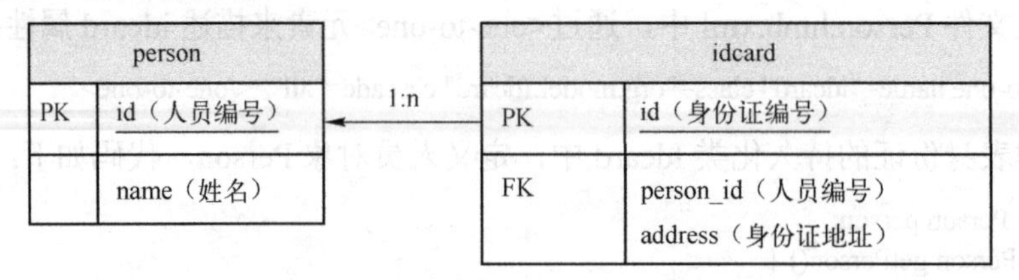

图 10-9　基于外键的一对一的关系映射

1）先操作外键表 idcard：在身份证的持久化类 Idcard 中，定义人员对象 Person，代码如下：

```
private Person person;
public Person getPerson() {
    return person;
}
public void setPerson(Person person) {
    this.person = person;
}
```

2）在配置文件 Idcard.hbm.xml 中，通过<many-to-one>元素来描述 person 属性，代码如下：

```
<many-to-one name="person" class="org.model.Person"unique="true" >
        <column name="person_id"></column>
</many-to-one>
```

<many-to-one>元素中的重要属性 unique 用于表示唯一性约束，多对一中的“多”方是唯一的，从而将多对一关系转化为一对多关系。

3）操作主键表 person：在人员的持久化类 Person 中，定义身份证对象 Idcard，代码如下：

```
private Idcard idcard;
public Idcard getIdcard() {
    return idcard;
}
public void setIdcard(Idcard idcard) {
    this.idcard = idcard;
}
```

4）在配置文件 Person.hmb.xml 中，通过<one-to-one>元素来描述 idcard 属性，代码如下：

```
<one-to-one name="idcard" class="org.model.Idcard " property-ref="person">
</one-to-one>
```

< one-to-one>元素中的重要属性 property-ref 用于指定引用关联类的属性，此属性和本类的主键相对应，默认值为关联类的外键属性。

本例中，property-ref="person"，该 person 值就是定义在关联方 Idcard.hbm.xml 中的<many-to-one name="person">，也就是 Idcard 类中的 person 属性名。

10.6.4　多表联接关系

SQL 数据库中的多表之间存在四种联接关系，分别是：内联接、左外联接、右外联接和完全外联接。联接条件可在 FROM 或 WHERE 子句中指定，一般在 FROM 子句中设定联接条件。此外，WHERE 和 HAVING 子句也可以包含搜索条件，以进一步筛选联接条件所选的行。

1. 内联接

内联接是一种典型的联接运算，需要使用比较运算符（如=、<、>等），根据每个表共有的列的值匹配两个表中的行，内联接包括相等联接和自然联接。

与内联接对应，存在外联接。外联接可以是左外联接、右外联接和完全外联接。在 FROM 子句中指定外联接时，可以从下面三种方式中选择。

2. 左外联接（LEFT JOIN 或 LEFT OUTER JOIN）

左外联接的结果集包括 LEFT OUTER 子句中指定的左表的所有行，而不仅仅是联接列所匹配的行。如果左表的某行在右表中没有匹配行，则在相关联的结果集行中右表的所有选择列表列均为空值。

3. 右外联接（RIGHT JOIN 或 RIGHT OUTER JOIN）

右外联接是左外联接的反向联接。将返回右表的所有行。如果右表的某行在左表中没有匹配行，则将为左表返回空值。

4. 完全外联接（FULL JOIN 或 FULL OUTER JOIN）

完全外联接返回左表和右表中的所有行。当某行在另一个表中没有匹配行时，则另一个表的选择列表列包含空值。如果表之间有匹配行，则整个结果集行包含基表的数据值。

对于上述 4 种联接，需要注意 FROM 子句中的多表之间的顺序：

- 内联接或完全外联接可以按任意顺序指定。
- 左外联接或右外联接中，表的顺序很重要，不能按任意顺序指定（因为第一张表将外联接第二张表）。

下面将对上述 4 种联接类型进行验证。

在 xsxkFZL 数据库中，删除 XSB 表中的外键，添加 XSB 和 ZYB 表记录。

1）XSB 表，如图 10-10 所示。

SKY-20160123UKM.xsxkFZL - dbo.XSB

XH	XM	XB	CSSJ	ZY_ID	ZXF	BZ	ZP
20160101	苏小明	True	1987-01-01 00:...	1	180	班长	NULL
20160102	程笑鸥	False	1988-03-02 00:...	2	180	团支书	NULL
20160103	苏炳文	True	1990-01-03 00:...	1	180	课代表	NULL
20160104	张明	False	1991-06-09 00:...	3	180	未选专业	NULL

图 10-10 XSB 表记录

2）ZYB 表，如图 10-11 所示。

SKY-20160123UKM.xsxkFZL - dbo.ZYB

ID	ZYM	RS	FDY
1	软件工程	70	张磬
2	通信工程	70	于浩
5	电子工程	80	裘亮

图 10-11 ZYB 表记录

📖 必须删除 XSB 表中的外键约束，否则不能添加下面一些违规记录。XSB 表中的最后一条记录是 ZY_ID=3，但在 ZYB 表中 ID=3 的记录是不存在的。ZYB 表中的最后一条记录是 ID=5，但在 XSB 表中 ZY_ID=5 的记录是不存在的。

（1）测试 1：内联接测试

SQL 语句为：

```
SELECT   a.*,   b.*   FROM   [xsxkFZL].[dbo].[XSB]   a
INNER JOIN        [xsxkFZL].[dbo].[ZYB]   b
ON                a.ZY_ID= b.ID
```

结果如图 10-12 所示。

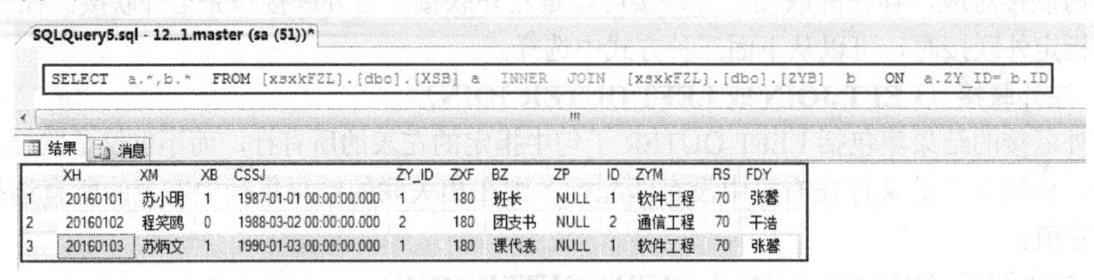

SQLQuery5.sql - 12...1.master (sa (51))*

```
SELECT  a.*,b.*  FROM [xsxkFZL].[dbo].[XSB] a  INNER  JOIN  [xsxkFZL].[dbo].[ZYB]  b   ON  a.ZY_ID= b.ID
```

结果 | 消息

	XH	XM	XB	CSSJ	ZY_ID	ZXF	BZ	ZP	ID	ZYM	RS	FDY
1	20160101	苏小明	1	1987-01-01 00:00:00.000	1	180	班长	NULL	1	软件工程	70	张馨
2	20160102	程笑鸥	0	1988-03-02 00:00:00.000	2	180	团支书	NULL	2	通信工程	70	干浩
3	20160103	苏炳文	1	1990-01-03 00:00:00.000	1	180	课代表	NULL	1	软件工程	70	张馨

图 10-12　内联接结果

可以看到，结果集有 3 条，且满足 a.ZY_ID=b.ID。

（2）测试 2：左外联接测试

SQL 语句为：

```
SELECT   a.*,   b.* FROM[xsxkFZL].[dbo].[XSB] a
LEFT JOIN         [xsxkFZL].[dbo].[ZYB]   b
ON                a.ZY_ID= b.ID
```

结果如图 10-13 所示。

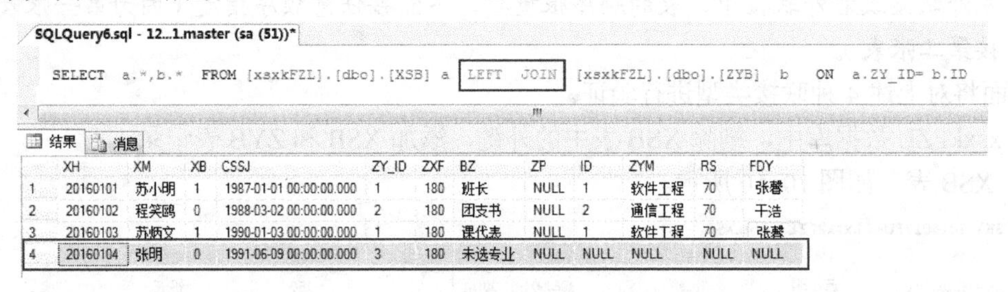

SQLQuery6.sql - 12...1.master (sa (51))*

```
SELECT  a.*,b.*  FROM [xsxkFZL].[dbo].[XSB] a  LEFT  JOIN  [xsxkFZL].[dbo].[ZYB]  b   ON  a.ZY_ID= b.ID
```

结果 | 消息

	XH	XM	XB	CSSJ	ZY_ID	ZXF	BZ	ZP	ID	ZYM	RS	FDY
1	20160101	苏小明	1	1987-01-01 00:00:00.000	1	180	班长	NULL	1	软件工程	70	张馨
2	20160102	程笑鸥	0	1988-03-02 00:00:00.000	2	180	团支书	NULL	2	通信工程	70	干浩
3	20160103	苏炳文	1	1990-01-03 00:00:00.000	1	180	课代表	NULL	1	软件工程	70	张馨
4	20160104	张明	0	1991-06-09 00:00:00.000	3	180	未选专业	NULL	NULL	NULL	NULL	NULL

图 10-13　左外联接结果

可以看到，结果集有 4 条，最后一条记录虽然是 ZY_ID=3，但 ZYB 表的 ID 为 null，因为 ZYB 表中不存在 ID=3 的记录，因此是一条违规记录（即不满足 a.ZY_ID=b.ID）。

（3）测试 3：右外联接测试

SQL 语句为：

```
SELECT   a.*,   b.*   FROM   [xsxkFZL].[dbo].[XSB]   a
RIGHT JOIN        [xsxkFZL].[dbo].[ZYB]   b
ON                a.ZY_ID= b.ID
```

结果如图 10-14 所示。

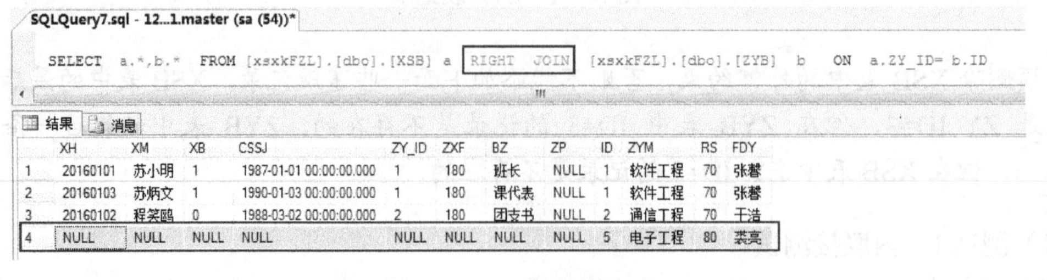

SQLQuery7.sql - 12...1.master (sa (54))*

```
SELECT  a.*,b.*  FROM [xsxkFZL].[dbo].[XSB] a  RIGHT  JOIN  [xsxkFZL].[dbo].[ZYB]  b   ON  a.ZY_ID= b.ID
```

结果 | 消息

	XH	XM	XB	CSSJ	ZY_ID	ZXF	BZ	ZP	ID	ZYM	RS	FDY
1	20160101	苏小明	1	1987-01-01 00:00:00.000	1	180	班长	NULL	1	软件工程	70	张馨
2	20160103	苏炳文	1	1990-01-03 00:00:00.000	1	180	课代表	NULL	1	软件工程	70	张馨
3	20160102	程笑鸥	0	1988-03-02 00:00:00.000	2	180	团支书	NULL	2	通信工程	70	干浩
4	NULL	NULL	NULL	NULL	NULL	NULL	NULL	NULL	5	电子工程	80	裘亮

图 10-14　右外联接结果

可以看到，结果集有 4 条，最后一条记录虽然是 ZYB 表的 ID=5，但 ZY_ID 为 null，因为 XSB 表中不存在 ZY_ID=5 的记录，因此是一条违规记录（即不满足 a.ZY_ID=b.ID）。

（4）测试 4：完全外联接测试

SQL 语句为：

```
SELECT    a.*,    b.*    FROM    [xsxkFZL].[dbo].[XSB]    a
FULL JOIN         [xsxkFZL].[dbo].[ZYB]    b
ON                a.ZY_ID= b.ID
```

结果如图 10-15 所示。

SQLQuery7.sql - 12...1.master (sa (54))*

```
SELECT  a.*,b.*  FROM [xsxkFZL].[dbo].[XSB] a  FULL  JOIN  [xsxkFZL].[dbo].[ZYB]  b  ON  a.ZY_ID= b.ID
```

结果 消息

	XH	XM	XB	CSSJ	ZY_ID	ZXF	BZ	ZP	ID	ZYM	RS	FDY
1	20160101	苏小明	1	1987-01-01 00:00:00.000	1	180	班长	NULL	1	软件工程	70	张磬
2	20160102	程笑鸥	0	1988-03-02 00:00:00.000	2	180	团支书	NULL	2	通信工程	70	于浩
3	20160103	苏炳文	1	1990-01-03 00:00:00.000	1	180	课代表	NULL	1	软件工程	70	张磬
4	20160104	张明	0	1991-06-09 00:00:00.000	3	180	未选专业	NULL	NULL	NULL	NULL	NULL
5	NULL	NULL	NULL	NULL	NULL	NULL	NULL	NULL	5	电子工程	80	裘亮

图 10-15　完全外联接结果

可以看到，结果集有 5 条，最后 2 条记录是左外联接和右外联接所产生的违规记录行。

10.7　数据检索策略

第 10 章任务 10

Hibernate 框架使用面向对象检索策略，将数据表字段映射到持久化类的属性后，进行检索。Hibernate 的数据检索策略包含立即检索、延迟检索、预先抓取检索和批量加载检索四种。

各种检索策略的设置在映射文件中配置完成的，Hibernate 框架会根据用户的配置信息采用相关策略进行数据检索。

- 立即检索：立即检索的时候需要在配置文件添加属性 lazy="false"。当 Hibernate 在从数据库中取得字段值组装好一个对象后，会立即再组装此对象所关联的对象，如果这个对象还有关联对象（即外键表关联对象的数组），再组装这个关联对象。
- 延迟加载：属性 lazy="true"，当组装完一个对象后，不立即组装和它关联的对象。
- 预先抓取：属性 fetch="join"。和立即检索相比，预先抓取可以减少 SQL 语句的条数。
- 批量加载：批量加载总是和立即加载或者延迟加载联系在一起的，分别为批量立即加载和批量延迟加载。

1．立即检索

以专业表 ZYB 和学生表 XSB 为例，ZYB 和 XSB 是一对多关系。立即检索的配置文件标识符为 lazy="false"，立即检索非常适合下面两种对象：

- 一对一关联对象。
- 多对一关联对象。

由于这些被关联的对象是“一”方，适合立即检索。例如，可以在 Xsb.hbm.xml 中配置 zyb 属性的 lazy="false"。

一对多关联对象一般不设为立即检索。例如，当取得专业对象时，如果使用立即检索，就会把专业中所有学生对象组装起来，然后放入 Set 集合 xss 中，容易增加数据访问的开销。

2．延迟检索

采用延迟检索策略，就不会加载关联对象的内容。直到第一次调用关联对象时，才去加载关联对象。这种策略的优点在于，由程序决定加载哪些类和内容，而不必全部都加载，避免了内存的大量占用和数据库的频繁访问。

3．预先抓取

预先抓取是指 Hibernate 通过 select 语句，使用 outer join（外联接，一般是左外联接 left outer join）来获得对象的关联实例或者关联集合。属性 fetch="join"（注意，早期 Hibernate 2.x 版本：outer-join="true"，Hibernate 3.x 版本：fetch="join"）。

在集合属性的映射元素上可以添加 fetch 属性，它有两个可选值。

- select：作为默认值，它的策略是当需要使用所关联集合的数据时，另外单独发送 select 语句抓取当前对象的关联集合。
- join：在同一条 select 语句使用外连接来获得对方的关联集合。

📖 当 fetch 为 join 时，执行左外联接，类级别 Zyb 加载时，关联级别 Xsb 也将被加载。

4．批量检索

批量加载总是和立即或延迟加载联系在一起，分为批量立即加载和批量延迟加载。主要是控制发送 SQL 语句的条数，实现较少的资源消耗。

在 Session 缓存中存放的是相互关联的对象图，当 Hibernate 从数据库中加载对象时，有时需加载关联的对象，有时无需加载关联对象。例如加载专业 Zyb 对象的同时加载所有关联的学生对象，而暂时又用不到这些学生对象，会浪费大量的内存资源。如果加载专业 Zyb 对象时想获取所有学生的信息，就需要加载关联学生对象。

为了解决以上问题，Hibernate 提供了两种检索策略：

- 延迟检索策略：能避免多余加载应用程序不需要访问的关联对象
- 迫切左外联接检索策略：充分利用了 SQL 的外联接查询功能，能够减少 select 语句的数目。

Hibernate 中级别检索策略包括如下两种：

- 类级别检索策略：对专业 Zyb 对象是采用立即检索还是延迟检索？
- 关联级别检索策略：对与专业 Zyb 对象关联的学生 Xsb 对象，即 Xsb 的 Xss 集合是采用立即检索、延迟检索或者是迫切左外联接检索。

表 10-2 列出了类级别和关联级别可选的检索策略，以及默认的检索策略。表 10-3 列出了这三种检索策略的运行机制。表 10-4 列出了映射文件中用于设定检索策略的几个属性。

表 10-2　类级别和关联级别可选的检索策略

检索策略的作用域	可选的检索策略	默认的检索策略
类级别（Class 类自身的属性）	立即检索、延迟检索	立即检索
关联级别（Class 类的外键关联属性）	立即检索、延迟检索、迫切左外联接检索	延迟检索

从表 10-2 看出，在类级别，可选的检索策略包括立即检索和延迟检索。在关联级别中，可选的检索策略包括立即检索、延迟检索和迫切左外联接检索。

表 10-3　检索策略的运行机制

检索策略的类型	类级别	关联级别
立即检索	适用	立即加载关联的对象，可以设定批量检索数量
延迟检索	适用	延迟加载关联对象，可以设定批量检索数量
迫切左外联接检索	不适用	通过左外联接加载关联的对象

从表 10-3 看出，Hibernate 允许在对象-关系映射文件中配置检索策略。

表 10-4　检索策略的属性

属性	可选值	描述
lazy	true 或 false	如果为 ture，表示使用延迟检索策略。在<class>和<set>元素中包含此属性
fetch	select、join	如果为 join，表示使用迫切左外联接检索策略。在<many-to-one><one-to-one>元素中包含此属性
batch-size	正整数	设定批量检索的数量。如果设定此项，合理的取值在 3～10 之间。仅适用于关联级别的立即检索和延迟检索。在<class>和<set>元素中包含此属性

从表 10-4 看出，Hibernate 允许在对象-关系映射文件中选择合适的检索策略。

10.8　思考与练习

操作题

1）设计一对多、多对一案例中的立即检索、延迟检索策略。

2）设计多对多、多对一的预先抓取、批量检索策略。

第 11 章　Hibernate 基础案例

本章讲解两个 Hibernate 应用基础案例，应用案例 1 是课程表的 Hibernate 访问，应用案例 2 是改造学生表的 JDBC 访问为 Hibernate 访问。

11.1　应用案例 1：课程表的 Hibernate 访问

第 11 章任务 1

11.1.1　工程框架搭建

1．新建 Web 工程

新建 Web 工程，设置工程名为“HibernateTest”，选择 Java EE 版本为“JavaEE 5”，如图 11-1 所示。

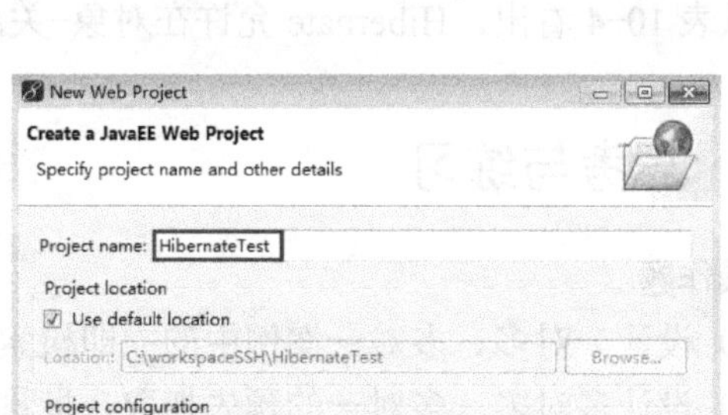

图 11-1　新建 Web 工程

2．复制 SQL Server 的 JDBC 驱动 jar 包到工程中，并添加引用

将 SQL Server 的 JDBC 驱动 jar 包 sqljdbc4.jar 粘贴到 WebRoot→WEB-INF→lib 目录下，将自动生成 Web App Libraries 引用。打开 sqljdbc4.jar 中的 com.microsoft.sqlserver.jdbc 包详细查看，可以看到数据库访问的核心类：com.microsoft.sqlserver.jdbc.SQLServerDriver，如图 11-2 所示。

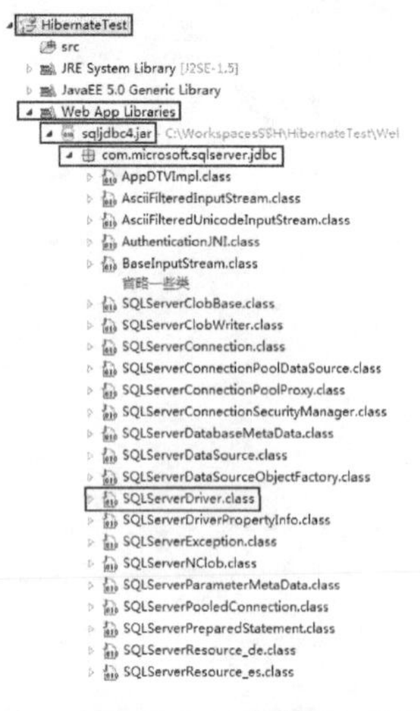

图 11-2　sqljdbc4.jar 中的核心类引用

📖 只有 Web App Libraries 中引用的 jar 包，才会被 MyEclipse 上传到 Tomcat 的部署工程中。

3. 新建数据库连接 dblink

打开 DB Browser 视图，然后新建一个连接，选择 Microsoft SQL Server 2005 模板，修改 Connection URL，单击 Add JARs 按钮，选择 Mircosoft SQL Server 的 JDBC 驱动连接 jar 包所在的位置，如图 11-3 所示。

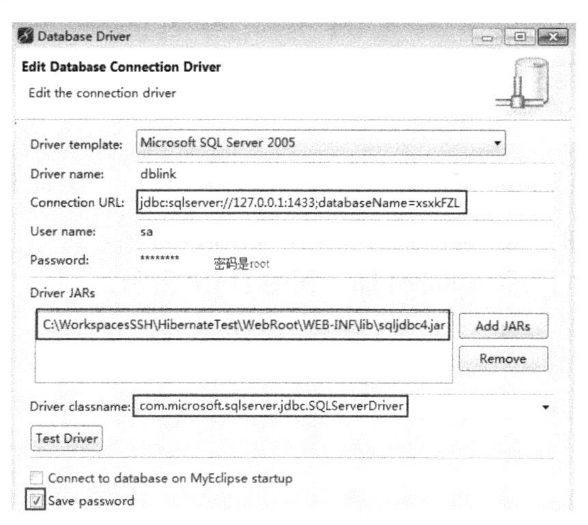

图 11-3　新建数据库连接 dblink

4. 添加 Hibernate 支持

单击 Project Facets[Capabilities]→Install Hibernate Facet，如图 11-4 所示。

选择 Hibernate 的版本为 3.2，如图 11-5 所示。

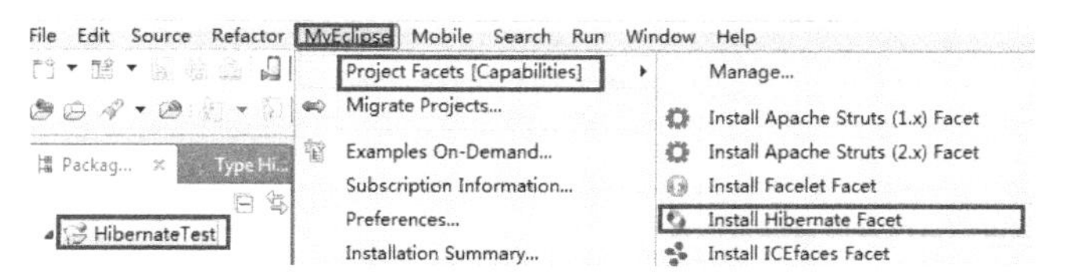

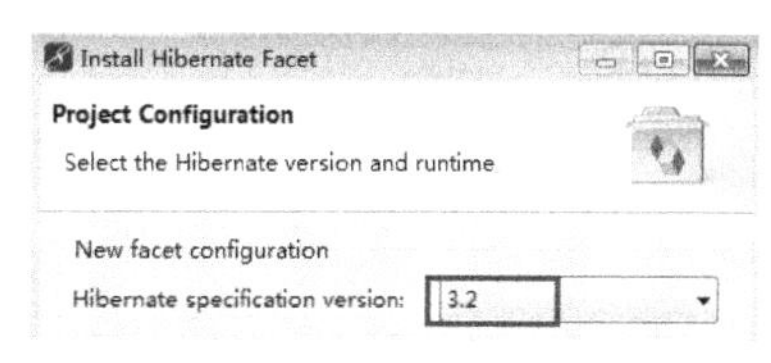

图 11-4　添加 Hibernate 功能支持　　　　图 11-5　选择 Hibernate 的版本

选择“Java package”边的 New 按钮，新建一个包 org.util，如图 11-6 所示。

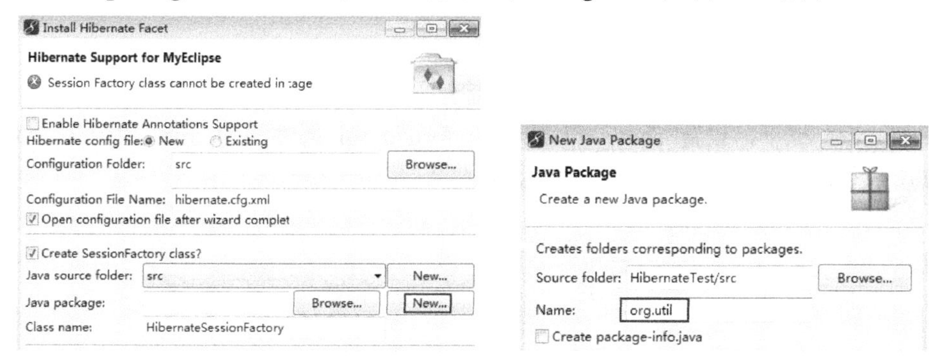

图 11-6　新建包 org.util

可以看到新的包名 org.util，在该包下将自动新建 HibernateSessionFactory 类，如图 11-7 所示。

选择刚才建好的 dblink，如图 11-8 所示。

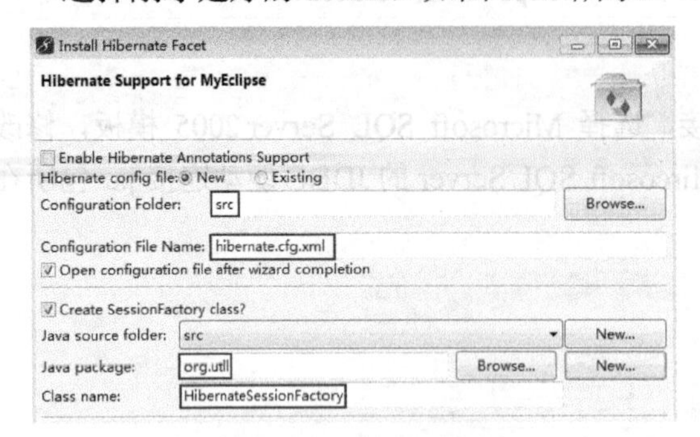

图 11-7　配置最终界面

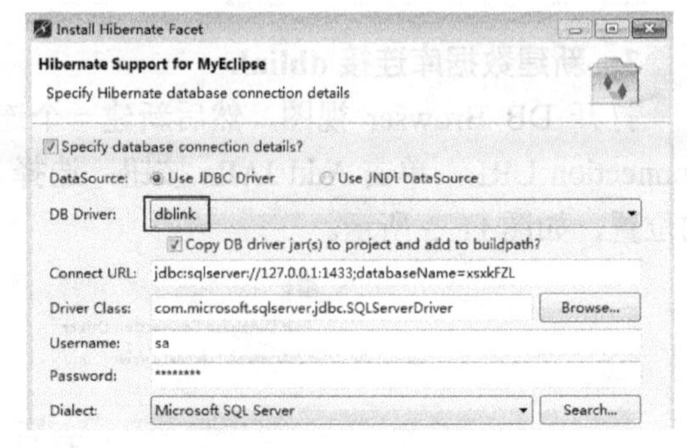

图 11-8　选择 dblink

选择 MyEclipse 自带的 Hibernate 3.2.7 库包，如图 11-9 所示。

不要选择 MyEclipse 自带的 sqljdbc4.jar，如图 11-10 所示。

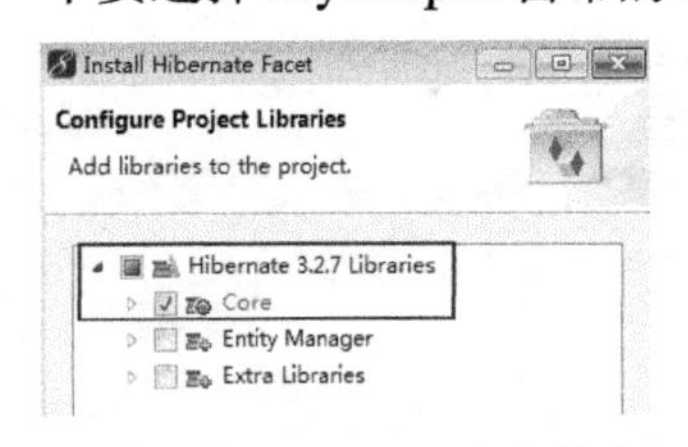

图 11-9　选择 MyEclipse 自带的库包

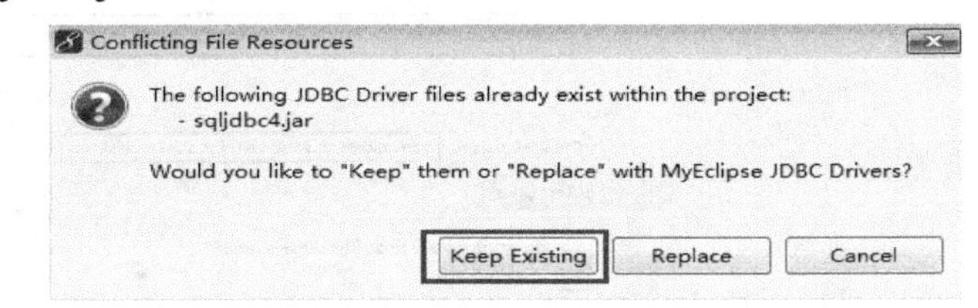

图 11-10　不选择 MyEclipse 自带的 sqljdbc4.jar

此时，工程中将会有两个地方发生变化：

1）生成 hibernate.cfg.xml 文件，如图 11-11 所示。

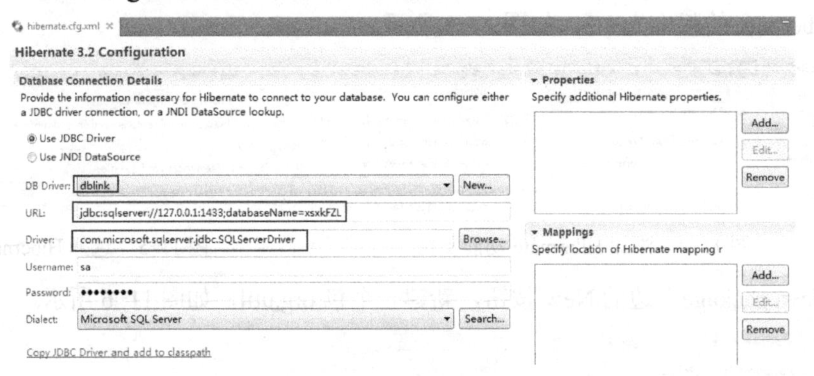

图 11-1　生成 hibernate.cfg.xml 文件

在 Properties 框下，设置 show_sql 属性和 format_sql 属性都为 true，用于在控制台显示 Hibernate 所执行的 SQL 语句，如图 11-12 所示。

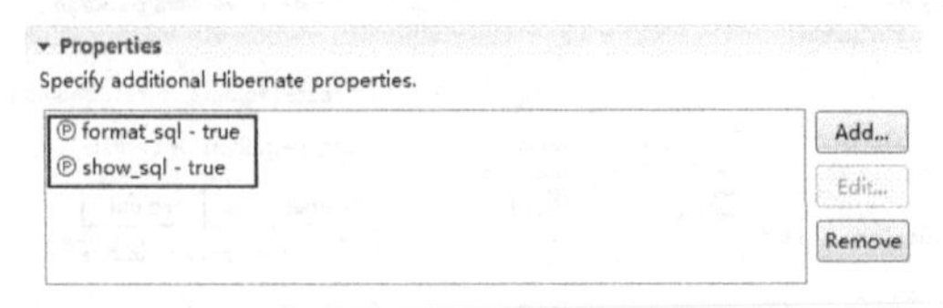

图 11-12　设置 show_sql 属性和 format_sql 属性

在 hibernate.cfg.xml 文件中，包含了数据库连接的配置信息，如 url、driver_class、username、password、show_sql 和 format_sql（用波浪线说明）等，代码如下：

```
<?xml version='1.0' encoding='UTF-8'?>
<!DOCTYPE hibernate-configuration PUBLIC"-//Hibernate/Hibernate Configuration DTD 3.0//EN"
"http://hibernate.sourceforge.net/hibernate-configuration-3.0.dtd">
<hibernate-configuration>
    <session-factory>
        <property name="dialect">org.hibernate.dialect.SQLServerDialect</property>
        <property name="connection.url">
                jdbc:sqlserver://127.0.0.1:1433;databaseName=xsxkFZL
    </property>
        <property name="connection.username">sa</property>
        <property name="connection.password">zhijiang</property>
        <property name="connection.driver_class">
            com.microsoft.sqlserver.jdbc.SQLServerDriver
        </property>
        <property name="myeclipse.connection.profile">dblink</property>
        <property name="show_sql">true</property>
        <property name="format_sql">true</property>
    </session-factory>
</hibernate-configuration>
```

2）生成 HibernateSessionFactory 类，代码如下：

```
package org.util;
import org.hibernate.HibernateException;
import org.hibernate.Session;
import org.hibernate.cfg.Configuration;
public class HibernateSessionFactory {
    private static final ThreadLocal<Session> threadLocal = new ThreadLocal<Session>();
    private static org.hibernate.SessionFactory sessionFactory;
    private static Configuration configuration = new Configuration();
    private static String CONFIG_FILE_LOCATION = "/hibernate.cfg.xml";
    private static String configFile = CONFIG_FILE_LOCATION;
     static {
        try {
            configuration.configure(configFile);
            sessionFactory = configuration.buildSessionFactory();
        } catch (Exception e) {
            System.err.println("%%%% Error Creating SessionFactory %%%%");
            e.printStackTrace();
        }
    }
    private HibernateSessionFactory() {
    }
    public static Session getSession() throws HibernateException {
        Session session = (Session) threadLocal.get();
        if (session == null || !session.isOpen()) {
            if (sessionFactory == null) {
                rebuildSessionFactory();
            }
            session = (sessionFactory != null) ? sessionFactory.openSession()
                    : null;
            threadLocal.set(session);
        }
        return session;
    }
```

```
    public static void rebuildSessionFactory() {
        try {
            configuration.configure(configFile);
            sessionFactory = configuration.buildSessionFactory();
        } catch (Exception e) {
            System.err.println("%%%% Error Creating SessionFactory %%%%");
            e.printStackTrace();
        }
    }
    public static void closeSession() throws HibernateException {
        Session session = (Session) threadLocal.get();
        threadLocal.set(null);
        if (session != null) {
            session.close();
        }
    }
    public static org.hibernate.SessionFactory getSessionFactory() {
        return sessionFactory;
    }
    public static void setConfigFile(String configFile) {
        HibernateSessionFactory.configFile = configFile;
        sessionFactory = null;
    }
    public static Configuration getConfiguration() {
        return configuration;
    }
}
```

🕮 HibernateSessionFactory 类是自动生成的，且不需要修改，只要在后面的工程中直接引用就可以。HibernateSessionFactory 类将提供 Hibernate 后台底层数据库操作的封装。

11.1.2 实体类创建

第 11 章任务 2

1. 对 KCB 表进行反向工程

在 DB Browser 中，打开 dblink，找到 xsxkFZL 数据库，右键单击 KCB 表，选择“Hibernate Reverse Engineering”，如图 11-13 所示。

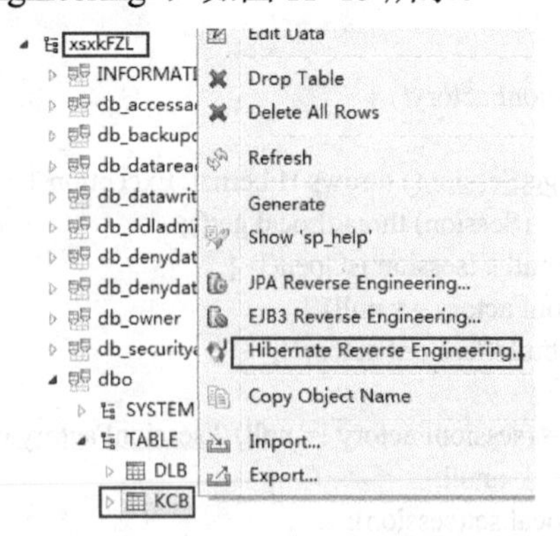

图 11-13 对 KCB 表进行反向工程

单击“Browse...”按钮，选择 src 目录，如图 11-14 和图 11-15 所示。

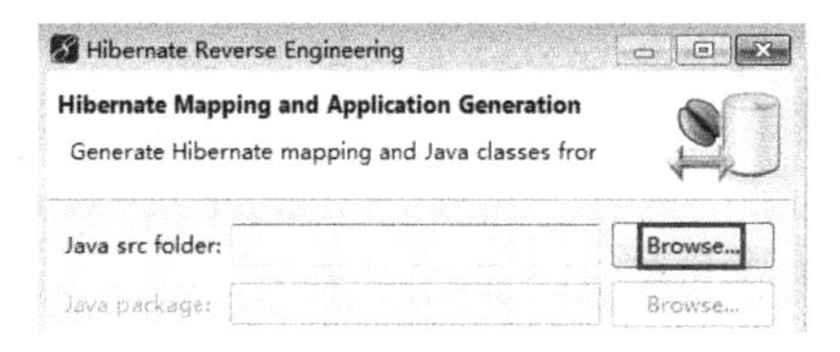

图 11-14　单击“Browse…”按钮

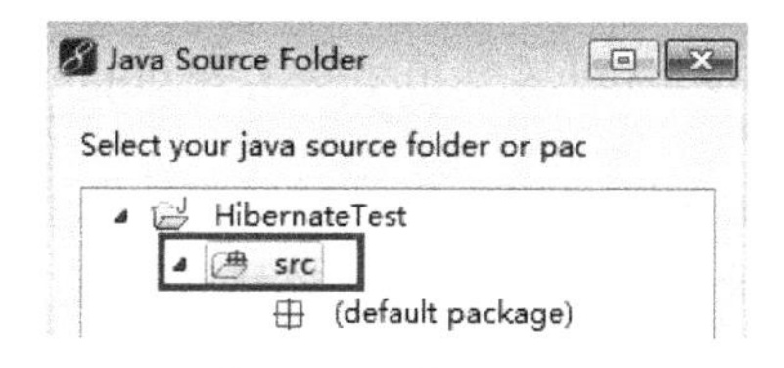

图 11-15　选择 src 目录

输入 POJO 对象存放的包名，如图 11-16 所示。

由于 KCB 表的主键不是自增的，即程序员手工给值的，所以选择 Id 生成方式（Id Generator）为 assigned，如图 11-17 所示。

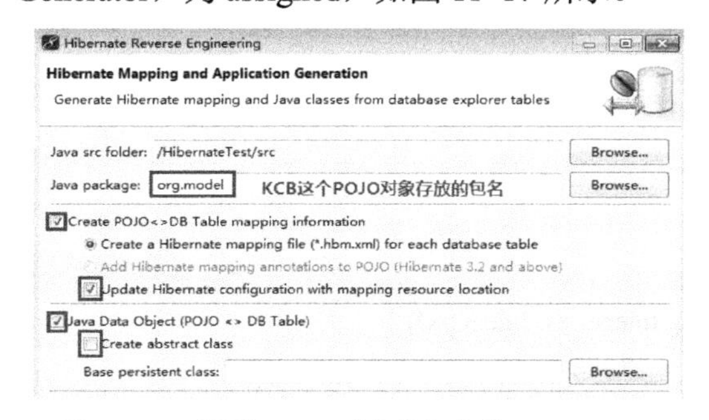

图 11-16　设置 POJO 对象的包名为 org.model

图 11-17　Id 生成方式（Id Generator）为 assigned

此时，工程中将会有 3 个地方发生变化：

1）修改了 hibernate.cfg.xml 文件，代码如下：

```
<?xml version='1.0' encoding='UTF-8'?>
<!DOCTYPE hibernate-configuration PUBLIC
"-//Hibernate/Hibernate Configuration DTD 3.0//EN"
"http://hibernate.sourceforge.net/hibernate-configuration-3.0.dtd">
<hibernate-configuration>
        <session-factory>
                <property name="dialect">
                        org.hibernate.dialect.SQLServerDialect
                </property>
                <property name="connection.url">
                        jdbc:sqlserver://127.0.0.1:1433;databaseName=xsxkFZL
                </property>
                <property name="connection.username">sa</property>
                <property name="connection.password">zhijiang</property>
                <property name="connection.driver_class">
                        com.microsoft.sqlserver.jdbc.SQLServerDriver
                </property>
                <property name="myeclipse.connection.profile">dblink</property>
                        <property name="show_sql">true</property>
                        <property name="format_sql">true</property>
                <mapping resource="org/model/Kcb.hbm.xml" />
        </session-factory>
</hibernate-configuration>
```

📖 反向工程后，MyEclipse 自动添加了<mapping resource="org/model/Kcb.hbm.xml" />，如果 MyEclipse 没有添加，需要程序员手工加入。如果不加入该行，运行工程将报错。

📖 Kcb.hbm.xml 文件用于建立类 org.model.Kcb 和表 KCB 之间的映射关系。

Tomcat 启动 Web 工程时，将读取 hibernate.cfg.xml 的内容。当读到<mapping resource="org/model/Kcb.hbm.xml" />时，将建立数据库表 KCB 和内存对象 Kcb 的映射关系。

2）增加了 org.model.Kcb 类，该类中的所有属性都是 KCB 表中的列名，代码如下：

```
package org.model;
public class Kcb implements java.io.Serializable {
    private String kch;
    private String kcm;
    private Short kxxq;
    private Integer xs;
    private Integer xf;
    public Kcb() {
    }
    public Kcb(String kch) {
        this.kch = kch;
    }
    public Kcb(String kch, String kcm, Short kxxq, Integer xs, Integer xf) {
        this.kch = kch;
        this.kcm = kcm;
        this.kxxq = kxxq;
        this.xs = xs;
        this.xf = xf;
    }
    public String getKch() {
        return this.kch;
    }
    public void setKch(String kch) {
        this.kch = kch;
    }
    public String getKcm() {
        return this.kcm;
    }
    public void setKcm(String kcm) {
        this.kcm = kcm;
    }
    public Short getKxxq() {
        return this.kxxq;
    }
    public void setKxxq(Short kxxq) {
        this.kxxq = kxxq;
    }
    public Integer getXs() {
        return this.xs;
    }
    public void setXs(Integer xs) {
        this.xs = xs;
    }
    public Integer getXf() {
        return this.xf;
    }
    public void setXf(Integer xf) {
```

```
            this.xf = xf;
        }
    }
```

3）增加了 Kcb.hbm.xml 文件，该文件将 org.model.Kcb 类和 xsxkFZL.dbo.KCB（即 xsxkFZL 数据库的 dbo 用户的 KCB 表）的关联关系进行了描述，代码如下：

```
<?xml version="1.0" encoding="utf-8"?>
<!DOCTYPE hibernate-mapping PUBLIC "-//Hibernate/Hibernate Mapping DTD 3.0//EN"
"http://hibernate.sourceforge.net/hibernate-mapping-3.0.dtd">
<hibernate-mapping>
    <class name="org.model.Kcb" table="KCB" schema="dbo" catalog="xsxkFZL">
        <id name="kch" type="java.lang.String">
            <column name="KCH" length="10" />
            <generator class="assigned" />
        </id>
        <property name="kcm" type="java.lang.String">
            <column name="KCM" length="10" />
        </property>
        <property name="kxxq" type="java.lang.Short">
            <column name="KXXQ" />
        </property>
        <property name="xs" type="java.lang.Integer">
            <column name="XS" />
        </property>
        <property name="xf" type="java.lang.Integer">
            <column name="XF" />
        </property>
    </class>
</hibernate-mapping>
```

📖 catalog="xsxkFZL"表示数据库名，schema="dbo"表示用户名，table="KCB"表示表名。在 SQL Server 中必须要有 schema="dbo"，而在 MySQL 中不能有 schema="dbo"。

KCB 表中的主键字属性字段使用<id>来描述，其他属性字段用<property>描述。

（1）对于主键属性字段<id>

- <id name="kch" type="java.lang.String">中的 kch 是 org.model.Kcb 类的属性，即 private String kch。
- <column name="KCH" length="10" />中的 KCH 是 xsxkFZL 数据库、dbo 用户、KCB 表的 KCH 列。
- <generator class="assigned" />表示主键 KCH 不是自增字段。

（2）对于其他属性字段<property>

- <property name="kcm" type="java.lang.String">中的 kcm 是 org.model.Kcb 类的属性，即 private String kcm。
- <column name="KCM" length="10" />中的 KCM 是 xsxkFZL 数据库、dbo 用户、KCB 表的 KCM 列。

11.1.3 编写测试类

第 11 章任务 3

1. 编写测试类 Test

在 org.work 包下，新建 Test 类，并且包含 main 函数，如图 11-18 所示。Test 类代码如下：

```
package org.work;
import org.hibernate.Session;
import org.hibernate.Transaction;
import org.model.Kcb;
import org.util.HibernateSessionFactory;
public class Test {
        public static void main(String[] args) {
            // 通过自动生成的 HibernateSessionFactory 类，获得 session 对象
            Session ses = HibernateSessionFactory.getSession();
            // 创建一个事务对象
            Transaction ts = ses.beginTransaction();
            Kcb kc = new Kcb();
            // 手工指派 assigned 的含义就是要程序员手工赋值
            kc.setKch("201701");
            kc.setKcm("数据结构");
            kc.setKxxq((short) 4);
            kc.setXf(4);
            kc.setXs(64);
            ses.save(kc);
            ts.commit();
        }
}
```

上述代码执行到 kc.setKxxq(4)时，将报错，要选择将 4 强制类型转换（Cast）成 short，如图 11-19 所示。

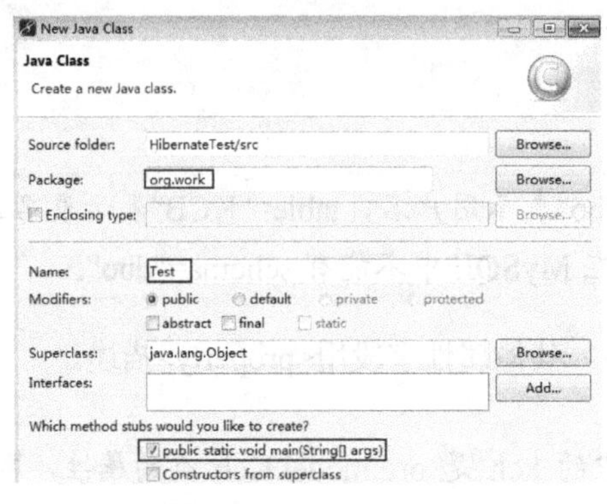

图 11-18 测试类 Test

```
Kcb kc = new Kcb();
kc.setKch("201701");
kc.setKcm(
kc.setKxxq(
```

The method setKxxq(Short) in the
5 quick fixes available:
Change method 'setKxxq(Short
Cast argument '4' to 'short'
Change to 'setKch(..)'

图 11-19 强制类型转换成 short

以 Java Application 方式运行 Test.java，如图 11-20 所示。

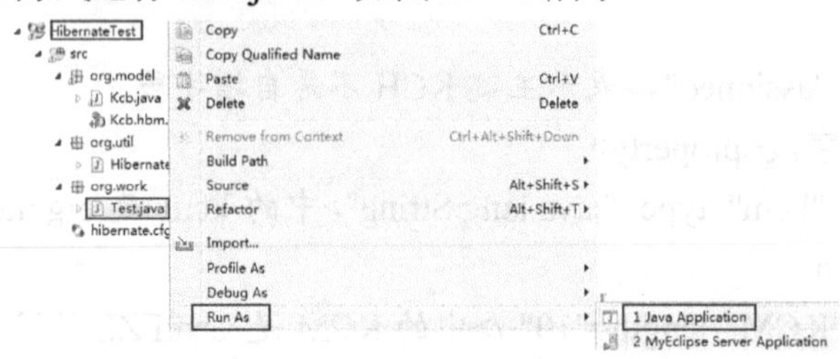

图 11-20 以 Java Application 方式运行 Test.java

查看数据库，可以看到新插入的201701的记录，如图11-21所示。

SKY-20160123UKM.xsxkFZL - dbo.KCB

KCH	KCM	KXXQ	XS	XF
201701	数据结构	4	64	4

图 11-21　KCB 表的记录行

2. 查询已插入的记录

利用Query类，将查询出来的Kcb对象的kcm显示出来，代码如下：

```
package org.work;
import java.util.List;
import org.hibernate.Query;
import org.hibernate.Session;
import org.hibernate.Transaction;
import org.model.Kcb;
import org.util.HibernateSessionFactory;
public class Test {
    public static void main(String[] args) {
        Session ses = HibernateSessionFactory.getSession();
        Transaction ts = ses.beginTransaction();
        Kcb kc = new Kcb();
        kc.setKch("201701");
        kc.setKcm("数据结构");
        kc.setKxxq(new Short((short) 4));
        kc.setXf(4);
        kc.setXs(64);
        ses.save(kc);
        ts.commit();
        // 利用 Query 类，将查询出来的 Kcb 对象的 kcm 显示出来
        Query query = ses.createQuery("from Kcb where kch=201701");
        List list = query.list();
        Kcb kc1 = (Kcb) list.get(0);
        System.out.println(kc1.getKcm());
        HibernateSessionFactory.closeSession();
    }
}
```

以Java Application方式运行Test.java，此时，系统报如下错误：

Caused by: com.microsoft.sqlserver.jdbc.SQLServerException: 违反了 PRIMARY KEY 约束 'PK_KCB'。不能在对象 'dbo.KCB' 中插入重复键。

这是由于kch=201701的课程记录已经插入过了，由于主键约束，不能重复插入。首先从数据库中删除这条201701的记录，然后运行该程序，可以看到如图11-22所示效果。

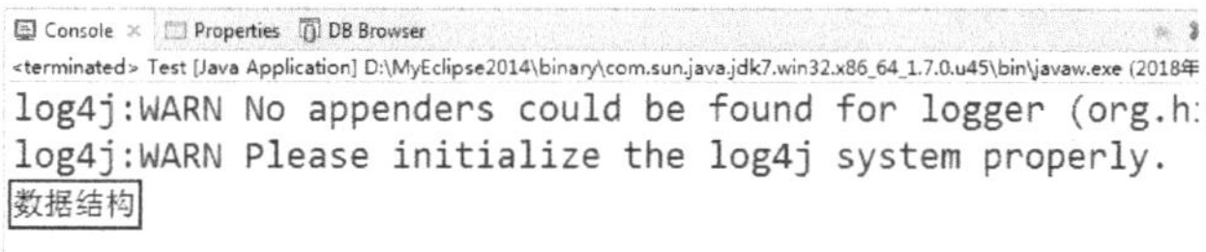

```
Console ✕  Properties  DB Browser
<terminated> Test [Java Application] D:\MyEclipse2014\binary\com.sun.java.jdk7.win32.x86_64_1.7.0.u45\bin\javaw.exe (2018年
log4j:WARN No appenders could be found for logger (org.h:
log4j:WARN Please initialize the log4j system properly.
数据结构
```

图 11-22　运行结果

接下来，我们修改Query query = ses.createQuery("from Kcb where kch=201701");中的Kcb为小写的kcb，继续运行程序，此时将报如下错误：

```
        Exception in thread "main" org.hibernate.hql.ast.QuerySyntaxException: kcb is not mapped [from kcb where kch=201701]
        at org.hibernate.impl.AbstractSessionImpl.getHQLQueryPlan(AbstractSessionImpl.java:133)
        at org.hibernate.impl.AbstractSessionImpl.createQuery(AbstractSessionImpl.java:112)
        at org.hibernate.impl.SessionImpl.createQuery(SessionImpl.java:1624)
        at org.work.Test.main(Test.java:24)
```

或者改成大写的 KCB，然后删除数据库中 201701 的记录，继续运行，也将报如下错误：

```
        Exception in thread "main" org.hibernate.hql.ast.QuerySyntaxException: KCB is not mapped [from KCB where kch=201701]
        at org.hibernate.impl.AbstractSessionImpl.getHQLQueryPlan(AbstractSessionImpl.java:133)
        at org.hibernate.impl.AbstractSessionImpl.createQuery(AbstractSessionImpl.java:112)
        at org.hibernate.impl.SessionImpl.createQuery(SessionImpl.java:1624)
        at org.work.Test.main(Test.java:24)
```

可以发现，无论是 kcb 还是 KCB，都将报错。这是由于 createQuery("from Kcb where kch=200")中的 Kcb 是指 org.model 包中的 Kcb 对象，这里只是把包名省略了，我们可以写全：Query query = ses.createQuery("from org.model.Kcb where kch=201701")。

📖 HQL 语句 from 后面的内容是 POJO 类名，不是表名。

11.2　综合案例 2：改造学生表的 JDBC 访问为 Hibernate 访问

11.2.1　删除原有 JDBC 访问配置

第 11 章任务 4

删除手工添加的 POJO 类和 JDBC 访问类。在 MyEclipse 中打开原有第 8 章中的 StudentFZL 工程，然后执行下面步骤：

1）删除 org.model.Xsb 类。

2）删除 org.work.DBConn 类。

第 11 章任务 5

11.2.2　实体类创建

1．利用 DB Browser 访问数据库

在 DB Browser 视图中编辑已存在的数据库连接 dblink，修改 jar 包地址为 StudentFZL 工程中的 sqljdbc4.jar，如图 11-23 所示。

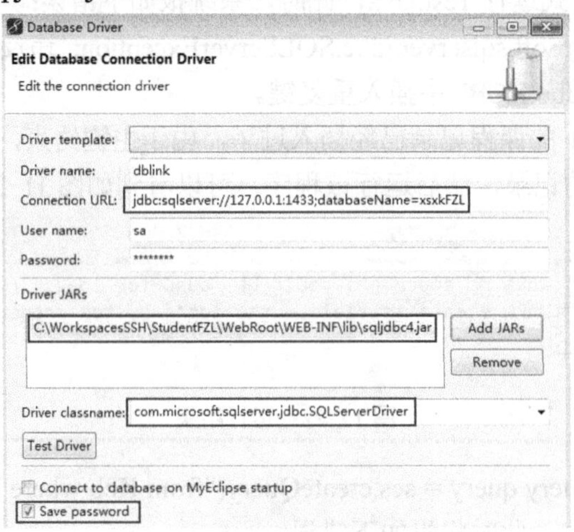

图 11-23　编辑数据库连接 dblink

2．添加 Hibernate 支持

单击 Project Facets[Capabilities]→Install Hibernate Facet，如图 11-24 所示。

选择 Hibernate 的版本为 3.2，如图 11-25 所示。

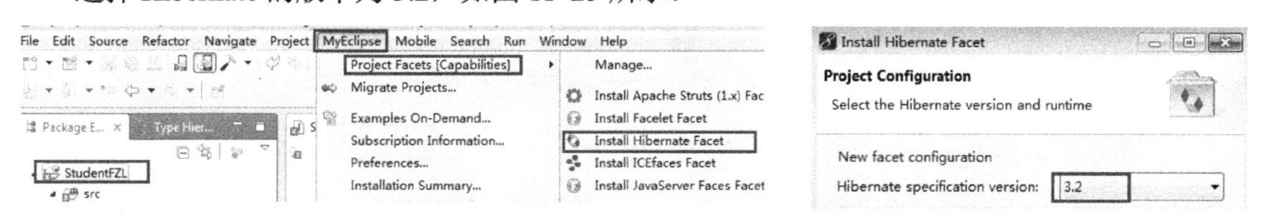

图 11-24　添加 Hibernate 支持　　　　图 11-25　选择 Hibernate 的版本

不要勾选“Create/specify hibernate.cfg.xml file”，由于本章采用 Spring 框架集成 Hibernate 框架，因此不需要再单独生成 Hibernate 的配置文件 hibernate.cfg.xml。

不要勾选“Create SessionFactory class”，而是利用 Spring 框架生成 SessionFactory 类对象，因此不用生成 HibernateSessionFactory 类，如图 11-26 所示。

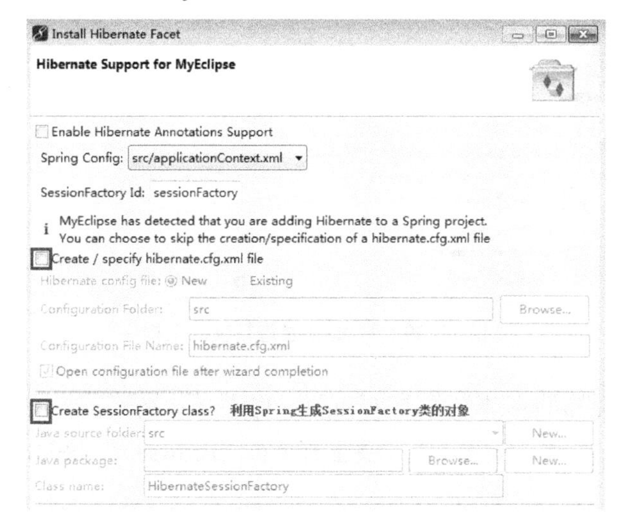

图 11-26　不用生成 HibernateSessionFactory 类

选择刚才建好的 dblink，如图 11-27 所示。

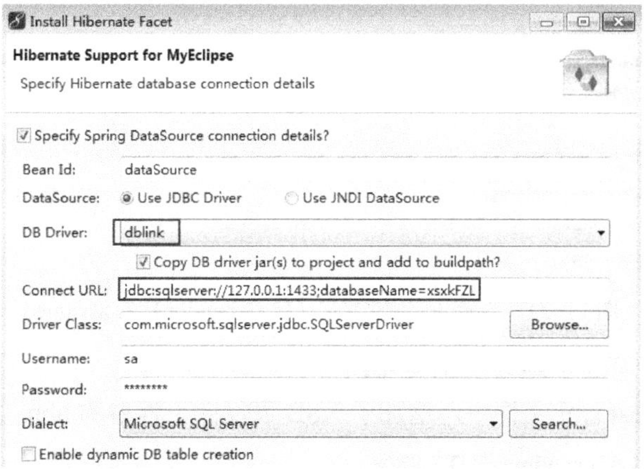

图 11-27　选择刚才建好的 dblink

去除 MyEclipse 自带的 Struts2.1 和 Hibernate 3.2.7 库包，如图 11-28 所示。

不要选择 MyEclipse 自带的 sqljdbc4.jar，如图 11-29 所示。

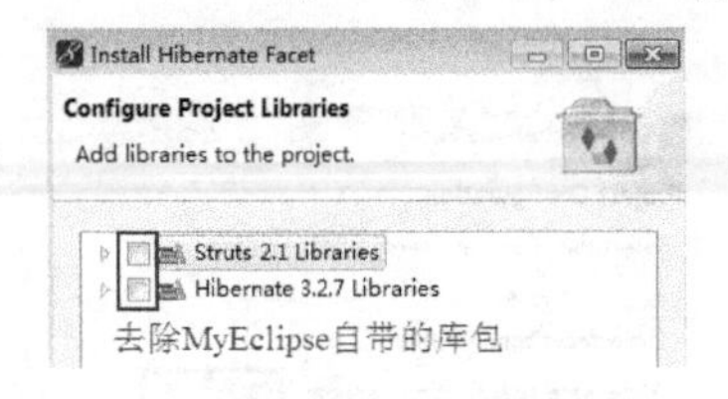

图 11-28　去除 MyEclipse 自带的库包

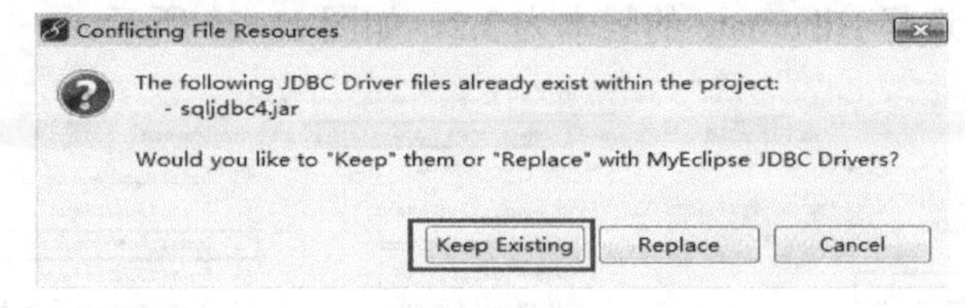

图 11-29　不选择 MyEclipse 自带的 sqljdbc4.jar

3．对 XSB 表进行反向工程

在 DB Browser 中，打开 dblink，找到 xsxkFZL 数据库，右键单击 XSB 表，选择“Hibernate Reverse Engineering”，选择 POJO 类的包为 org.model，如图 11-30 所示。

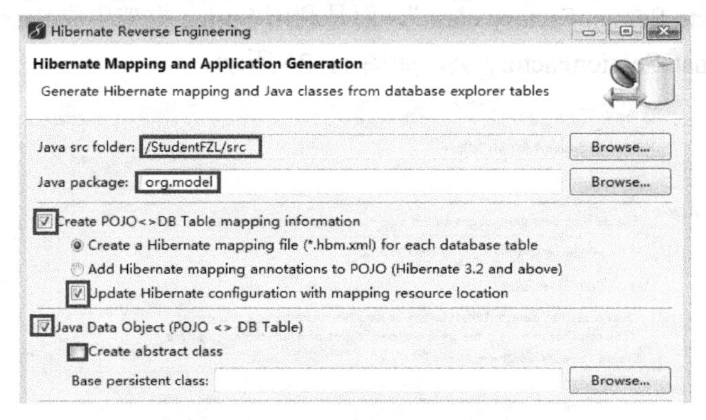

图 11-30　对 XSB 表进行反向工程

一定要确保 Java src folder 中的目录是 StudentFZL 工程的 src 目录，默认还是上一个工程 HibernateTest 的 src 目录。如果不是，要重新单击“Browse...”按钮，选择 StudentFZL 工程的 src 目录。

由于 XSB 表的主键不是自增的，即程序员手工给值的，所以选择 Id 生成方式（Id Generator）为 assigned，如图 11-31 所示。

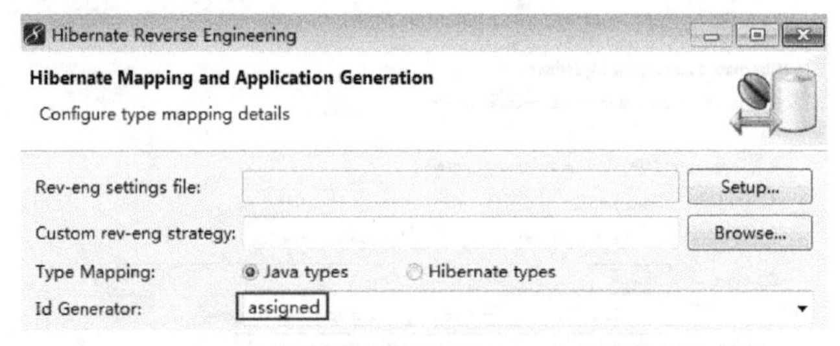

图 11-31　选择 Id 生成方式（Id Generator）为 assigned

此时，工程中将会有 3 个地方发生变化：

1）applicationContext.xml 文件中，增加了 XSB 表反向工程后的 hbm 文件说明，代码如下：

```
<?xml version="1.0" encoding="UTF-8"?>
<beans xmlns="http://www.springframework.org/schema/beans"
    xmlns:xsi="http://www.w3.org/2001/XMLSchema-instance"
```

```
        xsi:schemaLocation="http://www.springframework.org/schema/beans
    http://www.springframework.org/schema/beans/spring-beans-2.5.xsd">
        <bean id="dataSource" class="org.apache.commons.dbcp.BasicDataSource">
            <property name="url"
                value="jdbc:sqlserver://127.0.0.1:1433;databaseName=xsxkFZL">
            </property>
            <property name="username" value="sa"></property>
            <property name="password" value="zhijiang"></property>
        </bean>
        <bean id="sessionFactory"
            class="org.springframework.orm.hibernate3.LocalSessionFactoryBean">
            <property name="dataSource">
                <ref bean="dataSource" />
            </property>
            <property name="hibernateProperties">
                <props>
                    <prop key="hibernate.dialect">
                        org.hibernate.dialect.SQLServerDialect
                    </prop>
                </props>
            </property>
            <property name="mappingResources">
                <list>
                    <value>org/model/Xsb.hbm.xml</value>
                </list>
            </property>
        </bean>
    </beans>
```

配置文件中元素描述如下：

- 由于采用 Spring 框架集成 Hibernate，因此没有单独的 hibernate.cfg.xml 文件。
- 要在 applicationContext.xml 中的<property name="mappingResources">中增加 XSB 表反向工程后的 hbm 文件说明。
- mappingResources 中 list 的 value 中可以放置映射文件 hbm，如 org/model/Xsb.hbm.xml，类似于原先 hibernate.cfg.xml 中的<mapping resource="org/model/Xsb.hbm.xml" />节配置。
- 映射文件 hbm 的路径采用目录符“/”，而不是包名符“.”，即采用 org/model/Xsb.hbm.xml，而不是采用 org.model.Xsb.hbm.xml。
- 如果 MyEclipse 在反向工程后没有自动加入，则需要手工加入。如果不加入，运行时将会报错。

applicationContext.xml 中自动生成了两个 bean 对象：dataSource 和 sessionFactory，这两个 bean 对象完成的工作类似于原先 hibernate.cfg.xml 中的<session-factory>节配置。

2）增加了 org.model.Xsb 类，该类中的所有属性都是 XSB 表中的列名，代码如下：

```
    package org.model;
    import java.sql.Timestamp;
    public class Xsb implements java.io.Serializable {
        private String xh;
        private String xm;
        private Boolean xb;
```

```
private Timestamp cssj;
private Integer zyId;
private Integer zxf;
private String bz;
private String zp;
public Xsb() {
}
public Xsb(String xh) {
    this.xh = xh;
}
public Xsb(String xh, String xm, Boolean xb, Timestamp cssj, Integer zyId,
        Integer zxf, String bz, String zp) {
    this.xh = xh;
    this.xm = xm;
    this.xb = xb;
    this.cssj = cssj;
    this.zyId = zyId;
    this.zxf = zxf;
    this.bz = bz;
    this.zp = zp;
}
public String getXh() {
    return this.xh;
}
public void setXh(String xh) {
    this.xh = xh;
}
public String getXm() {
    return this.xm;
}
public void setXm(String xm) {
    this.xm = xm;
}
public Boolean getXb() {
    return this.xb;
}
public void setXb(Boolean xb) {
    this.xb = xb;
}
public Timestamp getCssj() {
    return this.cssj;
}
public void setCssj(Timestamp cssj) {
    this.cssj = cssj;
}
public Integer getZyId() {
    return this.zyId;
}
public void setZyId(Integer zyId) {
    this.zyId = zyId;
}
public Integer getZxf() {
    return this.zxf;
}
```

```
        public void setZxf(Integer zxf) {
            this.zxf = zxf;
        }
        public String getBz() {
            return this.bz;
        }
        public void setBz(String bz) {
            this.bz = bz;
        }
        public String getZp() {
            return this.zp;
        }
        public void setZp(String zp) {
            this.zp = zp;
        }
    }
```

3）增加了 Xsb.hbm.xml 文件，该文件将 org.model.Xsb 类和 xsxkFZL 数据库中 dbo 用户的 XSB 表的关联关系进行了描述，代码如下：

```
<?xml version="1.0" encoding="utf-8"?>
<!DOCTYPE hibernate-mapping PUBLIC "-//Hibernate/Hibernate Mapping DTD 3.0//EN"
"http://hibernate.sourceforge.net/hibernate-mapping-3.0.dtd">
<hibernate-mapping>
    <class name="org.model.Xsb" table="XSB" schema="dbo" catalog="xsxkFZL">
        <id name="xh" type="java.lang.String">
            <column name="XH" length="10" />
            <generator class="assigned" />
        </id>
        <property name="xm" type="java.lang.String">
            <column name="XM" length="10" />
        </property>
        <property name="xb" type="java.lang.Boolean">
            <column name="XB" />
        </property>
        <property name="cssj" type="java.sql.Timestamp">
            <column name="CSSJ" length="23" />
        </property>
        <property name="zyId" type="java.lang.Integer">
            <column name="ZY_ID" />
        </property>
        <property name="zxf" type="java.lang.Integer">
            <column name="ZXF" />
        </property>
        <property name="bz" type="java.lang.String">
            <column name="BZ" length="500" />
        </property>
        <property name="zp" type="java.lang.String">
            <column name="ZP" />
        </property>
    </class>
</hibernate-mapping>
```

11.2.3 数据访问DAO操作

第11章任务6

1．新增save的action节

修改struts.xml，新增save的action节，设置action的method属性为save，代码如下：

```
<?xml version="1.0" encoding="UTF-8" ?>
<!DOCTYPE struts PUBLIC "-//Apache Software Foundation//DTD Struts Configuration 2.1//EN""http://struts.apache.org/dtds/struts-2.1.dtd">
<struts>
    <package name="default" extends="struts-default">
        <action name="save" class="org.action.SaveAction" method="save">
            <result name="success">/success.jsp</result>
            <result name="error">/stu.jsp</result>
        </action>
    </package>
</struts>
```

📖 设置action的method属性为save，可以使org.action.SaveAction不再执行默认的execute方法，而执行save方法。

2．新增org.dao.XsDao接口和org.dao.imp.XsDaoImp类

1）新增org.dao.XsDao接口，如图11-32所示。

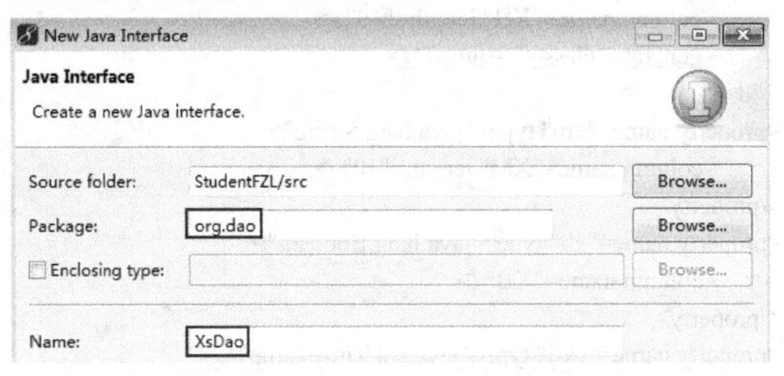

图11-32 新增org.dao.XsDao接口

XsDao接口代码如下：

```
package org.dao;
import org.model.Xsb;
public interface XsDao {
    public boolean save(Xsb xs);
}
```

2）新增org.dao.imp.XsDaoImp类，如图11-33所示。

📖 XsDaoImp的父类是HibernateDaoSupport，这个类是Spring框架为Hibernate的DAO操作所提供的工具类。

HibrnateDaoSupport类有如下两个重要特点：

- 在继承HibrnateDaoSupport的DAO实现类中，Hibernate的Session管理完全由Spring

来负责。Spring 会根据实际的操作，采用“每次事务打开一次 Session”的策略，自动提高数据库访问的性能。

图 11-33　新增 org.dao.imp.XsDaoImp 类

- HibrnateDaoSupport 类提供方法：public final HibernateTemplate getHibernateTemplate()，以方便数据库访问。程序员不再需要利用单独的 Hibernate 框架手工创建 SessionFactory、Transaction 和 Session 类就可以访问数据库。

XsDaoImp 类代码如下：

```
package org.dao.imp;
import org.dao.XsDao;
import org.model.Xsb;
public class XsDaoImp extends HibernateDaoSupport implements XsDao {
    public boolean save(Xsb xs) {
        return false;
    }
}
```

3．修改 XsDaoImp 类的 save 方法

利用 getHibernateTemplate 方法保存 POJO 对象 xs，代码如下：

```
package org.dao.imp;
import org.dao.XsDao;
import org.model.Xsb;
import org.springframework.orm.hibernate3.support.HibernateDaoSupport;
public class XsDaoImp extends HibernateDaoSupport implements XsDao {
    public boolean save(Xsb xs) {
        getHibernateTemplate().save(xs);
        return true;
    }
}
```

11.2.4　网页修改及 Action 类设置

第 11 章任务 7

1．修改 stu.jsp

由于 XSB 表反向工程后，原先 Xsb 类的 zy 属性被改成了 zyId，因此在 stu.jsp 中，需要将专业输入控件<s:textfield name="xs.zy"></s:textfield>的名称由 xs.zy 改成 xs.zyId，即：

```
<s:textfield name="xs.zyId"></s:textfield>
```

2．修改 SaveAction 类

完成如下步骤：

1）删除 execute 方法。

2）新增 save 方法。

SaveAction 类代码修改如下：

```
package org.action;
import org.dao.XsDao;
import org.dao.imp.XsDaoImp;
import org.model.Xsb;
import com.opensymphony.xwork2.ActionSupport;
public class SaveAction extends ActionSupport {
    // 新增 1 个 action 变量，这个变量要与 stu.jsp 页面中的网页变量（xs）名称相同
    private Xsb xs; // 用于新增学生
    public Xsb getXs() {
        return xs;
    }
    public void setXs(Xsb xs) {
        this.xs = xs;
    }
    public String save(){
        XsDao xsDao = new XsDaoImp();
        xsDao.save(xs);
        return "success";
    }
}
```

📖 *定义 xsDao 是接口，而不是类的方式（即不是 XsDaoImp xsDao = new XsDaoImp()），这样做是正确的，而且也是必须的。*

因为在软件企业中实际编程，很多代码都是已经开发完毕的，这些代码大都被打成 jar 包，且只提供接口文件（例如 XsDao.java），接口实现文件（例如 XsDaoImp.java）是不会提供的，即无法执行代码语句 import XsDaoImp，因此无法编译 XsDaoImp xsDao = new XsDaoImp()该语句，将报不能解析识别 XsDaoImp 符号（Cannot resolve symbolXsDaoImp）的错误。

📖 *程序开发人员使用的 SSH 库包，都是 jar 包，第三方公司都只提供接口文档，不提供实现类源码。*

因此，只需要定义接口变量，然后把 XsDaoImp 对象赋值给接口变量 xsDao，即 xsDao 是 XsDaoImp 对象的引用。

3．运行 Web 工程

在浏览器中执行网页 stu.jsp，并在页面中填入如图 11-34 所示内容。

图 11-34　运行 Web 工程

单击“添加”按钮，程序报错，如图 11-35 所示。

图 11-35　错误提示

在 SaveAction 类的第 20 行和 XsDaoImp 类的第 8 行同时插入断点，启动调试模式，查看哪个变量为 null，如图 11-36 和图 11-37 所示。

```
    public String save(){
        XsDao xsdao = new XsDaoImp();
        xsdao.save(xs);
        return "success";
    }
}
```

```
public class XsDaoImp extends HibernateDaoSupport implements XsDao {
    public boolean save(Xsb xs) {
        getHibernateTemplate().save(xs);
        return true;
    }
}
```

图 11-36　插入断点

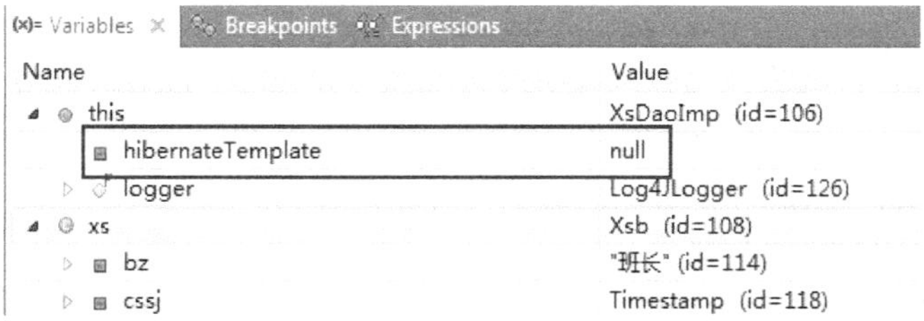

Name	Value
this	XsDaoImp (id=106)
hibernateTemplate	null
logger	Log4JLogger (id=126)
xs	Xsb (id=108)
bz	"班长" (id=114)
cssj	Timestamp (id=118)

图 11-37　查看变量，判断 bug 的出错位置

当调试器执行到 xsdao.save(xs)时，将执行 XsDaoImp 类的 save 方法，在该方法中，通过变量查看器，可以看到 hibernateTemplate 对象为 null，而该对象又执行了 save 方法，因此程序报错。

为了使 hibernateTemplate 不为 null，不能由程序员来生成 XsDaoImp，即不能执行：

```
XsDao xsdao = new XsDaoImp();
```

而是需要利用 Spring 来生成 XsDaoImp 类的对象。

11.2.5 applicationContext.xml 修改及 bean 对象设置

1. 新增 bean 对象 xsdao 的说明

```
<bean id="xsDao" class="org.dao.imp.XsDaoImp">
        <property name="sessionFactory" ref="sessionFactory"></property>
</bean>
```

这个配置文件有如下几个重要特点：

1）<bean id="xsDao" class="org.dao.imp.XsDaoImp">中的 id 就是要生成的对象名，class 就是对象的类名。

2）<property name="sessionFactory" ref="sessionFactory"></property>中有两个 sessionFactory。

- 第一个 sessionFactory 是 XsDaoImp 类所继承的父类 HibernateDaoSupport 中的属性名，这个属性是必须设置的字段，该字段将用于对数据库的访问操作。
- 第二个 sessionFactory 是 applicatinContext.xml 文件中定义的 bean 的 id，即<bean id="sessionFactory">。

3）语句<property>的作用就是将已定义的 bean 对象 sessionFactory 赋值给 xsDao 对象的 sessionFactory 属性。

2. 在 XsDaoImp 类的 save 方法中，通过 Spring 获取 xsDao 对象

save 方法代码如下：

```
package org.action;
import org.dao.XsDao;
import org.dao.imp.XsDaoImp;
import org.model.Xsb;
import org.springframework.context.ApplicationContext;
import org.springframework.context.support.ClassPathXmlApplicationContext;
import com.opensymphony.xwork2.ActionSupport;
public class SaveAction extends ActionSupport {
        private Xsb xs;
        public Xsb getXs() {
                return xs;
        }
        public void setXs(Xsb xs) {
                this.xs = xs;
        }
        public String save(){
                //创建 Spring 容器
            ApplicationContext ctx = new ClassPathXmlApplicationContext("applicationContext.xml");
            //从容器中获取 XsDaoImp 类的实例 xsDao
            XsDao xsdao = (XsDao) ctx.getBean("xsDao");
            xsdao.save(xs);
            return "success";
        }
}
```

📖 ApplicationContext ctx = new ClassPathXmlApplicationContext("applicationContext.xml")用于读取 Spring 配置文件 applicationContext.xml，并新建 Spring 框架的 ApplicationContext 上下文容器对象。ctx.getBean("xsDao")用于根据 bean 的 id 值，从容器中获取 XsDaoImp 类的实例，即 bean 对象 xsDao。

再次以调试模式运行工程，输入学生信息，单击“添加”按钮，查看变量值，如图 11-38 所示。

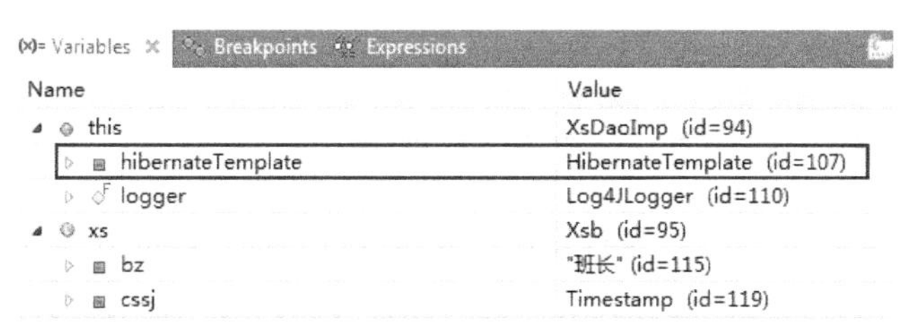

图 11-38　查看变量值，hibernateTemplate 对象不为 null

可以看到 hibernateTemplate 对象不为 null，单击继续运行按钮，将显示成功页面，如图 11-39 所示。

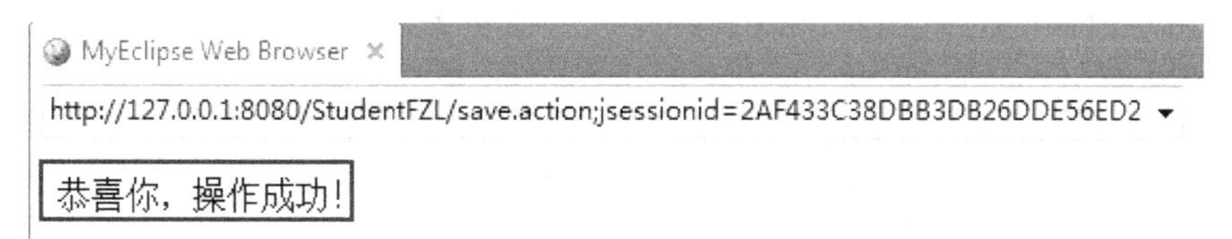

图 11-39　运行结果

查看数据库，可以看到在数据库 XSB 表中插入了新行，如图 11-40 所示。

SKY-20160123UKM.xsxkFZL - dbo.XSB

XH	XM	XB	CSSJ	ZY_ID	ZXF	BZ	ZP
201801	王浩然	False	1992-01-03 00:...	1	NULL	班长	NULL

图 11-40　XSB 表的新的记录行

11.3　思考与练习

操作题

1）完成第 9 章留言管理系统中的 JDBC 访问改造，即实现留言管理系统的 Hibernate 访问。

2）完成留言管理系统运行时产生的各种出错情况，并进行分析和总结。

第 12 章　Hibernate 高级查询案例

本章讲解 3 个 Hibernate 高级查询案例，应用案例 1 是多对一和一对多关联案例开发，应用案例 2 是多对多关联案例开发，应用案例 3 是留言管理系统的 Hibernate 改造。

12.1　应用案例 1：多对一和一对多关联

多对一和一对多关联是互逆的两种关系，可通过设立两张表的外键关系同时实现多对一和一对多关联。

第 12 章任务 1

12.1.1　工程框架搭建

1．新建数据库和表

新建数据库 RelationTest，然后新建 person 表和 room 表。

（1）person 表

id 字段是主键，而且必须是标识列（即自增型），如图 12-1 所示。标识列必须在保存表之前就设置好，一旦保存表后，就不能再做设置标识列的操作，如图 12-2 所示。

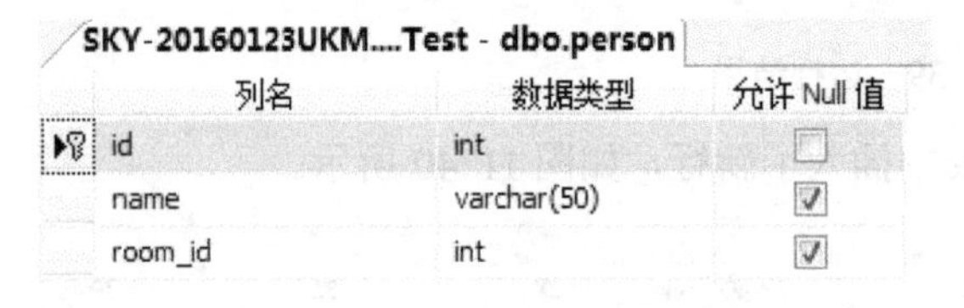

SKY-20160123UKM....Test - dbo.person

列名	数据类型	允许 Null 值
id	int	☐
name	varchar(50)	☑
room_id	int	☑

图 12-1　person 表

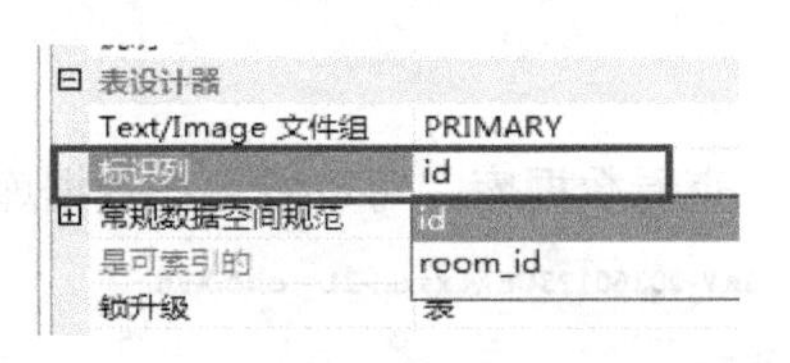

图 12-2　设置主键

（2）room 表

id 字段是主键，而且必须是标识列（即自增型），如图 12-3 所示。同样，标识列必须在保存表之前就设置好，一旦保存表后，就不能再做设置标识列的操作，如图 12-4 所示。

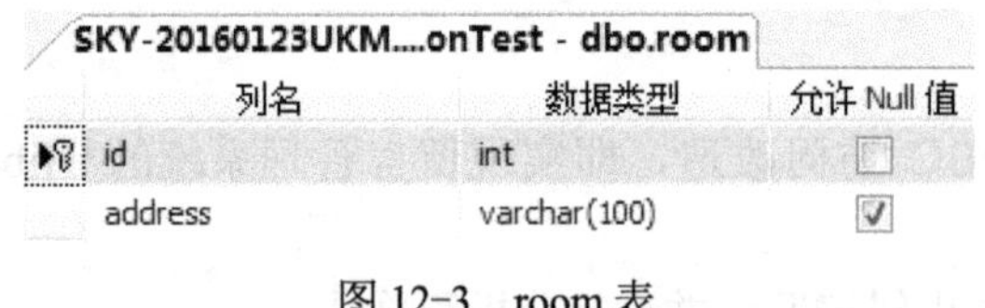

SKY-20160123UKM....onTest - dbo.room

列名	数据类型	允许 Null 值
id	int	☐
address	varchar(100)	☑

图 12-3　room 表

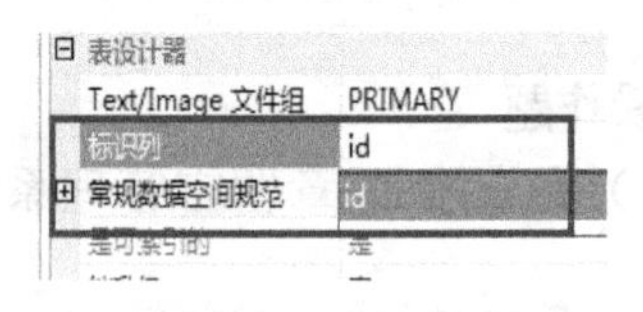

图 12-4　设置主键

2．设置外键

📖 在设置外键前，必须将这两张表中的数据全部删除，否则无法创建外键。在 SQL Server 中必须在外键表中才能创建外键，所以必须首先打开外键表。

设置外键步骤如下。

1）打开外键表 person，如图 12-5 所示。

2）单击“关系”按钮，如图 12-6 所示。

图 12-5　打开外键表 person

图 12-6　单击“关系”按钮

3）单击“添加”按钮，如图 12-7 所示。

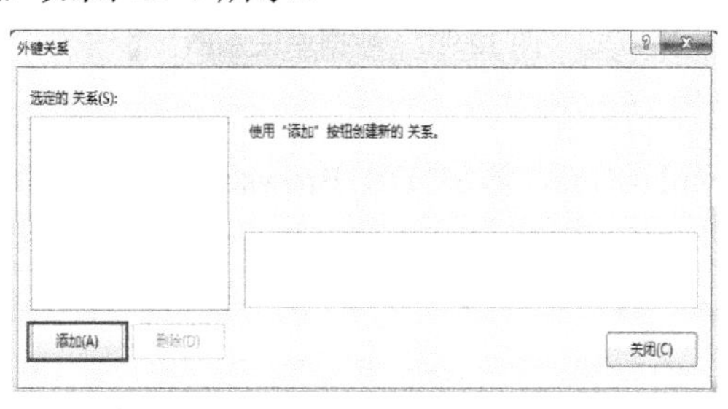

图 12-7　单击“添加”按钮

4）单击“表和列规范”项的按钮，如图 12-8 所示。

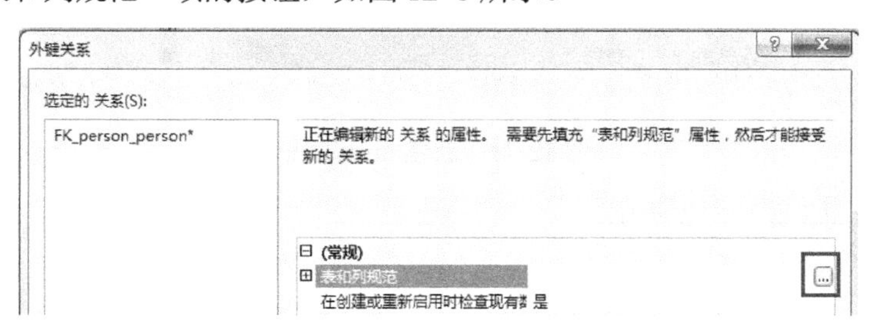

图 12-8　单击“表和列规范”项的按钮

5）选择主键表 room 和主键表的外键列 id，再选择外键表 person 的外键列 room_id，如图 12-9 所示。

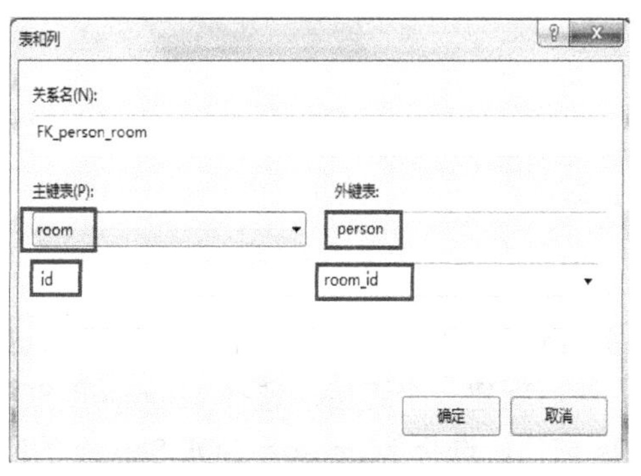

图 12-9　设置主键和外键

📖 主键表通常都是简单表，即字段少的表，而外键表是复杂表，即字段多的表。主键表是被引用的对象。一对多的关系中，多方是外键表，而且包含一个外键字段。

6）打开数据库关系图，新建一个数据库关系图，可以看到两张表之间存在一个外键关系：FK_person_room，如图 12-10 所示。

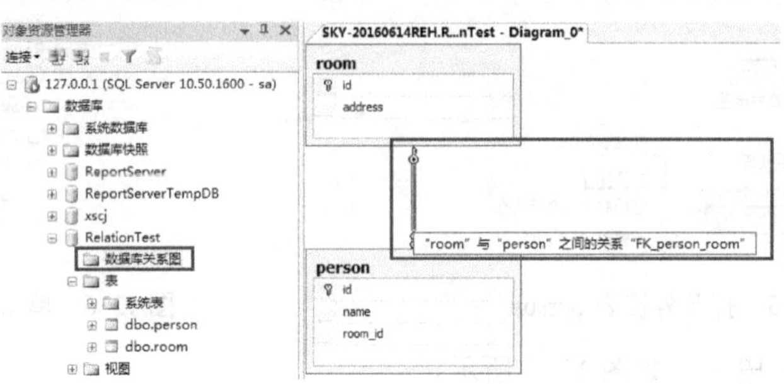

图 12-10 数据库关系图

3. 新建 Java 工程

新建工程，工程名为 MulToOne，添加 DB Browser 中的数据库连接，然后添加 Hibernate 支持，如图 12-11 所示。

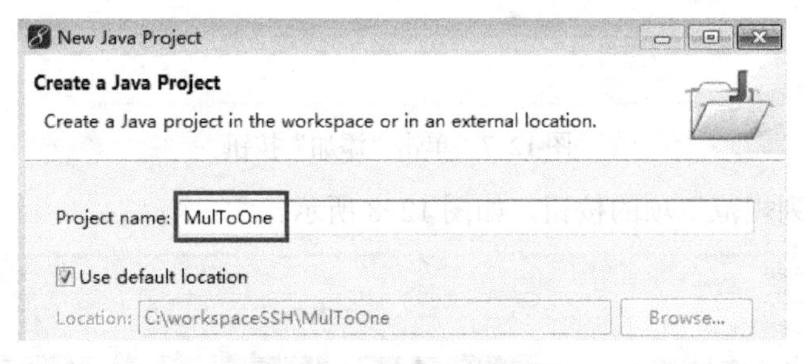

图 12-11 新建 Java 工程

新建 lib 目录，如图 12-12 所示。

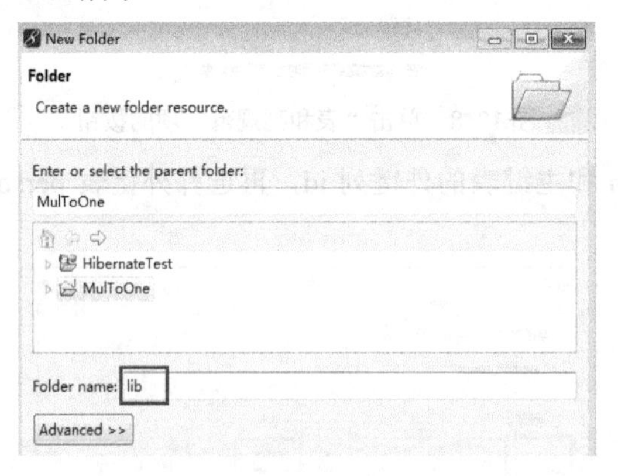

图 12-12 新建 lib 目录

然后复制 sqljdbc4.jar 包到 lib 目录下，并添加该 jar 包的引用，如图 12-13 所示。

打开 DB Browser 视图，然后新建一个连接，选择 Microsoft SQL Server 2005 模板，然后修改连接 URL，单击 Add JARs 按钮，选择 Mircosoft SQL Server 的驱动连接 jar 包所在的位置，如图 12-14 所示。

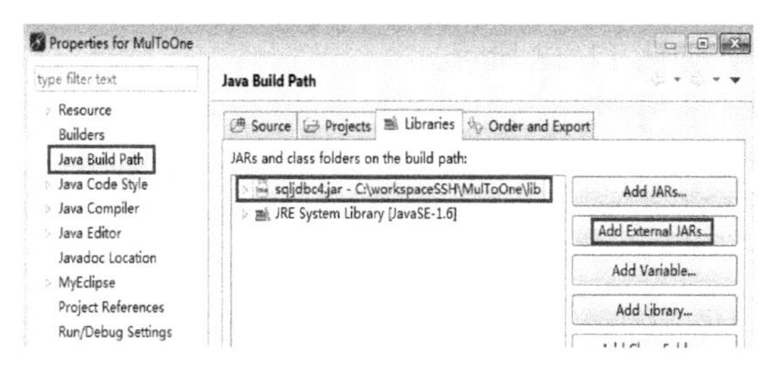

图 12-13　添加 sqljdbc4.jar 包的引用

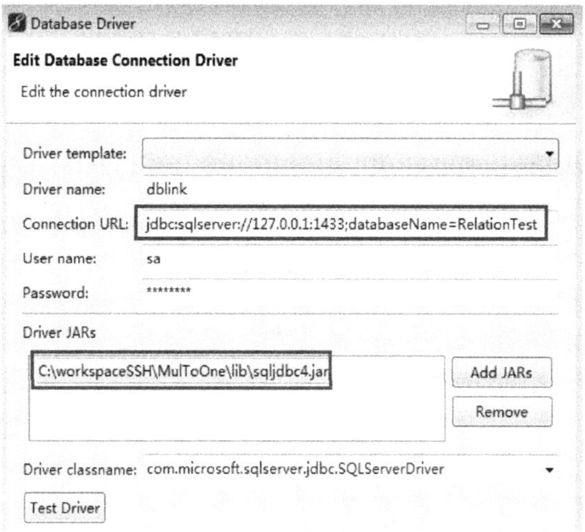

Database Driver

Edit Database Connection Driver

Edit the connection driver

Driver template:

Driver name: dblink

Connection URL: jdbc:sqlserver://127.0.0.1:1433;databaseName=RelationTest

User name: sa

Password: ********

Driver JARs

C:\workspaceSSH\MulToOne\lib\sqljdbc4.jar

Add JARs

Remove

Driver classname: com.microsoft.sqlserver.jdbc.SQLServerDriver

Test Driver

图 12-14　新建数据库连接

4．添加 Hibernate 支持

右键单击工程，添加 Hibernate Capabilities 功能支持，如图 12-15 所示。

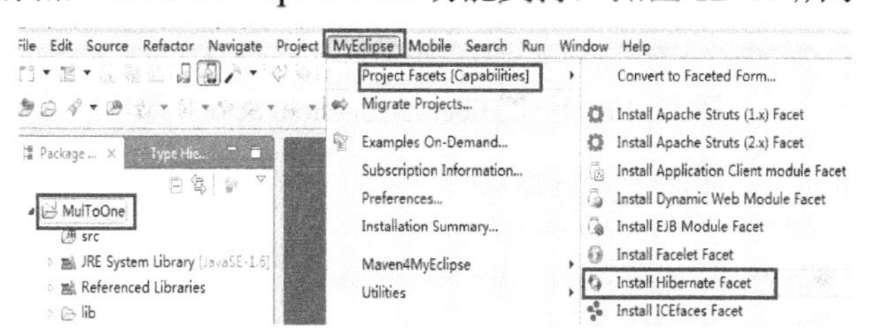

图 12-15　添加 Hibernate 支持

选择 Hibernate 的版本为 3.2，如图 12-16 所示。

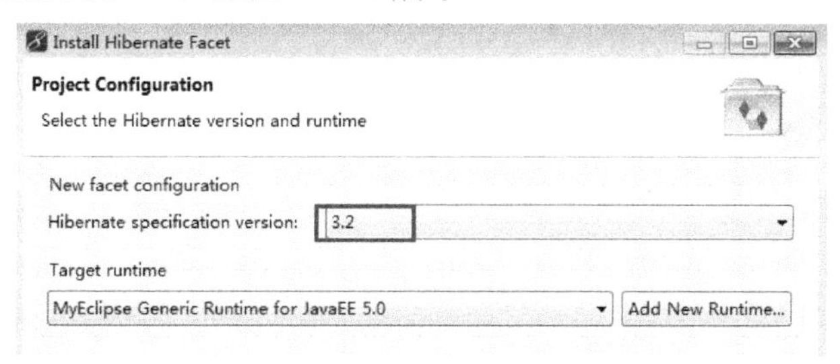

图 12-16　选择 Hibernate 的版本

单击 Java package 右侧的 New 按钮，新建一个包，并在该包下自动生成 HibernateSession Factory 类，如图 12-17 所示。

输入新的包名 org.util，如图 12-18 所示。

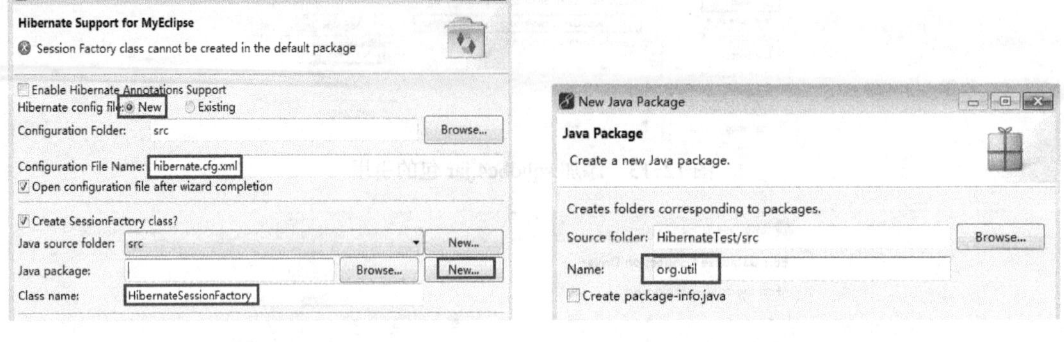

图 12-17　生成 HibernateSessionFactory 类　　　　图 12-18　输入新的包名 org.util

此时，可以看到新的包名 org.util，并在该包下新建 HibernateSessionFactory 类，如图 12-19 所示。

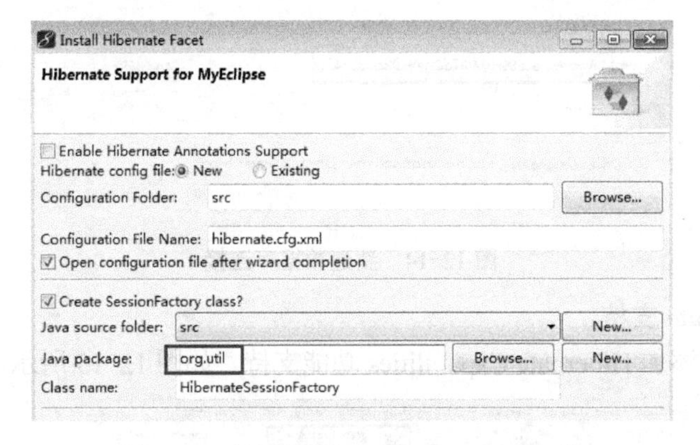

图 12-19　新建 HibernateSessionFactory 类

选择刚才建好的 dblink，如图 12-20 所示。

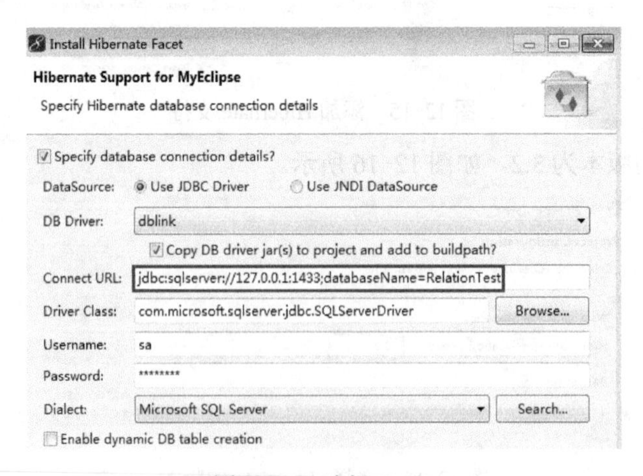

图 12-20　选择 dblink

选择使用 MyEclipse 自带的 Hibernate 库包，如图 12-21 所示。

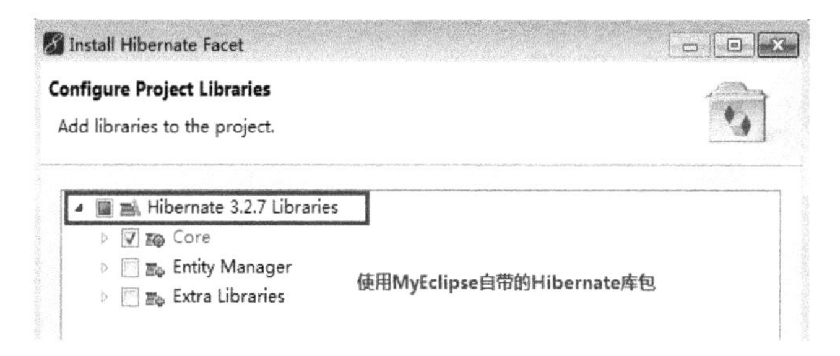

图 12-21　选择自带的 Hibernate 库包

不要选择 MyEclipse 自带的 sqljdbc4.jar，如图 12-22 所示。

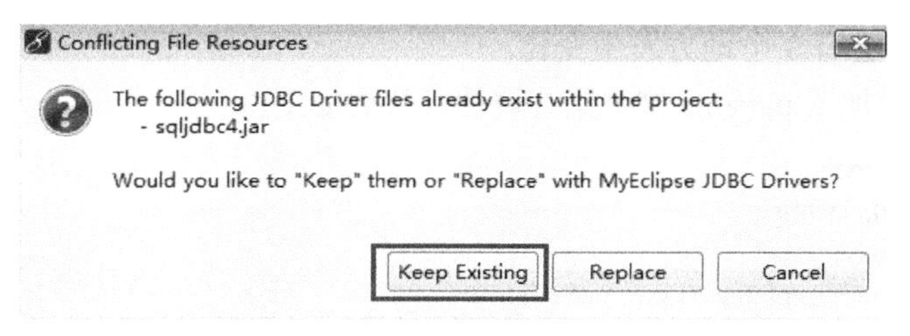

图 12-22　不选择自带的 sqljdbc4.jar

12.1.2　实体类创建

第 12 章任务 2

1. 反向工程 room 表（主键表），生成 Room 类和 Room.hbm.xml 文件

单击 Java src folder 旁边的“Browse”按钮，选择工程下的 src 文件夹后，对话框中其他选项被激活，如图 12-23 和图 12-24 所示。

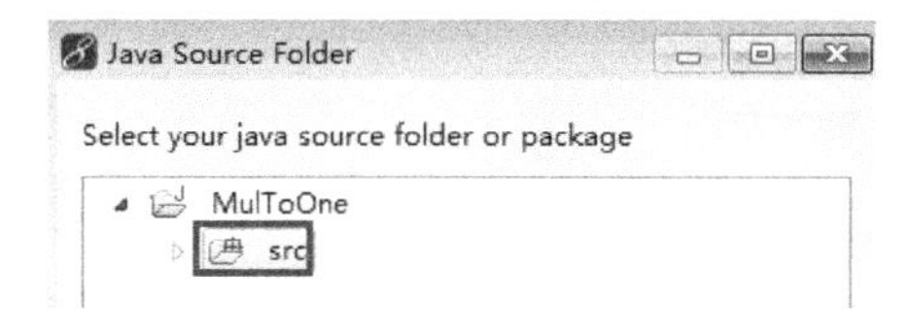

图 12-23　选择 src 文件夹

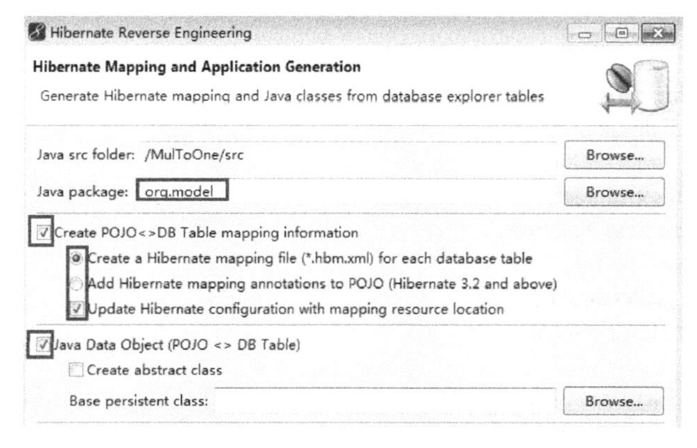

图 12-24　新建包，选择正确的选项

选择主键生成方式为 native，如图 12-25 所示。

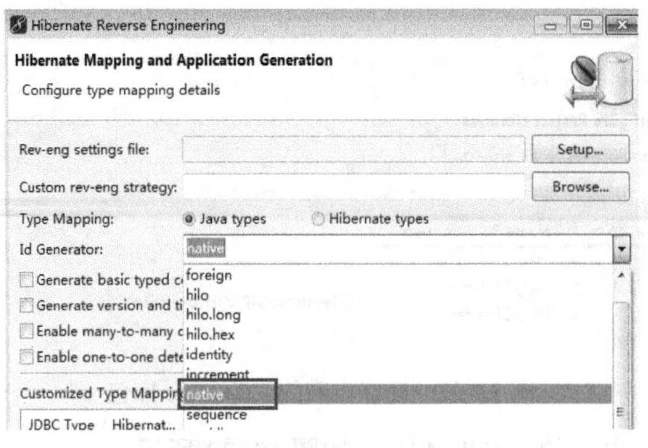

图 12-25　选择主键生成方式

此时，工程中将会有 3 个地方发生变化。

1）Room 类中增加了 persons 这个集合属性，代码如下：

```
package org.model;
import java.util.HashSet;
import java.util.Set;
public class Room implements java.io.Serializable {
      private Integer id;
      private String address;
// 一个房间对应多个人，采用外键方式将自动增加该字段，在 room 表中是没有这个字段的
      private Set persons = new HashSet(0);
      public Room() {
      }
      public Room(String address) {
            this.address = address;
      }
      public Room(String address, Set persons) {
            this.address = address;
            this.persons = persons;
      }
      public Integer getId() {
            return this.id;
      }
      public void setId(Integer id) {
            this.id = id;
      }
      public String getAddress() {
            return this.address;
      }
      public void setAddress(String address) {
            this.address = address;
      }
      public Set getPersons() {
            return this.persons;
      }
      public void setPersons(Set persons) {
            this.persons = persons;
      }
}
```

2）在 Room.hbm.xml 中增加了 persons 这个集合属性的描述：

自动建立了一对多关联 one-to-many，如图 12-26 所示。

SKY-20160123UKM....onTest - dbo.room

	列名	数据类型	允许 Null 值
🔑	id	int	☐
	address	varchar(100)	☑

图 12-26　room 表（主键表，“一”方）

📖 一对多关联必定是一个集合 set 属性。room 表只有两个字段，但由于增加了外键，将新增一个 person 对象的 set 属性 persons。person 表有三个字段，但由于增加了外键，外键列 room_id 变成主键表对象 room 属性。

代码如下：

```
<?xml version="1.0" encoding="utf-8"?>
<hibernate-mapping>
    <class name="org.model.Room" table="room" schema="dbo" catalog="xscj">
        <id name="id" type="java.lang.Integer">
            <column name="id" />
            <generator class="native" />
        </id>
        <property name="address" type="java.lang.String">
            <column name="address" length="100" not-null="true" />
        </property>
<!-- 该 persons 字段 Room 类中的一个集合 set 属性，由于它集合对象，不能用 property，必须用 set
属性-->
        <set name="persons" inverse="true">
            <key>
                <!--person 字段对应外键表（person 表）中的外键字段（room_id）-->
                <column name="room_id" />
            </key>
            <!--增加一个一对多 one-to-many 属性，用于指定外键类 org.model.Person-->
            <one-to-many class="org.model.Person" />
        </set>
    </class>
</hibernate-mapping>
```

3）在 hibernate.cfg.xml 中新增了映射文件说明，代码如下：

```
<?xml version='1.0' encoding='UTF-8'?>
<hibernate-configuration>
    <session-factory>
        <property name="dialect">
            org.hibernate.dialect.SQLServerDialect
        </property>
        <property name="connection.url">
            jdbc:SQLServer://127.0.0.1:1433;databaseName=RelationTest
        </property>
        <property name="connection.username">sa</property>
        <property name="connection.password">zhijiang</property>
        <property name="connection.driver_class">
            com.microsoft.SQLServer.jdbc.SQLServerDriver
```

```
        </property>
        <property name="myeclipse.connection.profile">dblink</property>
        <mapping resource="org/model/Room.hbm.xml" />
    </session-factory>
</hibernate-configuration>
```

2．反向工程 person 表（外键表），生成 Person 类和 Person.hbm.xml 文件

此时，工程中将会有 3 个地方发生变化。

1）Person 类中增加了 room 这个主键表属性，如图 12-27 所示。

SKY-20160123UKM....Test - dbo.person

列名	数据类型	允许 Null 值
id	int	☐
name	varchar(50)	☑
room_id	int	☑

图 12-27　person 表（外键表，“多”方）

room 字段中 person 表中并不存在，该字段用于指定主键表 room。Hibernate 将 person 表中的外键字段 room_id 改成了主键表类 Room。

Person 类代码如下：

```
package org.model;
public class Person implements java.io.Serializable {
    private Integer id;
    private String name;
    // 将原先 person 表中的 room_id 字段改成了主键表 POJO 对象
    private Room room;
    public Person() {
    }
    public Person(String name) {
        this.name = name;
    }
    public Person(Room room, String name) {
        this.room = room;
        this.name = name;
    }
    public Integer getId() {
        return this.id;
    }
    public void setId(Integer id) {
        this.id = id;
    }
    public Room getRoom() {
        return this.room;
    }
    public void setRoom(Room room) {
        this.room = room;
    }
    public String getName() {
        return this.name;
    }
    public void setName(String name) {
        this.name = name;
    }
}
```

2）在 Person.hbm.xml 中增加了 many-to-one 这个属性的描述。

自动建立多对一关联 many-to-one，代码如下：

```
<?xml version="1.0" encoding="utf-8"?>
<hibernate-mapping>
<class name="org.model.Person"table="person" schema="dbo" catalog="xscj">
    <id name="id" type="java.lang.Integer">
        <column name="id" />
        <generator class="native" />
    </id>
    <!-- 将 Person 类中的 room 属性设置为 many-to-one 属性，设定 Class 为主键表类-->
    <many-to-one name="room" class="org.model.Room" fetch="select">
        <!-- 设定 column 属性为外键字段 room_id，即真正在 person 表中的字段-->
        <column name="room_id" />
    </many-to-one>
    <property name="name" type="java.lang.String">
        <column name="name" length="20" not-null="true" />
    </property>
</class>
</hibernate-mapping>
```

3）在 hibernate.cfg.xml 中新增了映射文件说明：

```
<mapping resource="org/model/Person.hbm.xml" />
```

第 12 章任务 3

12.1.3 工程运行分析

1. 新建 Test 类，编写 main 方法

代码如下：

```
package test;
import org.hibernate.Session;
import org.hibernate.Transaction;
import org.model.Person;
import org.model.Room;
import org.util.HibernateSessionFactory;
public class Test {
    public static void main(String[] args) {
        Session session = HibernateSessionFactory.getSession();
        Transaction ts = session.beginTransaction();
        // 先建主键表对象
        Room room1 = new Room();
        room1.setAddress("杭州");
        // 再建外键表对象
        Person person1 = new Person();
        person1.setName("李明");
        person1.setRoom(room1);
        // 保存外键表对象
        session.save(person1);
        ts.commit();
    }
}
```

2. 错误分析

运行程序后，Hibernate 框架抛出了一个异常对象 TransientObjectException，提示该对象引用了一个还没有保存到数据库中的瞬时实例，错误代码如下：

```
Exception in thread "main"org.hibernate.TransientObjectException: object references an unsaved transient instance - save the transient instance before flushing: org.model.Room
        at org.hibernate.engine.ForeignKeys.getEntityIdentifierIfNotUnsaved(ForeignKeys.java:219)
        ...// 省略
    org.hibernate.event.def.DefaultFlushEventListener.onFlush(DefaultFlushEventListener.java:26)
        at org.hibernate.impl.SessionImpl.flush(SessionImpl.java:1000)
        at org.hibernate.impl.SessionImpl.managedFlush(SessionImpl.java:338)
        at org.hibernate.transaction.JDBCTransaction.commit(JDBCTransaction.java:106)
        at test.Test.main(Test.java:26)
```

这是由于在 main 方法中，执行 session.save(person1)保存 person1 对象时，无法同时保存 room1 对象的内容。

📖 保存 person1 对象意味着对 person 表的行插入，由于 person 表中存在外键 room_id，因此，必须要先在 room 表中插入杭州这条记录，这样才有 room_id 可以得到。

必须设定 Person.hbm.xml 中的 room 属性，将 cascade 级联值设为 all，这样当保存 person1 对象时可以对 person 表实现行插入，同时也可以对 room 表实现行插入。

3. 设置主动方（Person）的级联属性

级联是指当主动方对象（person1）执行操作（save）时，被关联对象（被动方 room1）是否同步执行同一操作。如当主动方对象（person1）调用 save、update 等方法时，被关联对象（room1）是否也调用 save、update 等方法。

下面来修改主动方对象 person1 对应的 hbm 文件（Person.hbm.xml），打开 Person.hbm.xml 中的 room 属性，将 cascade 级联值设置为 all。cascade 属性设置为 all 表示：当保存 person 对象时，将级联保存 person 对象所关联的 room 对象，如图 12-28 所示。

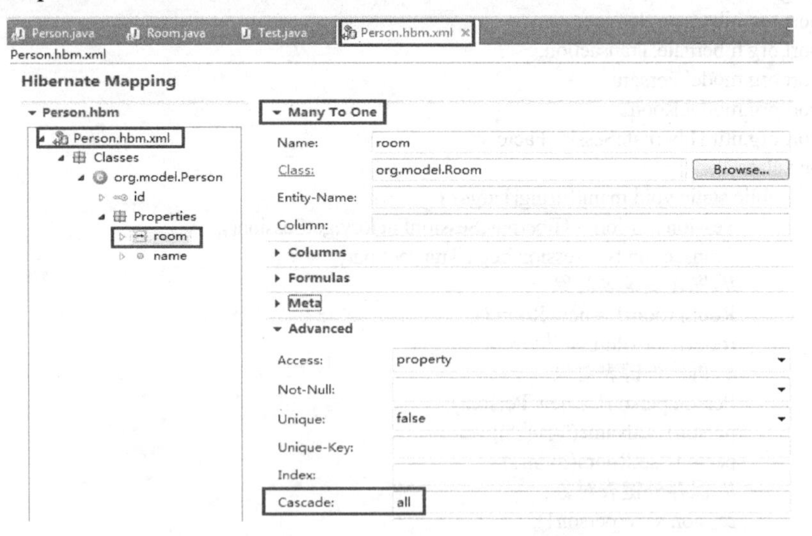

图 12-28　设置主动方（Person）的级联属性

设置了 cascade 属性后，当保存 person 对象时，将首先保存 room 表，即在 room 表中插入“杭州”这条记录后，才能在 person 表中插入“李明”这条记录，因为插入“李明”这条记录时需要有 room_id 值提供，而这个值是由 room 表的 id 值提供的。

4．运行验证

再次运行程序后，能够在保存 person1 对象的时候，同时把 room1 对象也保存到数据库中，如图 12-29 所示。

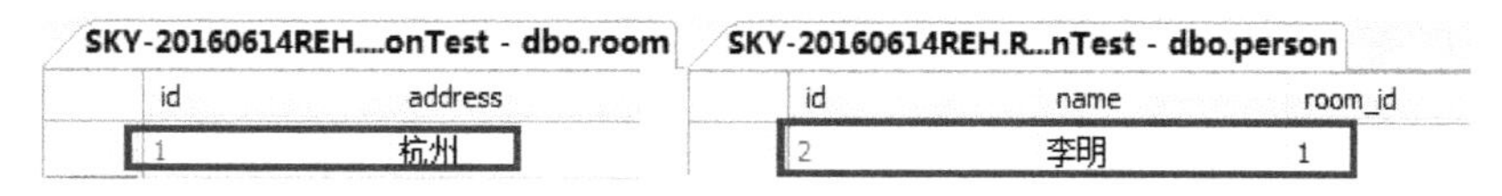

图 12-29　运行结果

12.1.4　主动方对象交换测试

1．删除主键表和外键表记录

在 SQL Server 中删除刚才新插入的 person 表和 room 表记录。

📖 一定要先删除 person 表中的所有记录后，才能删除 room 表中的记录。

这是因为 person 表中的每一行都有 room_id 外键字段，这个字段是连接 room 表中的 id 字段，如果先删除 room 表中的行记录，将违反外键约束规则，因此，不允许先删除主键表的行记录。

主动方对象测试（即执行 session.save 的对象），查看级联关系的不对称性特征。

2．设定主动方：person 对象

新建 1 个 room 对象，新建 2 个 person 对象，然后保存 person 对象，代码如下：

```
public static void main(String[] args) {
        Session session = HibernateSessionFactory.getSession();
        Transaction ts = session.beginTransaction();
        Room room1 = new Room();
        room1.setAddress("杭州");
        Person person1 = new Person();
        person1.setName("李明");
        person1.setRoom(room1);
        Person person2 = new Person();
        person2.setName("王强");
        person2.setRoom(room1);
        session.save(person1);
        session.save(person2);
        ts.commit();
}
```

程序运行后，能同时保存 2 个 person，并保存 1 个 room。

为了查看后续执行效果，在 SQL Server 中删除刚才新插入的 person 表和 room 表记录。

3．设置主动方：room 对象

新建 1 个 room 对象，新建 2 个 person 对象，并将 2 个 person 对象放入集合 set 中，并调用 setPersons 设置 room 的 persons 属性，然后保存 room 对象，代码如下：

```
public static void main(String[] args) {
    Session session = HibernateSessionFactory.getSession();
    Transaction ts = session.beginTransaction();
    Room room1 = new Room();
    room1.setAddress("杭州");
```

```
        Person person1 = new Person();
        person1.setName("李明");
        person1.setRoom(room1);
        Person person2 = new Person();
        person2.setName("王强");
        person2.setRoom(room1);
        Set persons = new HashSet(0);
        persons.add(person1);
        persons.add(person2);
        // 给主键表设置集合属性 persons
        room1.setPersons(persons);
        session.save(room1);
        ts.commit();
    }
```

运行程序，查看数据库，发现只保存了 room 对象，并没有把 2 个 person 对象保存进去。

📖 这是由于级联关系是不对称的，即当主动方对象由 person 改为 room 后，必须设定主动方对象 room 的 hbm 文件，即 Room.hbm.xml 中的 persons 属性，将 cascade 级联值设置为 all。

4．设置主动方（Room）的级联属性

修改 Room.hbm.xml 中的 persons 属性，将 cascade 级联值设置为 all，如图 12-30 所示。

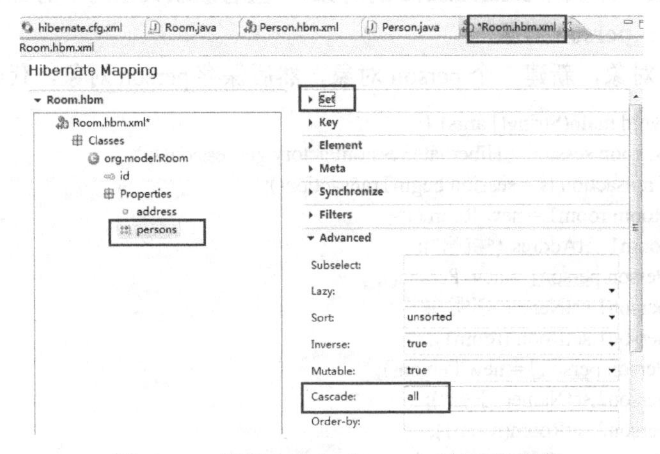

图 12-30　设置主动方（Room）的级联属性

再次程序运行后，查看 SQL Server 数据库，可以发现能保存 1 个 room，并同时保存 2 个 person。

12.2　应用案例 2：多对多关联

多对多关系在关系数据库中不能直接实现，必须依赖一张连接表。多对多关联可以分成两个多对多单向关联。

12.2.1　工程框架搭建

1．新建数据库和表

新建数据库：xskc，然后建三张表：student、course 和 stu_cour 表。

第 12 章任务 5

1）student 表，如图 12-31 和图 12-32 所示。

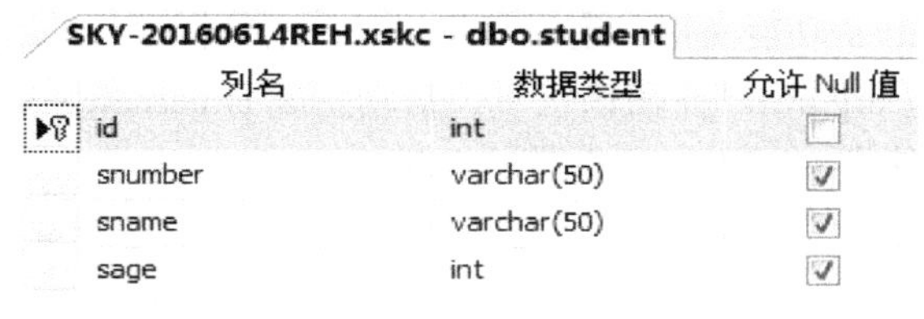

图 12-31　student 表

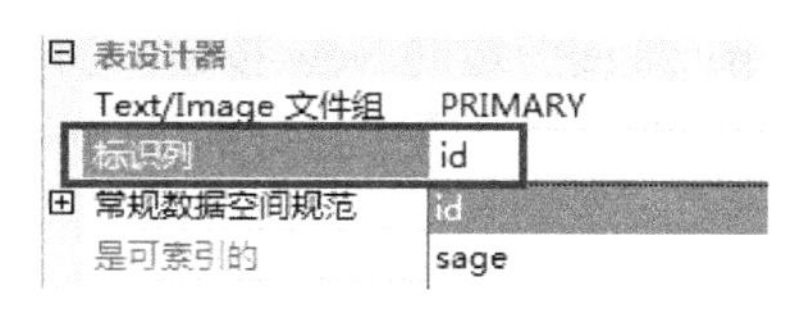

图 12-32　设置标识列

2）course 表，如图 12-33 和图 12-34 所示。

SKY-20160614REH.xskc - dbo.course

列名	数据类型	允许 Null 值
id	int	☐
cnumber	varchar(50)	☑
cname	varchar(50)	☑

图 12-33　course 表

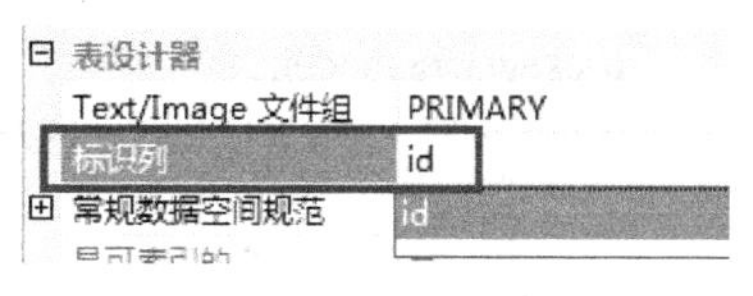

图 12-34　设置标识列

3）stu_cour 表，如图 12-35 所示。

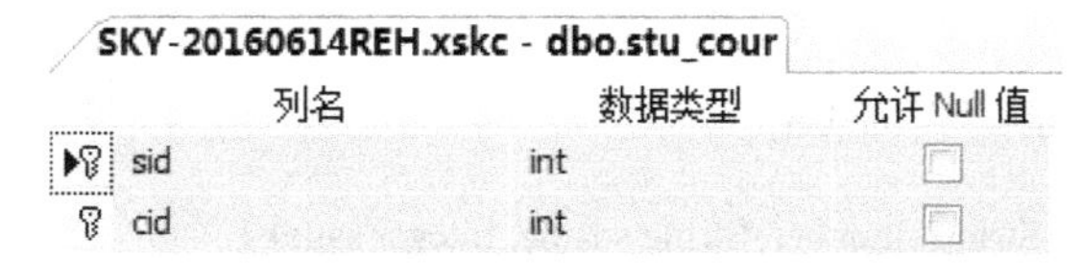

图 12-35　stu_cour 表

双主键设置：打开 stu_cour 表，首先选择 sid 行，然后按〈Shift〉键，再选择 cid 行，然后单击主键按钮。

📖 stu_cour 表中的两个主键是不需要设置自增的（连接表中的双主键不会自增）。

2．新建 Java 工程

新建工程工程名为 MultoMul，新建 lib 目录，复制 sqljdbc4.jar 包到 lib 目录下，并添加该 jar 包的引用。打开 DB Browser 视图，然后新建一个连接 dblink，选择 Microsoft SQL Server 2005 模板，然后修改连接 URL，单击 Add JARs 按钮，选择 sqljdbc4.jar 包所在的位置，如图 12-36 所示。

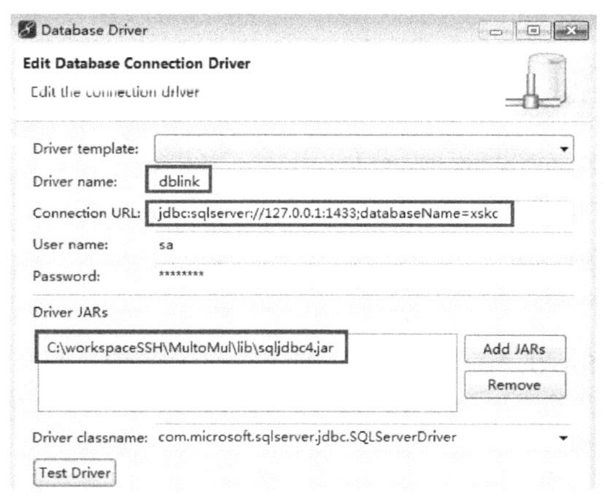

图 12-36　编辑 dblink

3．添加 Hibernate 支持

右键单击工程，添加 Hibernate Capabilities 功能支持，选择 Hibernate 的版本为 3.2，选择 Java package 旁边的 New 按钮，新建一个包 org.util，并在该包下，自动生成 HibernateSession Factory 类，选择刚才建好的 dblink，选择使用 MyEclipse 自带的 Hibernate 库包。

第 12 章任务 6

12.2.2　实体类创建

1．反向工程 student 表，生成 Student 类和 Student.hbm.xml 文件

Student 类，代码如下：

```
package org.model;
public class Student implements java.io.Serializable {
    private Integer id;
    private String snumber;
    private String sname;
    private Integer sage;
    public Student() {
    }
    public Student(String snumber) {
        this.snumber = snumber;
    }
    public Student(String snumber, String sname, Integer sage) {
        this.snumber = snumber;
        this.sname = sname;
        this.sage = sage;
    }
    public Integer getId() {
        return this.id;
    }
    public void setId(Integer id) {
        this.id = id;
    }
    public String getSnumber() {
        return this.snumber;
    }
    public void setSnumber(String snumber) {
        this.snumber = snumber;
    }
    public String getSname() {
        return this.sname;
    }
    public void setSname(String sname) {
        this.sname = sname;
    }
    public Integer getSage() {
        return this.sage;
    }
    public void setSage(Integer sage) {
        this.sage = sage;
    }
}
```

Student.hbm.xml 文件，代码如下：

```xml
<?xml version="1.0" encoding="utf-8"?>
<hibernate-mapping>
    <class name="org.model.Student" table="student" schema="dbo" catalog="xscj">
        <id name="id" type="java.lang.Integer">
            <column name="id" />
            <generator class="native" />
        </id>
        <property name="snumber" type="java.lang.String">
            <column name="snumber" length="50" not-null="true" />
        </property>
        <property name="sname" type="java.lang.String">
            <column name="sname" length="50" />
        </property>
        <property name="sage" type="java.lang.Integer">
            <column name="sage" />
        </property>
    </class>
</hibernate-mapping>
```

2．反向工程 course 表，生成 Course 类和 Course.hbm.xml 文件

Course 类，代码如下：

```java
package org.model;
public class Course implements java.io.Serializable {
    private Integer id;
    private String cnumber;
    private String cname;
    public Course() {
    }
    public Course(String cnumber, String cname) {
        this.cnumber = cnumber;
        this.cname = cname;
    }
    public Integer getId() {
        returnthis.id;
    }
    public void setId(Integer id) {
        this.id = id;
    }
    public String getCnumber() {
        returnthis.cnumber;
    }
    public void setCnumber(String cnumber) {
        this.cnumber = cnumber;
    }
    public String getCname() {
        returnthis.cname;
    }
    public void setCname(String cname) {
        this.cname = cname;
    }
}
```

Course.hbm.xml 文件，代码如下：

```
<?xml version="1.0" encoding="utf-8"?>
<hibernate-mapping>
    <class name="org.model.Course" table="course" schema="dbo" catalog="xscj">
        <id name="id" type="java.lang.Integer">
            <column name="id" />
            <generator class="native" />
        </id>
        <property name="cnumber" type="java.lang.String">
            <column name="cnumber" length="50" />
        </property>
        <property name="cname" type="java.lang.String">
            <column name="cname" length="50" />
        </property>
    </class>
</hibernate-mapping>
```

📖 不要给连接表 stu_cour 做反向工程。

12.2.3 Student 类的多对多关联属性设置

第 12 章任务 7

1．添加 Student 类的 courses 集合属性

在 Student.java 中添加集合属性（手工添加多对多的关联属性），代码如下：

```
// 添加一个课程集合属性 courses，表示 1 个学生可以有多个课程，即课程集合
  private Set courses = new HashSet(0);
  public Set getCourses() {
    return courses;
  }
  public void setCourses(Set courses) {
    this.courses = courses;
  }
```

2．courses 属性设置

修改 student.hbm.xml 文件，增加 courses 属性的说明。

1）新增 Set 属性，如图 12-37 所示。

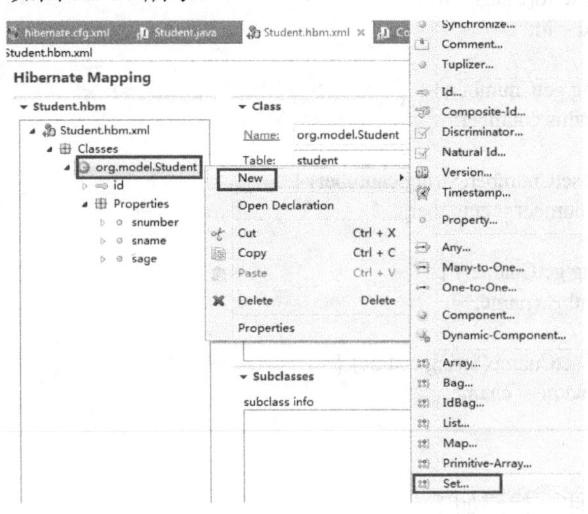

图 12-37　新增 Set 属性

2）设置集合属性 courses，如图 12-38 所示。

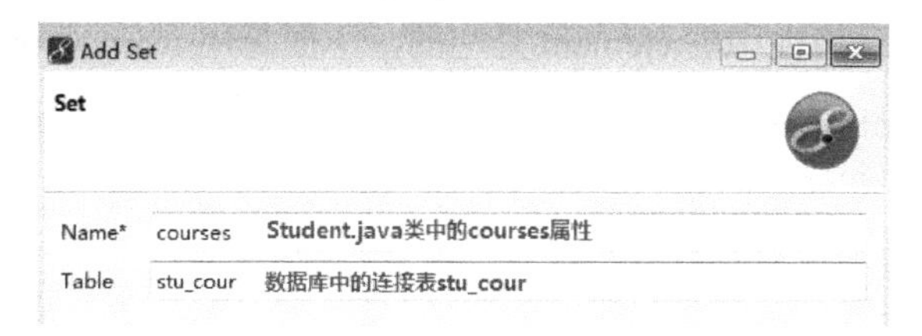

图 12-38　设置 Set 属性对应的 Table 值（连接表名）

3）设置主动方 Student 类的 Key Column 属性：sid

单击 courses 属性，在 Key→Column 中输入主动方 Student 类在连接表 stu_cour 中的主键 sid，如图 12-39 所示。

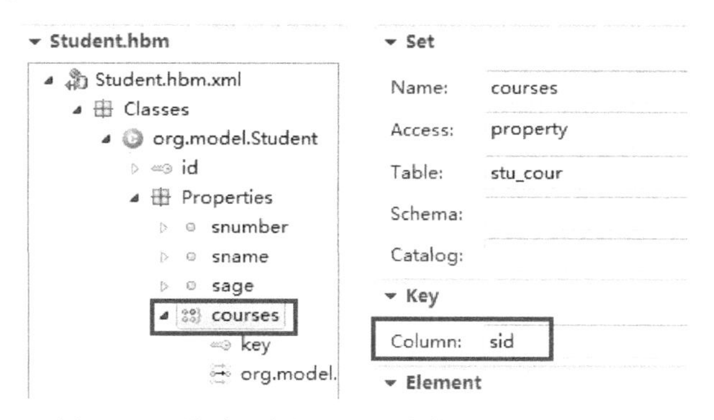

图 12-39　设置主动方 Student 类的 Key Column 属性

4）设置 Lazy 属性和 Cascade 级联属性，如图 12-40 所示。

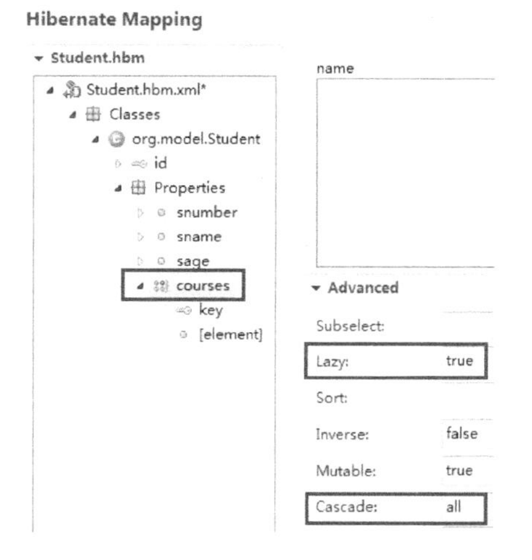

图 12-40　设置 Lazy 属性和 Cascade 级联属性

两个属性描述如下：

- Cascade 属性设置为 all 表示，当保存学生对象时，将级联保存学生所选的课程对象。
- Lazy 属性设置为 true 表示，当查询学生对象时，不会立即把学生所选的课程对象查询出来，这样可以节省时间，提高效率。但很多情况下需要设置为 false，也就是说当查询某个学生时，需要立即把这个学生所选的课程查询出来，并赋值给 Student 类的 courses 属性。

5）设置 many-to-many 属性。

可以看到目前 courses 属性中的 element 是空的，下面将用 many-to-many 来替换。右键单击 courses 属性，选择 New→Many-to-Many，如图 12-41 所示。

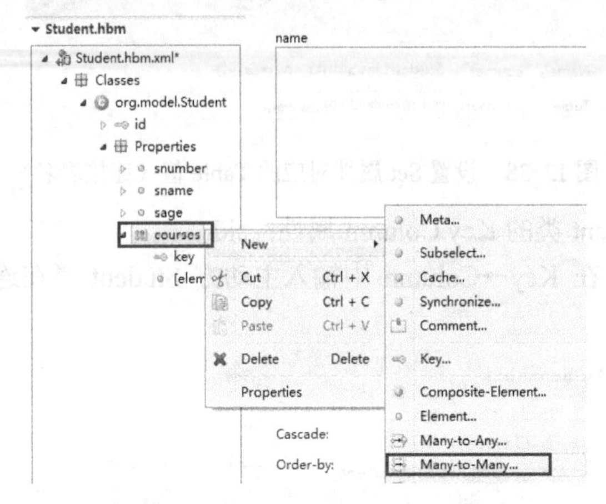

图 12-41　设置 many-to-many 属性

单击 OK 按钮替换，如图 12-42 所示。

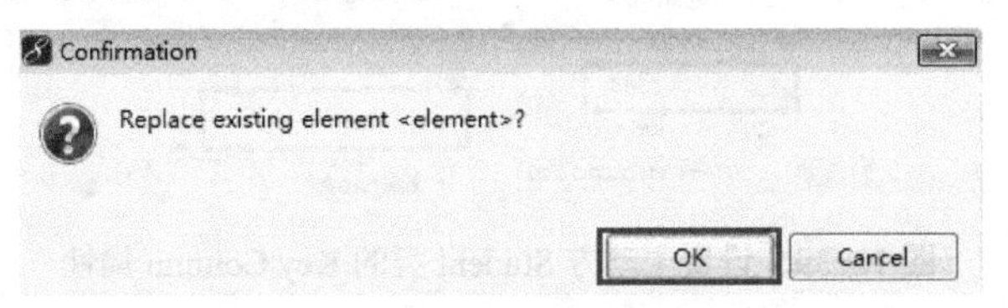

图 12-42　替换 element 属性

设置被动方的类名：org.model.Course，如图 12-43 所示。

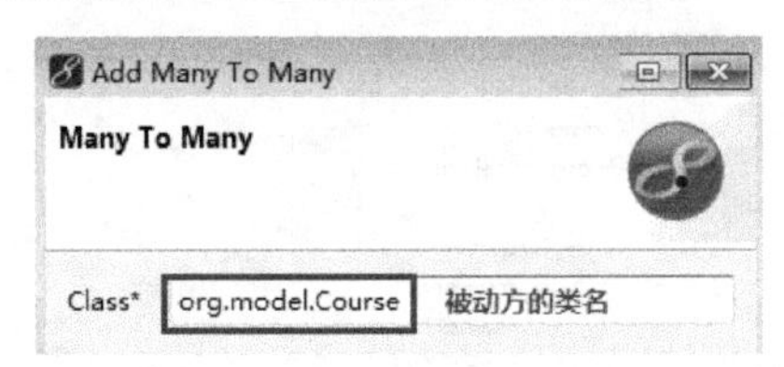

图 12-43　设置被动方的类名

设置被动方 Course 类在连接表 stu_cour 中的主键：cid，如图 12-44 所示。

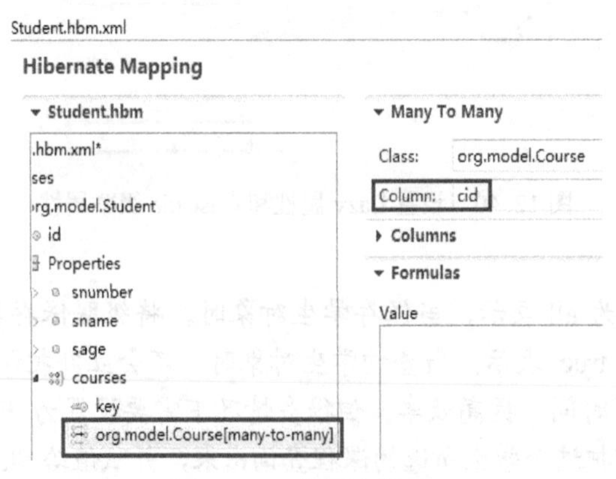

图 12-44　设置主键 cid

最终生成的 courses 属性如下：

```
<set name="courses" table="stu_cour" cascade="all" lazy="true">
    <key column="sid" />
    <many-to-many class="org.model.Course" column="cid" />
</set>
```

3．新建 Test 类

Test 类代码如下：

```
package test;
import java.util.HashSet;
import java.util.Set;
import org.hibernate.Session;
import org.hibernate.Transaction;
import org.model.Course;
import org.model.Student;
import org.util.HibernateSessionFactory;

public class Test {
    public static void main(String[] args) {
        Session session = HibernateSessionFactory.getSession();
        Transaction ts = session.beginTransaction();
        // 新建课程集合属性 courses
        Set courses = new HashSet(0);
        Course cour = new Course();
        cour.setCname("计算机基础");
        cour.setCnumber("101");
        courses.add(cour);
        cour = new Course();
        cour.setCname("数据库原理");
        cour.setCnumber("102");
        courses.add(cour);
        cour = new Course();
        cour.setCname("计算机原理");
        cour.setCnumber("103");
        courses.add(cour);
        // 新建 1 个主动方 Student 对象
        Student stu = new Student();
        stu.setSnumber("081101");
        stu.setSname("李芳");
        stu.setSage(21);
        stu.setCourses(courses);
        session.save(stu);
        ts.commit();
    }
}
```

4．运行验证

show_sql 属性和 format_sql 属性都为 true，如图 12-45 所示。

运行程序，可以在 Console 中看到 Hibernate 后台执行的 sql 语句，总共有 7 条语句，也就是给 3 张表插入了 7 条记录，如图 12-46 所示。

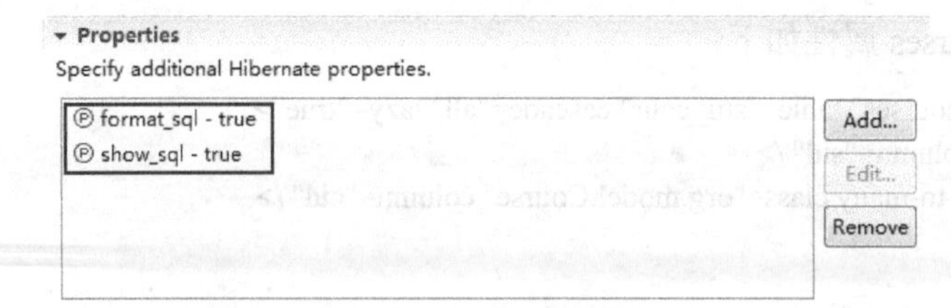

图 12-45　增加 show_sql 属性和 format_sql 属性

```
log4j:WARN No appenders could be found for logger (org.hibernate.cfg.En
log4j:WARN Please initialize the log4j system properly.
Hibernate: insert into xskc.dbo.student (snumber, sname, sage) values (
Hibernate: insert into xskc.dbo.course (cnumber, cname) values (?, ?)
Hibernate: insert into xskc.dbo.course (cnumber, cname) values (?, ?)
Hibernate: insert into xskc.dbo.course (cnumber, cname) values (?, ?)
Hibernate: insert into stu_cour (sid, cid) values (?, ?)
Hibernate: insert into stu_cour (sid, cid) values (?, ?)
Hibernate: insert into stu_cour (sid, cid) values (?, ?)
```

图 12-46　运行结果

可以发现，运行程序后，就能够在保存 Student 对象的时候，同时把 3 个 Course 对象也保存到数据库中。此外，连接表中保存了 Student 和 course 表的关联关系，即 sid=1 的学生，选了 cid=1，2，3 这 3 门课，如图 12-47 所示。

SKY-20160614REH.xskc - dbo.student

id	snumber	sname	sage
1	081101	李芳	21

SKY-20160614REH.xskc - dbo.course

id	cnumber	cname
1	101	计算机基础
2	102	数据库原理
3	103	计算机原理

SKY-20160614REH.xskc - dbo.stu_cour

sid	cid
1	1
1	2
1	3

图 12-47　运行后的数据库

📖 通过 Student 和 stu_cour 的 many-to-many 设置，当保存学生（1 号学生）时，把 3 门课程（1、2、3 号课程）信息也保存了。从连接表 stu_cour 可以看出，1 号学生选了 3 门课程（1、2、3 号课程）。

最后，在 SQL Server 中删除刚才新插入的 student 表、course 表和 stu_cour 表记录。

第 12 章任务 8

12.2.4　Course 类的多对多关联属性设置

为了实现保存课程时能同时保存学生，需要对课程类进行修改。

📖 在本小节中，课程是主动方对象。

1. 添加 Course 类的 stus 集合属性

在 Course.java 中添加集合属性：

```
// 添加 1 个学生集合属性 stus，表示 1 门课程可以有多个学生，即学生集合
```

```
private Set stus = new HashSet(0);
public Set getStus() {return stus;}
public void setStus(Set stus) {this.stus = stus;}
```

2. stus 属性的设置

修改 course.hbm.xml 文件，增加 stus 属性的说明。

1）新增 Set 属性，如图 12-48 所示。

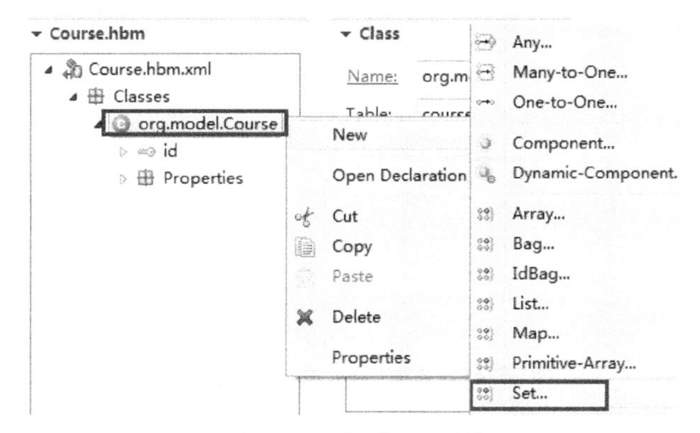

图 12-48　新增 Set 属性

2）设置 Set 属性的 Name 为 stus，如图 12-49 所示。

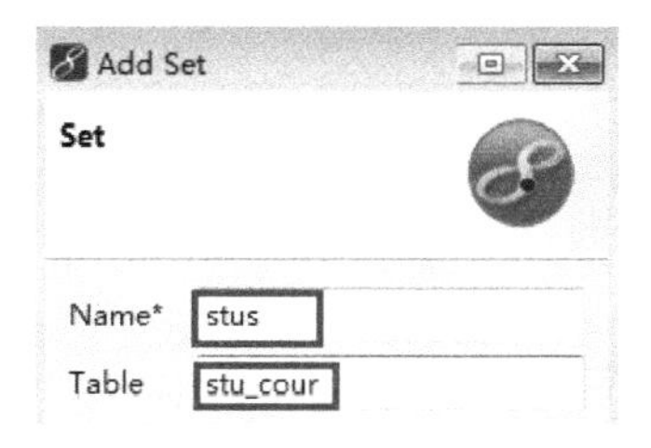

图 12-49　设置 Set 属性

3）设置主动方 Course 类的 Key Column 属性。

单击 stus 属性，在 Key→Column 中输入主动方 Course 类在连接表 stu_cour 中的主键 cid，如图 12-50 所示。

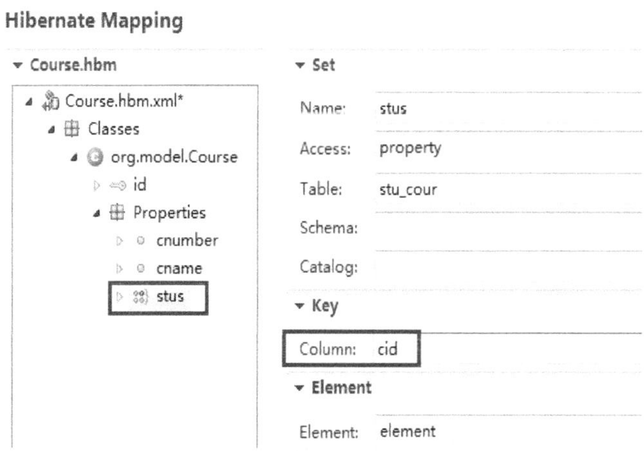

图 12-50　设置 Key Column 属性

4）设置 Lazy 和 Cascade 属性，如图 12-51 所示。

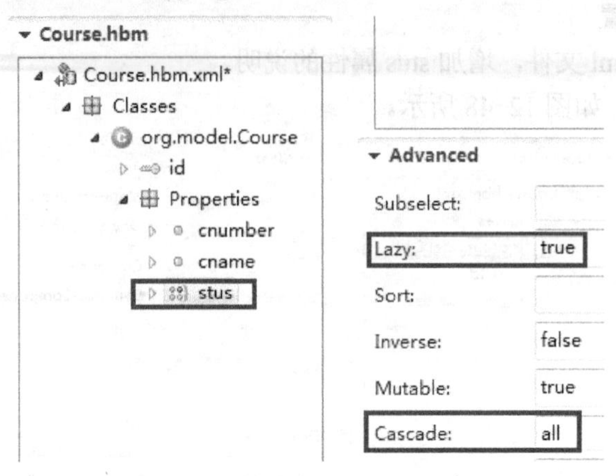

图 12-51　设置 Lazy 和 Cascade 属性

5）添加 many-to-many 属性，如图 12-52 和图 12-53 所示。

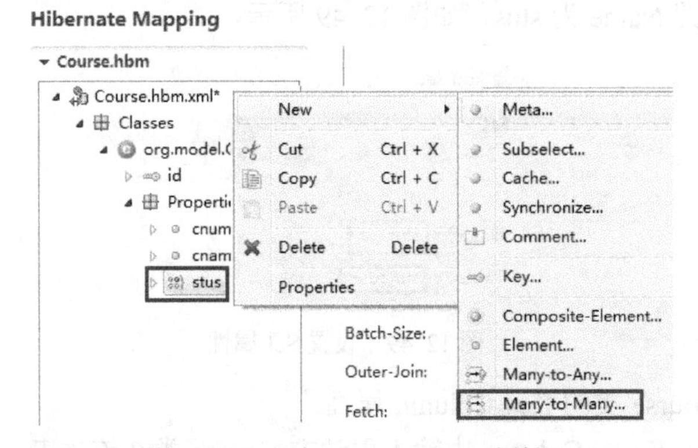

图 12-52　添加 many-to-many 属性

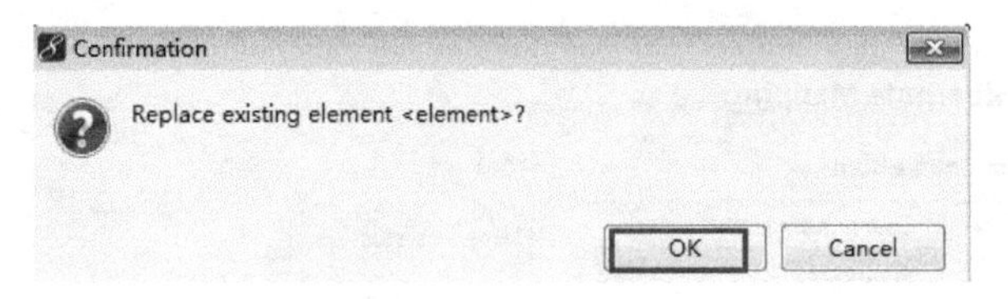

图 12-53　单击 OK 按钮

设置被动方的类名：org.model.Student，如图 12-54 所示。

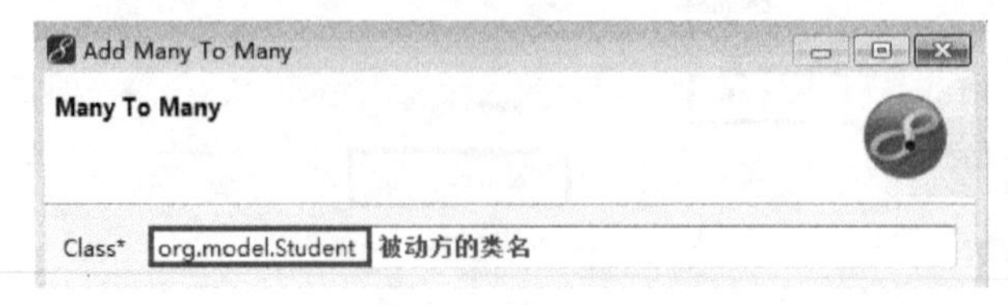

图 12-54　设置被动方的类名

设置被动方 Student 类在连接表 stu_cour 中的主键：sid，如图 12-55 所示。

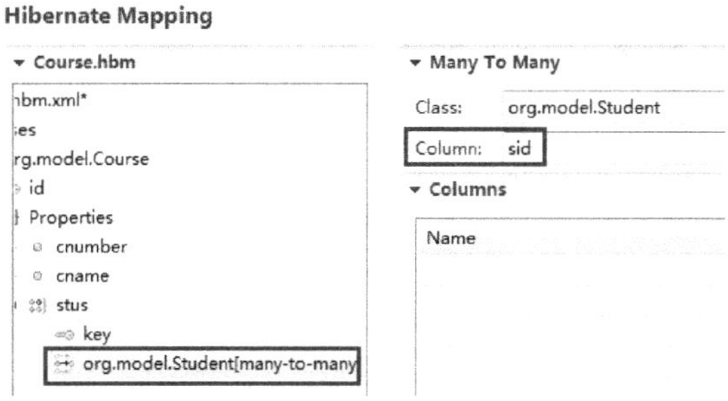

图 12-55　设置主键 sid

最终生成的 stus 属性如下：

```
<set name="stus" table="stu_cour" cascade="all" lazy="true">
    <key column="cid" />
    <many-to-many class="org.model.Student" column="sid" />
</set>
```

3．新建 Test1 类

新建 Test1 类代码如下：

```
package test;
import java.util.HashSet;
import java.util.Set;
import org.hibernate.Session;
import org.hibernate.Transaction;
import org.model.Course;
import org.model.Student;
import org.util.HibernateSessionFactory;
public class Test1 {
    public static void main(String[] args) {
        Session session = HibernateSessionFactory.getSession();
        Transaction ts = session.beginTransaction();
        // 新建学生集合属性 stus
        Set stus = new HashSet(0);
        // 新建 3 个被动方 Student 对象
        Student stu = new Student();
        stu.setSnumber("081104");
        stu.setSname("高原易");
        stu.setSage(21);
        stus.add(stu);
        stu = new Student();
        stu.setSnumber("081102");
        stu.setSname("王皓");
        stu.setSage(22);
        stus.add(stu);
        stu = new Student();
        stu.setSnumber("081103");
        stu.setSname("张建");
```

```
            stu.setSage(23);
            stus.add(stu);
            // 新建 1 个主动方 Course 对象
            Course cour1 = new Course();
            cour1.setCname("java 程序设计");
            cour1.setCnumber("104");
            // 设置主动方 Course 对象的 Set 集合属性
            cour1.setStus(stus);
            // 保存主动方课程对象 cour1
            session.save(cour1);
            ts.commit();
        }
    }
```

4．运行验证

运行程序后，正确地插入了相关数据，如图 12-56、图 12-57 和图 12-58 所示。

SKY-20160614REH.xskc - dbo.student

id	snumber	sname	sage
1	081101	李芳	21
2	081101	李芳	21
3	081103	张建	23
4	081104	高原易	21
5	081102	王皓	22

图 12-56　student 表

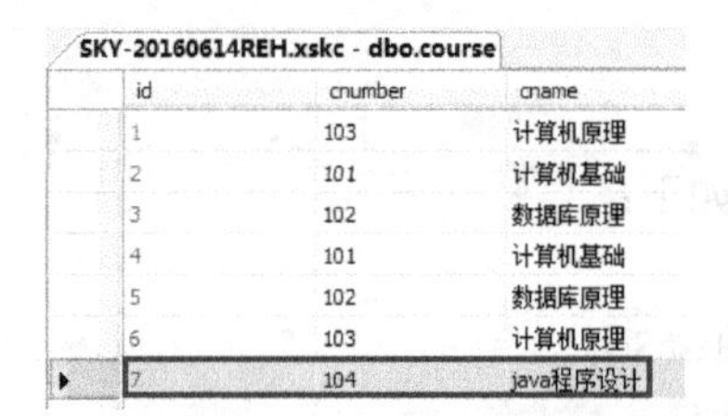

SKY-20160614REH.xskc - dbo.course

id	cnumber	cname
1	103	计算机原理
2	101	计算机基础
3	102	数据库原理
4	101	计算机基础
5	102	数据库原理
6	103	计算机原理
7	104	java程序设计

图 12-57　course 表

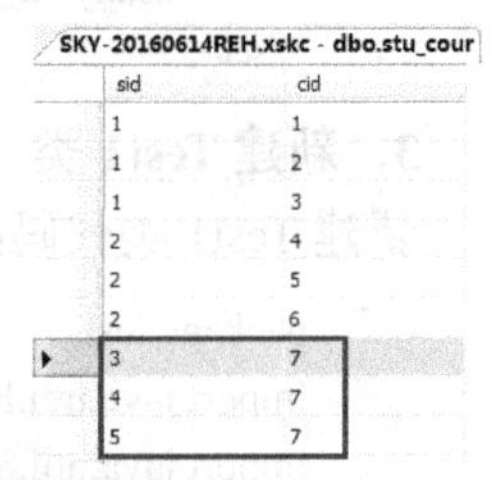

SKY-20160614REH.xskc - dbo.stu_cour

sid	cid
1	1
1	2
1	3
2	4
2	5
2	6
3	7
4	7
5	7

图 12-58　stu_cour 表

📖 通过 course 和 stu_cour 表的 many-to-many 设置，这样保存课程（7 号课程，图 12-57 所示）时，把 3 个学生（3、4、5 号学生，图 12-58 所示）信息也保存了。

从图 12-58 的连接表 stu_cour 可以看出，7 号课程被 3 个学生选择（3、4、5 号学生）。连接表的功能是实现双外键的功能，即满足：

```
stu_cour.sid = student.id    且    stu_cour.cid=course.id
```

12.3　应用案例 3：留言管理系统的 Hibernate 改造

12.3.1　删除原有 JDBC 访问配置

第 12 章任务 9

删除手工添加的 POJO 类和 JDBC 访问类。在 MyEclipse 中打开原有 LiuyanFZL 工程，然后执行：

1）删除 org.model.Liuyan 类和 org.model.User 类。

2）删除 org.util.DB 类。

12.3.2　实体类创建

第 12 章任务 10

1．利用 DB Browser 访问数据库

在 DB Browser 视图中添加数据库连接 dblink，如图 12-59 所示。

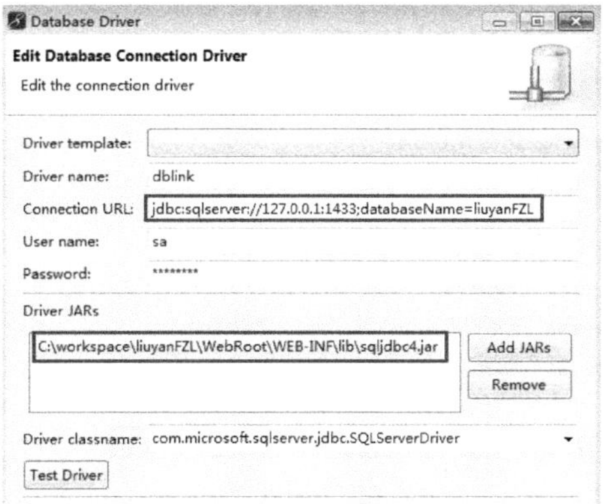

图 12-59　添加数据库连接

2．Hibernate 改造

添加 Hibernate 支持，选择 Hibernate 的版本为 3.2，如图 12-60 和图 12-61 所示。

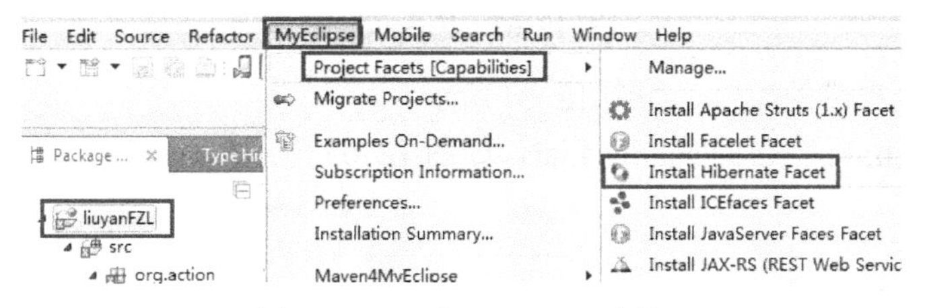

图 12-60　添加 Hibernate 支持

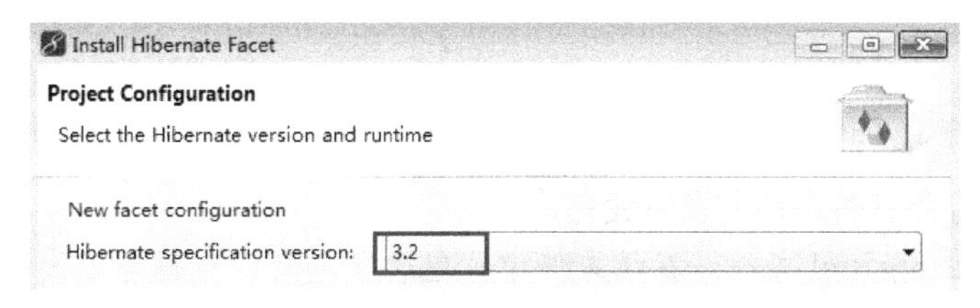

图 12-61　选择 Hibernate 版本

选择 Create/Specify hibernate.cfg.xml file，然后单击 Java package 旁边的 Browse 按钮，选择一个 org.util 包，并在该包下，自动生成 HibernateSessionFactory 类，如图 12-62 所示。

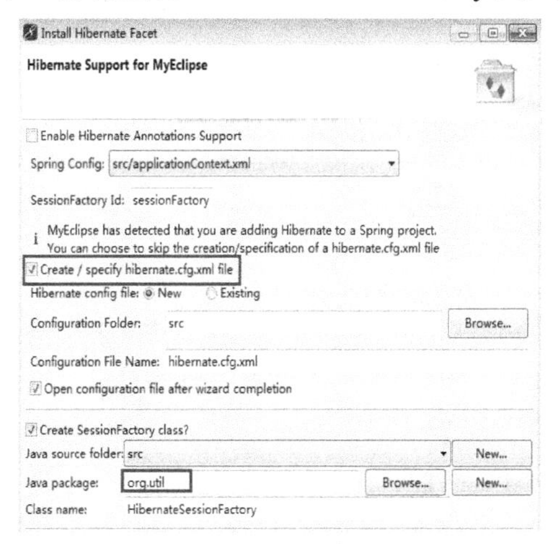

图 12-62　生成 HibernateSessionFactory 类

选择刚才建好的 dblink，如图 12-63 所示。

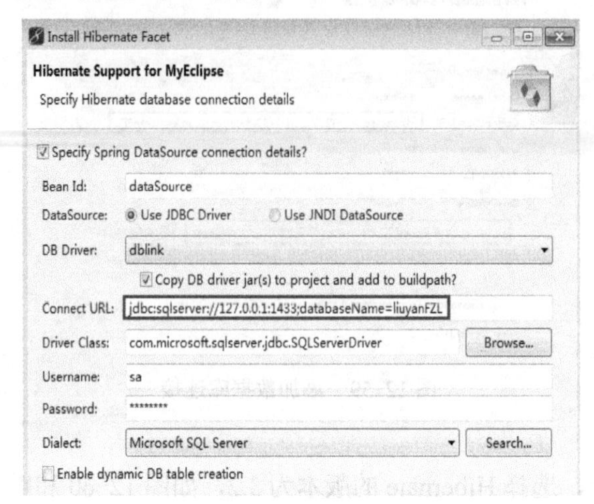

图 12-63　选择 dblink

去除 MyEclipse 自带的库包，如图 12-64 所示。

不要选择 MyEclipse 自带的 sqljdbc4.jar，如图 12-65 所示。

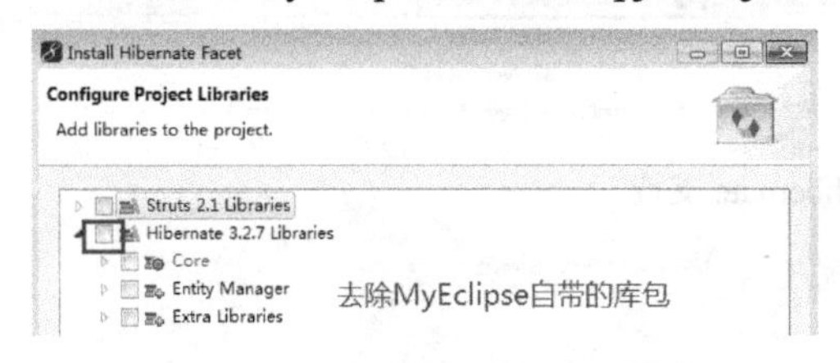

图 12-64　去除 MyEclipse 自带的库包

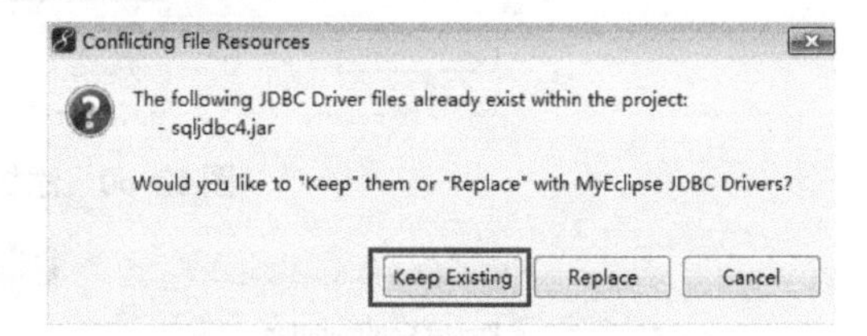

图 12-65　不选择 MyEclipse 自带的 sqljdbc4.jar

此时，工程中将会有两个地方发生变化。

- 生成 hibernate.cfg.xml 文件：在该文件中，包含了所有的数据库连接的配置信息。
- 生成 HibernateSessionFactory 类：这个类将提供 Hibernate 数据库操作。

3. 对主键表 user 表进行反向工程

在 DB Browser 中，打开 dblink，找到 liuyanFZL 数据库，右键单击 user 表，选择“Hibernate Reverse Engineering”，选择 POJO 类的包为 org.model，如图 12-66 所示。

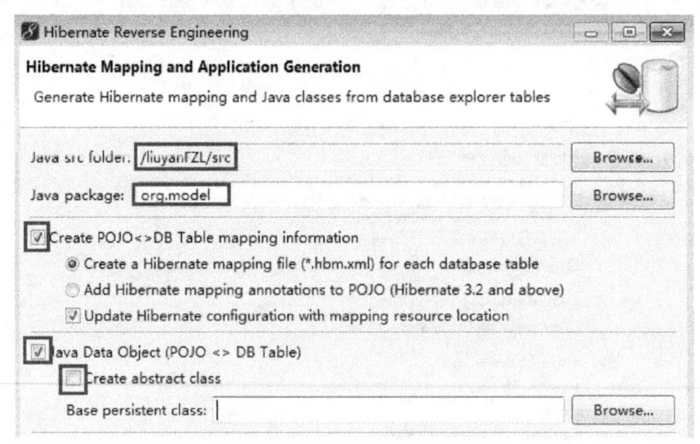

图 12-66　反向工程主键表 user 表

由于 user 表的主键是自增的，所以选择 Id 生成方式（Id Generator）为 native 或 identity。此时，工程中将会有三个地方发生变化。

1）修改了 hibernate.cfg.xml 文件，代码如下：

```
<?xml version='1.0' encoding='UTF-8'?>
<hibernate-configuration>
    <session-factory>
        <property name="dialect">org.hibernate.dialect.SQLServerDialect</property>
        <property name="connection.url">
            jdbc:SQLServer://127.0.0.1:1433;databaseName=liuyanFZL
        </property>
        <property name="connection.username">sa</property>
        <property name="connection.password">zhijiang</property>
        <property name="connection.driver_class">
            com.microsoft.SQLServer.jdbc.SQLServerDriver
        </property>
        <property name="myeclipse.connection.profile">dblink</property>
        <mapping resource="org/model/User.hbm.xml" />
    </session-factory>
</hibernate-configuration>
```

📖 反向工程后增加了 user 表的 hbm 文件说明< mapping resource>。

2）增加了 org.model.User 类，该类中的所有属性都是 user 表中的列名，代码如下：

```
package org.model;
import java.util.HashSet;
import java.util.Set;
public class User implements java.io.Serializable {
        private Integer id;
        private String username;
        private String password;
        private Set liuyans = new HashSet(0);
        public User() {
        }
        public User(String username, String password, Set liuyans) {
            this.username = username;
            this.password = password;
            this.liuyans = liuyans;
        }
        public Integer getId() {
            return this.id;
        }
        public void setId(Integer id) {
            this.id = id;
        }
        public String getUsername() {
            return this.username;
        }
        public void setUsername(String username) {
            this.username = username;
        }
        public String getPassword() {
```

```
            return this.password;
        }
        public void setPassword(String password) {
            this.password = password;
        }
        public Set getLiuyans() {
            return this.liuyans;
        }
        public void setLiuyans(Set liuyans) {
            this.liuyans = liuyans;
        }
}
```

3）增加了 User.hbm.xml 文件，该文件对 org.model.User 类和 liuyanFZL.dbo.user 的关联关系进行描述，代码如下：

```
<?xml version="1.0" encoding="utf-8"?>
<hibernate-mapping>
    <class name="org.model.User" table="user" schema="dbo" catalog="liuyanFZL">
        <id name="id" type="java.lang.Integer">
            <column name="id" />
            <generator class="native" />
        </id>
        <property name="username" type="java.lang.String">
            <column name="username" length="50" />
        </property>
        <property name="password" type="java.lang.String">
            <column name="password" length="50" />
        </property>
        <set name="liuyans" inverse="true">
            <key>
                <column name="userId" />
            </key>
            <one-to-many class="org.model.Liuyan" />
        </set>
    </class>
</hibernate-mapping>
```

4．对外键表 liuyan 表进行反向工程

右键单击 liuyan 表，选择“Hibernate Reverse Engineering”，选择 POJO 类的包为 org.model。由于 liuyan 表的主键是自增的，所以选择 Id 生成方式（Id Generator）为 native 或 identity。

此时，工程中将会有三个地方发生变化。

1）修改了 hibernate.cfg.xml 文件，代码如下：

```
<?xml version='1.0' encoding='UTF-8'?>
<hibernate-configuration>
    <session-factory>
        <property name="dialect">org.hibernate.dialect.SQLServerDialect</property>
        <property name="connection.url">
            jdbc:SQLServer://127.0.0.1:1433;databaseName=liuyanFZL
        </property>
        <property name="connection.username">sa</property>
```

```
            <property name="connection.password">zhijiang</property>
            <property name="connection.driver_class">
                com.microsoft.SQLServer.jdbc.SQLServerDriver
            </property>
            <property name="myeclipse.connection.profile">dblink</property>
            <mapping resource="org/model/User.hbm.xml" />
            <mapping resource="org/model/Liuyan.hbm.xml" />
        </session-factory>
</hibernate-configuration>
```

📖 反向工程后增加了 liuyan 表的 hbm 文件说明<mapping resource>。

2）增加了 org.model.Liuyan 类，该类中的所有属性都是 liuyan 表中的列名，代码如下：

```
package org.model;
import java.sql.Timestamp;
public class Liuyan implements java.io.Serializable {
        private Integer id;
        private User user;
        private Timestamp lydate;
        private String title;
        private String details;
        public Liuyan() {
        }
        public Liuyan(User user, Timestamp lydate, String title, String details) {
            this.user = user;
            this.lydate = lydate;
            this.title = title;
            this.details = details;
        }
        public Integer getId() {
            return this.id;
        }
        public void setId(Integer id) {
            this.id = id;
        }
        public User getUser() {
            return this.user;
        }
        public void setUser(User user) {
            this.user = user;
        }
        public Timestamp getLydate() {
            return this.lydate;
        }
        public void setLydate(Timestamp lydate) {
            this.lydate = lydate;
        }
        public String getTitle() {
            return this.title;
        }
        public void setTitle(String title) {
            this.title = title;
        }
```

```
			public String getDetails() {
				return this.details;
			}
			public void setDetails(String details) {
				this.details = details;
			}
}
```

3）增加了 Liuyan.hbm.xml 文件，该文件对 org.model. Liuyan 类和 liuyanFZL.dbo.liuyan 的关联关系进行描述，代码如下：

```
<?xml version="1.0" encoding="utf-8"?>
<hibernate-mapping>
	<class name="org.model.Liuyan" table="liuyan" schema="dbo" catalog="liuyanFZL">
		<id name="id" type="java.lang.Integer">
			<column name="id" />
			<generator class="native" />
		</id>
		<many-to-one name="user" class="org.model.User" fetch="select">
			<column name="userId" />
		</many-to-one>
		<property name="lydate" type="java.sql.Timestamp">
			<column name="lydate" length="23" />
		</property>
		<property name="title" type="java.lang.String">
			<column name="title" length="20" />
		</property>
		<property name="details" type="java.lang.String">
			<column name="details" length="500" />
		</property>
	</class>
</hibernate-mapping>
```

12.3.3 数据访问 DAO 操作

第 12 章任务 11

1．新增 org.dao.UserDao 接口和 org.dao.imp.UserDaoImp 类

1）新增 org.dao.UserDao 接口，如图 12-67 所示。

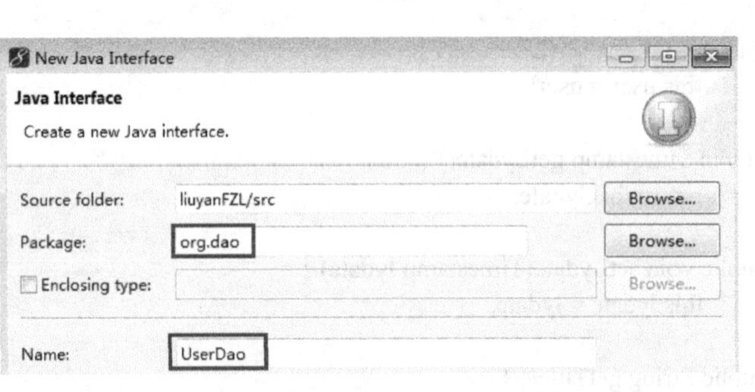

图 12-67 新增 org.dao.UserDao 接口

增加原先 org.util.DB 类中所有 User 类相关的 5 个方法名，代码如下：

```
package org.dao;
```

```
import java.util.List;
import org.model.User;
public interface UserDao {
	public boolean addUser(User newUser);
	public List<User> findAllUser();
	public User findUser(int id);
	public boolean updateUser(User existUser);
	public boolean deleteUser(User delUser);
}
```

2）新增 org.dao.imp.UserDaoImp 类，如图 12-68 所示。

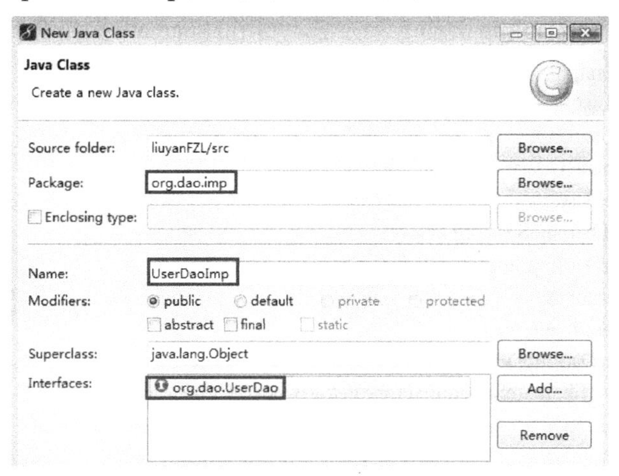

图 12-68　新增 org.dao.imp.UserDaoImp 类

代码如下：

```
package org.dao.imp;
import java.util.List;
import org.dao.UserDao;
import org.model.User;
public class UserDaoImp implements UserDao {
	public boolean addUser(User newUser) {
		return false;
	}
	public List<User> findAllUser() {
		return null;
	}
	public User findUser(int id) {
		return null;
	}
	public boolean updateUser(User existUser) {
		return false;
	}
	public boolean deleteUser(User delUser) {
		return false;
	}
}
```

2．添加 Session 和 Transaction 对象属性，并在构造函数中实例化

具体的代码如下：

```
public class UserDaoImp implements UserDao {
        private Session ses;
        private Transaction ts;
        public UserDaoImp() {
                ses = HibernateSessionFactory.getSession();
                Transaction ts = ses.beginTransaction();
        }
        ...
}
```

3．设置 UserDaoImp 类的 5 个方法

修改 org.dao.imp.UserDaoImp 类的 5 个方法，利用 Hibernate 操作 POJO 对象，代码如下：

```
package org.dao.imp;
import java.util.List;
import org.dao.UserDao;
import org.hibernate.Query;
import org.model.User;
import org.util.HibernateSessionFactory;
public class UserDaoImp implements UserDao {
        private Session ses;
        private Transaction ts;
        public UserDaoImp() {
                ses = HibernateSessionFactory.getSession();
                Transaction ts = ses.beginTransaction();
        }
        public boolean addUser(User newUser) {
                ses.save(newUser);
                ts.commit();
                return true;
        }
        public List<User> findAllUser() {
                Query query = ses.createQuery("from User");
                List<User> list = query.list();
                return list;
        }
        public User findUser(int id) {
                Query query =    ses.createQuery("from User where id=?");
                query.setParameter(1, id);
                List<User> list = query.list();
                User user = list.get(0);
                return user;
        }
        public boolean updateUser(User existUser) {
                ses.update(existUser);
                ts.commit();
                return true;
        }
        public boolean deleteUser(User delUser) {
                ses.delete(delUser);
                return true;
        }
}
```

4．新增 org.dao.LiuyanDao 接口和 org.dao.imp.LiuyanDaoImp 类

1）新增 org.dao.LiuyanDao 接口，如图 12-69 所示。

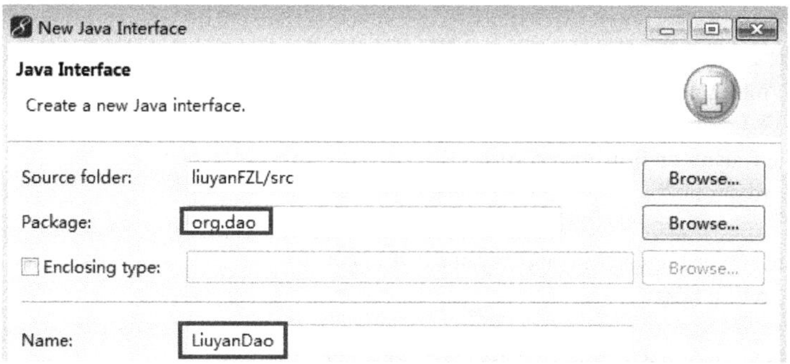

图 12-69　新增 org.dao.LiuyanDao 接口

增加原先 org.util.DB 类中所有 Liuyan 类相关的 6 个方法名，代码如下：

```
package org.dao;
public interface LiuyanDao {
	public boolean addLiuyan(Liuyan newLiuyan);
	public List<Liuyan> findAllLiuyan();
	public Liuyan findLiuyan(int id);
	public boolean updateLiuyan(Liuyan existLiuyan);
	public boolean deleteLiuyan(Liuyan delLiuyan);
	public List<User> findAllUser();
}
```

2）新增 org.dao.imp.LiuyanDaoImp 类，如图 12-70 所示。

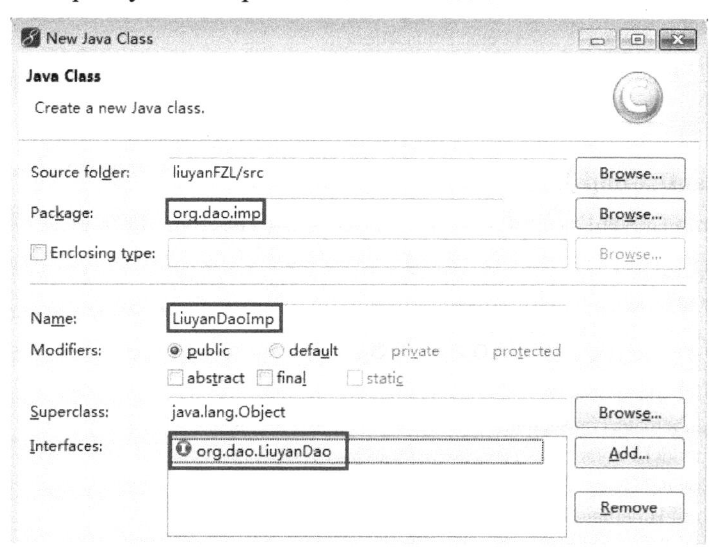

图 12-70　新增 org.dao.imp.LiuyanDaoImp 类

代码如下：

```
package org.dao.imp;
import java.util.List;
import org.dao.LiuyanDao;
import org.model.Liuyan;
```

```
public class LiuyanDaoImp implements LiuyanDao {
    public boolean addLiuyan(Liuyan newLiuyan) {
        return false;
    }
    public List<Liuyan> findAllLiuyan() {
        return null;
    }
    public Liuyan findLiuyan(int id) {
        return null;
    }
    public boolean updateLiuyan(Liuyan existLiuyan) {
        return false;
    }
    public boolean deleteLiuyan(Liuyan delLiuyan) {
        return false;
    }
    public List<User> findAllUser() {
        return null;
    }
}
```

5．添加 Session 和 Transaction 对象属性，并在构造函数中实例化

具体的代码如下：

```
public class LiuyanDaoImp implements LiuyanDao {
    private Session ses;
    private Transaction ts;
    public LiuyanDaoImp() {
        ses = HibernateSessionFactory.getSession();
        Transaction ts = ses.beginTransaction();
    }
    ...
}
```

6．修改 LiuyanDaoImp 类的 6 个方法

修改 org.dao.imp.LiuyanDaoImp 类的 6 个方法，利用 Hibernate 操作 POJO 对象，代码如下：

```
package org.dao.imp;
import java.util.List;
import org.dao.LiuyanDao;
import org.hibernate.Query;
import org.hibernate.Session;
import org.hibernate.Transaction;
import org.model.Liuyan;
import org.model.User;
import org.util.HibernateSessionFactory;
public class LiuyanDaoImp implements LiuyanDao {
    private Session ses;
    private Transaction ts;
    public LiuyanDaoImp() {
        ses = HibernateSessionFactory.getSession();
        Transaction ts = ses.beginTransaction();
    }
    public boolean addLiuyan(Liuyan newLiuyan) {
        ses.save(newLiuyan);
```

```
        ts.commit();
        return true;
    }
    public List<Liuyan> findAllLiuyan() {
        Query query = ses.createQuery("from Liuyan");
        List<Liuyan> list = query.list();
        return list;
    }
    public Liuyan findLiuyan(int id) {
        Query query =    ses.createQuery("from Liuyan where id=?");
        query.setParameter(1, id);
        List<Liuyan> list = query.list();
        Liuyan liuyan = list.get(0);
        return liuyan;
    }
    public boolean updateLiuyan(Liuyan existLiuyan) {
        ses.update(existLiuyan);
        ts.commit();
        return true;
    }
    public boolean deleteLiuyan(Liuyan delLiuyan) {
        ses.delete(delLiuyan);
        return true;
    }
public List<User> findAllUser() {
        Query query = ses.createQuery("from User");
        List<User> list = query.list();
        return list;
    }
}
```

12.3.4 Action 类设置

第 12 章任务 12

1．修改 UserAction 类

1）增加 UserDao 接口属性 userdao，在构造函数中将 UserDaoImp 对象赋值给 userdao 属性，代码如下：

```
public class UserAction extends ActionSupport {
    private UserDao userdao;
    public UserAction() {
        userdao = new UserDaoImp();
    }
    ...
}
```

2）修改 4 个方法，代码如下：

```
public String addUser(){
    User newUser = new User();
    newUser.setUsername(addUser.getUsername());
    newUser.setPassword(addUser.getPassword());
    //DB db = new DB();
    boolean result = userdao.addUser(newUser);
    if(result) return "success";
```

```
            else return "error";
        }
        public String updateUserView(){
            int id= updateUserView.getId();
            //DB db = new DB();
            updateUserView =userdao.findUser(id);
            return "success";
        }
        public String updateUser(){
            User existUser = new User();
            existUser.setId(updateUser.getId());
            existUser.setUsername(updateUser.getUsername());
            existUser.setPassword(updateUser.getPassword());
            //DB db =new DB();
            boolean result = userdao.updateUser(existUser);
            if(result) return "success";
            else return "error";
        }
        public String deleteUser(){
            int id = deleteUser.getId();
            //DB db = new DB();
            User delUser = userdao.findUser(id);
            boolean result = userdao.deleteUser(delUser);
            if(result) return "success";
            else return "error";
        }
```

2. 修改 LiuyanAction 类

1）增加 LiuyanDao 接口属性 lydao，在构造函数中将 LiuyanDaoImp 对象赋值给 lydao 属性，代码如下：

```
public class LiuyanAction extends ActionSupport {
    private LiuyanDao lydao;
    public LiuyanAction() {
        lydao = new LiuyanDaoImp();
    }
    ...
}
```

2）修改 7 个方法，代码如下：

```
public String addLiuyanView(){
    //DB db = new DB();
    listUser_PK = lydao.findAllUser();
    return "success";
}
public String addLiuyan(){
    Liuyan newLiuyan = new Liuyan();
    // 注意：由原先的 setUserId 改为了 setUser
    newLiuyan.setUser(addLiuyan.getUser());
    newLiuyan.setTitle(addLiuyan.getTitle());
    newLiuyan.setLydate(addLiuyan.getLydate());
    newLiuyan.setDetails(addLiuyan.getDetails());
    //DB db = new DB();
    boolean result = lydao.addLiuyan(newLiuyan);
```

```
            if(result) return "success";
            else return "error";
        }
        public String listUser(){
            //DB db = new DB();
            listUser = lydao.findAllUser();
            return "success";
        }
        public String listLiuyan(){
            //DB db = new DB();
            listLiuyan = lydao.findAllLiuyan();
            return "success";
        }
        public String updateLiuyanView(){
            int id = updateLiuyanView.getId();
            //DB db = new DB();
            updateLiuyanView = lydao.findLiuyan(id);
            return "success";
        }
        public String updateLiuyan(){
            Liuyan existLiuyan = new Liuyan();
            existLiuyan.setId(updateLiuyan.getId());
            existLiuyan.setTitle(updateLiuyan.getTitle());
            existLiuyan.setDetails(updateLiuyan.getDetails());
            existLiuyan.setLydate(updateLiuyan.getLydate());
            //DB db = new DB();
            boolean result = lydao.updateLiuyan(existLiuyan);
            if(result) return "success";
            else return "error";
        }
        public String deleteLiuyan(){
            int delLiuyanID = deleteLiuyan.getId();
            //DB db = new DB();
            Liuyan delLiuyan = lydao.findLiuyan(delLiuyanID);
            boolean result = lydao.deleteLiuyan(delLiuyan);
            if(result) return "success";
            else return "error";
        }
```

12.4 思考与练习

第 12 章任务 13

操作题

调试留言管理系统运行时产生的 10 种出错情况，并进行分析和总结。

第 13 章 Spring 技术

Spring 是一个开源框架，它由 Rod Johnson 创建，较为完美地降低了企业级开发的复杂度，并降低了开发基于 Java 企业级软件的开发成本。Spring 框架是一个轻量级的控制反转（IoC）技术和面向切面编程（AOP）技术的容器框架。利用 Spring 框架的 IoC 技术可以实现 Java EE 平台中所倡导的由容器实现对象的生命周期管理，而利用 Spring 框架中的 AOP 技术可以实现 Java EE 平台中所倡导的分离应用系统中业务逻辑组件和通用的技术服务组件。

第 13 章任务 1

13.1 Spring 简介

Spring 是一个分层 Java SE/EE 应用的一站式的轻量级开源框架，其从持久层、业务层到表现层都拥有相应的支持，几乎为企业应用提供了所需的一切。Spring 框架从最初版本发展至今，期间已经发生了非常多的修正及优化。许多新特性及模块的出现，使得整个框架体系显得越趋庞大。

Spring 与 Struts2 和 Hibernate 这两个单层框架不同，Spring 致力于提供一个以统一的、高效的方式构造整个应用，并且可以将单层框架以最佳的组合揉和在一起，建立一个连贯的体系。在 Spring 框架中为应用系统的开发者提供的是“对象管理”技术，也就是为开发者解决包括对象的生命周期、对象之间的依赖关系建立、对象的缓存实现等方面问题的管理技术。“对象管理”是每个面向对象编程的程序员都要面临的问题，将程序员从烦琐、单调和重复的编程工作中解脱出来，正是 Spring 框架的价值所在。

13.1.1 Spring 的特征

Spring 有如下几个特征。

1）轻量：完整的 Spring 框架可以在几个容量很小的 JAR 文件里发布，并且 Spring 所需的处理开销也是微不足道的。因此，Spring 在大小与开销两方面都是轻量级的。此外，由于 Spring 是非侵入式的，因此使用 Spring，自创建的类完全不用继承和实现 Spring 的类与接口。

2）IoC：Spring 通过控制反转技术促进了低耦合。当程序中应用了 IoC，一个对象依赖的其他对象会通过被动的方式传递进来，而不是这个对象自己创建或者查找依赖对象。即不是自己控制对象从容器中查找依赖，而是容器在对象初始化时不等对象请求就主动将依赖传递给它，这就是依赖注入。在 Spring 中，对象不用自己动手管理和创建，完全由容器管理，程序员只管调用就行。

3）AOP：Spring 提供了面向切面的编程支持，AOP 将与程序业务无关的内容分离提取，应用对象只实现它们应该做的，即完成业务逻辑。AOP 将与业务无关的逻辑“横切”进真正的逻辑中，例如日志或事务支持。

4）容器：Spring 包含并管理应用对象的配置和生命周期，因此是一个对象容器。程序员可以配置每个 bean 如何被创建，即是否创建一个唯一的实例，还是每次需要时再创建一个新的实例。

5）框架：Spring 可以将简单的组件配置、组合成为复杂的应用。在 Spring 中，应用对象被声明式地组合，典型地是在一个 XML 文件里。Spring 也提供了很多基础功能（事务管理、持久化框架集成等），而用户就有更多的时间和精力去开发应用逻辑。Spring 不排斥各种优秀的开源框架，相反 Spring 可以降低各种框架的使用难度，Spring 提供了对各种优秀框架（如 Struts、Hibernate 等）的良好支持。

13.1.2 Spring 的组织结构

Spring 采用分层架构，整个框架由 7 个定义良好的模块（组件）构成，它们都统一构建于核心容器之上，分层架构允许用户选择使用任意一个模块，如图 13-1 所示。

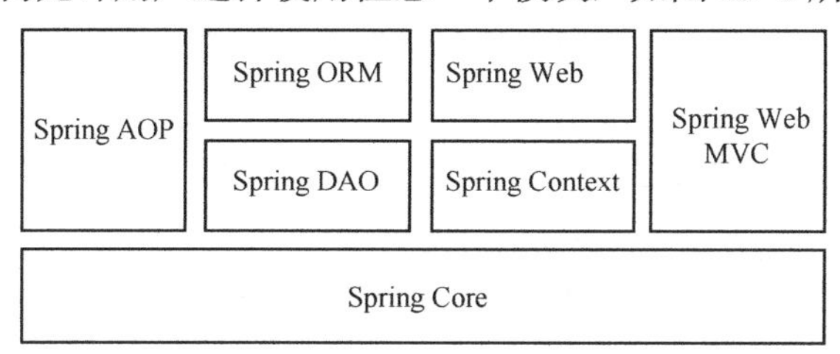

图 13-1 Spring 框架的组织结构

1）核心模块。Spring Core 模块是 Spring 的核心容器，它实现了 IoC 模式，提供了 Spring 框架的基础功能。

2）Context 模块。Spring Context 模块提供对象工程（Bean Factory）功能，并且添加了事件处理、国际化以及数据校验等功能。

3）AOP 模块。Spring AOP 模块提供用标准 Java 语言编写的 AOP 框架，它是基于 AOP 联盟的 API 开发的。

4）DAO 模块。Spring DAO 模块提供了 JDBC 的抽象层，并且提供对声明式事务和编程式事务的支持。

5）ORM 映射模块。Spring ORM 模块提供了对现有 ORM 框架的支持。

6）Web 模块。Spring Web 模块建立在 Spring Context 基础之上，它提供了 Servlet 监听器的 Context 和 Web 应用的上下文，对现有的 Web 框架（如 JSF、Tapestry、Struts 等）提供了集成。

7）MVC 模块。Spring Web MVC 模块建立在 Spring 核心功能之上，这使它能拥有 Spring 框架的所有特性，能够适应多种多视图、模板技术、国际化和验证服务，实现控制逻辑和业务逻辑的分离。

13.2 IoC 技术

第 13 章任务 2

IoC（Inversion of Control，控制反转），是指应用程序中对象的创建、销毁等不再由程序本身编码实现，而是由外部的 Spring 容器在程序运行时根据需要“注入”到程序中。利用 IoC，对象的生命周期不再由程序本身决定，而是由容器来控制，所以称为控制反转。Spring 框架是一个轻量级框架，通过 IoC 容器统一管理各组件之间的依赖关系来降低组件之间耦合的紧密程度。

IoC 是 Spring 框架的核心内容，可以使用多种方式实现 IoC，既可以使用 XML 配置，也可以使用注解，此外新版本的 Spring 也可以零配置实现 IoC。Spring 容器在初始化时，先读取配置文件，根据配置文件创建与组织对象存入容器中，程序在使用时再从 Ioc 容器中取出需要的对象。本书采用 XML 配置方式实现 IoC，可以比注解或者零配置方式更清楚地了解 IoC 的运行机制。

13.2.1 IoC 的装载机制

1. Spring 通过 ApplicationContext 接口来实现对容器的加载

ApplicationContext 的实现类如下。

- ClassPathXmlApplicationContext：从 classpath 下加载配置文件。
- FileSystemXmlApplicationContext：从文件系统中加载配置文件。

2. 加载容器

可以通过任一实现类来将配置文件中定义的 Bean 加载到容器中。

```
ApplicationContext ctx = new ClassPathXmlApplicationContext("applicationContext.xml");
ApplicationContext ctx = new FileSystemXmlApplicationContext("c:\\applicationContext.xml");
```

3. 获取实例

例如，从容器中获取 Animal 类的实例 animal1，代码如下：

```
Animal animal = (Animal) ctx.getBean("animal1");
```

13.2.2 IoC 实例 1

1）新建 java 工程，工程名为 IocTest。

2）创建接口类 Cryable，代码如下：

```
package org;
public interface Cryable {
    void cry();
}
```

3）创建类 Animal，实现 Cryable 接口，代码如下：

```
package org.imp;
import org.Cryable;
public class Animal implements Cryable {
    // 类 Animal 有 2 个一般属性
    private String animalName;   // 动物名称
    private String cryType;      // 叫声类型
    public String getAnimalName() {
        return animalName;
    }
    public void setAnimalName(String animalName) {
        this.animalName = animalName;
    }
    public String getCryType() {
        return cryType;
    }
    public void setCryType(String cryType) {
        this.cryType = cryType;
    }
```

```
        //cry 接口的实现
        public void cry() {
            String cryMsg= animalName + " can " + cryType;
            System.out.println(cryMsg);
        }
    }
```

4）添加 Spring 功能支持，如图 13-2 所示。

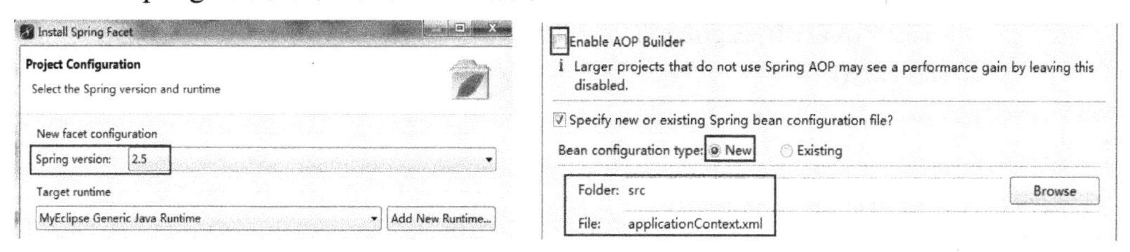

图 13-2　添加 Spring 功能支持

5）在 applicationContext.xml 中添加 bean 对象描述，代码如下：

```
    <?xml version="1.0" encoding="UTF-8"?>
    <beans xmlns=http://www.springframework.org/schema/beans
    xmlns:xsi=http://www.w3.org/2001/XMLSchema-instance
    xmlns:p="http://www.springframework.org/schema/p"
        xsi:schemaLocation="http://www.springframework.org/schema/beans
        http://www.springframework.org/schema/beans/spring-beans-2.5.xsd">
        <bean id="animal1" class="org.imp.Animal">
            <property name="animalName">
                <value>Cow</value>
            </property>
            <property name="cryType">
                <value>moo</value>
            </property>
        </bean>
        <bean id="animal2" class="org.imp.Animal">
            <property name="animalName">
                <value>Cat</value>
            </property>
            <property name="cryType">
                <value>meow</value>
            </property>
        </bean>
    </beans>
```

6）创建测试类 Test，代码如下：

```
    package org.test;
    import org.imp.Animal;
    import org.springframework.context.ApplicationContext;
    import org.springframework.context.support.ClassPathXmlApplicationContext;
    public class Test {
        public static void main(String[] args) {
```

```
            //创建 Spring 容器
            ApplicationContext ctx = new ClassPathXmlApplicationContext("applicationContext.xml");
            //从容器中获取 Animal 类的实例 animal1
            Animal animal = (Animal) ctx.getBean("animal1");
            //调用 cry 方法
            animal.cry();
            //从容器中获取 Animal 类的实例 animal2
            animal = (Animal) ctx.getBean("animal2");
            animal.cry();
        }
    }
```

7）运行程序，结果如图 13-3 所示。

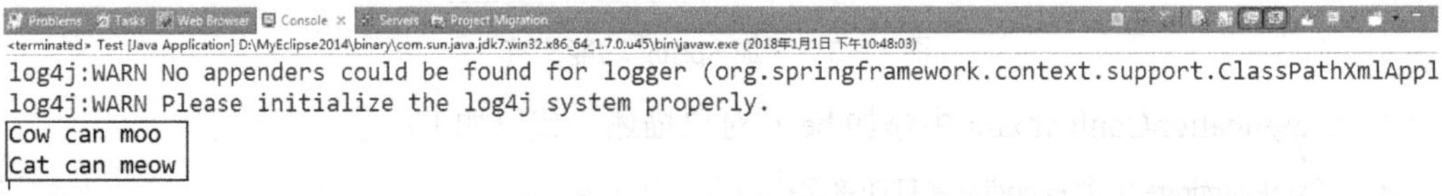

```
<terminated> Test [Java Application] D:\MyEclipse2014\binary\com.sun.java.jdk7.win32.x86_64_1.7.0.u45\bin\javaw.exe (2018年1月1日 下午10:48:03)
log4j:WARN No appenders could be found for logger (org.springframework.context.support.ClassPathXmlAppl
log4j:WARN Please initialize the log4j system properly.
Cow can moo
Cat can meow
```

图 13-3　运行结果

从图 13-3 结果可以看出，程序员可以根据 bean 的 id 值直接从 Spring 容器中获得对象。

13.2.3　Ioc 实例 2

对实例 1 进行扩展。实现 Animal 类有时将 cryMsg 在屏幕中显示出来，有时又将它写入文件。

1）新建 MsgShow 接口，由它负责将信息输出到控制台或文件中，代码如下：

```
package org;
public interface MsgShow {
        void printCryMsg(String Message);
}
```

2）新建 MsgShow 接口实现类 ScreenPrinter，代码如下：

```
package org.imp;
import org.MsgShow;
public class ScreenPrinter implements MsgShow {
        public void printCryMsg(String Message) {
                System.out.println(Message + " shows on " + "Screen");
        }
}
```

3）新建 MsgShow 接口实现类 FilePrinter，代码如下：

```
package org.imp;
import org.MsgShow;
public class FilePrinter implements MsgShow {
        public void printCryMsg(String Message) {
                System.out.println(Message + " shows on " + "File");
        }
}
```

13.2.4 对象的三种创建方式

软件系统中，对象的创建方式分为三类：自己创建、工厂模式和外部注入，其中外部注入就是 IoC 模式。

可以用三个形象的动词来分别表示这三个调用方法，即 new、get 和 set，new 表示对象自己通过 new 创建，get 表示从别人（即工厂）那里取得，set 表示由别人推送进来（注入），其中 get 和 set 分别表示了主动去取和等待送来两种截然不同的方式。

1．方式 1：new——自己创建

1）修改 Animal 类。增加一个 MsgShow 类型的依赖对象 msgShow，由它决定信息如何输出，然后修改 cry 方法。

```
public class Animal implements Cryable {
	…
	// 类 Animal 有 1 个引用属性
	private MsgShow msgShow; // 显示类型
	public MsgShow getMsgShow() {
		return msgShow;
	}
	public void setMsgShow(MsgShow msgShow) {
		this.msgShow = msgShow;
	}
	// cry 接口的实现
	public void cry() {
		String cryMsg= animalName + " can " + cryType;
		msgShow.printCryMsg(cryMsg);
	}
	…
}
```

2）创建测试类，代码如下：

```
package org.test;
import org.MsgShow;
import org.imp.Animal;
import org.imp.FilePrinter;
import org.imp.ScreenPrinter;
public class TestNew {
	public static void main(String[] args) {
		MsgShow msgShow = new ScreenPrinter(); //创建屏幕输出类
		Animal animal = new Animal(); //创建 cat
		animal.setAnimalName("cat");
		animal.setCryType("meow");
		animal.setMsgShow(msgShow);
		animal.cry();
		msgShow = new FilePrinter(); //创建文件输出类
		animal= new Animal(); //创建 cow;
		animal.setAnimalName("cow");
		animal.setCryType("moo");
		animal.setMsgShow(msgShow);
		animal.cry();
```

```
        }
}
```

3）运行工程，结果如图 13-4 所示。

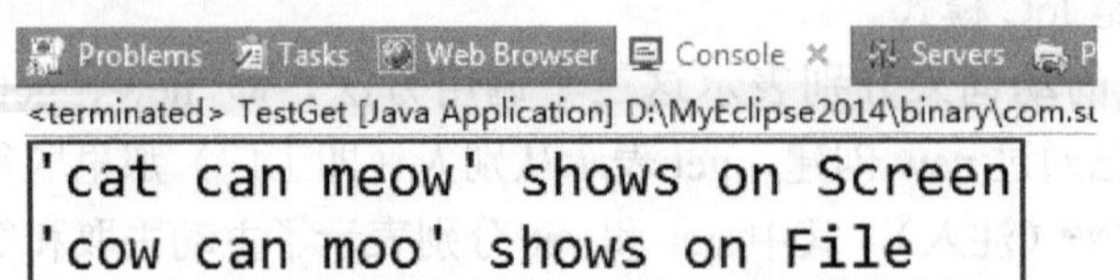

图 13-4　运行结果

第 13 章任务 4

可以看到，采用该方法的缺点是：无法在运行时更换被调用者，除非修改源代码。

2．方式 2：get——工厂模式

1）创建 PrinterFactory 工厂类，代码如下：

```
package org.imp;
public class PrinterFactory {
        // 产生 ScreenPrinter
        public static ScreenPrinter getScreenPrinter() {
                ScreenPrinter printer = new ScreenPrinter();
                return printer;
        }
        // 产生 FilePrinter
        public static FilePrinter getFilePrinter() {
                FilePrinter printer = new FilePrinter();
                return printer;
        }
}
```

2）创建测试类 TestGet，代码如下：

```
package org.test;
import org.MsgShow;
import org.imp.Animal;
import org.imp.PrinterFactory;
public class TestGet {
        public static void main(String[] args) {
                // 屏幕输出类，委托 PrinterFactory 来生成 ScreenPrinter
                MsgShow printer = PrinterFactory.getScreenPrinter();
                Animal animal = new Animal();
                animal.setAnimalName("cat");
                animal.setCryType("meow");
                animal.setMsgShow(printer);
                animal.cry();
                // 文件输出类，委托 PrinterFactory 来生成 FilePrinter
                printer = PrinterFactory.getFilePrinter();
                animal = new Animal();
                animal.setAnimalName("cow");
                animal.setCryType("moo");
                animal.setMsgShow(printer);
                animal.cry();
        }
}
```

3）运行工程，结果如图 13-5 所示。

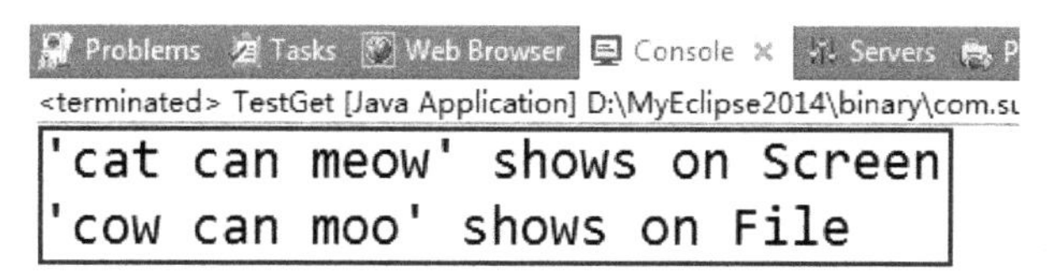

图 13-5　运行结果

可以看到，采用该方法时，Animal 类依赖的 MsgShow 对象由工厂统一创建，调用者无需关心对象的创建过程，只管从工厂中取得即可。这种方法实现了一定程度的优化，使得代码的逻辑趋于统一。该方法的缺点是对象的创建和替换依然不够灵活，完全取决于工厂，并且多了一道中间工序。

第 13 章任务 5

3．方式 3：set——外部注入

1）修改配置文件 applicationContext.xml，代码如下：

```
<?xml version="1.0" encoding="UTF-8"?>
<beans xmlns="http://www.springframework.org/schema/beans"
      xmlns:xsi="http://www.w3.org/2001/XMLSchema-instance"
xmlns:p="http://www.springframework.org/schema/p"
      xsi:schemaLocation="http://www.springframework.org/schema/beans
http://www.springframework.org/schema/beans/spring-beans-2.5.xsd">
      <bean id="screenprinter" class="org.imp.ScreenPrinter"/>
      <bean id="fileprinter" class="org.imp.FilePrinter"/>
      <bean id="animal1" class="org.imp.Animal">
            <property name="animalName">
                  <value>Cow</value>
            </property>
            <property name="cryType">
                  <value>moo</value>
            </property>
            <property name="msgShow" ref="fileprinter"/>
      </bean>
      <bean id="animal2" class="org.imp.Animal">
            <property name="animalName">
                  <value>Cat</value>
            </property>
            <property name="cryType">
                  <value>meow</value>
            </property>
            <property name="msgShow" ref="screenprinter"/>
      </bean>
</beans>
```

Animal 类的对象共依赖三个属性，分别为 animalName、cryType 和 msgShow，它们的值通过相应的回调函数 setAnimalName()、setCryType()和 setMsgShow()由 IoC 容器注入到对象中。

<property name="msgShow" ref="fileprinter"/>表示 animal1 的 msgShow 属性值为引用值，即对 fileprinter 这个 bean 的引用。

📖 <property name="msgShow" ref="screenprinter"/>表示 animal2 的 msgShow 属性值为引用值，即对 screenprinter 这个 bean 的引用。

2）创建测试类 TestIoc，代码如下：

```
package org.test;
import org.imp.Animal;
import org.springframework.context.ApplicationContext;
import org.springframework.context.support.ClassPathXmlApplicationContext;
public class TestIoc {
    public static void main(String[] args) {
      //创建 Spring 容器
        ApplicationContext ctx = new ClassPathXmlApplicationContext("applicationContext.xml");
        //从容器中获取 Animal 类的实例 animal1
        Animal animal = (Animal) ctx.getBean("animal1");
        //调用 cry 方法
        animal.cry();
        //从容器中获取 Animal 类的实例 animal2
        animal = (Animal) ctx.getBean("animal2");
        //调用 cry 方法
        animal.cry();
    }
}
```

3）运行工程，结果如图 13-6 所示。

图 13-6 运行结果

可以看到，采用该方法时，TestIoc 类的 main 函数和 Ioc 实例 1 中 Test 类的 main 函数完全相同。即并不需要修改 main 函数，只要修改配置文件 applicationContext.xml 中的 bean 对象列表，就可以实现 animal 对象依赖属性的引用，调用者无需关心 animal 对象的内部创建过程。

也就是说，采用 IoC 不需要重新修改并编译具体的 Java 代码就实现了对程序功能的动态修改，实现了热插拔，提高了灵活性。可见，这种方式可以完全抛开依赖的限制，由外部容器自由地注入，并提供需要的组件。调用者只需根据 bean 的 id 值获取对象即可。

第 13 章任务 6

13.3 依赖注入

依赖注入（Dependency Injection，DI），是 Martin Fowler 在他的经典文章《Inversion of Control Containers and the Dependency Injection pattern》中为 IoC 另取的一个更形象的名字。IoC 和 DI 有什么关系呢？其实它们是同一个概念的不同角度描述。依赖注入相对 IoC 而言，明确描述了“被注入对象依赖 IoC 容器配置依赖对象”。

具体地，依赖注入是指组件之间依赖关系由容器在运行期决定，形象地说，即由容器动态地将某个依赖关系注入到组件之中。依赖注入的目的并非为软件系统带来更多功能，而是为了提升组件重用的频率，并为系统搭建一个灵活、可扩展的平台。通过依赖注入机制，我们只需要通过简单的配置，而无需任何代码就可指定目标需要的资源，完成自身的业务逻辑，而不需要关心具体的资源来自何处、由谁实现。

依赖注入有两种方式，即 setter 方法注入（setter injection）和构造方法注入（constructor injection），这两者是应用 Spring 时较为常用的注入方式。

13.3.1 setter 方法注入

setter 方法注入在实际开发中使用最为广泛，其采用的依赖注入机制比较直观和自然。在上例中，Animal 类中的三个属性 animalName、cryType 和 msgShow，需要通过相应的 setter 方法 setMsgShow()、setAnimalName()和 setCryType()，将配置文件 applicationContext.xml 中指定的值（value 元素或 ref 元素）分别由 IoC 容器注入到对象的三个属性中。

📖 *setter 方法注入是通过<property>元素实现属性对应 setter 方法注入。*

<property>元素包括下面两种：

1）“一般”属性是通过 value 来指定注入值，如属性 animalName 和 cryType。

```
<property name="animalName">
        <value>Cow</value>
</property>
<property name="cryType">
        <value>moo</value>
</property>
```

2）“对象”属性是通过 ref 来指定注入值，如属性 msgShow。

```
<property name="msgShow" ref="fileprinter"/>
```

其中，ref 中的值 fileprinter 必须在<bean>中定义过。

13.3.2 构造方法注入

构造方法注入是通过类构造函数建立，容器通过调用类的构造方法，将其所需的参数值注入其中。

1）新建 AnimalAnother 类，增加构造函数，代码如下：

```
package org.imp;
import org.Cryable;
import org.MsgShow;
public class AnimalAnother implements Cryable {
        // 类 Animal 有 2 个一般属性
        private String animalName;   // 动物名称
        private String cryType;         // 叫声类型
        // 类 Animal 有 1 个引用属性
        private MsgShow msgShow;
         public AnimalAnother(String animalName, String cryType, MsgShow msgShow) {
                 this.animalName = animalName;
                 this.cryType = cryType;
                 this.msgShow = msgShow;
```

```
		}
		public void cry() {
			String cryMsg= animalName + " can " + cryType;
			msgShow.printCryMsg(cryMsg);
		}
	}
```

📖 构造方法注入和 setter 方法注入这两种不同的注入方式，在 1 个类中只能选择 1 种方式，即不能在 AnimalAnother 类中增加 3 个属性的 setter 函数，然后再增加 1 个构造函数，否则配置文件 applicationContext.xml 将报错。同理，Animal 类中不能再增加 1 个构造函数。

2）修改 applicationContext.xml 文件的内容。

新增 2 个<bean>，并设置<constructor-arg>元素，如图 13-7 所示。

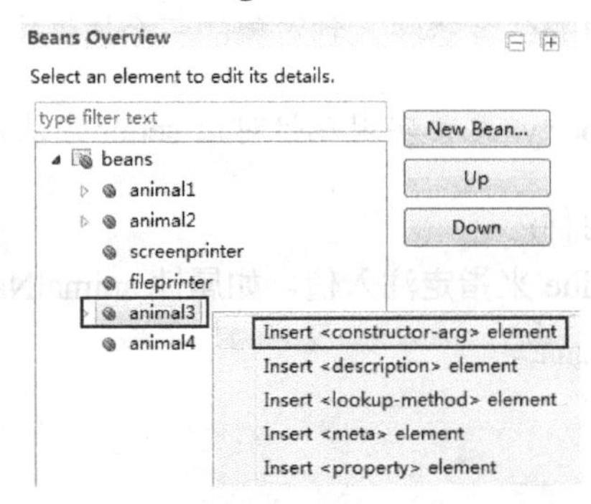

图 13-7　设置< constructor-arg >元素

新增后的 applicationContext.xml 文件的内容，代码如下：

```
<bean id="animal3" class="org.imp.AnimalAnother">
	<constructor-arg index="0" type="java.lang.String" value="hen" />
	<constructor-arg index="1" type="java.lang.String" value="cackle"/>
	<constructor-arg index="2" type="org.MsgShow"    ref="fileprinter"/>
</bean>
<bean id="animal4" class="org.imp.AnimalAnother">
	<constructor-arg index="0" type="java.lang.String" value="snake" />
	<constructor-arg index="1" type="java.lang.String" value="hiss"/>
	<constructor-arg index="2" type="org.MsgShow" ref="screenprinter"/>
</bean>
```

通过<constructor-arg>元素可以给构造函数注入属性值。该元素有如下属性：

- index 属性对应于构造函数的第几个参数，index 属性的值从 0 开始。
- type 属性是构造函数的参数类型。

📖 如果参数是“一般”类型，则由 value 属性直接给值。如果参数是“对象”类型，则由 ref 属性给值，且 ref 中的值 fileprinter 或 screenprinter 必须在<bean>中定义过。

3）新增测试类 TestIoc1，代码如下：

```
package org.test;
import org.imp.AnimalAnother;
import org.springframework.context.ApplicationContext;
import org.springframework.context.support.ClassPathXmlApplicationContext;
```

```
public class TestIoc1 {
    public static void main(String[] args) {
        //创建 Spring 容器
        ApplicationContext ctx = new ClassPathXmlApplicationContext("applicationContext.xml");
        //从容器中获取 Animal 类的实例 animal3
        AnimalAnother animal = (AnimalAnother) ctx.getBean("animal3");
        //调用 cry 方法
        animal.cry();
        //从容器中获取 Animal 类的实例 animal4
        animal = (AnimalAnother) ctx.getBean("animal4");
        //调用 cry 方法
        animal.cry();
    }
}
```

4）运行工程，结果如图 13-8 所示。

```
Problems  Tasks  Web Browser  Console  Servers  Project Migration
0 items
<terminated> TestIoc1 [Java Application] D:\MyEclipse2014\binary\com.sun.java.jdk7.win32.x86_64_1.7.0.u45\bin\ja
log4j:WARN Please initialize the log4j system properly.
'hen can cackle' shows on File
'snake can hiss' shows on Screen
```

图 13-8　运行结果

可以看到，采用该方法时，TestIoc1 类的 main 函数和 TestIoc 类的 main 函数完全相同。但是两个类 Animal 和 AnimalAnother 的依赖注入方式不同，只需在 applicationContext.xml 设置不同的注入方式即可。

13.3.3　两种依赖注入方式的对比

（1）setter 注入方式

优点：这种注入方式与传统的 JavaBean 写法很相似，程序员更容易理解和接受，通过 setter 注入方式设定依赖关系显得更加直观和自然。

缺点：bean 对象的使用者需要正确维护待注入的依赖关系，如果不注入将导致报错。

（2）构造注入方式

优点：构造注入可以在构造器中决定依赖关系的注入顺序，依赖关系只能在构造器中设定。对 bean 对象的调用者而言，bean 对象内部的依赖关系完全透明，更符合高内聚的原则。

缺点：对于复杂的依赖关系，如果采用构造注入，会导致构造器过于臃肿，难以阅读。

综上所述，setter 注入方式因为其侵入性较弱，且易于理解和使用，所以目前使用较多。

13.4　Spring 的配置文件

第 13 章任务 7

Spring 配置文件是用于指导 Spring 工厂进行 Bean 生产、依赖关系注入（装配）及 Bean 实例分发的说明书。Tomcat 在启动 Web 工程时，将立即读取 Spring 配置文件。Spring 配置文件是一个 XML 文档，applicationContext.xml 是 Spring 的默认配置文件，当容器启动找不到指定的配置文档时，将会尝试加载这个默认的配置文件。表 13-1 给出了 applicationContext.xml 中常用的属性。

表 13-1 Spring 的常用属性

属性或子标签	描述	举例
id	代表 JavaBean 的实例对象。在 Bean 实例化之后可以通过 id 来引用 Bean 的实例对象	<bean id="animal1" class=“org.imp.Animal"/>
name	代表 JavaBean 的实例对象名。与 id 属性的意义相同。一般用 id 属性	<bean name="animal1" class=“org.imp.Animal"/>
class	JavaBean 的类名（全路径），它是<bean>标签必须指定的属性	<bean id="animal1" class=“org.imp.Animal"/>
scope	是否使用单例模式。 singleton：单例模式，无论调用 getBean()方法多少次，都返回同一个对象。默认模式。 prototype：原型模式，每次调用 getBean()方法时，都会返回新的实例对象。 早期版本是 singleton 属性	<bean id="animal1" class=“org.imp.Animal" scope="singleton" /> <bean id="animal2" class=“org.imp.Animal" scope="prototype" /> 早期版本采用： <bean id="animal1" class=“org.Animal" singleton="true"/> <bean id="anima2" class=“org.Animal" singleton="false"/>
<property>	可通过<value/>节点指定属性值。BeanFactory 将自动根据 Java Bean 对应的属性类型加以匹配	<property name="animalName"> <value>Cow</value> </property>
<constructor- arg>	构造方法注入时确定构造参数。index 指定参数顺序，type 指定参数类型	<constructor-arg index="0" type="java.lang.String" value="hen" />
<ref>	指定了属性对 BeanFactory 中其他 Bean 的引用关系	<bean id="screenprinter" class="org.imp.ScreenPrinter"/> <bean id="animal2" class="org.imp.Animal"> <property name="msgShow" ref="screenprinter"/> </bean> <bean id="animal4" class="org.imp.AnimalAnother"> <constructor-arg index="2" type="org.MsgShow" ref="screenprinter"/> </bean>

13.5 思考与练习

1）什么是 Spring 的依赖注入?

2）建议使用哪种依赖注入方式，构造注入方式，还是 Setter 注入方式?

3）哪些是重要的 Bean 生命周期方法? 你能重载它们吗?

4）使用 Spring 通过什么方式访问 Hibernate?

第 14 章　SSH 整合案例：学生选课系统

本章介绍一个 SSH 整合案例（学生选课系统），实现“多对一”和“多对多”关系的 Hibernate 反向工程，创建 DAO 接口和实现类，Struts2 的 Action 配置及 JSP 页面制作，以及 Action 类的 Spring 依赖注入。

第 14 章任务 1

14.1　新建数据库及表

14.1.1　新建数据库和数据库表并设置主键

新建数据库 xsxkFZL，新建 5 张数据库表，每张表需要设置主键。

1）XSB（学生表），如图 14-1 所示。

SKY-20160614REH.xsxkFZL - dbo.XSB

列名	数据类型	允许 Null 值
🔑 XH	varchar(50)	☐
XM	varchar(50)	☑
XB	bit	☑
CSSJ	datetime	☑
ZY_ID	int	☑
ZXF	int	☑
BZ	varchar(500)	☑
ZP	image	☑

图 14-1　XSB 表

其中，XH 是学号（主键），XM 是姓名，XB 是性别，CSSJ 是出生时间，ZY_ID 是专业编号，ZXF 是总学分，BZ 是备注，ZP 是照片。

2）KCB（课程表），如图 14-2 所示。

SKY-20160614REH.xsxkFZL - dbo.KCB

列名	数据类型	允许 Null 值
🔑 KCH	varchar(50)	☐
KCM	varchar(50)	☑
KXXQ	smallint	☑
XS	int	☑
XF	int	☑

图 14-2　KCB 表

其中，KCH 是课程号（主键），KCM 是课程名，KXXQ 是开学学期，XS 是学时，XF 是学分。

3）ZYB（专业表），如图 14-3 所示。

其中，ID 是专业编号（主键，且为标识列，即自增字段），ZYM 是专业名，RS 是专业总人数，FDY 是辅导员姓名。

SKY-20160614REH.xsxkFZL - dbo.ZYB

列名	数据类型	允许 Null 值
ID	int	☐
ZYM	varchar(50)	☑
RS	int	☑
FDY	varchar(50)	☑

⊟ 表设计器
Text/Image 文件 PRIMARY
标识列 ID
⊞ 常规数据空间规范 PRIMARY

图 14-3　ZYB 表

4）DLB（登录表），如图 14-4 所示。

SKY-20160614REH.xsxkFZL - dbo.DLB

列名	数据类型	允许 Null 值
ID	int	☐
XH	varchar(50)	☑
KL	varchar(50)	☑

⊟ 表设计器
Text/Image 文件 PRIMARY
标识列 ID
⊞ 常规数据空间规范 PRIMARY

图 14-4　DLB 表

其中，ID 是登录编号（主键，且为标识列，即自增字段），XH 是学号，KL 是口令。

5）XS_KCB（连接表），如图 14-5 所示。

SKY-20160614REH.xsxkFZL - dbo.XS_KCB

列名	数据类型	允许 Null 值
XH	varchar(50)	☐
KCH	varchar(50)	☐

图 14-5　XS_KCB 表

其中，XH 是学号，KCH 是课程号。XH 和 KCH 都是主键，因此，该连接表是双主键表。

6）在 ZYB 表中增加 2 个专业信息，在 XSB 表中增加 2 个学生信息，并在 DLB 表中增加这 2 个学生的信息，如图 14-6、图 14-7 和图 14-8 所示。

SKY-20160614REH.xsxkFZL - dbo.ZYB

ID	ZYM	RS	FDY
1	软件工程	70	李玲美
2	通信工程	70	刘文程

图 14-6　在 ZYB 表中增加 2 个专业信息

SKY-20160614REH.xsxkFZL - dbo.XSB　SKY-20160614REH.xsxkFZL - dbo.ZYB

XH	XM	XB	CSSJ	ZY_ID	ZXF	BZ	ZP
20160101	苏小明	True	1987-01-01 00:00:00.000	1	180	班长	NULL
20160102	程笑鸥	False	1988-03-02 00:00:00.000	2	180	团支书	NULL

图 14-7　在 XSB 表中增加 2 个学生信息

SKY-20160614REH.xsxkFZL - dbo.DLB

ID	XH	KL
1	admin	admin
2	20160101	20160101
3	20160102	20160102

图 14-8　在 DLB 表增加这 2 个学生的登录信息

📖 先添加 ZYB 表，再添加 XSB 表，因为 XSB 表中的 ZY_ID 字段要依赖 ZYB 表。在 SQL Server 中，XB 字段（bit 类型）不能是 0 或 1，必须是 true 或 false。

7）在 KCB 表中增加 2 门课程，如图 14-9 所示。

SKY-20160614REH.xsxkFZL - dbo.KCB

KCH	KCM	KXXQ	XS	XF
3010	计算机网络	3	64	4
3011	ios编程	4	48	3

图 14-9　在 KCB 表中增加课程信息

8）在 XS_KCB 表中增加 2 个学生的选修课程，如图 14-10 所示。

SKY-20160614REH.xsxkFZL - dbo.XS_KCB

XH	KCH
20160101	3010
20160101	3011
20160102	3011

图 14-10　在 XS_KCB 表中增加学生选修课程信息

其中，学生 20160101 选了 2 门课（3010 和 3011），学生 20160102 选了 1 门课（3011）。

14.1.2　设置外键

因为学生表和专业表是多对一关系，所以需要设置 1 个外键。

📖 XSB 表是外键表，该表的 ZY_ID 字段是外键，ZYB 表是主键表。

1）设计外键表 XSB，如图 14-11 所示。

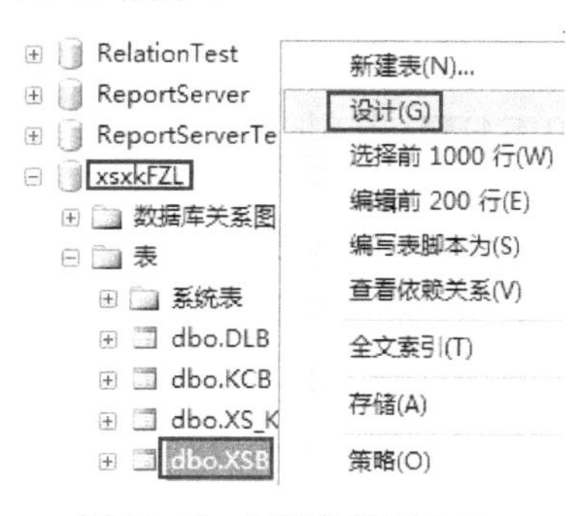

图 14-11　打开外键表 XSB

2）单击“关系”按钮，单击“添加”按钮，新增外键关系，如图 14-12 所示。

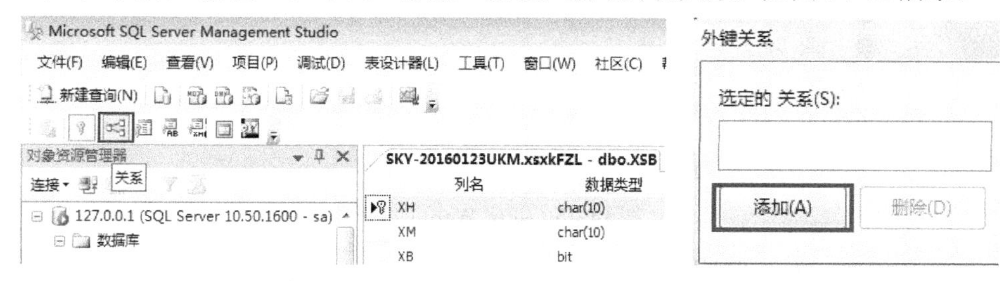

图 14-12　新增外键关系

3）单击“表和列规范”项的按钮，如图 14-13 所示。

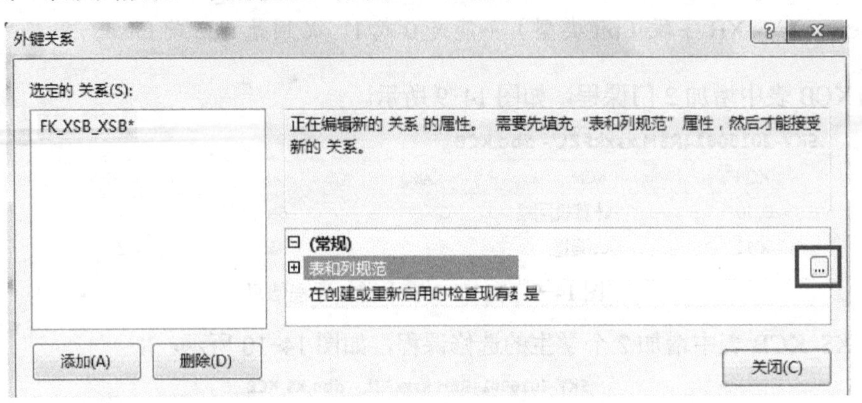

图 14-13　单击“表和列规范”项的按钮

4）选择主键表 ZYB 和主键表的外键列 ID，再选择外键表 XSB 的外键列 ZY_ID，设置主键和外键如图 14-14 所示。

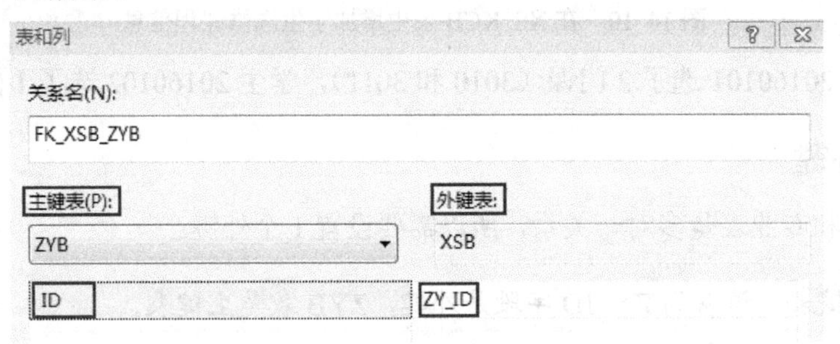

图 14-14　设置主键和外键

14.2　新建工程，并添加 SSH 支持

1）新建 Web 工程，工程名为 StudentFZL，选择 Java EE5.0，如图 14-15 所示。

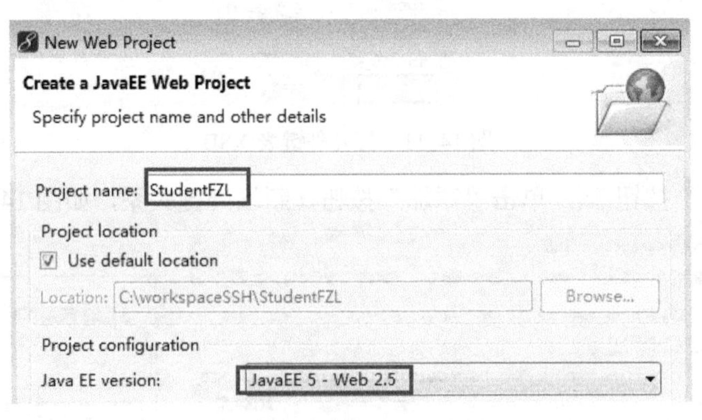

图 14-15　新建 Web 工程

2）将 SSH 库包 ssh.rar 解压缩，将 lib 文件夹中所有的 jar 包粘贴到 WebRoot→WEB-INF→lib 目录下，此时，MyEclipse 将自动生成 Web App Libraries 库包引用，如图 14-16 所示。

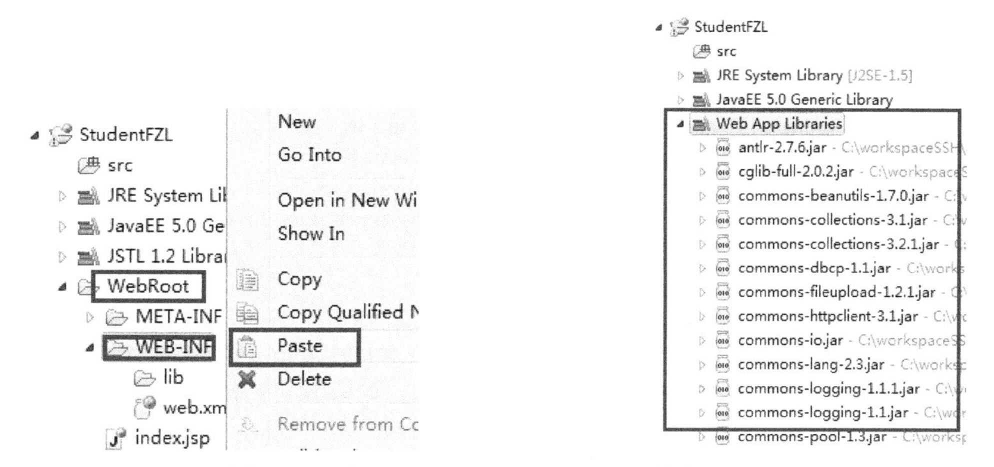

图 14-16　在 WebRoot→WEB-INF→lib 下粘贴 jar 包

📖 只要在 Web App Libraries 中引用的 jar 包，都会被 MyEclipse 上传到 Tomcat 部署工程中。

3）添加 Spring 支持，如图 14-17 所示。

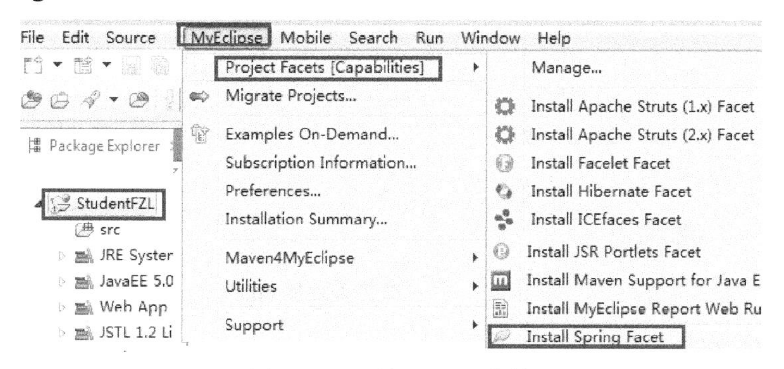

图 14-17　添加 Spring 支持

选择 Spring 的版本为 2.5，Type 为 Disable Library Configuration，即不使用 MyEclise 自带的 Spring 库包，并去掉 Spring-Web 和 AOP 选项，如图 14-18 所示。

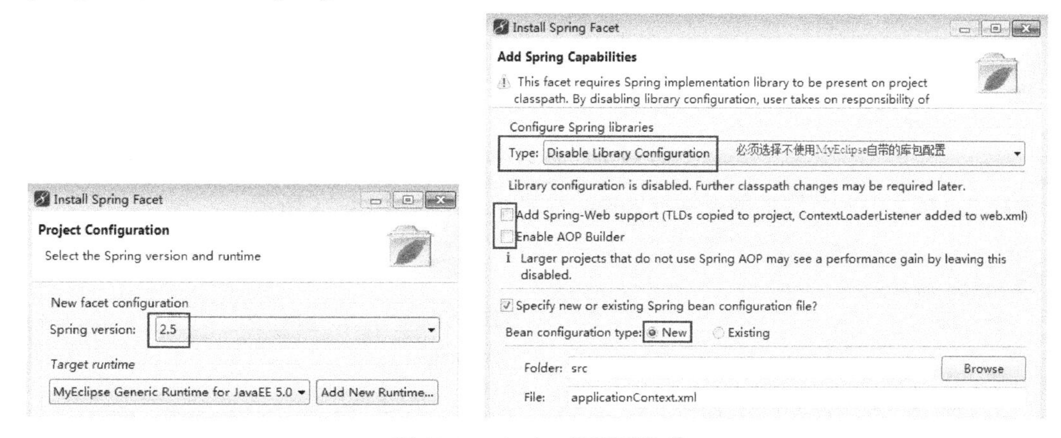

图 14-18　Spring 的配置选项

此时，将在 src 目录下新增 Spring 框架的配置文件：applicationContext.xml，代码如下：

```
<?xml version="1.0" encoding="UTF-8"?>
<beans
        xmlns="http://www.springframework.org/schema/beans"
        xmlns:xsi="http://www.w3.org/2001/XMLSchema-instance"
        xmlns:p="http://www.springframework.org/schema/p"
        xsi:schemaLocation="http://www.springframework.org/schema/beans
        http://www.springframework.org/schema/beans/spring-beans-2.5.xsd">
</beans>
```

📖 配置文件 applicationContext.xml 负责管理所有的 bean 对象。

4）在 DB Browser 视图中，添加数据库连接 dblink，如图 14-19 所示。

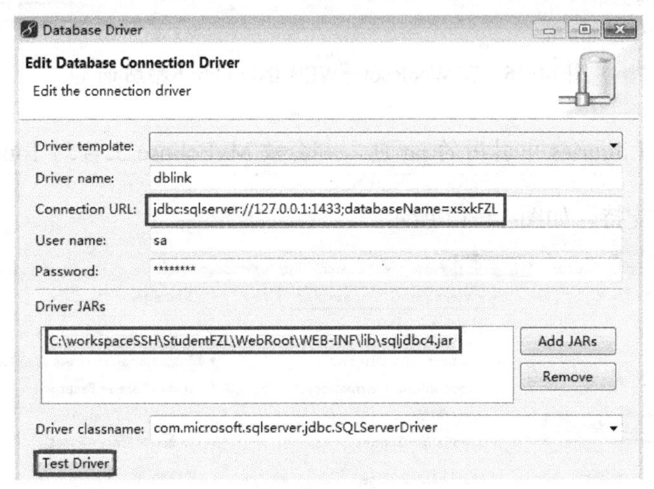

图 14-19　添加数据库连接 dblink

5）添加 Struts 支持，如图 14-20 所示。

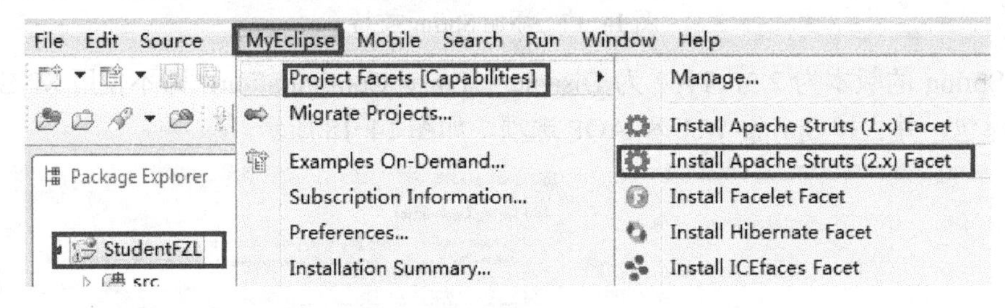

图 14-20　添加 Struts 支持

选择 2.1 版本，对所有的网页进行 Struts 过滤处理，如图 14-21 所示。

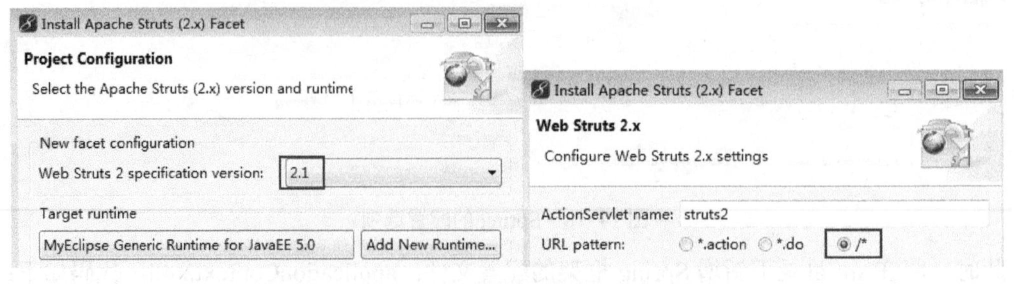

图 14-21　选择 2.1 版本和进行 Struts 过滤处理

不使用 MyEclipse 自带的 Struts 库包，如图 14-22 所示。

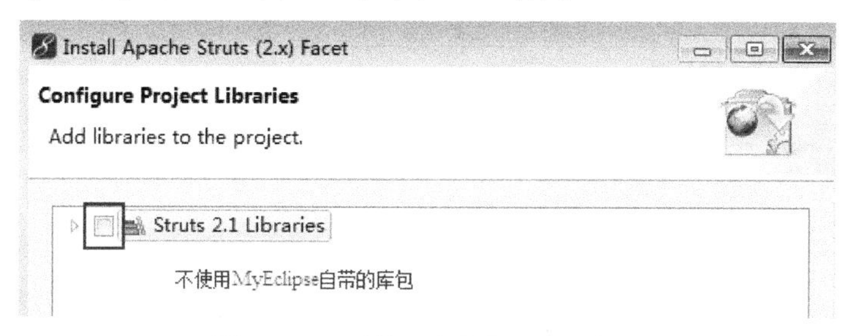

图 14-22　不使用自带的 Struts 库包

6）修改 web.xml 文件，为 Web 工程提供 Spring 框架的监听和上下文环境支持。添加 listerner 并对监听类进行设置，如图 14-23、图 14-24 和图 14-25 所示。

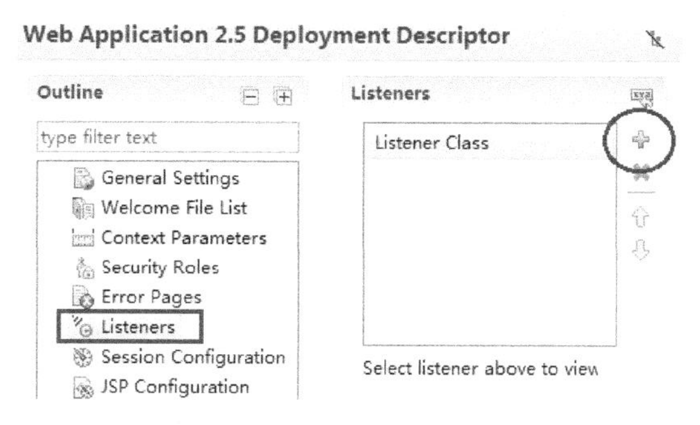

图 14-23　添加 listerner

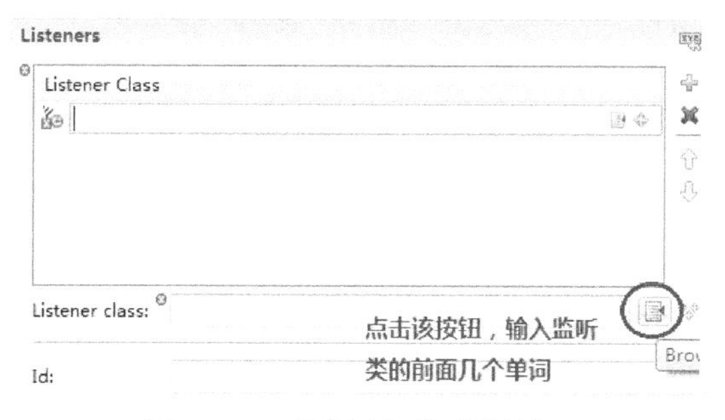

图 14-24　单击添加监听类按钮

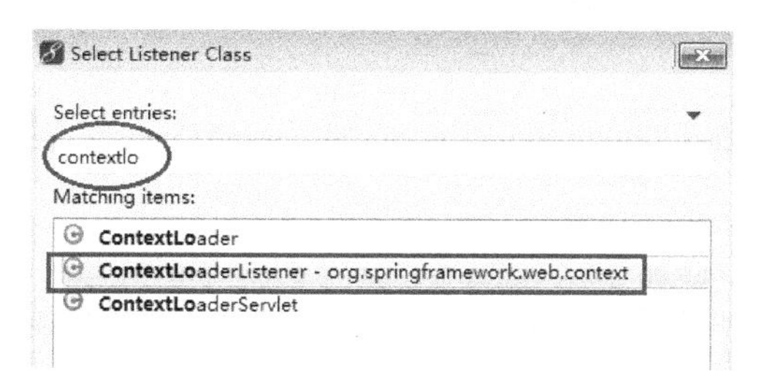

图 14-25　输入监听类的开始几个字母

📖 必须选择第二个类 ContextLoaderListener，不要误选第一个类 ContextLoader。

添加 context-param 并进行相关设置，如图 14-26 和图 14-27 所示。

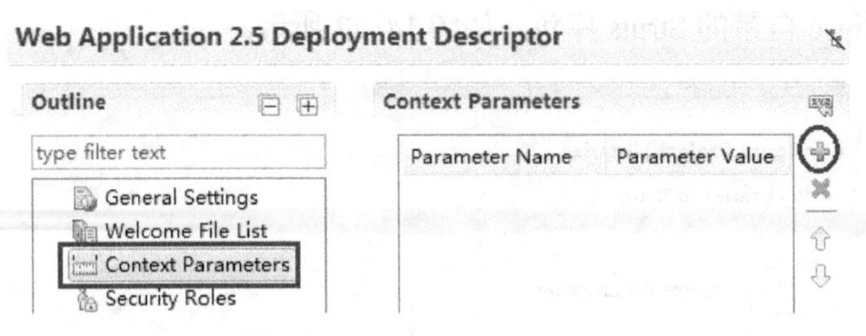

图 14-26　添加 context-param

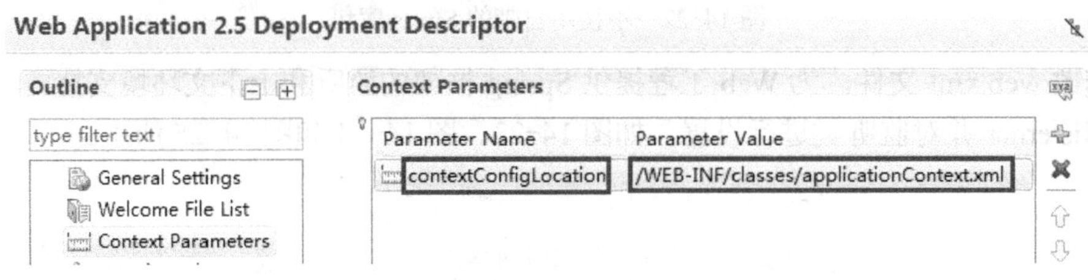

图 14-27　设置参数名和值属性

📖 必须设置参数名 contextConfigLocation，参数值/WEB-INF/classes/applicationContext.xml。

最终的 web.xml，代码如下：

```
<?xml version="1.0" encoding="UTF-8"?>
<web-app version="2.5" xmlns="http://java.sun.com/xml/ns/Java EE"
      xmlns:xsi="http://www.w3.org/2001/XMLSchema-instance"
      xsi:schemaLocation="http://java.sun.com/xml/ns/Java EE
      http://java.sun.com/xml/ns/Java EE/web-app_2_5.xsd">
      <welcome-file-list>
            <welcome-file>index.jsp</welcome-file>
      </welcome-file-list>
      <filter>
        <filter-name>struts2</filter-name>
        <filter-class>org.apache.struts2.dispatcher.ng.filter.StrutsPrepareAndExecuteFilter</filter-class>
      </filter>
      <filter-mapping>
            <filter-name>struts2</filter-name>
            <url-pattern>/*</url-pattern>
      </filter-mapping>
      <listener>
            <listener-class>org.springframework.web.context.ContextLoaderListener</listener-class>
      </listener>
      <context-param>
            <param-name>contextConfigLocation</param-name>
            <param-value>/WEB-INF/classes/applicationContext.xml</param-value>
      </context-param>
</web-app>
```

7）在 src 文件夹下新建 struts.properties 文件。

在该文件中，添加如下代码：

```
struts.objectFactory=spring
```

📖 struts.properties 文件是 Struts 和 Spring 两个框架的关联文件。通过该文件，Struts 将作为 Spring 的一个组件，所有的 Struts 对象都由 Spring 管理。

8）添加 Hibernate 支持，如图 14-28 所示。

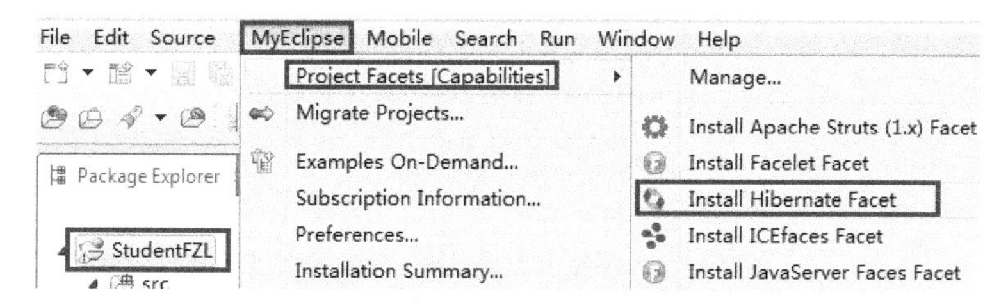

图 14-28　添加 Hibernate 支持

选择 3.2 版本，利用 Spring 生成 SessionFactory 类对象，不用自己生成 SessionFactory 类，如图 14-29 所示。

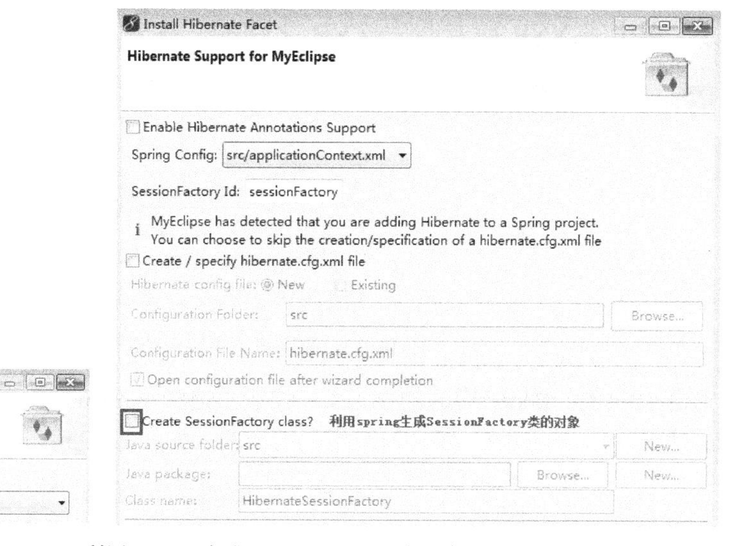

图 14-29　利用 Spring 生成 SessionFactory 类对象

选择 dblink 连接，如图 14-30 所示。

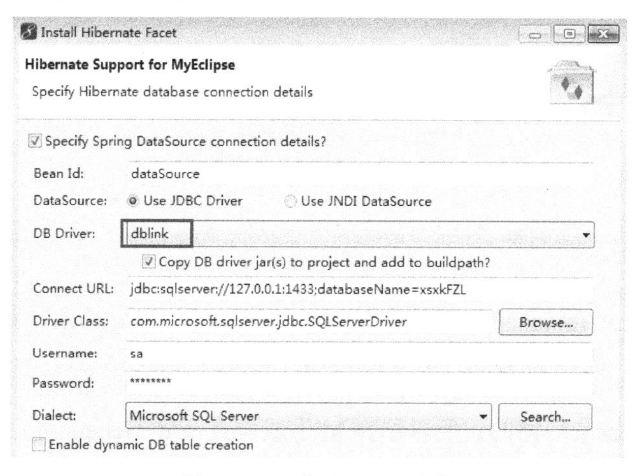

图 14-30　选择 dblink 连接

不使用 MyEclipse 自带的库包，如图 14-31 所示。

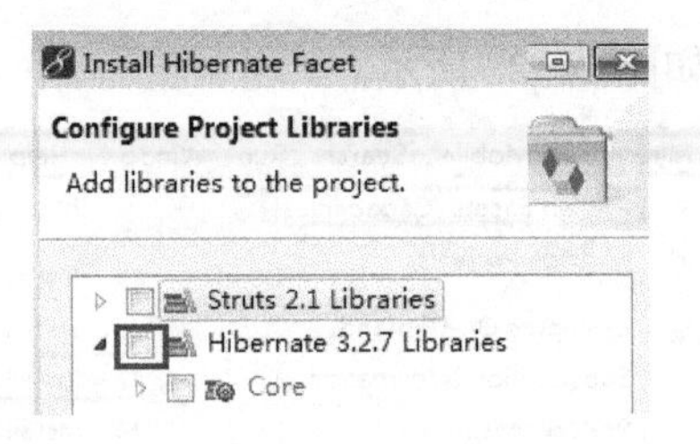

图 14-31 不使用 MyEclipse 自带的库包

14.3 Hibernate 反向工程，生成 POJO 对象

14.3.1 学生表 XSB 和专业表 ZYB 之间的“多对一”关系的反向工程

首先对主键表 ZYB 表进行反向工程，如图 14-32 所示。

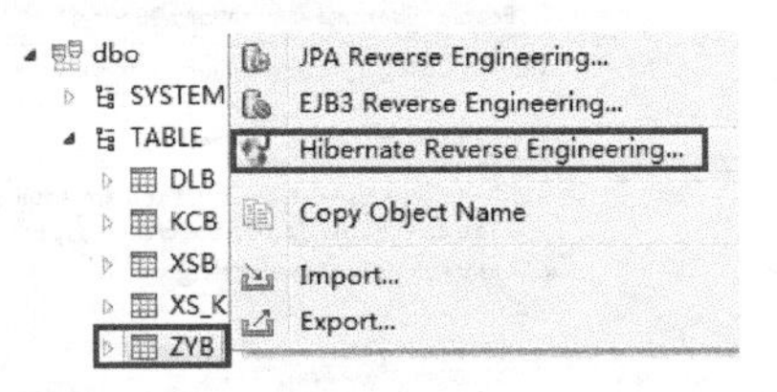

图 14-32 对主键表 ZYB 表进行反向工程

单击 Java src folder 旁边的 Browse 按钮，选择 StudentFZL 的 src 工程目录，然后在 Java package 处输入 org.model，然后勾选相关的选项，如图 14-33 和图 14-34 所示。

图 14-33 选择 src 目录

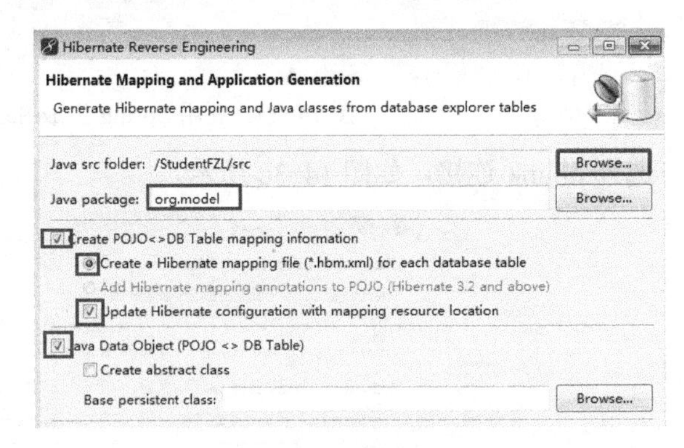

图 14-34 设置反向工程配置

📖 一定要确保 Java src folder 中的目录是 StudentFZL 工程的 src 目录。如果不是，要重新单击“Browse...”按钮，选择 StudentFZL 工程的 src 目录。

由于 ZYB 表的主键是自增的，所以选择 Id 生成方式（Id Generator）为 native，如图 14-35 所示。

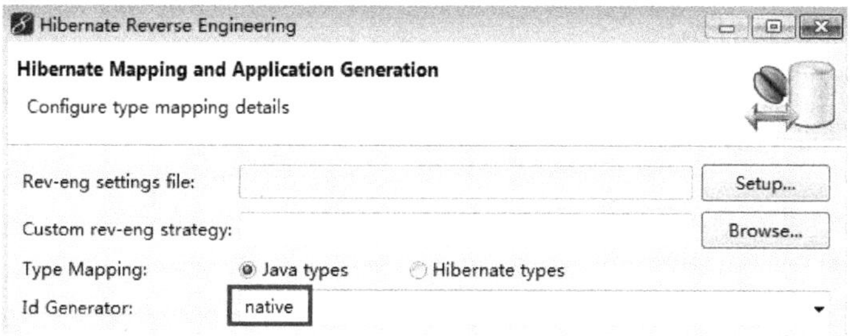

Hibernate Reverse Engineering

Hibernate Mapping and Application Generation

Configure type mapping details

Rev-eng settings file: Setup...

Custom rev-eng strategy: Browse...

Type Mapping: Java types Hibernate types

Id Generator: native

图 14-35 Id 生成方式（Id Generator）为 native

此时，工程中将会有三个地方发生变化。

1）生成 Zyb 这个 POJO 对象，代码如下：

```
package org.model;
import java.util.HashSet;
import java.util.Set;
public class Zyb implements java.io.Serializable {
    private Integer id;
    private String zym;
    private Integer rs;
    private String fdy;
    // 由于在 Zyb 表中设置了外键，所以自动生成 1 个 Set 属性 xsbs
    private Set xsbs = new HashSet(0);
    public Zyb() {
    }
    public Zyb(String zym, Integer rs, String fdy, Set xsbs) {
        this.zym = zym;
        this.rs = rs;
        this.fdy = fdy;
        this.xsbs = xsbs;
    }
    public Integer getId() {
        return this.id;
    }
    public void setId(Integer id) {
        this.id = id;
    }
    public String getZym() {
        return this.zym;
    }
    public void setZym(String zym) {
        this.zym = zym;
    }
    public Integer getRs() {
        return this.rs;
    }
    public void setRs(Integer rs) {
        this.rs = rs;
    }
    public String getFdy() {
        return this.fdy;
    }
    public void setFdy(String fdy) {
```

```
            this.fdy = fdy;
        }
        public Set getXsbs() {
            return this.xsbs;
        }
        public void setXsbs(Set xsbs) {
            this.xsbs = xsbs;
        }
    }
```

2）生成 Zyb.hbm.xml，代码如下：

```
<?xml version="1.0" encoding="utf-8"?>
<hibernate-mapping>
    <class name="org.model.Zyb" table="ZYB" schema="dbo" catalog="xsxkFZL">
        <id name="id" type="java.lang.Integer">
            <column name="ID" />
            <generator class="native" />
        </id>
        <property name="zym" type="java.lang.String">
            <column name="ZYM" length="12" />
        </property>
        <property name="rs" type="java.lang.Integer">
            <column name="RS" />
        </property>
        <property name="fdy" type="java.lang.String">
            <column name="FDY" length="8" />
        </property>
        <!--注意：这个 set 属性 xsbs 就是 Zyb.java 中的属性 private Set xsbs;-->
        <set name="xsbs" inverse="true">
            <key>
                <column name="ZY_ID" not-null="true" />
            </key>
            <one-to-many class="org.model.Xsb" />
        </set>
    </class>
</hibernate-mapping>
```

📖 可以发现有一个< one-to-many>的节，表示有一个“一对多”的关联，ZYB 表是主键表。

3）applicationContext.xml 文件中，增加了两个 bean 对象，以及增加了 ZYB 表反向工程后的 hbm 文件说明，代码如下：

```
<?xml version="1.0" encoding="UTF-8"?>
<beans xmlns="http://www.springframework.org/schema/beans"
    xmlns:xsi="http://www.w3.org/2001/XMLSchema-instance"
    xmlns:p="http://www.springframework.org/schema/p"
    xsi:schemaLocation="http://www.springframework.org/schema/beans
    http://www.springframework.org/schema/beans/spring-beans-2.5.xsd">
    <bean id="dataSource" class="org.apache.commons.dbcp.BasicDataSource">
        <property name="url"
            value="jdbc:sqlserver://127.0.0.1:1433;databaseName=xsxkFZL">
        </property>
        <property name="username" value="sa"></property>
```

```
            <property name="password" value="zhijiang"></property>
        </bean>
        <bean id="sessionFactory"
            class="org.springframework.orm.hibernate3.LocalSessionFactoryBean">
            <property name="dataSource">
                <ref bean="dataSource" />
            </property>
            <property name="hibernateProperties">
                <props>
                    <prop key="hibernate.dialect">
                        org.hibernate.dialect.SQLServerDialect
                    </prop>
                </props>
            </property>
            <property name="mappingResources">
                <list>
                    <value>org/model/Zyb.hbm.xml</value>
                </list>
            </property>
        </bean>
    </beans>
```

这两个bean对象是：

- BasicDataSource 类的 bean 对象 dataSource。Spring 框架创建一个 bean 对象<bean id="dataSource">，通过它整合了对 Hibernate 的数据源配置，如 url、username 和 password 等属性。
- LocalSessionFactoryBean 类的 bean 对象 sessionFactory。Spring 框架创建一个 bean 对象<bean id="sessionFactory">，通过它整合了对 Hibernate 的 SessionFactory 的配置，无需再通过 hibernate.cfg.xml 对 SessionFactory 进行设定。

对于第二个 bean 对象 sessionFactory 而言：

1）将 LocalSessionFactoryBean 类配置在 Spring 中的好处是，当项目中需要多个不同的 SessionFactory 时所带来的便利。例如在程序中对多个不同数据库进行操作，需要分别建立不同的 DataSource 和 SessionFactory，这样在 DAO 操作代码时需要判断该用哪个 SessionFactory。

如果借助 Spring 的 SessionFactory 对象配置，则可以让 DAO 脱离具体的 SessionFactory，也就是说，DAO 层完全可以不用关心具体数据源。

2）sessionFactory 的 dataSource 属性（它是 LocalSessionFactoryBean 类的一个属性）将引用前面定义的 bean 对象<bean id="dataSource">。

3）sessionFactory 的 hibernateProperties 属性（它是 LocalSessionFactoryBean 类的一个属性）则容纳了所有 Hibernate 属性配置，如设置 hibernate.show_sql、hibernate.format_sql 等属性。

例如，

```
    <property name="hibernateProperties">
        <props>
            <prop key="hibernate.dialect">
                org.hibernate.dialect.SQLServerDialect
            </prop>
            <prop key="hibernate.show_sql">
```

```
                        true
                    </prop>
                    <prop key="hibernate.format_sql">
                        true
                    </prop>
                </props>
        </property>
```

4）sessionFactory 的 mappingResources 属性（它是 LocalSessionFactoryBean 类的一个属性）包含了所有映射文件的路径。每当新反向工程一个表，都会在 mappingResources 属性的 list 中增加反向表的 hbm 文件，list 节点下可配置多个映射文件，容纳了所有的映射文件路径，由此减少了对*.hbm.xml 文件的管理。

增加了 hibernateProperties 属性后的，最终的 applicationContext.xml 文件代码如下：

```
<?xml version="1.0" encoding="UTF-8"?>
<beans xmlns="http://www.springframework.org/schema/beans"
    xmlns:xsi="http://www.w3.org/2001/XMLSchema-instance"
    xmlns:p="http://www.springframework.org/schema/p"
    xsi:schemaLocation="http://www.springframework.org/schema/beans
    http://www.springframework.org/schema/beans/spring-beans-2.5.xsd">
    <bean id="dataSource" class="org.apache.commons.dbcp.BasicDataSource">
        <property name="url"
            value="jdbc:sqlserver://127.0.0.1:1433;databaseName=xsxkFZL">
        </property>
        <property name="username" value="sa"></property>
        <property name="password" value="zhijiang"></property>
    </bean>
    <bean id="sessionFactory"
        class="org.springframework.orm.hibernate3.LocalSessionFactoryBean">
        <property name="dataSource">
            <ref bean="dataSource" />
        </property>
            <property name="hibernateProperties">
                <props>
                    <prop key="hibernate.dialect">
                        org.hibernate.dialect.SQLServerDialect
                    </prop>
                    <prop key="hibernate.show_sql">
                        true
                    </prop>
                    <prop key="hibernate.format_sql">
                        true
                    </prop>
                </props>
        </property>
        <property name="mappingResources">
            <list>
                <value>org/model/Zyb.hbm.xml</value>
            </list>
        </property>
    </bean>
</beans>
```

接下来对外键表 XSB 表进行反向工程。

由于 XSB 表的主键是非自增的，所以选择 Id 生成方式（Id Generator）为 assigned，如图 14-36 所示。

Hibernate Reverse Engineering
Hibernate Mapping and Application Generation
Configure type mapping details
Rev-eng settings file: Setup...
Custom rev-eng strategy: Browse...
Type Mapping: Java types Hibernate types
Id Generator: assigned

图 14-36　Id 生成方式（Id Generator）为 assigned

单击 OK 按钮覆盖配置文件，主要就是 applicationContext.xml 文件，如图 14-37 所示。

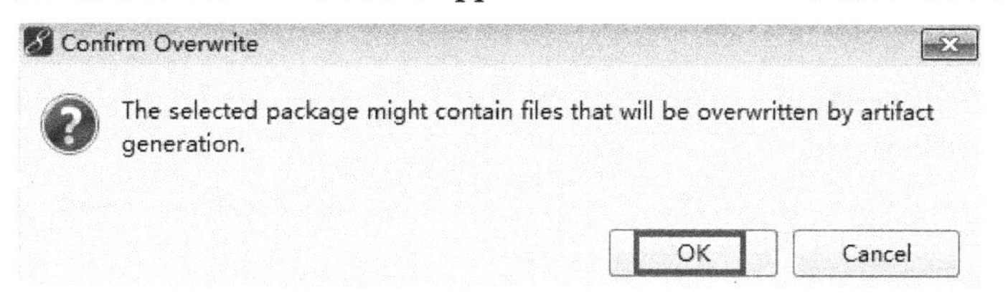

图 14-37　覆盖配置文件

此时，工程中将会有三个地方发生变化。

1）生成 Xsb 这个 POJO 对象，代码如下：

```
package org.model;
import java.sql.Timestamp;
public class Xsb implements java.io.Serializable {
    private String xh;
    //Hibernate 反向工程后自动将原有表中的 ZY_ID 字段，改成了主键表对象 Zyb
    private Zyb zyb;
    private String xm;
    private Boolean xb;
    private Timestamp cssj;
    private Integer zxf;
    private String bz;
    private String zp;
    public Xsb() {
    }
    public Xsb(String xh, Zyb zyb, String xm, Boolean xb) {
        this.xh = xh;
        this.zyb = zyb;
        this.xm = xm;
        this.xb = xb;
    }
    public Xsb(String xh, Zyb zyb, String xm, Boolean xb, Timestamp cssj,
            Integer zxf, String bz, String zp) {
        this.xh = xh;
        this.zyb = zyb;
        this.xm = xm;
        this.xb = xb;
```

```
        this.cssj = cssj;
        this.zxf = zxf;
        this.bz = bz;
        this.zp = zp;
    }
    public String getXh() {
        returnthis.xh;
    }
    public void setXh(String xh) {
        this.xh = xh;
    }
    public Zyb getZyb() {
        returnthis.zyb;
    }

    public void setZyb(Zyb zyb) {
        this.zyb = zyb;
    }
    public String getXm() {
        returnthis.xm;
    }
    public void setXm(String xm) {
        this.xm = xm;
    }
    public Boolean getXb() {
        returnthis.xb;
    }
    public void setXb(Boolean xb) {
        this.xb = xb;
    }
    public Timestamp getCssj() {
        returnthis.cssj;
    }
    public void setCssj(Timestamp cssj) {
        this.cssj = cssj;
    }
    public Integer getZxf() {
        returnthis.zxf;
    }
    public void setZxf(Integer zxf) {
        this.zxf = zxf;
    }
    public String getBz() {
        returnthis.bz;
    }
    public void setBz(String bz) {
        this.bz = bz;
    }
    public String getZp() {
        returnthis.zp;
    }
    public void setZp(String zp) {
        this.zp = zp;
    }
```

```
}
```

2）生成 Xsb.hbm.xml，代码如下：

```
<?xml version="1.0" encoding="utf-8"?>
<!DOCTYPE hibernate-mapping PUBLIC "-//Hibernate/Hibernate Mapping DTD 3.0//EN"
"http://hibernate.sourceforge.net/hibernate-mapping-3.0.dtd">
<hibernate-mapping>
    <class name="org.model.Xsb" table="XSB" schema="dbo" catalog="xsxkFZL">
        <id name="xh" type="java.lang.String">
            <column name="XH" length="6" />
            <generator class="assigned" />
        </id>
        <!--注意：这个 many-to-one 属性 zyb 是 Xsb.java 中定义的属性 private Zyb zyb;-->
        <many-to-one name="zyb" class="org.model.Zyb" fetch="select">
            <column name="ZY_ID" not-null="true" />
        </many-to-one>
        <property name="xm" type="java.lang.String">
            <column name="XM" length="8" not-null="true" />
        </property>
        <property name="xb" type="java.lang.Boolean">
            <column name="XB" not-null="true" />
        </property>
        <property name="cssj" type="java.sql.Timestamp">
            <column name="CSSJ" length="23" />
        </property>
        <property name="zxf" type="java.lang.Integer">
            <column name="ZXF" />
        </property>
        <property name="bz" type="java.lang.String">
            <column name="BZ" length="500" />
        </property>
        <property name="zp" type="java.lang.String">
            <column name="ZP" />
        </property>
    </class>
</hibernate-mapping>
```

可以发现有一个<many-to-one>的节，表示有一个“多对一”的关联，XSB 表是外键表。

3）applicationContext.xml 中的 bean 对象 sessionFactory 的 mappingResources 属性的 list 中增加 XSB 表的 hbm 文件路径，代码如下：

```
<property name="mappingResources">
    <list>
        <value>org/model/Zyb.hbm.xml</value>
        <value>org/model/Xsb.hbm.xml</value>
    </list>
</property>
```

由于反向工程生成的 XSB 对象的 xb、cssj 和 zp 属性不容易操作，所以需要手工修改这些字段的类型名，同时修改 Xsb.hbm.xml 中对应属性的类型名，代码如下：

```
private Byte xb;
```

```
private Date cssj;    // import java.util.Date
private byte[] zp;
// 同时修改这三个属性的 getter 和 setter 函数，以及构造函数
public Byte getXb() {
        return this.xb;
}
public void setXb(Byte xb) {
        this.xb = xb;
}
public Date getCssj() {
        return this.cssj;
}
public void setCssj(Date cssj) {
        this.cssj = cssj;
}
public byte[] getZp() {
        return this.zp;
}
public void setZp(byte[] zp) {
        this.zp = zp;
}
public Xsb() {
}
public Xsb(String xh, Zyb zyb, String xm, Byte xb) {
        this.xh = xh;
        this.zyb = zyb;
        this.xm = xm;
        this.xb = xb;
}
public Xsb(String xh, Zyb zyb, String xm, Byte xb, Date cssj, Integer zxf,
                String bz, byte[] zp) {
        this.xh = xh;
        this.zyb = zyb;
        this.xm = xm;
        this.xb = xb;
        this.cssj = cssj;
        this.zxf = zxf;
        this.bz = bz;
        this.zp = zp;
}
```

同时修改 Xsb.hbm.xml 中这三个属性对应的说明。

即将以下代码：

```
<property name="xb" type="java.lang.Boolean">
        <column name="XB" not-null="true" />
</property>
<property name="cssj" type="java.sql.Timestamp">
        <column name="CSSJ" length="23" />
</property>
<property name="zp" type="java.lang.String">
        <column name="ZP" />
</property>
```

修改为：

```
<property name="xb"type="java.lang.Byte">
    <column name="XB" not-null="true" />
</property>
<property name="cssj" type="java.util.Date">
    <column name="CSSJ" length="23" />
</property>
<property name="zp">
    <column name="ZP" />
</property>
```

其中，zp 属性由于要采用特殊的照片读取操作，因此不需要进行数据库表列和 POJO 对象属性的映射，因此将 type 属性删除，并且由于 byte[]是基本类型，也没有必要写 type。

14.3.2 学生表 XSB 和课程表 KCB 之间的“多对多”关系的反向工程

第 14 章任务 4

1．首先对 XSB 表进行多对多单向关联（即 XSB 表是主动方）

由于已经执行 XSB 的反向工程，所以只需直接修改 Xsb.java 和 Xsb.hbm.xml 文件即可。

（1）在 Xsb.java 文件的最后添加集合属性 kcs

添加一个课程集合属性 kcs，表示 1 个学生可以有多个课程，即课程集合，代码如下：

```
private Set kcs = new HashSet(0);
public Set getKcs() {
    return kcs;
}
public void setKcs(Set kcs) {
    this.kcs = kcs;
}
```

（2）修改 Xsb.hbm.xml 文件，增加 kcs 属性的说明

1）添加 Set 属性，如图 14-38 所示。

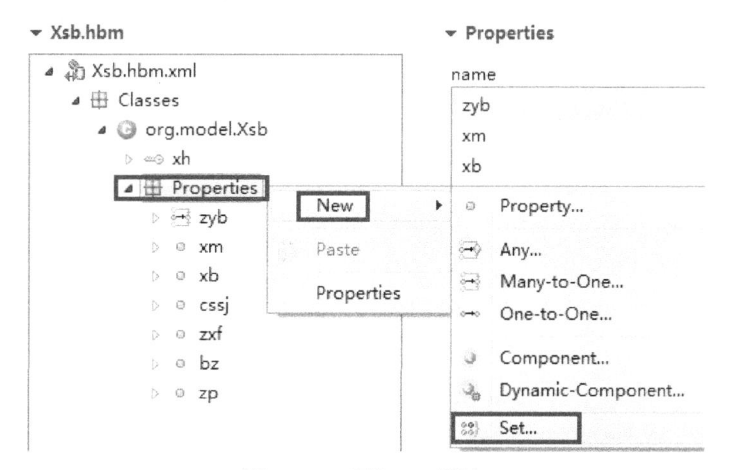

图 14-38 添加 Set 属性

2）设置 Set 属性，Name 为 Xsb.java 中新增的属性 kcs，Table 为多对多的连接表

XS_KCB，如图 14-39 所示。

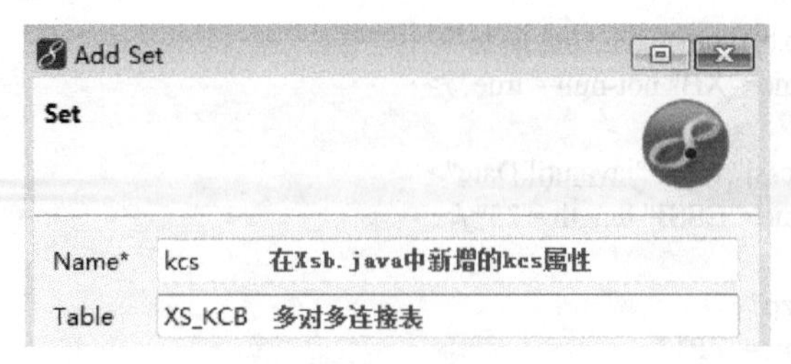

图 14-39 设置 Set 属性

3）设置主动方 Xsb 类的 Key Column 属性

单击 kcs 属性，在 Key→Column 中输入主动方 Xsb 类在连接表 XS_KCB 中的主键 XH，如图 14-40 所示。

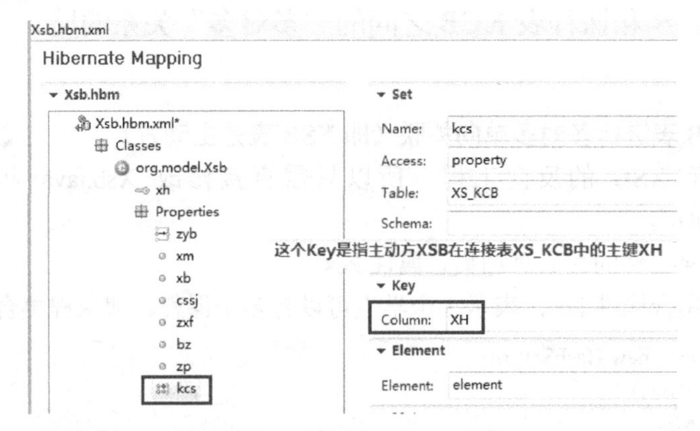

图 14-40 设置 Key Column 属性

4）设置 Lazy 属性和 Cascade 属性

- Lazy 属性设置为 true 表示：当查询学生对象时，不会立即把学生所选的课程对象查询出来，这样可以节省时间，提高效率。但很多情况下需要设置为 false，也就是说当查询某个学生时，需要立即把这个学生所选的课程查询出来，并赋值给 Xsb 类的 kcs 属性，如图 14-41 所示。

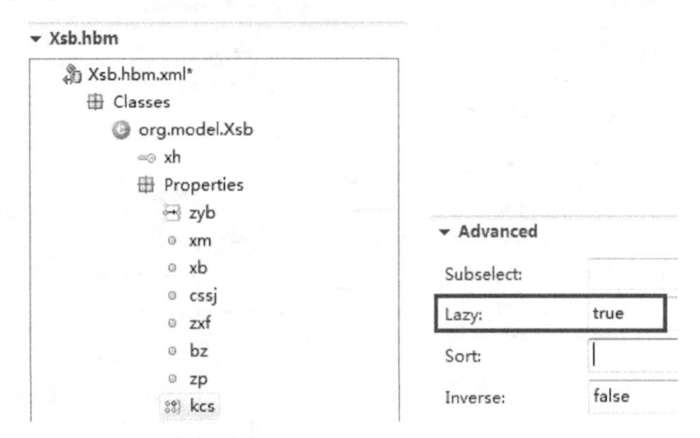

图 14-41 设置 Lazy 属性

- Cascade 属性设置为 all 表示：Cascade 级联值设为 all，这样当保存 Xsb 对象时可以对 XSB 表实现行插入，同时也可以对 KCB 表实现行插入。即当保存 Xsb 对象时，将级联保存学生所选的课程 Kcb 对象，如图 14-42 所示。

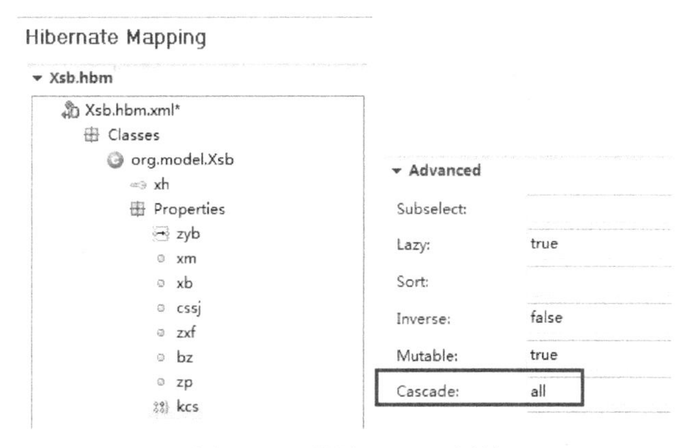

图 14-42　设置 Cascade 属性

5）设置 many-to-many 属性，如图 14-43 所示。

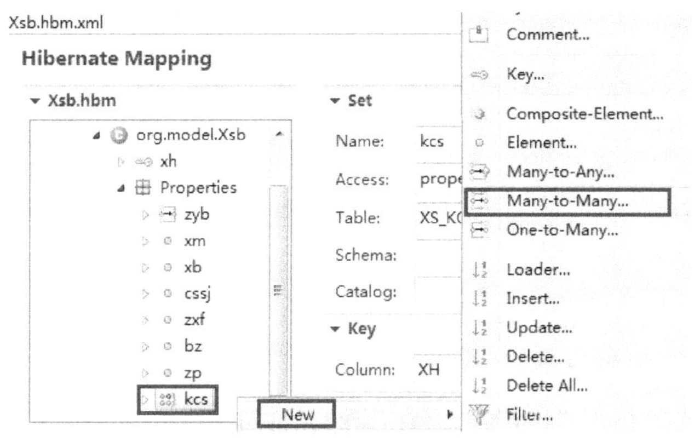

图 14-43　设置 many-to-many 属性

6）设置被动方的类名：org.model.Kcb，如图 14-44 所示。

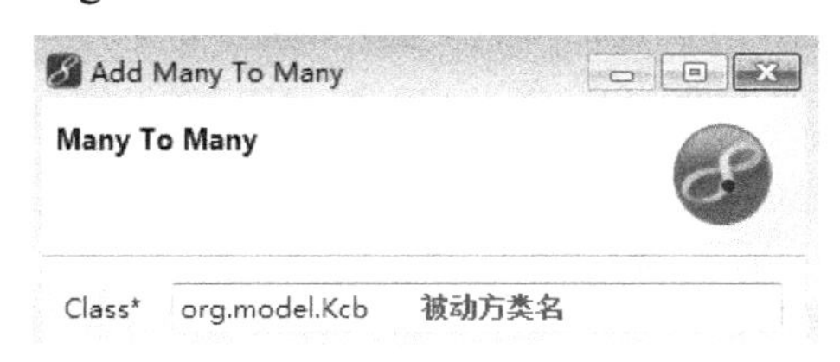

图 14-44　设置被动方类名

7）设置被动方 org.model.Kcb 类在连接表 XS_KCB 中的主键 KCH，如图 14-45 所示。

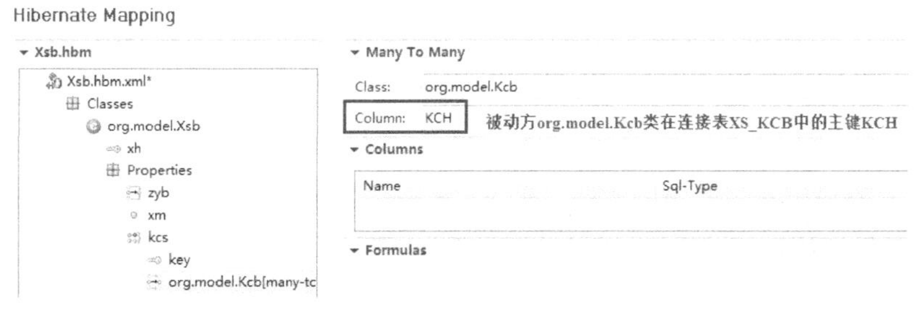

图 14-45　设置主键 KCH

8）最终生成的 Xsb.hbm.xml 文件代码如下：

```
<?xml version="1.0" encoding="utf-8"?>
<!DOCTYPE hibernate-mapping PUBLIC "-//Hibernate/Hibernate Mapping DTD 3.0//EN""http://hibernate.
sourceforge.net/hibernate-mapping-3.0.dtd">
<hibernate-mapping>
    <class name="org.model.Xsb" schema="dbo" table="XSB"catalog="xsxkFZL">
        <id name="xh" type="java.lang.String">
            <column length="10" name="XH" />
            <generator class="assigned" />
        </id>
        <many-to-one name="zyb"class="org.model.Zyb" fetch="select">
            <column name="ZY_ID" />
        </many-to-one>
        <property generated="never" lazy="false" name="xm"
            type="java.lang.String">
            <column length="10" name="XM" />
        </property>
        <property generated="never" lazy="false" name="zxf"
            type="java.lang.Integer">
            <column name="ZXF" />
        </property>
        <property generated="never" lazy="false" name="bz"
            type="java.lang.String">
            <column length="500" name="BZ" />
        </property>
        <property generated="never" lazy="false" name="xb"
            type="java.lang.Byte">
            <column name="XB" not-null="true" />
        </property>
        <property generated="never" lazy="false" name="cssj"
            type="java.util.Date">
            <column length="23" name="CSSJ" />
        </property>
        <property generated="never" lazy="false" name="zp">
            <column name="ZP" />
        </property>
        <set name="kcs" table="XS_KCB"cascade="all" lazy="true">
            <key column="XH" />
            <many-to-many class="org.model.Kcb" column="KCH" />
        </set>
    </class>
</hibernate-mapping>
```

📖 可以发现有一个<many-to-many>的节，表示有一个多对多的关联，XSB 表是多对多中的主键表，XS_KCB 是多对多中的外键表。同时发现有一个<many-to-one>的节，表示有一个多对一的关联，XSB 表是外键表。

2．对 KCB 表进行多对多单向关联（即 KCB 表是主动方）

由于没有执行 KCB 的反向工程，所以应首先反向工程 KCB 表。

📖 KCB 表的主键生成方式是 assigned（手工指派）。

（1）生成 Kcb.java

代码如下：

```
package org.model;
public class Kcb implements java.io.Serializable {
        private String kch;
        private String kcm;
        private Short kxxq;
        private Integer xs;
        private Integer xf;
        public Kcb() {
        }
        public Kcb(String kch) {
                this.kch = kch;
        }
        public Kcb(String kch, String kcm, Short kxxq, Integer xs, Integer xf) {
                this.kch = kch;
                this.kcm = kcm;
                this.kxxq = kxxq;
                this.xs = xs;
                this.xf = xf;
        }
        public String getKch() {
                returnthis.kch;
        }
        public void setKch(String kch) {
                this.kch = kch;
        }
        public String getKcm() {
                returnthis.kcm;
        }
        public void setKcm(String kcm) {
                this.kcm = kcm;
        }
        public Short getKxxq() {
                returnthis.kxxq;
        }
        public void setKxxq(Short kxxq) {
                this.kxxq = kxxq;
        }
        public Integer getXs() {
                returnthis.xs;
        }
        public void setXs(Integer xs) {
                this.xs = xs;
        }
        public Integer getXf() {
                returnthis.xf;
        }
        public void setXf(Integer xf) {
                this.xf = xf;
        }
}
```

（2）生成 Kcb.hbm.xml 文件

代码如下：

```
<?xml version="1.0" encoding="utf-8"?>
<!DOCTYPE hibernate-mapping PUBLIC "-//Hibernate/Hibernate Mapping DTD 3.0//EN"
"http://hibernate.sourceforge.net/hibernate-mapping-3.0.dtd">
<hibernate-mapping>
    <class name="org.model.Kcb" table="KCB" schema="dbo" catalog="xsxkFZL">
        <id name="kch" type="java.lang.String">
            <column name="KCH" length="10" />
            <generator class="assigned" />
        </id>
        <property name="kcm" type="java.lang.String">
            <column name="KCM" length="10" />
        </property>
        <property name="kxxq" type="java.lang.Short">
            <column name="KXXQ" />
        </property>
        <property name="xs" type="java.lang.Integer">
            <column name="XS" />
        </property>
        <property name="xf" type="java.lang.Integer">
            <column name="XF" />
        </property>
    </class>
</hibernate-mapping>
```

（3）在 Kcb.java 文件的最后添加集合属性 xss

添加一个学生集合属性 xss，表示 1 个课程可以有多个学生，即学生集合，代码如下：

```
private Set xss = new HashSet(0);
public Set getXss() {
    return xss;
}
public void setXss(Set xss) {
    this.xss = xss;
}
```

（4）修改 Kcb.hbm.xml 文件，增加 xss 属性的说明

1）添加 Set 属性，如图 14-46 所示。

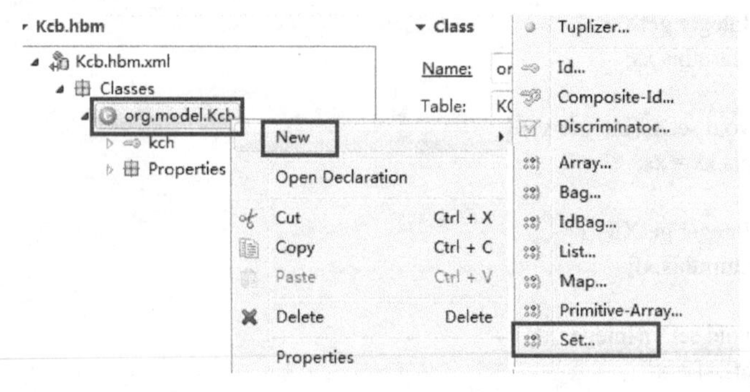

图 14-46　添加 Set 属性

2）设置 Set 属性，Name 为 Kcb.java 中新增的属性 xss，Table 为多对多的连接表

XS_KCB，如图 14-47 所示。

3）设置主动方 Kcb 类的 Key Column 属性。

单击 xss 属性，在 Key→Column 中输入主动方 Kcb 类在连接表 XS_KCB 中的主键 KCH，如图 14-48 所示。

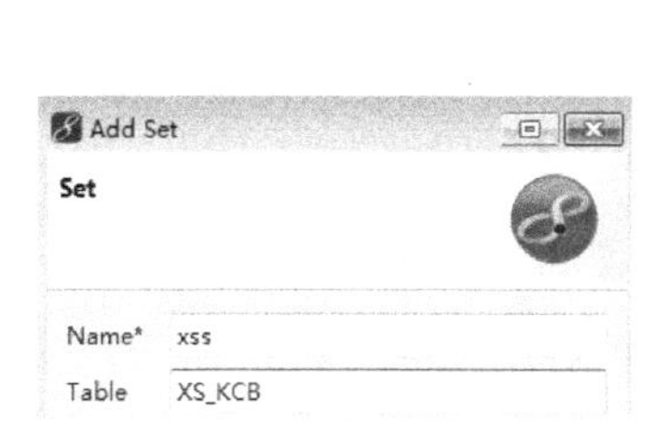

图 14-47 设置 Set 属性

图 14-48 设置 Key Column 属性

4）设置 Lazy 属性和 Cascade 属性。

● Lazy 属性设置为 true 表示：当查询课程对象时，不会立即把选修这门课程的学生对象查询出来，这样可以节省时间，提高效率。但很多情况下需要设置为 false，也就是说当查询某门课程时，需要立即把选修这门课程的学生查询出来，并赋值给 Kcb 类的 xss 属性，如图 14-49 所示。

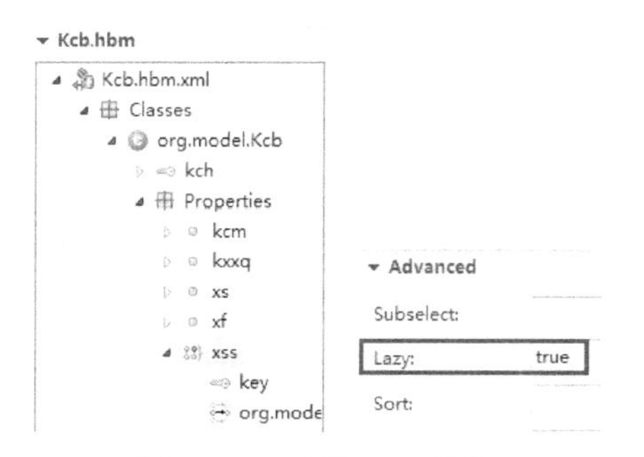

图 14-49 设置 Lazy 属性

● Cascade 属性设置为 all 表示：Cascade 级联值设为 all，这样当保存 Kcb 对象时可以对 KCB 表实现行插入，同时也可以对 XSB 表实现行插入。即当保存 Kcb 对象时，将级联保存选修该门课程的 Xsb 对象，如图 14-50 所示。

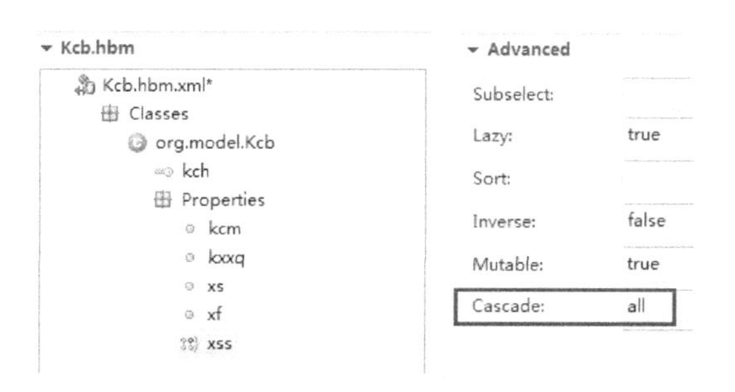

图 14-50 设置 Cascade 属性

5）新建 xss 的 many-to-many 属性，如图 14-51 所示。

6）设置被动方的类名：org.model.Xsb，如图 14-52 所示。

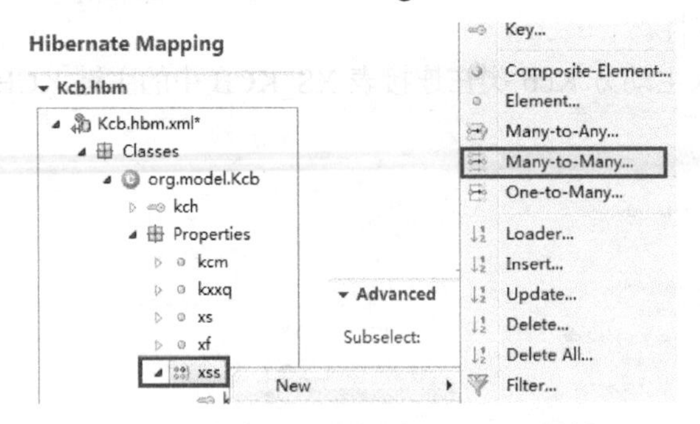

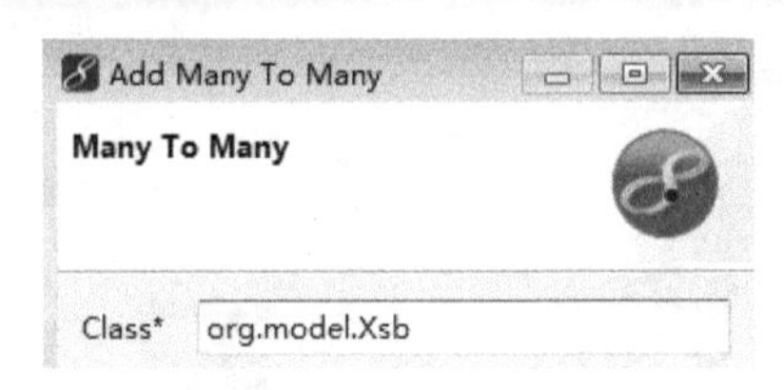

图 14-51　新建 many-to-many 属性　　　　图 14-52　设置被动方类名

7）设置被动方 org.model.Xsb 类在连接表 XS_KCB 中的主键 XH，如图 14-53 所示。

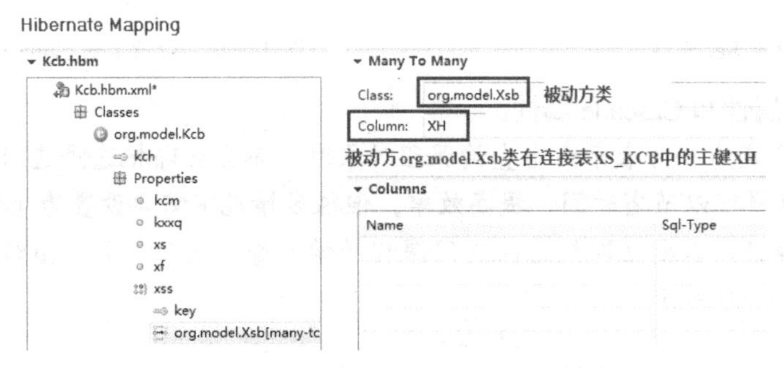

图 14-53　设置主键 XH

8）最终生成的 Kcb.hbm.xml 文件，代码如下：

```
<?xml version="1.0" encoding="utf-8"?>
<!DOCTYPE hibernate-mapping PUBLIC "-//Hibernate/Hibernate Mapping DTD 3.0//EN"
    "http://hibernate.sourceforge.net/hibernate-mapping-3.0.dtd">
<hibernate-mapping>
    <class name="org.model.Kcb" table="KCB"schema="dbo"catalog="xsxkFZL">
        <id name="kch" type="java.lang.String">
            <column length="10" name="KCH" />
            <generator class="assigned" />
        </id>
        <property generated="never" lazy="false" name="kcm"
            type="java.lang.String">
            <column length="10" name="KCM" />
        </property>
        <property generated="never" lazy="false" name="kxxq"
            type="java.lang.Short">
            <column name="KXXQ" />
        </property>
        <property generated="never" lazy="false" name="xs"
            type="java.lang.Integer">
            <column name="XS" />
        </property>
        <property generated="never" lazy="false" name="xf"
            type="java.lang.Integer">
            <column name="XF" />
        </property>
```

```
            <set name="xss" table="XS_KCB" cascade="all" lazy="true" >
                <key column="KCH" />
                <many-to-many class="org.model.Xsb" column="XH" />
            </set>
        </class>
</hibernate-mapping>
```

📖 可以发现有一个<many-to-many>的节，表示有一个多对多的关联，KCB 表是多对多中的主键表，XS_KCB 是多对多中的外键表。

14.3.3 登录表 DLB 进行反向工程

第 14 章任务 5

反向工程表 DLB，注意：主键生成方式是 native（自增标识字段）。

1）生成 Dlb 类，代码如下：

```
package org.model;
public class Dlb implements java.io.Serializable {
private Integer id;
        private String xh;
        private String kl;
        public Dlb(String xh, String kl) {
                this.xh = xh;
                this.kl = kl;
        }
        public Integer getId() {
                returnthis.id;
        }
        public void setId(Integer id) {
                this.id = id;
        }
        public String getXh() {
                returnthis.xh;
        }
        public void setXh(String xh) {
                this.xh = xh;
        }
        public String getKl() {
                returnthis.kl;
        }
        public void setKl(String kl) {
                this.kl = kl;
        }
}
```

2）生成 Dlb.hbm.xml 文件代码如下：

```
<?xml version="1.0" encoding="utf-8"?>
<!DOCTYPE hibernate-mapping PUBLIC "-//Hibernate/Hibernate Mapping DTD 3.0//EN"
"http://hibernate.sourceforge.net/hibernate-mapping-3.0.dtd">
<hibernate-mapping>
        <class name="org.model.Dlb" table="DLB" schema="dbo" catalog="xsxkFZL">
                <id name="id" type="java.lang.Integer">
                        <column name="ID" />
```

```
                <generator class="native" />
            </id>
            <property name="xh" type="java.lang.String">
                <column name="XH" length="10" />
            </property>
            <property name="kl" type="java.lang.String">
                <column name="KL" length="10" />
            </property>
        </class>
    </hibernate-mapping>
```

由于连接表 XS_KCB 是不能反向工程的，因此，4 张表反向工程后生成的 applicationContext.xml 文件，代码如下：

```
    <?xml version="1.0" encoding="UTF-8"?>
    <beans xmlns="http://www.springframework.org/schema/beans"
        xmlns:xsi="http://www.w3.org/2001/XMLSchema-instance"
        xmlns:p="http://www.springframework.org/schema/p"
        xsi:schemaLocation="http://www.springframework.org/schema/beans
        http://www.springframework.org/schema/beans/spring-beans-2.5.xsd">
        <bean id="dataSource" class="org.apache.commons.dbcp.BasicDataSource">
            <property name="url"
                value="jdbc:sqlserver://127.0.0.1:1433;databaseName=xsxkFZL">
            </property>
            <property name="username" value="sa"></property>
            <property name="password" value="zhijiang"></property>
        </bean>
        <bean id="sessionFactory"
            class="org.springframework.orm.hibernate3.LocalSessionFactoryBean">
            <property name="dataSource">
                <ref bean="dataSource" />
            </property>
            <property name="hibernateProperties">
                <props>
                    <prop key="hibernate.dialect">
                        org.hibernate.dialect.SQLServerDialect
                    </prop>
                    <prop key="hibernate.show_sql">
                        true
                    </prop>
                    <prop key="hibernate.format_sql">
                        true
                    </prop>
                </props>
            </property>
            <property name="mappingResources">
                <list>
                    <value>org/model/Zyb.hbm.xml</value>
                    <value>org/model/Xsb.hbm.xml</value>
                    <value>org/model/Kcb.hbm.xml</value>
                    <value>org/model/Dlb.hbm.xml</value>
                </list>
            </property>
```

```
        </bean>
    </beans>
```

14.4 新建 POJO 对象的 DAO 接口和实现类

新建 POJO 对象的数据访问层 DAO 接口和实现类，实现 POJO 对象的底层数据库访问操作。

第 14 章任务 6

14.4.1 POJO 对象（Dlb 类）的 DlDao 接口和 DlDaoImp 类

1）新建 DlDao 接口：包名为 org.dao，接口名为 DlDao，如图 14-54 所示。

图 14-54 新建 DlDao 接口

DlDao 接口定义如下：

```
    package org.dao;
    import org.model.Dlb;
    publicinterface DlDao {
        public Dlb validate(String xh, String kl); // 根据学号和口令查询
    }
```

2）新建 DlDaoImp 实现类：包名为 org.dao.imp，类名为 DlDaoImp。

选择父类：HibernateDaoSupport，该类可以简化 Hibernate 的数据库编程，如图 14-55 所示。

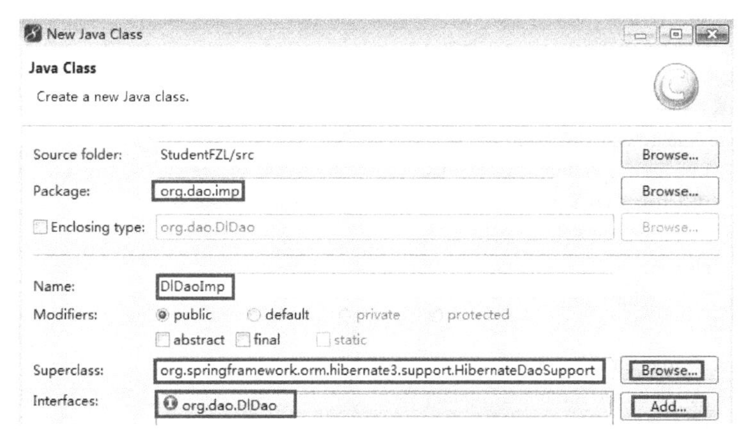

图 14-55 新建 DlDaoImp 实现类

📖 一定要从 HibernateDaoSupport 类派生，这样可以方便地使用 Hibernate 编程。

DlDaoImp 类定义如下：

```
package org.dao.imp;
import java.util.List;
import org.dao.DlDao;
import org.model.Dlb;
import org.springframework.orm.hibernate3.support.HibernateDaoSupport;
public class DlDaoImp extends HibernateDaoSupport implements DlDao {
public Dlb validate(String xh, String kl) {
        Dlb dlb = null;
        String strs[] = {xh, kl};
        List list = this.getHibernateTemplate().find("from org.model.Dlb where xh=? and kl=?", strs);
        if(list.size()>0){
                dlb = (Dlb) list.get(0);
        }
        return dlb;
}
```

14.4.2 POJO 对象（Xsb 类）的 XsDao 接口和 XsDaoImp 类

1. 新建 XsDao 接口

第 14 章任务 7

```
package org.dao;
import org.model.Xsb;
publicinterface XsDao {
        // 根据学号查询某个学生信息
        public Xsb getOneXs(String xh);
        // 修改学生信息
        public void update(Xsb xs);
}
```

2. 新建 XsDaoImp 实现类

```
package org.dao.imp;
import java.util.List;
import org.dao.XsDao;
import org.model.Xsb;
import org.springframework.orm.hibernate3.support.HibernateDaoSupport;
public class XsDaoImp extends HibernateDaoSupport implements XsDao {
        public Xsb getOneXs(String xh) {
                List list = getHibernateTemplate().find("from Xsb where xh=?", xh);
                if(list.size()>0)
                        return (Xsb)list.get(0);
                else
                        return null;
        }
        public void update(Xsb xs) {
                getHibernateTemplate().update(xs);
        }
}
```

14.4.3 POJO 对象（Zyb 类）的 ZyDao 接口和 ZyDaoImp 类

第 14 章任务 8

1. 新建 ZyDao 接口

```
package org.dao;
import java.util.List;
import org.model.Zyb;
publicinterface ZyDao {
	// 根据编号查询某个专业信息
	public Zyb getOneZy(Integer zyId);
	// 查询所有专业信息
	public List getAll();
}
```

2. 新建 ZyDaoImp 实现类

```
package org.dao.imp;
import java.util.List;
import org.dao.ZyDao;
import org.model.Xsb;
import org.model.Zyb;
import org.springframework.orm.hibernate3.support.HibernateDaoSupport;
public class ZyDaoImp extends HibernateDaoSupport implements ZyDao {
	public List getAll() {
		List list = getHibernateTemplate().find("from Zyb");
		return list;
	}
	public Zyb getOneZy(Integer zyId) {
		List list = getHibernateTemplate().find("from Zyb where id=?", zyId);
		if(list.size()>0)
			return (Zyb)list.get(0);
		else
			return null;
	}
}
```

14.4.4 POJO 对象（Kcb 类）的 KcDao 接口和 KcDaoImp 类

第 14 章任务 9

1. 新建 KcDao 接口

```
package org.dao;
import java.util.List;
import org.model.Kcb;
publicinterface KcDao {
	// 根据编号查询某个课程信息
	public Kcb getOneKc(String kch);
	// 查询所有课程信息
	public List getAll();
}
```

2. 新建 KcDaoImp 实现类

```
package org.dao.imp;
import java.util.List;
import org.dao.KcDao;
```

```java
import org.model.Kcb;
import org.model.Zyb;
import org.springframework.orm.hibernate3.support.HibernateDaoSupport;
public class KcDaoImp extends HibernateDaoSupport implements KcDao {
        public List getAll() {
                List list = getHibernateTemplate().find("from Kcb order by kch");
                return list;
        }
        public Kcb getOneKc(String kch) {
                List list = getHibernateTemplate().find("from Kcb where kch=?", kch);
                if(list.size()>0)
                        return (Kcb)list.get(0);
                else
                        returnnull;
        }
}
```

至此，完成了 Hibernate 对数据库的 DAO 访问操作。

14.4.5 测试 DlDao 接口和 DlDaoImp 类

第 14 章任务 10

由于要获取 Dlb 这个 POJO 对象，因此将生成 DlDaoImp 对象。但这里不需要用 new 方式生成对象，而是采用 Spring 的对象容器自动分配方式，即由 Spring 框架负责生成和销毁对象，程序员只需从 Spring 的容器中申请分配就可以，这样就不需要自己来 new（创建）对象了。

（1）修改 applicationContext.xml 文件

打开 applicationContext.xml 文件的 Overview 标签页，将 sessionFactory（如图 14-56 所示）。

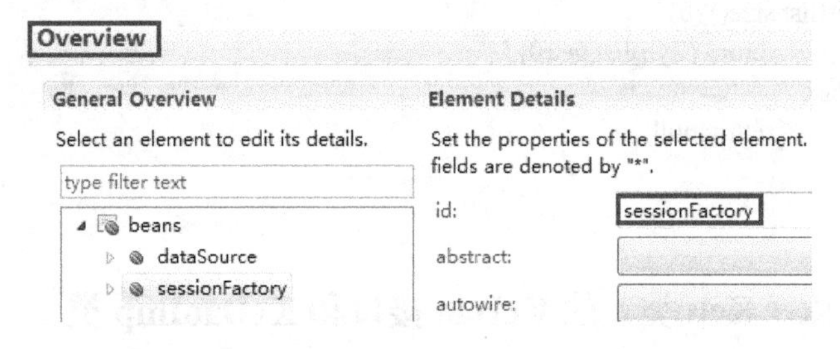

图 14-56　Overview 标签页中的 sessionFactory

修改为 mysessionFactory（如图 14-57 所示）。

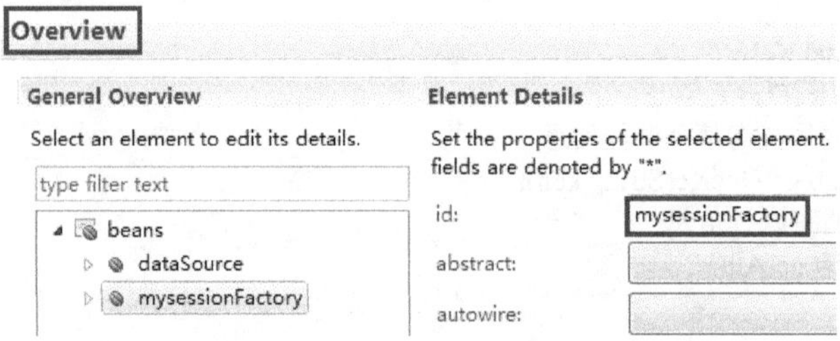

图 14-57　Overview 标签页中的 mysessionFactory

更改 bean 的 id 名为 mysessionFactory，可以区别 bean 对象 dlDaoImp 中的属性名 sessionFactory，提高代码的可读性。

📖 改名前，有 dlDaoImp.sessionFactory = sessionFactory，改名后，则 dlDaoImp.sessionFactory = mysessionFactory。

（2）在 applicationContext.xml 中定义 DlDaoImp 对象

1）新增一个 bean，单击“New Bean...”按钮，如图 14-58 所示。

可以看到，目前有两个 bean 对象，分别是 dataSource 和 mysessionFactory。

2）设置 bean 的 id 属性，如图 14-59 所示。

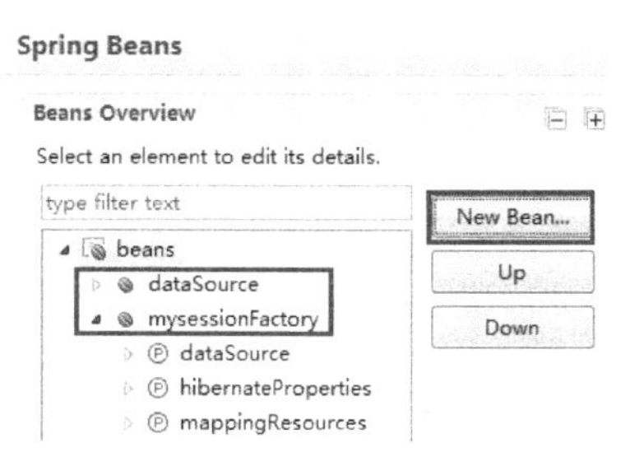

图 14-58　新增一个 bean

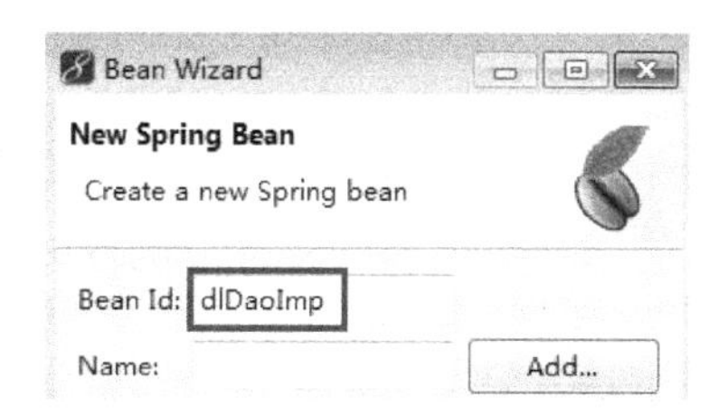

图 14-59　添加 bean 的 id 属性

设置 Bean 的 id 为：dlDaoImp。

📖 上面的操作是为了在 Spring 中定义一个 bean 对象 dlDaoImp，类似于手工操作 DlDao dlDaoImp = new DlDaoImp()。

3）添加 bean 的 class 属性。

单击“Browse”按钮，选择类名为：org.dao.imp.DlDaoImp，如图 14-60 所示。

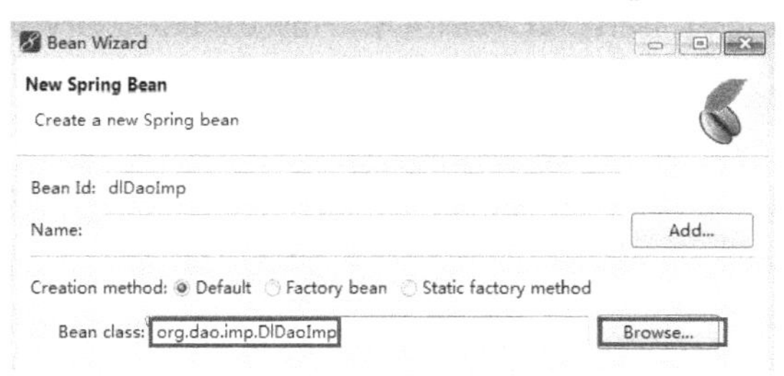

图 14-60　添加 bean 的 class 属性

4）添加 bean 的 property 属性，如图 14-61 所示。

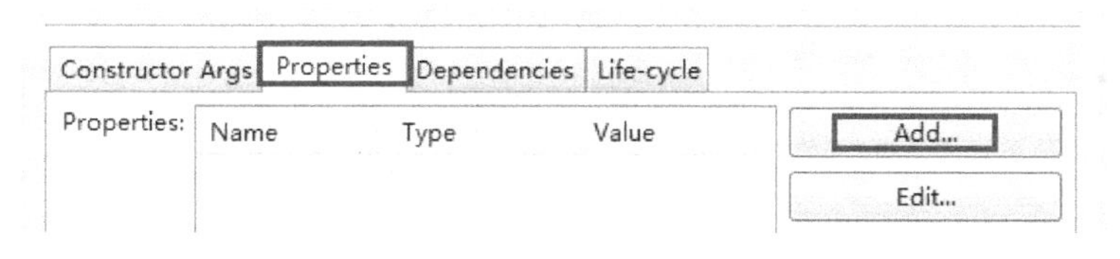

图 14-61　添加 bean 的 property 属性

5）单击“Add”按钮，设置如下内容，如图 14-62 所示。

- Name 为 sessionFactory（注意：该属性是父类 HibernateDaoSupport 中的属性，该属性涉及数据源操作，所以必须设置）。
- Spring type 为 ref，即引用类型。

● Property format 为 Element。
● Reference type 为 Bean。
● Reference 引用名为：mysessionFactory。

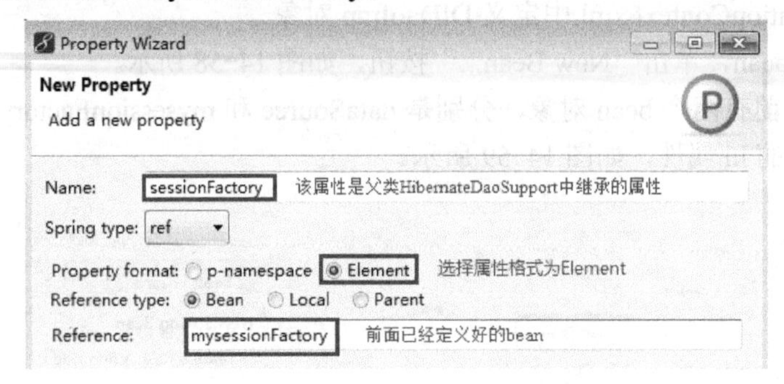

图 14-62 设置 bean 的 property 属性

📖 上面的操作是为了在 Spring 中设置 bean 对象 dlDaoImp 的属性 sessionFactory，类似于手工操作 dlDaoImp.sessionFactory = mysessionFactory。

删除一些默认添加但用处不大的属性，最终生成的配置文件如下：

```
<bean id="dlDaoImp" class="org.dao.imp.DlDaoImp">
    <property name="sessionFactory">
        <ref bean="mysessionFactory" />
    </property>
</bean>
```

其中，sessionFactory 是属性名，ref 表示引用，mysessionFactory 是引用对象名。

在 Beans Graph 中可以看到这些对象之间的引用关系，如图 14-63 所示。

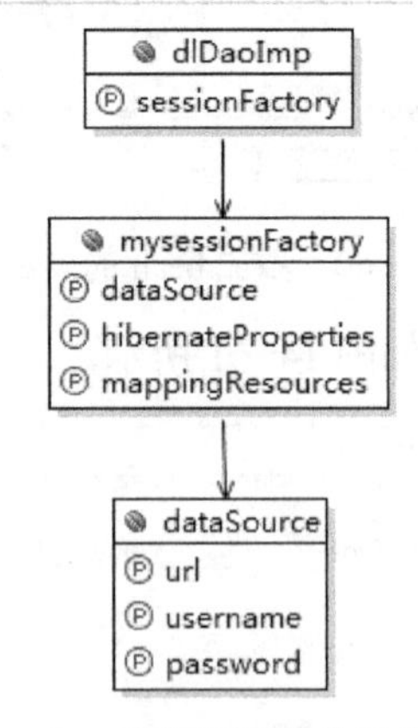

图 14-63 对象之间的引用关系

（3）新建 TestDlDao 类

代码如下：

```
package org.work;
import org.dao.DlDao;
import org.model.Dlb;
```

```
import org.springframework.context.ApplicationContext;
import org.springframework.context.support.ClassPathXmlApplicationContext;
public classTestDlDao{
    public static void main(String[] args) {
        ApplicationContext context = new ClassPathXmlApplicationContext
                                            ("applicationContext.xml");
        DlDao dlDao = (DlDao)context.getBean("dlDaoImp");
        Dlb user = dlDao.validate("admin","admin");
        if(user != null){
            System.out.println("存在该用户，该用户的 id 是" + user.getId());
        }else{
            System.out.println("没有该用户");
        }
    }
}
```

运行工程，结果如图 14-64 所示。

```
<terminated> TestDlDao [Java Application] D:\MyEclipse2014\binary\com.sun.java.jdk7.win32.x86_64_1.7.0.u45\bin\javaw.exe
log4j:WARN No appenders could be found for logger (org.
log4j:WARN Please initialize the log4j system properly.
Hibernate:
    select
        dlb0_.ID as ID4_,
        dlb0_.XH as XH4_,
        dlb0_.KL as KL4_
    from
        xsxkFZL.dbo.DLB dlb0_
    where
        dlb0_.XH=?
        and dlb0_.KL=?
存在该用户，该用户的id是1
```

图 14-64　运行结果

📖 利用 Spring 框架就不再需要 new（创建）DlDaoImp 对象了，即 DlDao dlDao = new DlDaoImp(); 而且 Spring 也不允许由程序员自己 new 对象，必须通过 Spring 获取对象。

从 Spring 获取 bean 对象 dlDaoImp 的步骤如下：

1）利用 ClassPathXmlApplicationContext 读取 Spring 的配置文件 applicationContext.xml。

📖 ClassPathXmlApplicationContext 默认的根目录是在 WEB-INF/classes 下面，而不是项目根目录。

2）在 applicationContext.xml 中定义一个 bean 对象。

3）利用 context.getBean("dlDaoImp")申请得到对象。

14.5　Struts 的 Action 配置及 JSP 页面制作

第 14 章任务 11

14.5.1　网页中变量传递的两种方法

1．方法 1：action 变量（即网页和 action 类之间的变量传递）

分两种情况，从网页的控件中读取值和向网页的控件中打印值。

（1）情况 1. 从网页的控件中读值

如果某个 jsp 网页（如 login.jsp）提交后，执行到 action 类（如 LoginAction），则可以在 action 类中添加 1 个 action 变量（如变量 loginJsp_dlb），当页面提交时，Struts2 框架会自动把所有网页控件（如<input type="text" name="loginJsp_dlb.xh">和<input type="password" name="loginJsp_dlb.kl">）中用户输入到控件中的值通过 setter 方法赋值给 action 变量中的所有属性（如 loginJsp_dlb.xh 和 loginJsp_dlb.kl），这样就可以在 action 类中直接通过 getter 方法获取 action 变量的属性值，例如，

```
Dlb user = dlDao.validate(loginJsp_dlb.getXh(), loginJsp_dlb.getKl());
```

（2）情况 2. 向网页的控件打印值，以供显示

如果 action 类（如 LoginAction）执行完后直接跳转到下一个 jsp 网页（如 main.jsp），则可以在 action 类中添加 1 个 action 变量（如变量 mainJsp_user），并给 action 变量赋值，最后在 main.jsp 网页中打印输出该变量的属性值。

具体操作过程如下：

1）在 LoginAction 类中添加 action 变量，并生成 getter 和 setter 函数

新增 1 个 action 变量 mainJsp_user，这个变量是待会在后面的 main.jsp 页面中要使用的，代码如下：

```
private Dlb mainJsp_user;
public Dlb getMainJsp_user() {
        return mainJsp_user;
}
public void setMainJsp_user(Dlb mainJspUser) {
        mainJsp_user = mainJspUser;
}
```

2）在 LoginAction 类的 execute 方法中给 action 变量赋值，代码如下：

```
public String execute() throws Exception {
        …
        Dlb user = dlDao.validate(loginJsp_dlb.getXh(), loginJsp_dlb.getKl());
        if(user != null){
                mainJsp_user = user;
                return "success";
        }else{
                return "error";
        }
}
```

3）在网页中打印输出该变量的属性值。在 main.jsp 中增加 s:property 控件，设置控件的 value 属性为 action 变量 mainJsp_user 的成员属性 xh，代码如下：

```
<%@ page language="java"  import="java.util.*" pageEncoding="utf-8"%>
<%@taglib uri="/struts-tags" prefix="s"%>
<!DOCTYPE HTML PUBLIC "-//W3C//DTD HTML 4.01 Transitional//EN">
<html>
        <head></head>
        <body bgcolor="#D9DFBB">
        欢迎<s:property value="mainJsp_user.xh"/>登录成功
        </body>
```

```
</html>
```

2．方法 2：session 变量（跨 action 类调用，即 2 个 action 类之间的变量传递）

如果 action 类（如 LoginAction）执行完后直接跳转到下一个 jsp 网页（如 main.jsp），但在该网页中不使用 action 中的变量（如变量 dlUser），而是在后续的其他 action 类（如 XsAction）中要访问该变量 dlUser，则必须将变量 dlUser 采用 put 方式放置到 session 中，并在 XsAction 类中从 session 中采用 get 方式获取。

具体操作过程如下：

1）在 LoginAction 类中放入 session：

```
Map session = ActionContext.getContext().getSession();
session.put("dlUser", user);
```

2）在 XsAction 类中从 session 取出：

```
Map session = ActionContext.getContext().getSession();
Dlb dlUser = (Dlb)session.get("dlUser");
```

第 14 章任务 12

14.5.2 实现登录功能

思路：添加 login.action，并重载 LoginAction 类的 execute 方法。在 struts.xml 中添加 action：login，然后在 LoginAction 类中添加相应方法（如果没有指定方法，则执行 execute 方法），最后新建失败跳转页面 login.jsp 和成功跳转页面 main.jsp。

（1）添加 action：login

对应的 struts.xml 配置文件，代码如下：

```
<?xml version="1.0" encoding="UTF-8" ?>
<!DOCTYPE struts PUBLIC "-//Apache Software Foundation//DTD Struts Configuration 2.1//EN""http://
struts.apache.org/dtds/struts-2.1.dtd">
<struts>
    <package name="default" extends="struts-default">
        <action name="login" class="org.action.LoginAction">
            <result name="success">/main.jsp</result>
            <result name="error">/login.jsp</result>
        </action>
    </package>
</struts>
```

（2）新建 action 类：org.action.LoginAction（如图 14-65 所示）

在该类中新增 1 个 action 变量 loginJsp_dlb，这个 action 变量是待会在后面的 login.jsp 页面中要使用的，并生成该变量的 getter 和 setter 函数，代码如下：

```
package org.action;
import org.model.Dlb;
import com.opensymphony.xwork2.ActionSupport;
public class LoginAction extends ActionSupport {
    //新增 1 个 action 变量 loginJsp_dlb，这个变量是待会在后面的 login.jsp 页面中要使用的
    private Dlb loginJsp_dlb;
    public Dlb getLoginJsp_dlb() {
        return loginJsp_dlb;
    }
    public void setLoginJsp_dlb(Dlb loginJspDlb) {
```

```
            loginJsp_dlb = loginJspDlb;
        }
    }
```

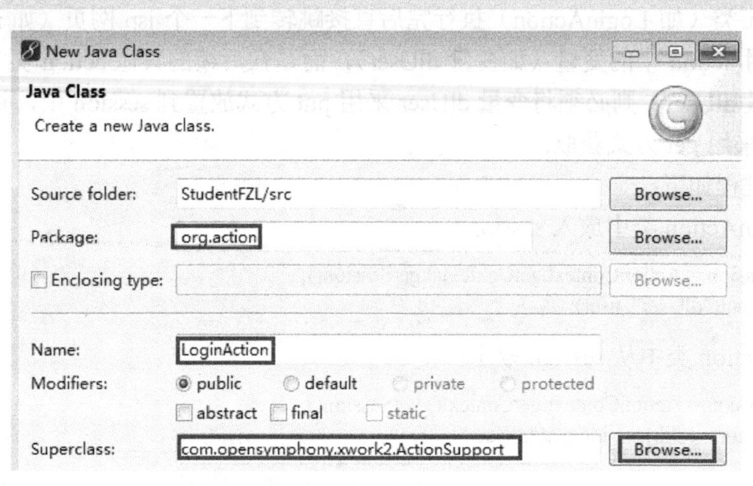

图 14-65　新建 action 类

（3）新建 login.jsp（波浪线标记的是 LoginAction 中定义的变量）

1）添加 s:form，设置 action 和 method 属性，如图 14-66 所示。

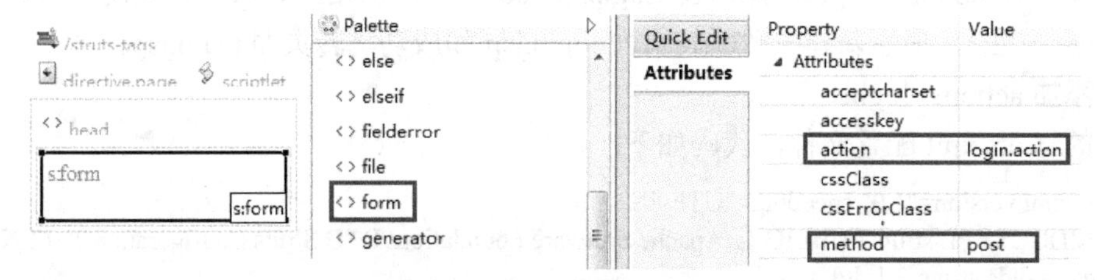

图 14-66　新建 login.jsp，设置属性

2）创建一个 3 行 2 列的表格，添加 2 个<s:textfield>标签控件：学号和口令。

3）生成的 login.jsp 代码如下：

```
<%@page pageEncoding="utf-8"%>
<%@taglib uri="/struts-tags" prefix="s"%>
<!DOCTYPE HTML PUBLIC "-//W3C//DTD HTML 4.01 Transitional//EN">
<html>
<head></head>
<body>
    <s:form action="login.action" method="post">
        <table border="1">
            <tr>
                <td>学号：</td>
                <td><input type="text" name="loginJsp_dlb.xh">
            </tr>
            <tr>
                <td>密码：</td>
                <td><input type="password" name="loginJsp_dlb.kl">
            </tr>
            <tr>
                <td><input type="submit" value="登录"></td>
```

```
                <td><input type="reset" value="重置"></td>
            </tr>
        </table>
    </s:form>
</body>
</html>
```

（4）新建 main.jsp

代码如下：

```
<%@page pageEncoding="utf-8"%>
<!DOCTYPE HTML PUBLIC "-//W3C//DTD HTML 4.01 Transitional//EN">
<html>
    <head>
    </head>
    <body>
        登录成功!
    </body>
</html>
```

（5）修改 LoginAction 类中添加 execute 方法

由于在 struts.xml 中，login 的 action 配置中没有添加 method 属性，即<action name="login" class="org.action.LoginAction">，因此 login.jsp 默认提交后在 LoginAction 中的方法为 execute 方法。在 LoginAction 类中添加 execute 方法，如图 14-67 所示。

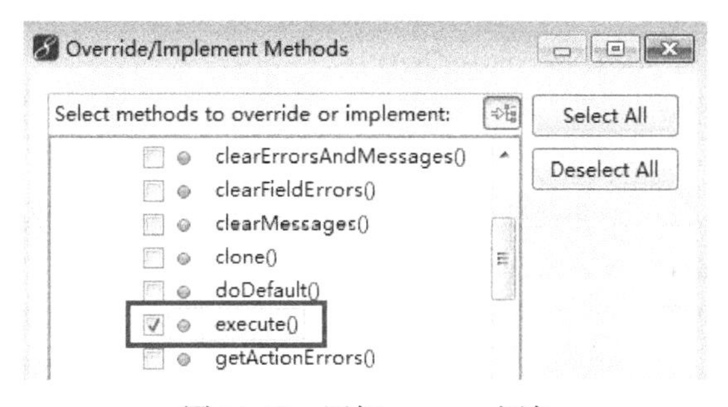

图 14-67　添加 execute 方法

生成的 execute 方法，代码如下：

```
public String execute() throws Exception {
        return super.execute();
}
```

（6）重载 execute 方法

在 execute 方法中，将验证学号和口令，并将生成验证通过的 Dlb 对象。

由于要获取 Dlb 这个 POJO 对象，因此将生成 DlDaoImp 对象。但这里不需要用 new 方式生成对象，而是采用 Spring 的对象容器自动分配方式，即由 Spring 框架负责生成和销毁对象，程序员只需从 Spring 的容器中申请分配就可以，这样就不需要自己来生成对象了。

1）首先在 Spring 的 applicationContext.xml 中定义一个 DlDaoImp 类的对象 dlDaoImp。由于已经在测试 DlDao 接口时，新增了 dlDaoImp 这个 bean 对象，因此不需要再新增这个对象。

2）对 execute 方法修改如下：

```
public String execute() throws Exception {
```

```
        ApplicationContext context = new ClassPathXmlApplicationContext
                                        ("applicationContext.xml");
        DlDao dlDao = (DlDao)context.getBean("dlDaoImp");
        Dlb user = dlDao.validate(loginJsp_dlb.getXh(), loginJsp_dlb.getKl());
        if(user != null){
            // 此处将设置 action 变量和 session 变量
            return"success";
        }else{
            return"error";
        }
    }
```

利用 Spring 框架就不再需要 new DlDaoImp 对象了，只需从 Spring 中获取对象，步骤如下：

1）利用 ClassPathXmlApplicationContext 去读取配置文件 applicationContext.xml。

2）利用 context.getBean("dlDaoImp")申请得到对象。

（7）扩展训练 1：如何在 main.jsp 中显示登录的用户名？

1）在 LoginAction 类中新增一个 action 变量 mainJsp_user，这个变量是待会在后面的 main.jsp 页面中要使用的。

```
    private Dlb mainJsp_user;
    public Dlb getMainJsp_user() {
        return mainJsp_user;
    }
    public void setMainJsp_user(Dlb mainJspUser) {
        mainJsp_user = mainJspUser;
    }
```

2）在返回 success 之前，给 action 变量 mainJsp_user 赋值，代码如下：

```
    public String execute() throws Exception {
        ApplicationContext context = new ClassPathXmlApplicationContext
                                        ("applicationContext.xml");
        DlDao dlDao = (DlDao)context.getBean("dlDaoImp");
        Dlb user = dlDao.validate(loginJsp_dlb.getXh(), loginJsp_dlb.getKl());
        if(user != null){
            mainJsp_user = user;
            return"success";
        }else{
            return"error";
        }
    }
```

3）修改 main.jsp，增加<s:property>标签控件，设置控件的 value 属性为 action 变量 mainJsp_user 的成员属性 xh，如图 14-68 所示。

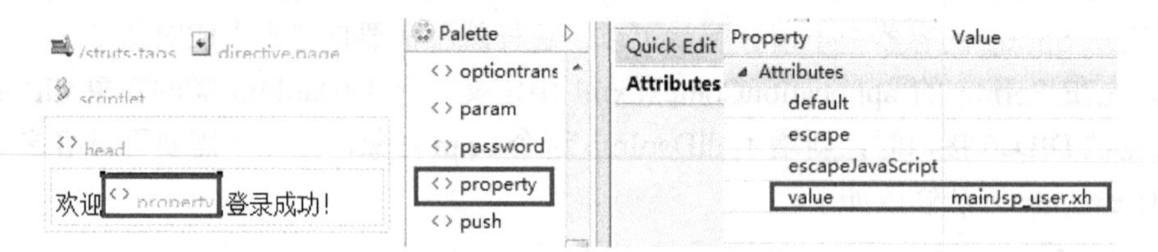

图 14-68　修改 main.jsp

4）生成的 main.jsp 代码如下：

```
<%@page pageEncoding="utf-8"%>
<%@taglib uri="/struts-tags" prefix="s"%>
<!DOCTYPE HTML PUBLIC "-//W3C//DTD HTML 4.01 Transitional//EN">
<html>
    <head></head>
    <body>
        欢迎<s:property value="mainJsp_user.xh"/>登录成功！
    </body>
</html>
```

运行程序，输入正确的学号和口令，如图 14-69 所示。

图 14-69　运行程序

单击“登录”按钮，显示 main.jsp，如图 14-70 所示。

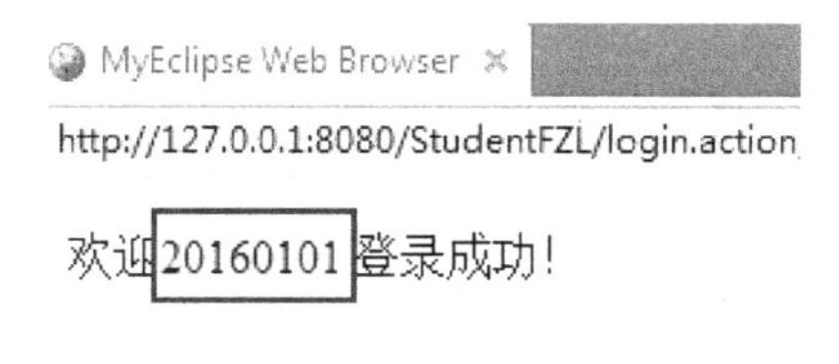

图 14-70　运行结果

（8）扩展训练 2：如何将登录用户对象保存到 session 中去，并如何再从 session 中读取它？

应用场景：当登录成功后，如果想查看已登录学生的详细信息（即获取 Xsb 对象），这时将要到另一个 action 类（如 XsAction 类）中去获取学生 Xsb 对象，而获取学生对象之前，需要得到已登录的 xh 信息，这个信息是包含在已登录的 Dlb 对象中的，因此需要把 Dlb 对象传递给 XsAction 类，这就涉及跨 action 的变量传递，即通过 session 进行变量传递。

1）在返回 success 之前，在 session 中新建一个哈希对象 dlUser（键名），然后把登录用户对象 user（键值）放置到 dlUser 中，代码如下：

```
public String execute() throws Exception {
    ApplicationContext context = new ClassPathXmlApplicationContext
                                ("applicationContext.xml");
    DlDao dlDao = (DlDao)context.getBean("dlDaoImp");
    Dlb user = dlDao.validate(loginJsp_dlb.getXh(), loginJsp_dlb.getKl());
    if(user != null){
    mainJsp_user = user;
        //将登录用户对象放置到 jsp 的 session 对象中
        Map session = ActionContext.getContext().getSession();
        session.put("dlUser", user);
        return"success";
    }else{
```

```
			return"error";
		}
	}
```

2）在其他 action 类中，可以从 session 中获取哈希对象 dlUser 的属性。

新建 XsAction 类，并重载构造函数，在该方法中通过 session 获取哈希对象 dlUser，并读取它的属性，代码如下：

```
package org.action;
import java.util.Map;
import org.dao.XsDao;
import org.model.Dlb;
import org.model.Xsb;
import org.springframework.context.ApplicationContext;
import org.springframework.context.support.ClassPathXmlApplicationContext;
import com.opensymphony.xwork2.ActionContext;
import com.opensymphony.xwork2.ActionSupport;
public class XsAction extends ActionSupport {
	// 新增 XsDao 和 Dlb 对象，只在构造函数中使用，不做页面变量的显示，
	// 因此不需要生成 Getter 和 Setter 函数
	private XsDao xsDao;
	private Dlb user;
	// 新增 1 个 action 变量，这个变量是待会在后面的 xsInfo.jsp 页面中要使用的
	private Xsb xsInfoJsp_xs;
	public Xsb getXsInfoJsp_xs() {
		return xsInfoJsp_xs;
	}
	public void setXsInfoJsp_xs(Xsb xsInfoJspXs) {
		xsInfoJsp_xs = xsInfoJspXs;
	}
	public XsAction() {
		// 1. 首先从 jsp 的 session 中获得在 LoginAction 中 put 方法保存的登录用户对象 dlUser
		Map session = ActionContext.getContext().getSession();
		user = (Dlb) session.get("dlUser");
		/*2. 然后利用 dlUser 的用户名信息，去查询学生对象，并将该对象赋值给
		* xsInfoJsp_xs 变量，在 xsInfo.jsp 页面可以直接读取该变量属性，进行显示*/
		ApplicationContext context = new ClassPathXmlApplicationContext(
							"applicationContext.xml");
		xsDao = (XsDao) context.getBean("xsDaoImp");
	}
	public String execute() throws Exception {
		xsInfoJsp_xs = xsDao.getOneXs(user.getXh());
		return "success";
	}
}
```

3）在 struts.xml 中新建一个 action：sessionTest，代码如下：

```
<action name="sessionTest" class="org.action.XsAction">
		<result name="success">/xsInfo.jsp</result>
</action>
```

4）新建 test.jsp，代码如下：

```
<%@ page language="java"  import="java.util.*" pageEncoding="utf-8"%>
```

```
<!DOCTYPE HTML PUBLIC "-//W3C//DTD HTML 4.01 Transitional//EN">
<html>
    <head></head>
    <body>
        <a href="sessionTest.action">测试 session 变量</a>
    </body>
</html>
```

5）新建 xsInfo.jsp（波浪线标记的是 XAction 中定义的变量 xsInfoJsp_xs）。

创建 2 行 2 列的表格，然后增加 2 个<s:property>标签控件，设置控件的 value 属性为 action 变量 xsInfoJsp_xs 的成员属性 xh 和 xm，代码如下：

```
<%@page pageEncoding="utf-8"%>
<%@taglib uri="/struts-tags" prefix="s"%>
<!DOCTYPE HTML PUBLIC "-//W3C//DTD HTML 4.01 Transitional//EN">
<html>
    <head></head>
    <body>
        <table border="1">
            <tr>
                <td>学号：</td>
                <td><s:property value="xsInfoJsp_xs.xh"/></td>
            </tr>
            <tr>
                <td>姓名：</td>
                <td><s:property value="xsInfoJsp_xs.xm"/></td>
            </tr>
        </table>
    </body>
</html>
```

6）运行工程。

首先单击“登录”按钮（注意：不能用 admin 登录，admin 不是学生，在 Xsb 表中是没有记录的），如图 14-71 所示。

图 14-71　运行程序

然后，在地址栏中输入 test.jsp，如图 14-72 所示。

图 14-72　运行结果

也可以不通过网页，直接调用 action 来查看运行结果。

- 可以直接在地址栏中输入：http://127.0.0.1:8080/StudentFZL/sessionTest.action。

● 可以直接在地址栏中输入：http://127.0.0.1:8080/StudentFZL/sessionTest。

最后，单击“测试 session 变量”按钮，可以显示登录用户 20160102 的学生信息，如图 14-73 所示。

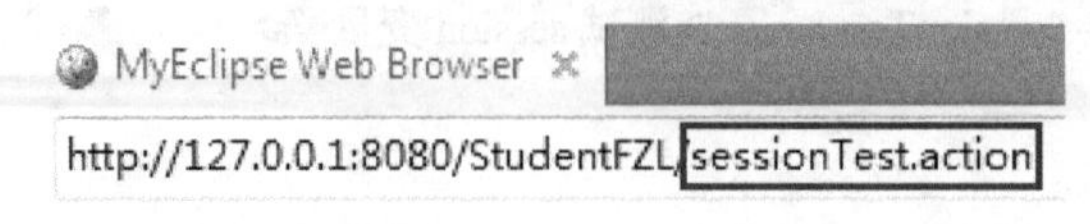

学号：	20160102
姓名：	程笑鸥

图 14-73　测试 session 变量结果

第 14 章任务 13

14.5.3　新建网站布局网页

在 WebRoot 下新建网页 head.jsp、left.jsp、right.jsp、main.jsp。

1．head.jsp

```
<%@ pageEncoding="utf-8"%>
<!DOCTYPE HTML PUBLIC "-//W3C//DTD HTML 4.01 Transitional//EN">
<html>
    <head></head>
    <body bgcolor="#D9DFBB">
        欢迎使用学生选课信息管理系统
    </body>
</html>
```

2．left.jsp

利用 Dreamweaver 生成 4 行 1 列的表格，并选中所有文字，添加链接和目标属性，设置超链接<a href>。

```
<%@ page language="java"import="java.util.*" pageEncoding="utf-8"%>
<%@taglib uri="/struts-tags" prefix="s"%>
<!DOCTYPE HTML PUBLIC "-//W3C//DTD HTML 4.01 Transitional//EN">
<html>
    <head></head>
    <body bgcolor="#D9DFBB">
    <table width="200" border="0">
      <tr>
          <td><a href="xsInfo.action" target="right">查询个人信息</a></td>
      </tr>
      <tr>
          <td><a href="updateXsInfo.action" target="right">修改个人信息</a></td>
      </tr>
      <tr>
          <td><a href="getXsKcs.action" target="right">个人选课情况</a></td>
      </tr>
      <tr>
          <td><a href="getAllKc.action" target="right">所有课程信息</a></td>
      </tr>
    </table>
      </body>
```

```
</html>
```

📖 target 属性 right 是下面 main.jsp 中框架<frame src="right.jsp" name="right">的名字 name 的值（name="right"），这样每次单击超链接后，弹出的页面都落在 right 这个框架上。

3．right.jsp

```
<!DOCTYPE HTML PUBLIC "-//W3C//DTD HTML 4.01 Transitional//EN">
<html>
    <head></head>
    <body bgcolor="#D9DFBB">
    </body>
</html>
```

4．修改 main.jsp，变成 1 个框架集 frameset

```
<!DOCTYPE HTML PUBLIC "-//W3C//DTD HTML 4.01 Transitional//EN">
<html>
      <head></head>
    <frameset rows="30%,*" border="1">
        <frame src="head.jsp">
        <frameset cols="15%,*">
            <frame src="left.jsp">
            <frame src="right.jsp" name="right">
        </frameset>
    </frameset>
</html>
```

📖 main.jsp 中由于有了 frameset 元素，因此，不能再有 body 元素。

14.5.4 实现“查询个人信息”超链接的功能

第 14 章任务 14

思路：添加 xsInfo.action，并重载 XsAction 类的 execute 方法。

left.jsp 中的第一个超链接是：xsInfo.action，下面就开始添加 xsInfo.action，并重载 XsAction 类的 execute 方法。

（1）在 struts.xml 中添加 action：xsInfo

```
<action name="xsInfo" class="org.action.XsAction">
    <result name="success">/xsInfo.jsp</result>
</action>
```

（2）修改 xsInfo.jsp（波浪号标记的是 XAction 中定义的变量 xsInfoJsp_xs）

1）添加性别的<s:if 和<s:else>标签，并设置 test 值 xsInfoJsp_xs.xb==1。

2）添加专业的<s:property>标签，并设置 value 值 xsInfoJsp_xs.zyb.zym。

📖 由于 Xsb 类包含外键列属性 zyb，因此 zym 是 zyb 的属性。需要首先获得 Xsb 对象的 zyb 属性，然后再由 zyb 对象得到 zym 属性。

3）添加出生时间<s:date>标签，并设置 name="xsInfoJsp_xs.cssj" format="yyyy-MM-dd"。

4）添加总学分的<s:property>标签，并设置 value 值 xsInfoJsp_xs.zxf。

5）添加备注的<s:property>标签，并设置 value 值 xsInfoJsp_xs.bz。

6）添加照片的<s:property>标签，并设置 value 值 xsInfoJsp_xs.zp。

修改后的 xsInfo.jsp 页面代码如下：

```
<%@ page language="java"import="java.util.*" pageEncoding="utf-8"%>
<%@taglib uri="/struts-tags" prefix="s"%>
<!DOCTYPE HTML PUBLIC "-//W3C//DTD HTML 4.01 Transitional//EN">
<html>
    <head></head>
    <body bgcolor="#D9DFBB">
        <table width="400" border="1">
            <tr>
                <td>学号：</td>
                <td width="290"><s:property value="xsInfoJsp_xs.xh" /></td>
            </tr>
            <tr>
                <td>姓名：</td>
                <td><s:property value="xsInfoJsp_xs.xm" /></td>
            </tr>
            <tr>
                <td>性别：</td>
                <td>
                    <s:if test="xsInfoJsp_xs.xb==1">男</s:if>
                    <s:else>女</s:else>
                </td>
            </tr>
            <tr>
                <td>专业：</td>
                <td><s:property value="xsInfoJsp_xs.zyb.zym" /></td>
            </tr>
            <tr>
                <td>出生时间：</td>
                <td> <s:date name="xsInfoJsp_xs.cssj" format="yyyy-MM-dd" /></td>
            </tr>
            <tr>
                <td>总学分：</td>
                <td><s:property value="xsInfoJsp_xs.zxf" /></td>
            </tr>
            <tr>
                <td>备注：</td>
                <td> <s:property value="xsInfoJsp_xs.bz" /></td>
            </tr>
            <tr>
                <td>照片</td>
                <td><s:property value="xsInfoJsp_xs.zp" /></td>
            </tr>
        </table>
    </body>
</html>
```

运行程序，单击“查询个人信息”选项，结果如图 14-74 所示。

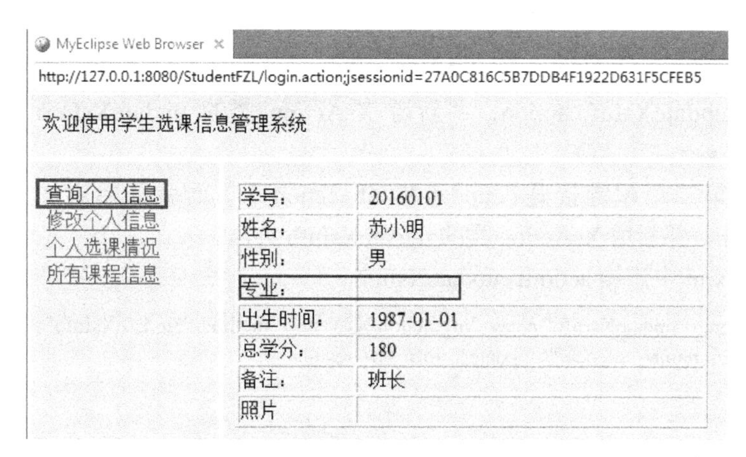

图 14-74　运行结果

可以发现：专业字段显示值为空白。

这是由于 Xsb.hbm.xml 中 zyb 属性的 Lazy 属性值没有设置：

```
<many-to-one name="zyb" class="org.model.Zyb" fetch="select">
        <column name="ZY_ID" not-null="true" />
</many-to-one>
```

📖 如果没有设置，则 Lazy 属性的默认值是 true。

在查询 XSB 表时，不会立即查询外键表 ZYB，因此，zyb 属性是 null 的，从而导致专业字段显示值为空白。

需要将 zyb 的 Lazy 属性设置为 false，即勤快模式：

```
<many-to-one name="zyb" class="org.model.Zyb" fetch="select" lazy="false">
    <column name="ZY_ID" not-null="true" />
</many-to-one>
```

这样当查询某一个 Xsb 对象时，Hibernate 框架能够立即根据外键 zy_id 查询外键表，并将外键表对象 Zyb 赋值给 Xsb 对象的 zyb 属性。

再次运行程序，单击“查询个人信息”选项，显示正常，可以看到专业信息，如图 14-75 所示。

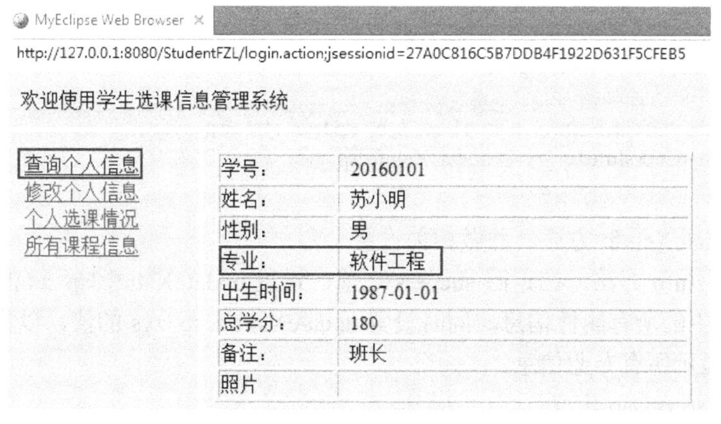

图 14-75　运行结果

14.5.5 实现“修改个人信息”超链接的功能

第 14 章任务 15

思路：添加 updateXsInfo.action，并新增 XsAction 类的 updateXsInfo 方法。

left.jsp 中的第二个超链接是：updateXsInfo.action，下面就开始添加 updateXsInfo.action，并新增 XsAction 类的 updateXsInfo 方法。

（1）在 struts.xml 中添加 action：updateXsInfo

```
<action name="updateXsInfo" class="org.action.XsAction" method="updateXsInfo">
    <result name="success">/updateXsInfo.jsp</result>
</action>
```

📖 增加 method 属性为 updateXsInfo，这样当执行 updateXsInfo.action 时，将不再执行 org.action.XsAction 类默认的 execute 方法，而是执行 updateXsInfo 方法。

（2）新增 action 变量

1）新增 1 个 action 变量 updateXsInfoJsp_xs，这个变量是后续的 updateXsInfo.jsp 页面中要使用的。

2）新增 1 个 action 变量 updateXsInfoJsp_zys，这个变量是后续的 updateXsInfo.jsp 页面中显示专业下拉框列表时要使用的。

📖 updateXsInfoJsp_xs 表示：updateXsInfo.jsp 页面中要使用的学生对象 xs，简记成 update XsInfoJsp_xs。updateXsInfoJsp_zys 表示：updateXsInfo.jsp 页面中要使用的专业集合对象 zys，简记成 updateXsInfoJsp_ zys。

修改后的 XsAction 类代码如下：

```
private Xsb updateXsInfoJsp_xs;
public Xsb getUpdateXsInfoJsp_xs() {
    return updateXsInfoJsp_xs;
}
public void setUpdateXsInfoJsp_xs(Xsb updateXsInfoJspXs) {
    updateXsInfoJsp_xs = updateXsInfoJspXs;
}
private List<Zyb> updateXsInfoJsp_zys;
public List<Zyb> getUpdateXsInfoJsp_zys() {
    return updateXsInfoJsp_zys;
}
public void setUpdateXsInfoJsp_zys(List<Zyb> updateXsInfoJsp_zys) {
    this.updateXsInfoJsp_zys = updateXsInfoJsp_zys;
}
```

（3）添加 updateXsInfo 方法，并做相关设置

添加 updateXsInfo 方法，在返回 success 之前，设置 updateXsInfoJsp_xs 的值，以供 updateXsInfo.jsp 显示学生的所有属性信息，同时设置 updateXsInfoJsp_zys 的值，以供 updateXsInfo.jsp 在下拉列表框中显示所有专业信息。

1）增加 ZyDao zyDao 定义。

```
private ZyDao zyDao;
```

2）在 Spring 配置文件 applicationContext.xml 中新增 zyDaoImp 对象的说明。

```
<bean id="zyDaoImp" class="org.dao.imp.ZyDaoImp">
        <property name="sessionFactory">
            <ref bean="mysessionFactory" />
        </property>
</bean>
```

3）在构造函数中增加获取 zyDao 对象。

```
public XsAction() {
    …
    xsDao = (XsDao) context.getBean("xsDaoImp");
    // 从 Spring 容器中获取 zyDaoImp 对象，然后查询专业对象
    zyDao= (ZyDao) context.getBean("zyDaoImp");
}
```

4）新增 updateXsInfo 方法。

```
public String updateXsInfo() throws Exception {
    updateXsInfoJsp_xs = xsDao.getOneXs(user.getXh());
    // 查询专业表，并将专业集合对象赋值给 updateXsInfoJsp_zys 变量
    updateXsInfoJsp_zys = zyDao.getAll();
    return"success";
}
```

此时，可以在 updateXsInfo()方法的第一句代码处插入断点，然后启动调试模式，并查看 updateXsInfoJsp_xs 变量和 updateXsInfoJsp_zys 变量的值，以判断提交给 updateXsInfo.jsp 的待显示对象是否正确，如图 14-76 和图 14-77 所示。

```
public String updateXsInfo(){
    updateXsInfoJsp_xs = xsDao.getOneXs(user.getXh());
```

通过调试器可以看到updateXsInfoJsp_xs对象的所有属性值

org.model.Xsb@162259a 对象的内存地址

图 14-76　插入断点，查看 updateXsInfoJsp_xs 变量

```
public String updateXsInfo(){
    updateXsInfoJsp_xs = xsDao.getOneXs(user.getXh());
    updateXsInfoJsp_zys = zyDao.getAll();
```

updateXsInfoJsp_zys集合中有2个对象

[org.model.Zyb@13697a3, org.model.Zyb@11d6378]

2个Zyb对象的内存地址

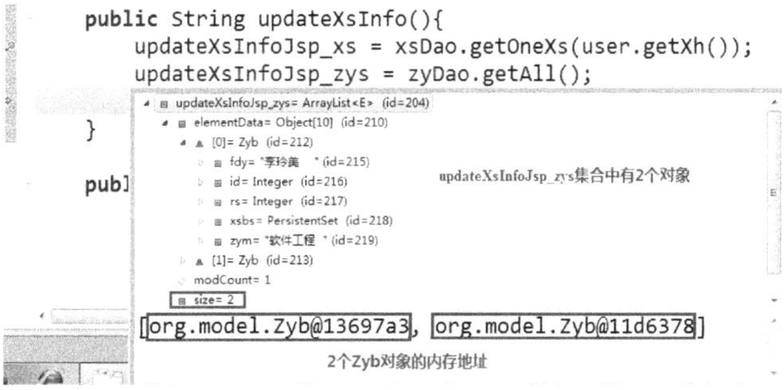

图 14-77　插入断点，查看 updateXsInfoJsp_zys 变量

从图 14-77 可以看出，updateXsInfoJsp_xs 变量和 updateXsInfoJsp_zys 变量都不为空值，说明程序正常。

（4）新建 updateXsInfo.jsp

波浪线标记的是 XAction 中定义的 updateXsInfoJsp_xs 变量和 updateXsInfoJsp_zys 变量。

1）复制 xsinfo.jsp，并重命名为 updateXsInfo.jsp。

2）在<table></table>前后增加 s:form 表单控件。

```
<s:form action="updateXs.action" method="post">
   <table>…</table>
</s:form>
```

3）将学号只读控件<s:property>改为可编辑控件<input>，即将下列代码

```
<td><s:property value="xsInfoJsp_xs.xh"/></td>
```

改为：

```
<td><input type="text" name="updateActionXs.xh"
        value="<s:property value="updateXsInfoJsp_xs.xh"/>"/></td>
```

需要修改的两个属性描述如下。

- name 属性：updateActionXs.xh，表单提交后将执行 updateXs.action，Struts 框架将把 updateActionXs 变量传递给 XsAction 类，且 updateActionXs 变量将包含多个属性（如 xh、xm、xb、cssj、bz、zxf 和 zp 等属性），这些属性都是由对应的控件负责提供值。
- value 属性："<s:property value="updateXsInfoJsp_xs.xh"/>"/>，value 是显示值，用于显示 updateXsInfoJsp_xs 变量中的 xh 属性值。

不需要重新启动工程，只需单击“修改个人信息”选项，立即可以看到学号字段已经有值，如图 14-78 所示。

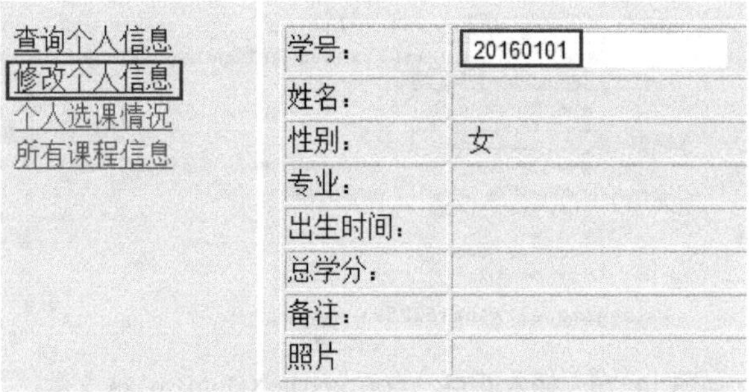

查询个人信息
修改个人信息
个人选课情况
所有课程信息

学号：	20160101
姓名：	
性别：	女
专业：	
出生时间：	
总学分：	
备注：	
照片	

图 14-78　显示学号信息

查看网页源文件，观察学号输入框控件的代码，如图 14-79 所示。

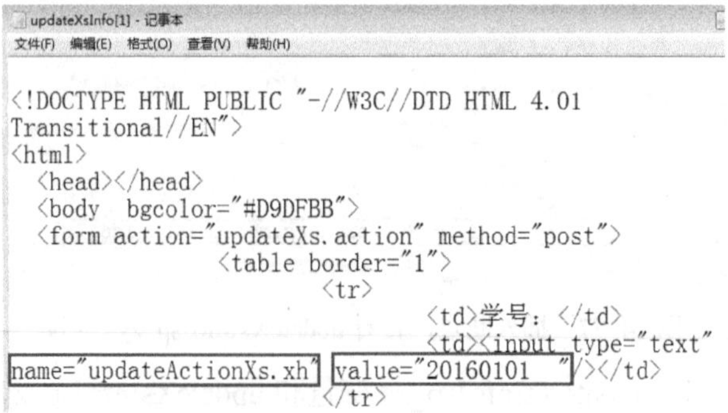

updateXsInfo[1] - 记事本
文件(F) 编辑(E) 格式(O) 查看(V) 帮助(H)

```
<!DOCTYPE HTML PUBLIC "-//W3C//DTD HTML 4.01
Transitional//EN">
<html>
  <head></head>
  <body  bgcolor="#D9DFBB">
  <form action="updateXs.action" method="post">
              <table border="1">
                     <tr>
                            <td>学号：</td>
                            <td><input type="text"
name="updateActionXs.xh" value="20160101  "/></td>
                     </tr>
```

图 14-79　网页源文件

可以发现学号输入框的信息如下。

- name 属性为：updateActionXs.xh。
- value 属性为 20160101，即已经由 Tomcat 把<s:property value="updateXsInfoJsp_xs.xh"/>内容读取出来了。

4）将姓名只读控件<s:property>改为可编辑控件<input>，即将下列代码

```
<td><s:property value="xsInfoJsp_xs.xm"/></td>
```

改为：

```
<td><input type="text" name="updateActionXs.xm"
    value="<s:property value="updateXsInfoJsp_xs.xm"/>"/>
</td>
```

5）将性别控件改为 Struts 控件<s:radio>，如图 14-80 所示。

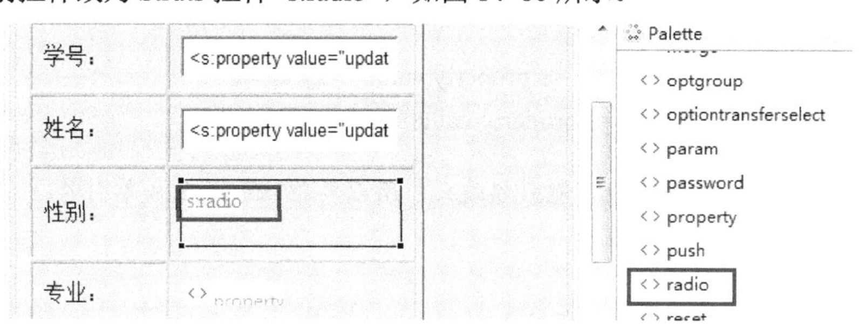

图 14-80　将性别控件改为 Struts 控件<s:radio>

设置三个属性如下。

- name 属性为：updateActionXs.xb。
- value 属性为：updateXsInfoJsp_xs.xb。
- list 属性为：#{1:'男',0:'女'}。

将如下代码

```
<td><s:if test="xsInfoJsp_xs.xb==1">男</s:if><s:else>女</s:else></td>
```

改为：

```
<td><s:radio name="updateActionXs.xb" value="updateXsInfoJsp_xs.xb" list="#{1:'男',0:'女'}" />
</td>
```

不需要重新启动工程，只需单击“修改个人信息”选项，立即可以看到性别字段已经有圆形按钮可以显示了，如图 14-81 所示。

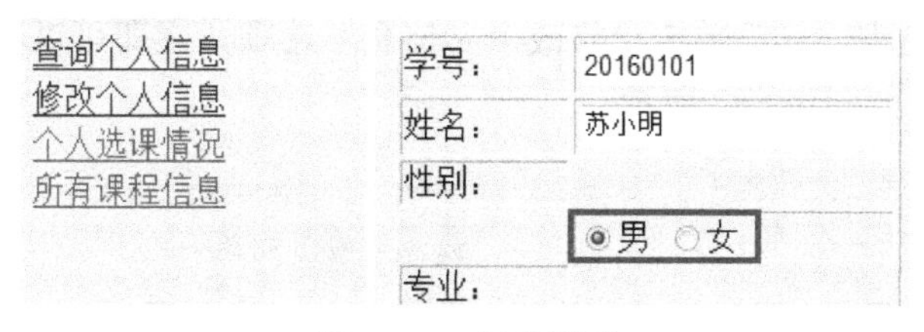

图 14-81　运行程序

但是，性别字段的界面出现排版混乱，需要设置<s:form>的 theme 属性为 simple，代码如下：

```
<s:form action="updateXs.action" method="post" theme="simple">
```

设置后，再次运行就可以发现性别字段的界面排版正常了。

6）将专业只读控件<s:property>改为 select 控件。

首先，生成只包含 1 个选项 option 的 select 控件。

```
<select name="updateActionXs.zyb.id">
    <option value="专业编号">专业名</option>
</select>
```

然后，添加 s:iterator 迭代器控件，调整</s:iterator>的位置，将<option>和</option>对围起来，循环生成若干个<option>和</option>对。

- 设置 s:iterator 的 value 属性为 updateXsInfoJsp_zys。
- 设置 s:iterator 的 id 属性为 zy，把 updateXsInfoJsp_zys 集合值迭代显示出来。

📖 id 是游标变量，是集合中的某一项，用来生成每一个<option>控件。

- 设置 option 的 value 属性为：<s:property value='#zy.id'/>。
- 设置 option 的显示值为：<s:property value='#zy.zym'/>。

📖 由于同一行中有多个双引号，可能引起歧义，所以要把双引号改成单引号。

最终代码为：

```
<select name="updateActionXs.zyb.id">
    <s:iterator value="updateXsInfoJsp_zys" id="zy">
        <option value="<s:property value='#zy.id'/>">
        <s:property value='#zy.zym'/>
    </option>
    </s:iterator>
</select>
```

其中的两个属性描述如下。

- name 属性：updateActionXs.zyb.id，表单提交后将执行 updateXs.action，Struts 框架将把 updateActionXs.zyb 变量传递给 XsAction 类，且 updateActionXs.zyb 变量仅包含一个属性（id 属性，这个属性是由 select 控件负责提供值），而其他属性全部为空（如 zym、rs、fdy 等）。
- s:iterator 中的 value 属性：updateXsInfoJsp_zys 是集合，id 属性：zy 是循环游标，用于迭代显示。每次迭代时，将#zy.id 作为 option 项的实际值，将#zy.zym 作为 option 项的显示值。

不需要重新启动工程，只需单击“修改个人信息”选项，立即可以看到专业字段已经有下拉列表框可以显示了，如图 14-82 所示。

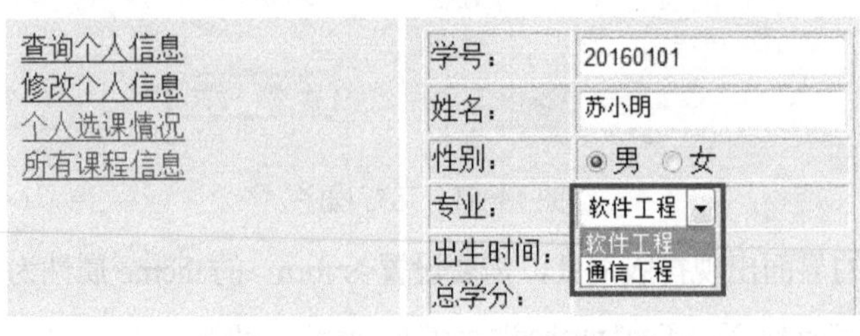

图 14-82 运行工程

7）将出生时间只读控件<s:date>改为 input 控件，即将下列代码

```
<td><s:date format="yyyy-MM-dd" name="xsInfoJsp_xs.cssj"/></td>
```

改为：

```
<td><input type="text" name="updateActionXs.cssj"
    value="<s:date format="yyyy-MM-dd" name="updateXsInfoJsp_xs.cssj"/>"/>
</td>
```

不需要重新启动工程，只需单击“修改个人信息”选项，立即可以看到出生时间字段已经有值可以显示了，如图 14-83 所示。

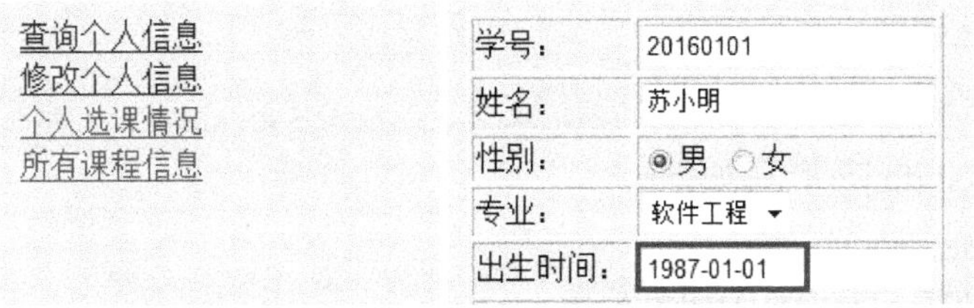

图 14-83　显示出生时间结果

8）将总学分只读控件<s:property >改为 input 控件，即将下列代码

```
<td><s:property value="xsInfoJsp_xs.zxf"/></td>
```

改成：

```
<td><input type="text" name="updateActionXs.zxf"
    value="<s:property value="updateXsInfoJsp_xs.zxf"/>"/></td>
```

不需要重新启动工程，只需单击“修改个人信息”选项，立即可以看到总学分字段已经有值可以显示了，如图 14-84 所示。

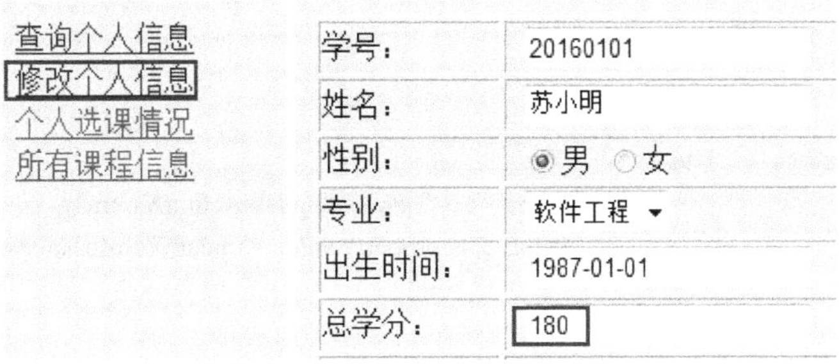

图 14-84　显示总学分结果

9）将备注只读控件<s:property >改为 input 控件，即将下列代码

```
<td><s:property value="xsInfoJsp_xs.bz"/></td>
```

改成：

```
<td><input type="text" name="updateActionXs.bz"
    value="<s:property value="updateXsInfoJsp_xs.bz"/>"/></td>
```

不需要重新启动工程，只需单击“修改个人信息”选项，立即可以看到备注字段已经有值可以显示了，如图 14-85 所示。

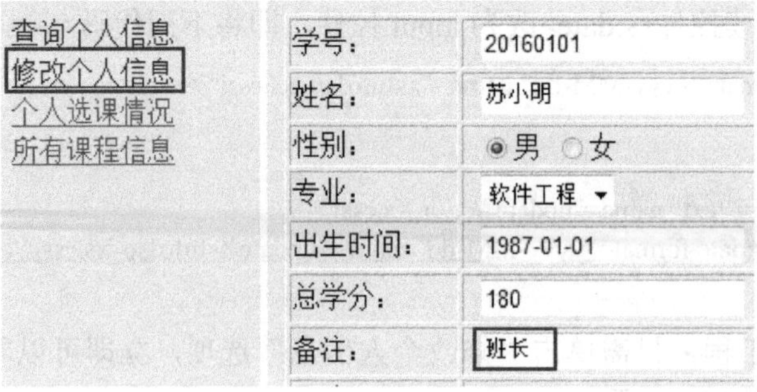

图 14-85　显示备注信息

10）修改提交按钮的中文显示值：

```
<input type="submit" value="修改">
```

最终的 updateXsInfo.jsp 代码如下：

```
<%@page pageEncoding="utf-8"%>
<%@taglib uri="/struts-tags" prefix="s"%>
<!DOCTYPE HTML PUBLIC "-//W3C//DTD HTML 4.01 Transitional//EN">
<html>
<head></head>
<body bgcolor="#D9DFBB">
	<s:form action="updateXs.action" method="post" theme="simple">
		<table width="400" border="1">
			<tr>
				<td>学号：</td>
				<td width="290">
				<input type="text" name="updateActionXs.xh"
					value="<s:property value="updateXsInfoJsp_xs.xh"/>" />
				</td>
			</tr>
			<tr>
				<td>姓名：</td>
				<td>
					<input type="text" name="updateActionXs.xm"
						value="<s:property value="updateXsInfoJsp_xs.xm"/>" />
				</td>
			</tr>
			<tr>
				<td>性别：</td>
				<td>
					<s:radio name="updateActionXs.xb"
						value="updateXsInfoJsp_xs.xb" list="#{1:'男',0:'女'}"></s:radio>
				</td>
			</tr>
			<tr>
				<td>专业：</td>
				<td>
					<select name="updateActionXs.zyb.id">
						<s:iterator value="updateXsInfoJsp_zys" id="zy">
```

```
                                    <option value="<s:property value='#zy.id'/>">
                                            <s:property value='#zy.zym' />
                                    </option>
                              </s:iterator>
                        </select>
                  </td>
            </tr>
            <tr>
                  <td>出生时间：</td>
                  <td>
                        <input type="text" name="updateActionXs.cssj"value="
                        <s:dateformat="yyyy-MM-dd" name="updateXsInfoJsp_xs.cssj"/>" />
                  </td>
            </tr>
            <tr>
                  <td>总学分：</td>
                  <td>
                        <input type="text" name="updateActionXs.zxf"
                              value="<s:property value="updateXsInfoJsp_xs.zxf"/>" />
                  </td>
            </tr>
            <tr>
                  <td>备注：</td>
                  <td>
                        <input type="text" name="updateActionXs.bz"
                              value="<s:property value="updateXsInfoJsp_xs.bz"/>" />
                  </td>
            </tr>
            <tr>
                  <td>照片</td>
                  <td><s:property value="xsInfoJsp_xs.zp" />    </td>
            </tr>
      </table>
      <input type="submit" value="修改">
   </s:form>
</body>
</html>
```

14.5.6 实现“修改”提交按钮的功能

第 14 章任务 16

思路：添加 updateXs.action，并新增 XsAction 类的 updateXs 方法。

在 struts.xml 中添加一个 action：updateXs，然后在 XsAction 类中添加 updateXs 方法，最后新建跳转页面 updateXs _success.jsp。

1）在 struts.xml 中添加 action：updateXs，代码如下：

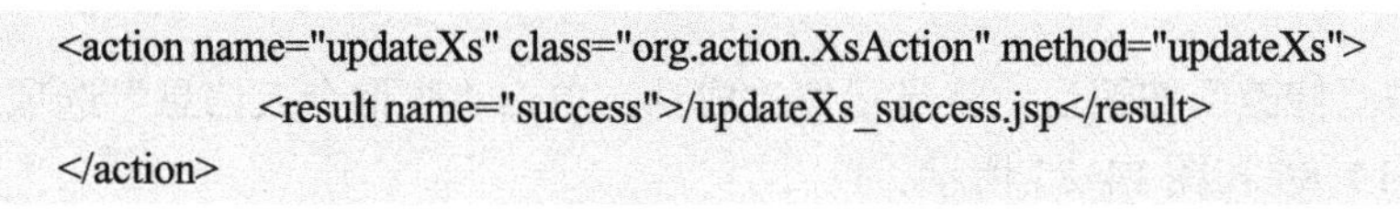

```
<action name="updateXs" class="org.action.XsAction" method="updateXs">
        <result name="success">/updateXs_success.jsp</result>
</action>
```

📖 增加 method 属性为 updateXs，这样当执行 updateXs.action 时，将不再执行 org.action.XsAction 类默认的 execute 方法，而是执行 updateXs 方法。

2）新增一个 action 变量 updateActionXs

这个 action 变量在单击“修改”按钮后使用，用于将表单中所有控件的输入值作为 updateActionXs 变量对应属性值（如 updateActionXs.xh、updateActionXs.xm、updateActionXs.xb、updateActionXs.zyb.id、updateActionXs.cssj、updateActionXs.zxf、updateActionXs.bz 等），然后由 updateActionXs 统一传递到 XsAction 类中。

📖 updateActionXs 表示：updateXs.action 中要使用的 Xs 学生对象，简记成 updateActionXs）。

修改后的 XsAction 类代码如下：

```
private Xsb updateActionXs;
public Xsb getUpdateActionXs() {
        return updateActionXs;
}
public void setUpdateActionXs(Xsb updateActionXs) {
        this.updateActionXs = updateActionXs;
}
```

3）添加 updateXs 方法，代码如下：

```
public String updateXs(){
                // 根据 xh 值，从数据库中查询 Xsb 对象 updateXs
                Xsb updateXs = xsDao.getOneXs(user.getXh());
                // 然后将网页端 updateActionXs 的各个新属性值赋值给 updateXs 的各个属性
                updateXs.setXm(updateActionXs.getXm());
                updateXs.setXb(updateActionXs.getXb());
                updateXs.setCssj(updateActionXs.getCssj());
                updateXs.setZxf(updateActionXs.getZxf());
                updateXs.setBz(updateActionXs.getBz());
                updateXs.setZyb(updateActionXs.getZyb());
                xsDao.update(updateXs);
                return "success";
}
```

4）新建 updateXs_success.jsp，代码如下：

```
<%@page pageEncoding="utf-8"%>
<!DOCTYPE HTML PUBLIC "-//W3C//DTD HTML 4.01 Transitional//EN">
<html>
      <head></head>
      <body bgcolor="#D9DFBB">
      修改学生信息成功！
      </body>
</html>
```

5）运行程序，单击“修改”按钮后，将显示修改成功，单击“查询个人信息”选项可以看到新修改的信息，如图 14-86 和图 14-87 所示。

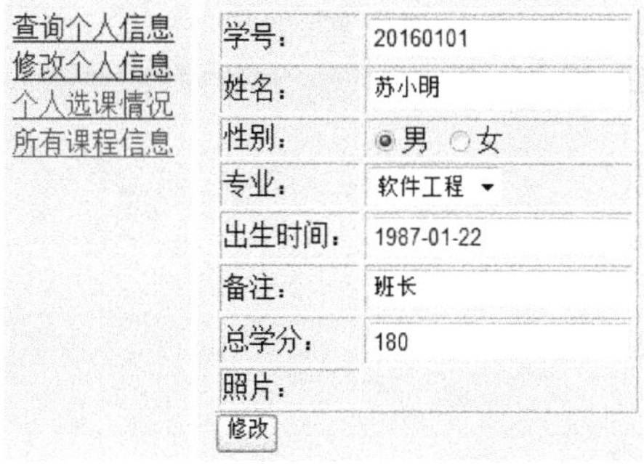

图 14-86　原始个人信息

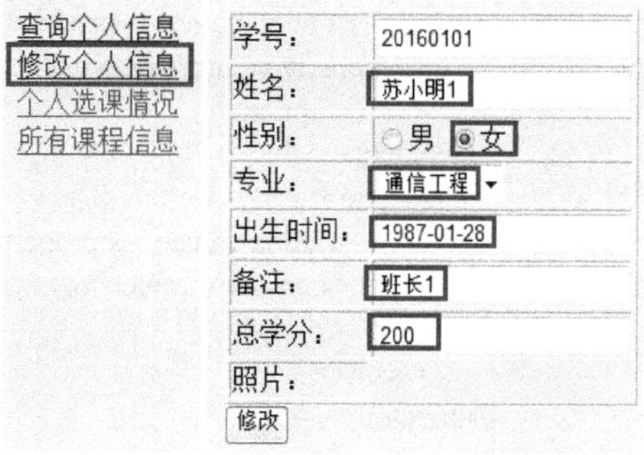

图 14-87　修改后的个人信息

单击“修改”按钮，将显示“修改学生信息成功”。单击“查询个人信息”选项，查看修改后的个人信息，如图 14-88 和图 14-89 所示。

图 14-88　修改成功提示

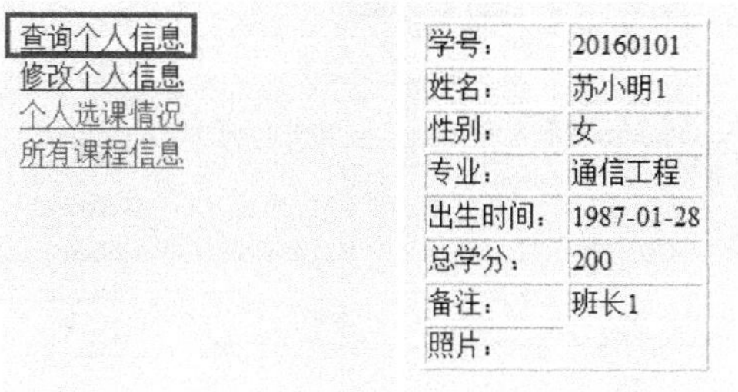

图 14-89　查询个人信息

再次单击“修改个人信息”选项，可以看到专业下拉框的值没有定位到新修改的值（仍然是软件工程），需要进行修改，如图 14-90 所示。

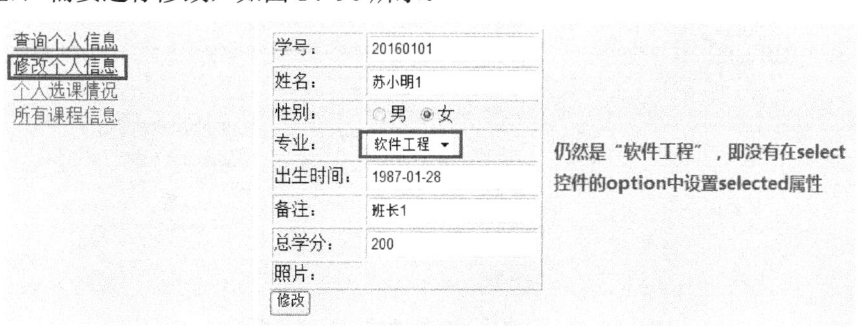

图 14-90　专业下拉框显示结果错误

在<option>中增加 selected 属性，并根据 updateXsInfoJsp_xs.zyb.id 的值进行判断，即如果游标值等于 updateXsInfoJsp_xs.zyb.id，则将该 option 作为已选中项，其他的 option 都是未选中的。

📖 如果#zy.id==updateXsInfoJsp_xs.zyb.id，则添加 selected 属性：selected='selected'。如果#zy.id !=updateXsInfoJsp_xs.zyb.id，则不添加 selected 属性。

最终的 updateXsInfo.jsp 页面代码如下：

```
<select name="updateActionXs.zyb.id">
    <s:iterator id="zy" value="updateXsInfoJsp_zys">
        <s:if test="#zy.id==updateXsInfoJsp_xs.zyb.id">
```

```
                <option value="<s:property value='#zy.id'/>"   selected='selected'>
            <s:property value='#zy.zym'/>
                </option>
            </s:if>
            <s:else>
                <option value="<s:property value='#zy.id'/>">
                <s:property value='#zy.zym'/>
                </option>
            </s:else>
        </s:iterator>
    </select>
```

不需要重新启动工程，只需单击“修改个人信息”选项，将专业修改为“通信工程”，如图 14-91 所示。

图 14-91　修改专业下拉框的值

单击“修改”按钮，再次单击“修改个人信息”选项，可以看到专业下拉框的值定位到新修改的值（通信工程），如图 14-92 所示。

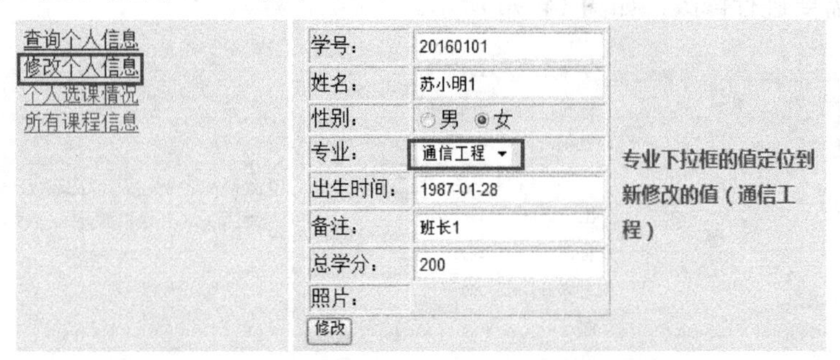

图 14-92　正常显示新修改的下拉列表框的值

此时，可以在 updateXs()方法的第一句代码处插入断点，然后启动调试模式，并查看 updateXs 变量和 updateActionXs 变量的值，以判断存储到数据库中的 zyb 对象是否正确，如图 14-93 和图 14-94 所示。

📖 updateXs 变量是通过 xsDao 查询数据库得到的，因此，调试器中看到 updateXs 变量中的 zyb 属性是有值的，且 zyb 中的所有属性都是有值的（如 fdy、id、rs、xsbs 和 zym）。updateActionXs 变量是通过 updateXsInfo.jsp 的<select name="updateActionXs.zyb.id">标签传入的，即 updateActionXs.zyb 对象中只有 id 属性赋值，而其他属性都没有赋值。因此，调试器中看到 updateActionXs 变量中的 zyb 属性，只有 id 属性有值，其他属性（如 fdy、rs、xsbs 和 zym）都是 null。

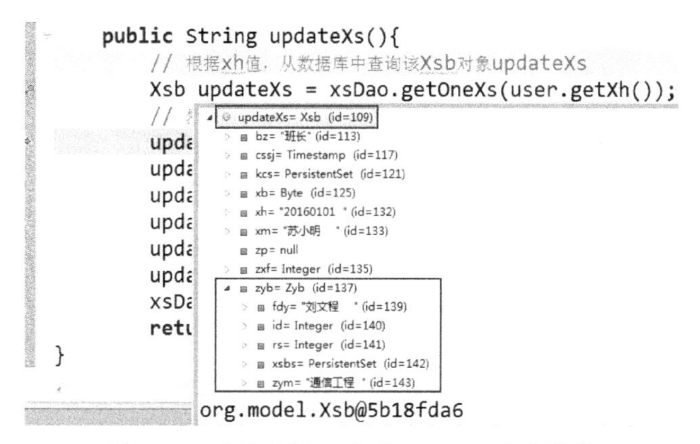

图 14-93　插入断点，查看 updateXs 变量的值

```
public String updateXs(){
    // 根据xh值，从数据库中查询该Xsb对象updateXs
    Xsb updateXs = xsDao.getOneXs(user.getX
    // 然后将网页端updateActionXs的各个新属性值赋值
    updateXs.setXm(updateActionXs.getXm());
    updateXs.setXb(updateActionXs.getXb());
    updateXs.setCssj(updateActionXs.getCssj
    updateXs.setZxf(updateActionXs.getZxf()
    updateXs.setBz(updateActionXs.getBz());
    updateXs.setZyb(updateActionXs.getZyb()
    xsDao.update(updateXs);
    return "success";
}
```

图 14-94　插入断点，查看 updateActionXs 变量的值

6）继续单步执行，当执行到 updateXs.setZyb(updateActionXs.getZyb())语句时，updateActionXs.getZyb()的对象只有 id 属性有值，其他属性都是 null。因此执行该语句后，updateXs 变量的 zyb 对象也只有 id 属性有值，其他属性都是 null。

由于修改学生信息表时，只修改专业编号，即 XSB 表只保存 zy_id 值，并不需要修改专业表对象，因此网页端 updateXsInfo.jsp 不需要将所有 zyb 对象的属性都传入赋值给 updateXs 变量的 zyb 对象。

请思考：

XsAction 类中是否需要依赖注入 ZyDao 对象，并在 updateXs()方法中执行 Zyb existedZyb =zyDao.getOneZy(updateActionXs.getZyb().getId())语句来获得 Zyb 对象 existedZyb？

14.5.7　实现“所有课程信息”超链接的功能

第 14 章任务 17

left.jsp 中的第三个超链接是：getAllKc.action，下面就开始添加 getAllKc.action，并新增 XsAction 类的 getAllKc 方法。

（1）在 struts.xml 中添加 action：getAllKc

代码如下：

```
<action name="getAllKc" class="org.action.XsAction" method="getAllKc">
        <result name="success">/allKc.jsp</result>
</action>
```

（2）新增一个 action 变量 allKcJsp_kcs

这个 action 变量待会在后面的 allKc.jsp 页面中使用。

📖 allKcJsp_kcs 表示 allKc.jsp 页面中要使用的 Kcb 课程集合对象 kcs，简记成 allKcJsp _kcs。

修改后的 XsAction 类代码如下：

```
private List allKcJsp_kcs;
public List getAllKcJsp_kcs() {
        return allKcJsp_kcs;
}
public void setAllKcJsp_kcs(List allKcJspKcs) {
        allKcJsp_kcs = allKcJspKcs;
}
```

（3）添加 getAllKc 方法并查看变量的值

添加 getAllKc 方法，在返回 success 之前，设置 allKcJsp_kcs 的值，供 allKc.jsp 显示。

1）增加 KcDao kcDao 定义。

```
private KcDao kcDao;
```

2）在 Spring 配置文件中新增 kcDaoImp 对象的说明：

```
<bean id="kcDaoImp" class="org.dao.imp.KcDaoImp">
            <property name="sessionFactory">
                    <ref bean="mysessionFactory" />
            </property>
</bean>
```

3）在构造函数中增加获取 kcDao 对象，代码如下：

```
public XsAction() {
        …
        zyDao= (ZyDao) context.getBean("zyDaoImp");
        // 从 Spring 容器中获取 kcDaoImp 对象，然后查询课程对象
        kcDao= (KcDao) context.getBean("kcDaoImp");
}
```

4）新增 getAllKc 方法，代码如下：

```
public String getAllKc() throws Exception {
        allKcJsp_kcs = kcDao.getAll();
        return "success";
}
```

此时，可以插入断点，并查看 allKcJsp_kcs 变量的值，以判断提交给 allKc.jsp 的待显示对象是否正确。从调试器上可以看出，allKcJsp_kcs 变量有值，其中 size 属性为 2。

（4）新建 allKc.jsp

1）利用 Dreamweaver 创建 3 行 6 列的表格，并生成表格，如图 14-95 所示。

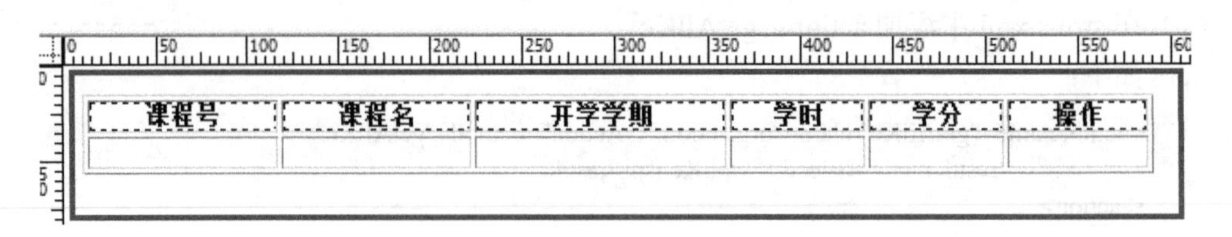

图 14-95　生成表格

2）将表格的源代码粘贴回 allKc.jsp 中，代码如下。

```
<table width=400 border=1>
        <tr>
            <th>课程号</th>
            <th>课程名</th>
            <th>开学学期</th>
            <th>学时</th>
            <th>学分</th>
            <th>操作</th>
        </tr>
        <tr>
            <td> </td>
            <td> </td>
            <td> </td>
            <td> </td>
            <td> </td>
            <td> </td>
        </tr>
</table>
```

3）添加 s:iterator 控件，使其包围<tr>和</tr>对，从而循环生成若干行。该控件的两个属性如下。

- value 属性：allKcJsp_kcs。
- id 属性：kc。id 表示迭代器的游标。

生成的控件代码如下：

```
<s:iterator value="allKcJsp_kcs" id="kc">
        <tr>
            <td> </td>
            <td> </td>
            <td> </td>
            <td> </td>
            <td> </td>
            <td> </td>
        </tr>
</s:iterator>
```

4）给课程号添加<s:property>控件，并设置 value 属性为#kc.kch。

```
<td><s:property value="#kc.kch"/></td>
```

5）给课程名添加<s:property>控件，并设置 value 属性为#kc.kcm。

```
<td><s:property value="#kc.kcm"/></td>
```

6）给开学学期添加<s:property>控件，并设置 value 属性为#kc.kxxq。

```
<td><s:property value="#kc.kxxq"/></td>
```

7）给学时添加<s:property>控件，并设置 value 属性为#kc.xs。

```
<td><s:property value="#kc.xs"/></td>
```

8）给学时添加<s:property>控件，并设置 value 属性为#kc.xf。

```
<td><s:property value="#kc.xf"/></td>
```

9）添加操作的超链接，代码如下。

```
<a href="selectKc.action?selectActionKcb.kch=<s:property value='#kc.kch'/>">选修</a>
```

超链接的属性描述如下：

- 该超链接是一个 action 链接，需要在 struts.xml 中进行配置。
- 该超链接采用 HTML 的 GET 方式传递 action 变量，action 变量名是 selectActionKcb.kch，变量值是<s:property value='#kc.kch'/>。与 GET 方式对应的另一种网页传递方式是 HTML 的 POST 方式，即表单方式，采用表单方式可以一次传递 action 变量的很多属性。GET 方式主要用于超链接上的 action 变量传递。
- selectActionKcb 是将要在 XsAction 类中定义的一个 GET 型 action 变量，利用该变量可以把用户选中的那行记录的 kch 属性传递给 XsAction 类，且 kch 值为#kc.kch。

最后添加<a>标签的 onClick 事件属性，即当用户单击超链接后，将首先弹出一个确认对话框，提醒用户是否进行下一步操作。

```
onclick="if(confirm('您确定选修该课程吗？')) return true;else return false"
```

最终，该超链接的信息为：

```
<a href="selectKc.action?selectActionKcb.kch=<s:property value='#kc.kch'/>"
    onclick=" if(confirm('您确定选修该课程吗？')) return true;else return false">选修</a>
```

将其加入到最后一个<td></td>中。

（5）最终的页面代码

代码如下：

```
<%@page pageEncoding="utf-8"%>
<%@taglib uri="/struts-tags" prefix="s"%>
<!DOCTYPE HTML PUBLIC "-//W3C//DTD HTML 4.01 Transitional//EN">
<html>
<head></head>
<body bgcolor="#D9DFBB">
    <table width=400 border=1>
        <tr>
            <th>课程号</th>
            <th>课程名</th>
            <th>开学学期</th>
            <th>学时</th>
            <th>学分</th>
            <th>操作</th>
        </tr>
        <s:iterator value="allKcJsp_kcs" id="kc">
            <tr>
                <td><s:property value="#kc.kch" /></td>
                <td><s:property value="#kc.kcm" /></td>
                <td><s:property value="#kc.kxxq" /></td>
                <td><s:property value="#kc.xs" /></td>
                <td><s:property value="#kc.xf" /></td>
                <td><ahref="selectKc.action?selectActionKcb.kch=
                        <s:property value='#kc.kch'/>"
                        onclick=" if(confirm('您确定选修该课程吗？'))
                                return true;
```

```
                        else
                            return false;">选修</a>
                </td>
            </tr>
        </s:iterator>
    </table>
</body>
</html>
```

（6）运行程序

当单击“所有课程情况”超链接后，可以看到所有课程，如图 14-96 所示。

查询个人信息
修改个人信息
个人选课情况
所有课程信息

课程号	课程名	开学学期	学时	学分	操作
3010	计算机网络	3	64	4	选修
3011	ios编程	4	48	3	选修

图 14-96　单击“所有课程情况”超链接

当光标移到“选修”超链接上时，在底部地址栏中可以看到如下信息：

```
http://127.0.0.1:8080/StudentFZL/selectKc.action?selectActionKcb.kch=3010
```

界面如图 14-97 所示。

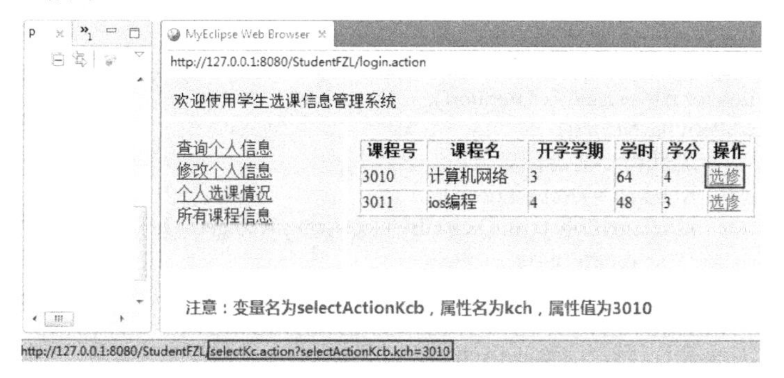

图 14-97　移到“选修”超链接上

超链接将执行 selectKc.action，同时利用 XsAction 类的 selectActionKcb 变量传递网页中的值，且 selectActionKcb 变量只有一个属性 kch，其他所有属性（如 kcm、kxxq、xs 和 xf 等）均为空值。

14.5.8　实现“选修”超链接的功能

第 14 章任务 18

思路：添加 selectKc.action，并新增 XsAction 类的 selectKc 方法。

在 struts.xml 中添加一个 action：selectKc，然后在 XsAction 类中添加 selectKc 方法，最后新建跳转页面 selectKc_success.jsp。

（1）在 struts.xml 中添加 action：selectKc

```
<action name="selectKc" class="org.action.XsAction" method="selectKc">
        <result name="success">/selectKc_success.jsp</result>
        <result name="error">/selectKc_fail.jsp</result>
</action>
```

（2）新增 1 个 GET 型 action 变量 selectActionKcb

这个 action 变量在“选修”超链接中使用，用于将超链接上的 kch 属性值传递到 XsAction 类中。

📖 selectActionKcb 是 selectKc.action 超链接中使用的 Kcb 课程对象，简记成 selectActionKcb。

修改后的 XsAction 类代码如下：

```
private Kcb selectActionKcb;
    public Kcb getSelectActionKcb() {
        return selectActionKcb;
    }
    public void setSelectActionKcb(Kcb selectActionKcb) {
        this.selectActionKcb = selectActionKcb;
    }
```

（3）添加 selectKc 方法

代码如下：

```
public String selectKc(){
        Xsb xs = xsDao.getOneXs(user.getXh());
        // 获得该学生已选的课程集合
        Set existedKcs = xs.getKcs();
        /*迭代查找集合 existedKcs 中是否存在待选修的课程编号 selectActionKcb.getKch()
        如果已存在，则返回 error，跳转到 selectKc_fail.jsp；
        如果不存在，则将该项加入集合*/
        Iterator it = existedKcs.iterator();
        while(it.hasNext()){
            // 获得当前游标对象
            Kcb kcb = (Kcb) it.next();
            if(kcb.getKch().trim().equals(selectActionKcb.getKch()))
                return "error";
        }
        // 根据课程编号获得课程对象
        // 注意 1：赋值前 selectActionKcb 变量只有一个属性 kch 有值，其他所有属性(
            如 kcm、kxxq、xs 和 xf 等)均为空值
        // 注意 2：赋值完成后，selectActionKcb 变量所有属性(如 kch、kcm、kxxq、xs
            和 xf 等)均有值
        selectActionKcb = kcDao.getOneKc(selectActionKcb.getKch());
        // 添加新选修的课程到已选课程集合中
        existedKcs.add(selectActionKcb);
        // 设置更新后的课程集合 updatedKcs
        xs.setKcs(existedKcs);
        // 执行 update 更新操作，保存到数据库中
        xsDao.update(xs);
        return "success";
}
```

📖 if(kcb.getKch().trim().equals(selectActionKcb.getKch()))做判断时，必须要先执行 trim，即将学号左右的空格都删除后，再做是否相等的操作。如果不执行 trim，将会报错。
读者可以先将 trim 函数删除，然后自行调试查看错误。

（4）新建 selectKc_success.jsp 和 selectKc_fail.jsp

selectKc_success.jsp 代码如下：

```
<%@page pageEncoding="utf-8"%>
<!DOCTYPE HTML PUBLIC "-//W3C//DTD HTML 4.01 Transitional//EN">
<html>
    <head></head>
    <body bgcolor="#D9DFBB">
        选修成功！
    </body>
</html>
```

selectKc_fail.jsp 代码如下：

```
<%@page pageEncoding="utf-8"%>
<!DOCTYPE HTML PUBLIC "-//W3C//DTD HTML 4.01 Transitional//EN">
<html>
    <head></head>
    <body bgcolor="#D9DFBB">
        您已经选修了该课程，请不要重复选修！
    </body>
</html>
```

（5）运行程序单击“选修”选项后，报如下错误，如图 14-98 所示。

图 14-98　运行结果

控制台显示的错误内容如下：

```
org.hibernate.LazyInitializationException: failed to lazily initialize a collection of role: org.model.Xsb.kcs, no session or session was closed
    org.hibernate.collection.AbstractPersistentCollection.throwLazyInitializationException(AbstractPersistentCollection.java:380)
    org.hibernate.collection.AbstractPersistentCollection.throwLazyInitializationExceptionIfNotConnected(AbstractPersistentCollection.java:372)
    org.hibernate.collection.AbstractPersistentCollection.initialize(AbstractPersistentCollection.java:365)
    org.hibernate.collection.AbstractPersistentCollection.read(AbstractPersistentCollection.java:108)
    org.hibernate.collection.PersistentSet.iterator(PersistentSet.java:186)
    org.action.XsAction.selectKc(XsAction.java:145)
    sun.reflect.NativeMethodAccessorImpl.invoke0(Native Method)
```

📖 错误原因是，Hibernate 框架不允许对懒惰模式的属性进行 getter 方法调用。

由于 Xsb.hbm.xml 中没有设置 Xsb 类 kcs 属性的 Lazy 为 false（默认 Lazy 为 true，即懒惰模式），因此，当执行查询 Xsb xs = xsDao.getOneXs(user.getXh())时，xs 对象的 kcs 是没有执行查询的（懒惰模式下，Hibernate 框架不会自动去调用 getKcs 方法）。而当手工执行 Set existedKcs = xs.getKcs()时，由于对懒惰的 kcs 集合属性进行了取值，因此导致错误提示。

将 Xsb.hbm.xml 中的 kcs 属性修改如下：

```
<set name="kcs" cascade="all" sort="unsorted" table="XS_KCB" lazy="false">
```

在 selectKc()函数的第一句插入断点，然后启动调试模式，查看 existedKcs 变量值，如图 14-99 所示。

```
public String selectKc(){
    Xsb xs = xsDao.getOneXs(user.getXh());
    // 获得该学生已选的课程集合
    Set existedKcs = xs.getKcs();
```

```
existedKcs= PersistentSet (id=110)
    cachedSize= -1
    directlyAccessible= false
    dirty= false
    initialized= true
    initializing= false
    key= "20160101" (id=119)
[]
```

图 14-99　查看 existedKcs 变量值

可以看到 existedKcs 值不为 null，而是有值的，且值为[]。

继续单击 step over（单步跳过）按钮，当执行到下图时，selectActionKcb 变量值如图 14-100 所示。

```
selectActionKcb = kcDao.getOneKc(selectActionKcb.getKch());
// 添加新选修的课程到已选
existedKcs.add(sele
// 设置更新后的课程集合u
xs.setKcs(existedKc
// 执行update更新操作.
xsDao.update(xs);
```

```
selectActionKcb= Kcb (id=124)
    kch= "3010" (id=127)
    kcm= null
    kxxq= null
    xf= null
    xs= null
    xss= HashSet<E> (id=129)
org.model.Kcb@1de22aa
```

图 14-100　查看赋值前的 selectActionKcb 变量值

📖 此时 selectActionKcb 变量只有一个属性 kch 有值，其他所有属性（如 kcm、kxxq、xs 和 xf 等）均为空值。

执行完赋值操作后，selectActionKcb 变量值如图 14-101 所示。

```
selectActionKcb = kcDao.getOneKc(selectActionKcb.getKch());
```

```
selectActionKcb= Kcb (id=152)
    kch= "3010" (id=154)
    kcm= "计算机网络" (id=155)
    kxxq= Short (id=156)
    xf= Integer (id=157)
    xs= Integer (id=159)
    xss= PersistentSet (id=160)
org.model.Kcb@ae983e
```

图 14-101　查看赋值后的 selectActionKcb 变量值

📖 此时 selectActionKcb 变量所有属性（如 kch、kcm、kxxq、xs 和 xf 等）均有值。

继续 step over，观察 existedKcs 变量值，如图 14-102 所示。

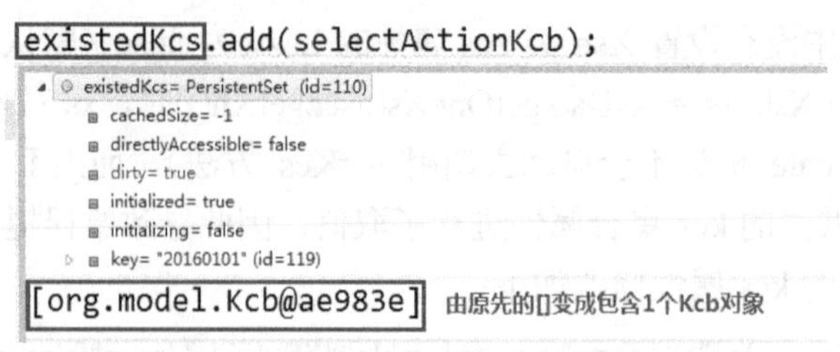

图 14-102　查看修改后的 existedKcs 变量值

单击 resume（继续执行）按钮，将显示选修成功；如果已经选修过，则显示选修错误，如图 14-103 和图 14-104 所示。

查询个人信息
修改个人信息
个人选课情况
所有课程信息
选修成功！

图 14-103 单击 resume（继续执行）按钮

查询个人信息
修改个人信息
个人选课情况
所有课程信息
您已经选修了该课程，请不要重复选修！

图 14-104 如果已经选修过，显示选修错误

14.5.9 实现“个人选课情况”超链接的功能

第 14 章任务 19

思路：添加 getXsKcs.action，并新增 XsAction 类的 getXsKcs 方法。

left.jsp 中的第三个超链接是：getXsKcs.action，下面就开始添加 getXsKcs.action，并新增 XsAction 类的 getXsKcs 方法。

1）在 struts.xml 中添加 action：getXsKcs，代码如下：

```
<action name="getXsKcs" class="org.action.XsAction" method="getXsKcs">
        <result name="success">/xsKcs.jsp</result>
</action>
```

2）新增一个 action 变量 xsKcsJsp_kcs。

这个 action 变量是待会在后面的 xsKcs.jsp 页面中要使用的，代码如下：

📖 xsKcsJsp_kcs 是 xsKcs.jsp 页面中要使用的 Kcb 课程集合对象 kcs，简记成 xsKcsJsp_kcs。

修改后的 XsAction 类代码如下：

```
private Set xsKcsJsp_kcs;
public Set getXsKcsJsp_kcs() {
    return xsKcsJsp_kcs;
}
public void setXsKcsJsp_kcs(Set xsKcsJspKcs) {
    xsKcsJsp_kcs = xsKcsJspKcs;
}
```

3）添加 getXsKcs 方法，在返回 success 之前，设置 xsKcsJsp_kcs 的值，以供 xsKcs.jsp 显示，代码如下：

```
public String getXsKcs(){
    Xsb xs = xsDao.getOneXs(user.getXh());
    // 获得该学生已选的课程集合
    xsKcsJsp_kcs = xs.getKcs();
    return "success";
}
```

此时，可以在 getXsKcs()函数的第一句插入断点，并开启调试模式，查看 xsKcsJsp_kcs 变量的值，以判断提交给 xsKcs.jsp 的待显示对象是否正确。

4）新建 xsKcs.jsp 复制 allKc.jsp，并重命名为 xsKcs.jsp。

修改内容代码如下：

```
<%@ page language="java"import="java.util.*" pageEncoding="utf-8"%>
```

```
<%@taglib uri="/struts-tags" prefix="s"%>
<!DOCTYPE HTML PUBLIC "-//W3C//DTD HTML 4.01 Transitional//EN">
<html>
    <head></head>
    <body bgcolor="#D9DFBB">
    <table width=500 border=1>
        <tr>
            <th>课程号</th>
            <th>课程名</th>
            <th>开学学期</th>
            <th>学时</th>
            <th>学分</th>
            <th>操作</th>
        </tr>
        <s:iterator value="xsKcsJsp_kcs" id="kc">
            <tr>
                <td><s:property value="#kc.kch"/></td>
                <td><s:property value="#kc.kcm"/></td>
                <td><s:property value="#kc.kxxq"/></td>
                <td><s:property value="#kc.xs"/></td>
                <td><s:property value="#kc.xf"/></td>
                <td>
        <a href="deleteKc.action?deleteActionKcb.kch=<s:property value="#kc.kch"/>"
            onClick="if(confirm('您确定退选该课程吗？'))
                return true;
                else
                return false;
            ">退选</a></td>
          </tr>
      </s:iterator>
    </table>
    </body>
</html>
```

5）运行程序。

当单击“个人选课情况”选项后，可以看到学生 20160101 选修的 2 门课程，如图 14-105 所示。

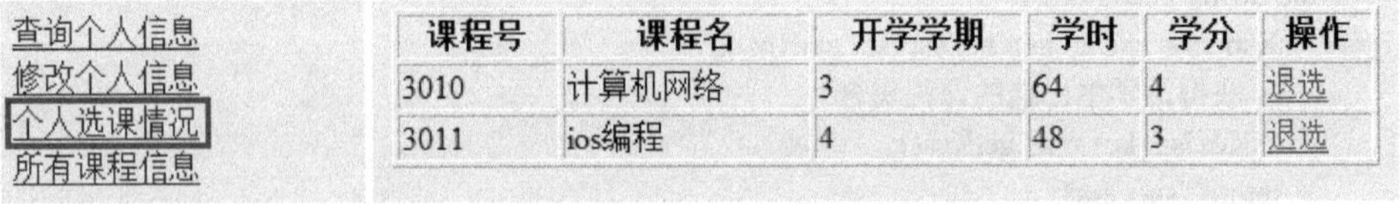

课程号	课程名	开学学期	学时	学分	操作
3010	计算机网络	3	64	4	退选
3011	ios编程	4	48	3	退选

查询个人信息
修改个人信息
个人选课情况
所有课程信息

图 14-105　查看个人选课列表

当光标移到“退选”超链接时，在底部地址栏中可以看到如下信息：

```
http://127.0.0.1:8080/StudentFZL/deleteKc.action?deleteActionKcb.kch=3010
```

界面如图 14-106 所示。

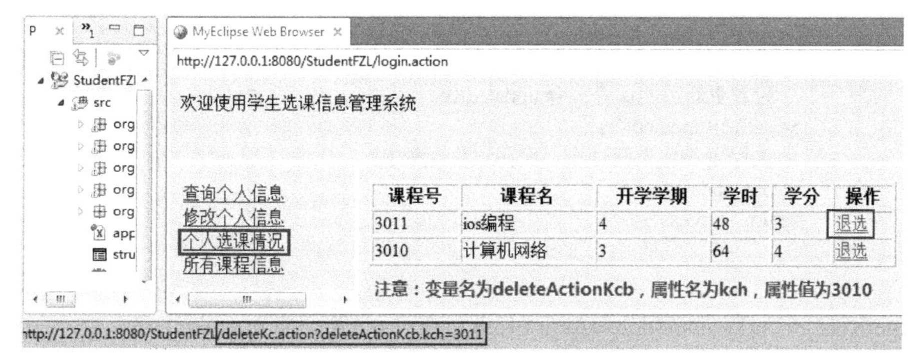

图 14-106　查看“退选”超链接值

超链接将执行 deleteKc.action，同时把 deleteActionKcb 变量传递给 XsAction 类，且 deleteActionKcb 变量只有一个属性 kch，其他所有属性（如 kcm、kxxq、xs 和 xf 等）均为空值。

14.5.10　实现“退选”超链接的功能

思路：在 struts.xml 中添加一个 action：deleteKc，然后在 XsAction 类中添加 deleteKc 方法，最后新建跳转页面 deleteKc_success.jsp。

1）在 struts.xml 中添加 action：deleteKc，代码如下：

```
<action name="deleteKc" class="org.action.XsAction" method="deleteKc">
    <result name="success">/deleteKc_success.jsp</result>
</action>
```

2）新增一个 GET 型 action 变量 deleteActionKcb

这个 action 变量在“退选”超链接中使用，用于将超链接上的 kch 属性值传递到 XsAction 类中。

📖 deleteActionKcb 是 deleteKc.action 超链接中使用的 Kcb 课程对象，简记成 deleteActionKcb。

修改后的 XsAction 类代码如下：

```
private Kcb deleteActionKcb;
public Kcb getDeleteActionKcb() {
    return deleteActionKcb;
}
public void setDeleteActionKcb(Kcb deleteActionKcb) {
    this.deleteActionKcb = deleteActionKcb;
}
```

3）添加 deleteKc 方法，代码如下：

```
public String deleteKc(){
        Xsb xs = xsDao.getOneXs(user.getXh());
        // 获得该学生已选的课程集合
        Set updatedKcs = xs.getKcs();
        Iterator iter = updatedKcs.iterator();
        while(iter.hasNext()){
            Kcb kc = (Kcb)iter.next();
            if(kc.getKch().trim().equals(deleteActionKcb.getKch())){
                iter.remove();
```

```
                }
            }
            // 设置更新后的课程集合 updatedKcs
            xs.setKcs(updatedKcs);
            // 执行 update 更新操作，保存到数据库中
            xsDao.update(xs);
            return "success";
    }
```

📖 if(kcb.getKch().trim().equals(deleteActionKcb.getKch()))做判断时，必须要先执行 trim，即将学号左右的空格都删除后，再做是否相等的操作。如果不执行 trim，将会报错。读者可以先将 trim 函数删除，然后自行调试查看错误。

4）新建 deleteKc_success.jsp，代码如下：

```
<%@page pageEncoding="utf-8"%>
<!DOCTYPE HTML PUBLIC "-//W3C//DTD HTML 4.01 Transitional//EN">
<html>
    <head></head>
    <body bgcolor="#D9DFBB">
        退选成功！
    </body>
</html>
```

5）运行程序，单击“退选”超链接后，将显示退选成功，如图 14-107 所示。

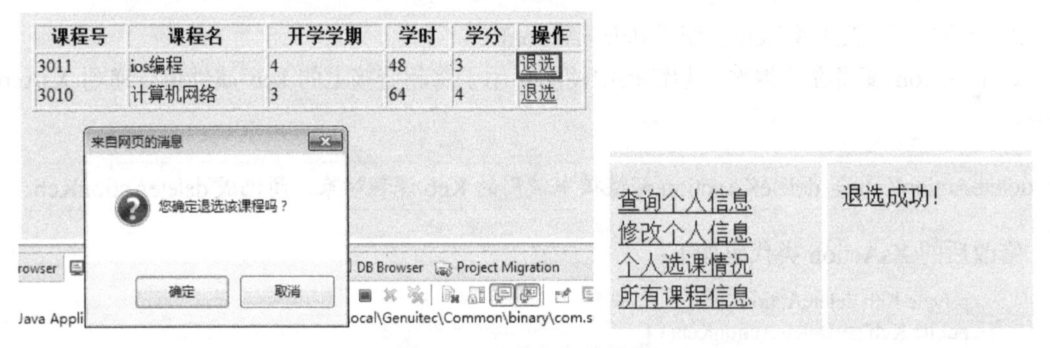

图 14-107　执行退选操作

14.6　LoginAction 类的 Spring 依赖注入

前面的工程制作中，已经涉及利用 Spring 进行 dlDaoImp 的 bean 对象获取，即在 Spring 配置文件 applicationContext.xml 中有如下 bean 的配置说明：

```
<bean name="dlDaoImp" class="org.dao.imp.DlDaoImp">
    <property name="sessionFactory" ref="sessionFactory"></property>
</bean>
```

原先，在工程中（LoginAction 类）采用以下方式获取 dlDaoImp 的 bean 对象：

```
ApplicationContext context = new ClassPathXmlApplicationContext("applicationContext.xml");
DlDao dlDao = (DlDao)context.getBean("dlDaoImp");
```

即通过读取本地文件的方式，读取 Spring 配置文件 applicationContext.xml，然后再从 bean 容器中获取 dlDaoImp 对象。

下面采用更好的方式，即 Spring 依赖注入的方式。

14.6.1 定义待注入 bean 对象的接口

在 LoginAction 类中定义待注入的 DlDaoImp 这个 bean 对象的接口。首先在 LoginAction 类中，新增 DlDao 接口属性，然后生成 getter 和 setter 函数，代码如下：

```
public class LoginAction extends ActionSupport {
        private Dlb loginJsp_dlb;
        private Dlb mainJsp_user;
        private DlDao dlDao;
        public DlDao getDlDao() {
            return dlDao;
        }
        public void setDlDao(DlDao dlDao) {
            this.dlDao = dlDao;
        }
        …
}
```

📖 定义 dlDao 是接口，而不是类的方式（即不是 private DlDaoImp dlDaoImp），这样做是正确的，而且也是必须的。

在软件企业的实际编程中，很多代码都是已经开发完毕的，这些代码大都被打成 jar 包，且只提供接口文件（DlDao.java），接口实现文件（DlDaoImp.java）则是不会提供的。

📖 我们使用的 SSH 库包，都是 jar 包，第三方公司都只提供接口文档，而不提供实现类源码。

因此，只需要定义接口变量，当 Spring 在注入的时候，将会把 DlDaoImp 对象 dlDaoImp 赋值给接口变量 dlDao，即 dlDao 是 dlDaoImp 对象的引用。

14.6.2 新增 bean 对象 loginAction，并依赖注入 dlDaoImp 对象

新增 LoginAction 类的 bean 对象 loginAction，并依赖注入 dlDaoImp 对象的步骤如下。

首先新增 loginAction 这个 bean 的定义，然后设置 dlDao 属性的引用描述，代码如下：

```
<bean name="loginAction" class="org.action.LoginAction">
    <property name="dlDao" ref="dlDaoImp"></property>
</bean>
```

bean 中的属性描述如下。

- property 中的 name：dlDao 对象在 LoginAction 类中定义（语句为 private DlDao dlDao），ref 表示引用赋值。
- dlDaoImp 就是在 applicationContext.xml 中已经定义的 bean 的 id，如下所示。

```
<bean name="dlDaoImp" class="org.dao.imp.DlDaoImp">
    <property name="sessionFactory" ref="sessionFactory"></property>
</bean >
```

这样 Spring 就把 dlDaoImp 注入给了 dlDao，从而使得 loginAction 这个对象中的 dlDao 属性有值了。

14.6.3 修改 action 对象的获得方式

在 struts.xml 中修改由 class="org.action.LoginAction"负责生成的 action 对象的获得方式。将 login 这个 action 中的 class 属性值（类名）

```
<action name="login" class="org.action.LoginAction">
        <result name="success">/main.jsp</result>
        <result name="error">/login.jsp</result>
</action>
```

修改为 applicationContext.xml 中定义的 bean 对象的 id：loginAction，代码如下：

```
<action name="login" class="loginAction">
        <result name="success">/main.jsp</result>
        <result name="error">/login.jsp</result>
</action>
```

📖 修改前是由 Struts 框架根据 class="org.action.LoginAction"来新建 LoginAction 类的对象，修改后是由 Spring 框架根据 class="loginAction"来引用 bean 对象 loginAction。

修改前，每当网页端执行一次 login.action 时，Struts2 框架都将以 new 的方式新建一个 LoginAction 类的对象。修改后，Spring 框架在启动 Web 工程时，根据配置文件生成一个 LoginAction 类的 bean 对象 loginAction。每当网页端执行一次 login.action 时，Struts2 框架将只使用这一个 bean 对象 loginAction，即完全复用一个 LoginAction 类的对象。因此，修改后的内存消耗低。

读者可以启动调试模式，观察是否修改前每次新建 LoginAction 类的对象，修改后每次复用一个 LoginAction 类的对象。

14.6.4 修改 LoginAction 类中的 execute 方法

删除 LoginAction 类中 execute 方法中的如下代码：

```
ApplicationContext context = new ClassPathXmlApplicationContext("applicationContext.xml");
DlDao dlDao = (DlDao)context.getBean("dlDaoImp");
```

即不需要通过读取本地文件的方式，读取 Spring 配置文件 applicationContext.xml，然后再从 bean 容器中获取 dlDaoImp 对象。而是采用 Spring 依赖注入的方式，直接得到 dlDao。

最终的 LoginAction 类代码如下：

```
package org.action;
import java.util.Map;
import org.dao.DlDao;
import org.model.Dlb;
import com.opensymphony.xwork2.ActionContext;
import com.opensymphony.xwork2.ActionSupport;
public class LoginAction extends ActionSupport {
    // 定义两个 action 变量，生成 getter 和 setter 函数，当执行网页提交时将自动调用
    private Dlb loginJsp_dlb;
```

```
        public Dlb getLoginJsp_dlb() {
            return loginJsp_dlb;
        }
        public void setLoginJsp_dlb(Dlb loginJspDlb) {
            loginJsp_dlb = loginJspDlb;
        }
        private Dlb mainJsp_user;
        public Dlb getMainJsp_user() {
            return mainJsp_user;
        }
        public void setMainJsp_user(Dlb mainJspUser) {
            mainJsp_user = mainJspUser;
        }
        // 定义一个依赖注入接口属性，要生成 getter 和 setter 函数，当生成 bean 对象 loginAction 时将
自动调用
        private DlDao dlDao;
        public DlDao getDlDao() {
            return dlDao;
        }
        public void setDlDao(DlDao dlDao) {
            this.dlDao = dlDao;
        }
        // 执行 login.action 时调用 execute 方法
        public String execute() throws Exception {
            Dlb user = dlDao.validate(loginJsp_dlb.getXh(), loginJsp_dlb.getKl());
            if (user != null) {
                mainJsp_user = user;
                Map session = ActionContext.getContext().getSession();
                session.put("dlUser", user);
                return "success";
            } else {
                return "error";
            }
        }
    }
```

14.7 XsAction 类的 Spring 依赖注入

第 14 章任务 22

前面的工程制作中，已经涉及利用 Spring 进行 xsDaoImp、zyDaoImp、kcDaoImp 的 bean 对象获取，即在 Spring 配置文件 applicationContext.xml 中有如下 bean 的配置说明：

```
<bean name="xsDaoImp" class="org.dao.imp.XsDaoImp">
        <property name="sessionFactory" ref="sessionFactory"></property>
</bean>
<bean name="zyDaoImp" class="org.dao.imp.ZyDaoImp">
        <property name="sessionFactory" ref="sessionFactory"></property>
</bean>
<bean name="kcDaoImp" class="org.dao.imp.KcDaoImp">
        <property name="sessionFactory"ref="sessionFactory"></property>
</bean>
```

原先，在工程中（XsAction 类）采用这种方式：

```
ApplicationContext context = new ClassPathXmlApplicationContext("applicationContext.xml");
XsDao xsDao = (XsDao)context.getBean("xsDaoImp");
KcDao kcDao = (KcDao)context.getBean("kcDaoImp");
ZyDao zyDao = (ZyDao)context.getBean("zyDaoImp");
```

即通过读取本地文件的方式，读取 Spring 配置文件 applicationContext.xml，然后再从 bean 容器中获取 xsDaoImp、kcDaoImp 和 zyDaoImp 对象。

下面采用更好的方式，即 Spring 依赖注入的方式。

14.7.1 定义待注入 3 个 bean 对象的接口

在 XsAction 类中定义待注入的 xsDaoImp、kcDaoImp 和 zyDaoImp 这 3 个 bean 对象的接口。

新增 xsDao、kcDao 和 zyDao 接口属性的 getter 和 setter 函数（原先只是定义了 3 个接口属性，并没有生成 3 个 getter 和 3 个 setter 函数），Spring 在依赖注入时，将调用 3 个 setter 函数，代码如下：

```
privateXsDao xsDao;
privateKcDao kcDao;
privateZyDao zyDao;
public XsDao getXsDao() {
	return xsDao;
}
public void setXsDao(XsDao xsDao) {
	this.xsDao = xsDao;
}
public KcDao getKcDao() {
	return kcDao;
}
public void setKcDao(KcDao kcDao) {
	this.kcDao = kcDao;
}
public ZyDao getZyDao() {
	return zyDao;
}
public void setZyDao(ZyDao zyDao) {
	this.zyDao = zyDao;
}
```

14.7.2 新增 bean 对象 xsAction，并依赖注入 3 个 bean 对象

新增 XsAction 类的 bean 对象 xsAction，并依赖注入 xsDaoImp、kcDaoImp 和 zyDaoImp 这 3 个 bean 对象。

首先新增 xsAction 这个 bean 的定义，然后设置 xsDao、kcDao 和 zyDao 属性的引用描述，代码如下：

```
<bean name="xsAction" class="org.action.XsAction">
	<property name="xsDao" ref="xsDaoImp"></property>
	<property name="kcDao" ref="kcDaoImp"></property>
	<property name="zyDao" ref="zyDaoImp"></property>
```

```
    </bean>
```

这样，Spring 就把 xsDaoImp、kcDaoImp 和 zyDaoImp 分别注入给了 xsDao、kcDao 和 zyDao，从而使得 xsAction 这个对象中的 xsDao、kcDao 和 zyDao 属性有值了。

14.7.3 action 对象的获得方式

在 struts.xml 中修改所有由 class="org.action.XsAction"负责生成的 action 对象的获得方式。将所有 action 中的 class 属性值（类名）

```
    <action name="xsInfo" class="org.action.XsAction">
            <result name="success">/xsInfo.jsp</result>
    </action>
    <action name="updateXsInfo" class="org.action.XsAction" method="updateXsInfo">
            <result name="success">/updateXsInfo.jsp</result>
    </action>
    <action name="updateXs" class="org.action.XsAction" method="updateXs">
            <result name="success">/updateXs_success.jsp</result>
    </action>
    <action name="getAllKc" class="org.action.XsAction" method="getAllKc">
            <result name="success">/allKc.jsp</result>
    </action>
    <action name="selectKc" class="org.action.XsAction" method="selectKc">
            <result name="success">/selectKc_success.jsp</result>
            <result name="error">/selectKc_fail.jsp</result>
    </action>
    <action name="getXsKcs" class="org.action.XsAction" method="getXsKcs">
            <result name="success">/xsKcs.jsp</result>
    </action>
    <action name="deleteKc" class="org.action.XsAction" method="deleteKc">
            <result name="success">/deleteKc_success.jsp</result>
    </action>
```

修改为 applicationContext.xml 中定义的 bean 对象的 id：xsAction，代码如下：

```
    <action name="xsInfo" class="xsAction">
            <result name="success">/xsInfo.jsp</result>
    </action>
    <action name="updateXsInfo" class="xsAction" method="updateXsInfo">
            <result name="success">/updateXsInfo.jsp</result>
    </action>
    <action name="updateXs" class="xsAction" method="updateXs">
            <result name="success">/updateXs_success.jsp</result>
    </action>
    <action name="getAllKc" class="xsAction" method="getAllKc">
            <result name="success">/allKc.jsp</result>
    </action>
    <action name="selectKc" class="xsAction" method="selectKc">
            <result name="success">/selectKc_success.jsp</result>
            <result name="error">/selectKc_fail.jsp</result>
    </action>
    <action name="getXsKcs" class="xsAction" method="getXsKcs">
            <result name="success">/xsKcs.jsp</result>
    </action>
```

```
<action name="deleteKc" class="xsAction" method="deleteKc">
        <result name="success">/deleteKc_success.jsp</result>
</action>
```

📖 修改前是由 Struts 框架根据 class="org.action.XsAction"来新建 XsAction 类的对象，修改后是由 Spring 框架根据 class="xsAction"来引用 bean 对象 xsAction。

不再需要 Struts 框架每次从 org.action.XsAction 类以 new 的方式生成 xsInfo.action、updateXsInfo.action、updateXs.action、getAllKc.action、selectKc.action、getXsKcs.action、deletcKc.action 等触发时所需的 action 对象，而是共用一个 Spring 框架生成的唯一一个 bean 对象 xsAction 来作为 action 对象，从而有效实现内存对象的复用。

最终的 struts.xml 配置文件代码如下：

```
<?xml version="1.0" encoding="UTF-8" ?>
<!DOCTYPE struts PUBLIC "-//Apache Software Foundation//DTD Struts Configuration 2.1//EN""http://struts.
apache.org/dtds/struts-2.1.dtd">
<struts>
    <package name="default" extends="struts-default">
        <action name="login" class="loginAction">
            <result name="success">/main.jsp</result>
            <result name="error">/login.jsp</result>
        </action>
        <action name="sessionTest" class="xsAction">
            <result name="success">/xsInfo.jsp</result>
        </action>
        <action name="xsInfo" class="xsAction">
            <result name="success">/xsInfo.jsp</result>
        </action>
        <action name="updateXsInfo" class="xsAction" method="updateXsInfo">
            <result name="success">/updateXsInfo.jsp</result>
        </action>
        <action name="updateXs" class="xsAction" method="updateXs">
            <result name="success">/updateXs_success.jsp</result>
        </action>
        <action name="getAllKc" class="xsAction" method="getAllKc">
            <result name="success">/allKc.jsp</result>
        </action>
        <action name="selectKc" class="xsAction" method="selectKc">
            <result name="success">/selectKc_success.jsp</result>
            <result name="error">/selectKc_fail.jsp</result>
        </action>
        <action name="getXsKcs" class="xsAction" method="getXsKcs">
            <result name="success">/xsKcs.jsp</result>
        </action>
        <action name="deleteKc" class="xsAction" method="deleteKc">
            <result name="success">/deleteKc_success.jsp</result>
        </action>
    </package>
</struts>
```

最终的 applicationContext.xml 配置文件代码如下：

```
<?xml version="1.0" encoding="UTF-8"?>
<beans xmlns="http://www.springframework.org/schema/beans" xmlns:xsi="http://www.w3.org/2001/XML
Schema-instance"
xmlns:p="http://www.springframework.org/schema/p"
 xsi:schemaLocation="http://www.springframework.org/schema/beans
          http://www.springframework.org/schema/beans/spring-beans-2.5.xsd">
 <bean id="dataSource" class="org.apache.commons.dbcp.BasicDataSource">
        <property name="url" value="jdbc:sqlserver://127.0.0.1:1433;databaseName=xsxkFZL">
        </property>
        <property name="username" value="sa"></property>
        <property name="password" value="zhijiang"></property>
    </bean>
    <bean id="mysessionFactory"
        class="org.springframework.orm.hibernate3.LocalSessionFactoryBean">
        <property name="dataSource">
            <ref bean="dataSource" />
        </property>
        <property name="hibernateProperties">
            <props>
                <prop key="hibernate.dialect">
                    org.hibernate.dialect.SQLServerDialect
                </prop>
                <prop key="hibernate.show_sql">
                    true
                </prop>
                <prop key="hibernate.format_sql">
                    true
                </prop>
            </props>
        </property>
        <property name="mappingResources">
            <list>
                <value>org/model/Zyb.hbm.xml</value>
                <value>org/model/Xsb.hbm.xml</value>
                <value>org/model/Kcb.hbm.xml</value>
                <value>org/model/Dlb.hbm.xml</value>
            </list>
        </property>
    </bean>
    <bean id="dlDaoImp" class="org.dao.imp.DlDaoImp">
        <property name="sessionFactory">
            <ref bean="mysessionFactory" />
        </property>
    </bean>
    <bean id="xsDaoImp" class="org.dao.imp.XsDaoImp">
        <property name="sessionFactory">
            <ref bean="mysessionFactory" />
        </property>
    </bean>
    <bean id="zyDaoImp" class="org.dao.imp.ZyDaoImp">
        <property name="sessionFactory">
            <ref bean="mysessionFactory" />
```

```
            </property>
        </bean>
        <bean id="kcDaoImp" class="org.dao.imp.KcDaoImp">
            <property name="sessionFactory">
                <ref bean="mysessionFactory" />
            </property>
        </bean>
        <bean name="loginAction" class="org.action.LoginAction">
            <property name="dlDao" ref="dlDaoImp"></property>
        </bean>
        <bean name="xsAction" class="org.action.XsAction">
            <property name="xsDao" ref="xsDaoImp"></property>
            <property name="kcDao" ref="kcDaoImp"></property>
            <property name="zyDao" ref="zyDaoImp"></property>
        </bean>
    </beans>
```

14.7.4 修改 XsAction 类中的 action 执行方法

删除 XsAction 类构造函数中的如下代码：

```
ApplicationContext context = new ClassPathXmlApplicationContext
("applicationContext.xml");
XsDao xsDao = (XsDao)context.getBean("xsDaoImp");
KcDao kcDao = (KcDao)context.getBean("kcDaoImp");
ZyDao zyDao = (ZyDao)context.getBean("zyDaoImp");
```

即不需要通过读取本地文件的方式，读取 Spring 配置文件 applicationContext.xml，然后再从 bean 容器中获取 xsDaoImp 对象。而是采用 Spring 依赖注入的方式，直接得到 xsDao（kcDao 和 zyDao 也类似）。

最终的 XsAction 类构造函数代码如下：

```
public XsAction() {
        Map session = ActionContext.getContext().getSession();
        user = (Dlb) session.get("dlUser");
}
```

运行程序，将报如下错误，如图 14-108 所示。

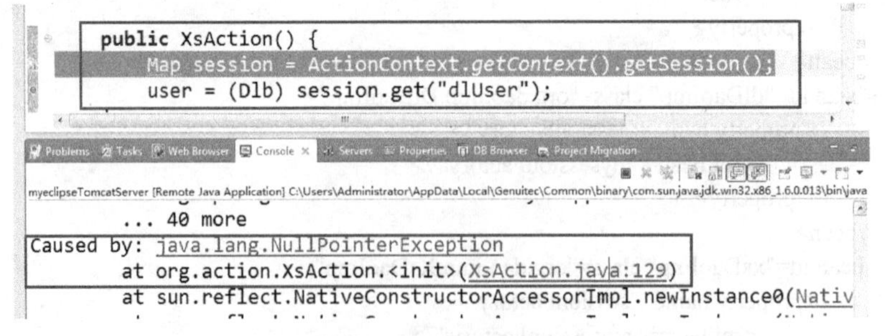

图 14-108　运行时报错

错误信息内容如下：

```
严重: Exception sending context initialized event to listener instance of class org.springframework.web.context.
ContextLoaderListener
```

```
        org.springframework.beans.factory.BeanCreationException: Error creating bean with name 'xsAction' defined in
ServletContext resource [/WEB-INF/classes/applicationContext.xml]: Instantiation of bean failed; nested exception
is org.springframework.beans.BeanInstantiationException: Could not instantiate bean class [org.action.XsAction]:
Constructor threw exception; nested exception is java.lang.NullPointerException
            at org.springframework.web.context.ContextLoaderListener.contextInitialized(ContextLoaderListener.
java:45)
            at org.apache.catalina.core.StandardContext.listenerStart(StandardContext.java:3827)
            at org.apache.catalina.core.StandardContext.start(StandardContext.java:4334)
        Caused by: org.springframework.beans.BeanInstantiationException: Could not instantiate bean class [org.
action.XsAction]: Constructor threw exception; nested exception is java.lang.NullPointerException
            at org.springframework.beans.BeanUtils.instantiateClass(BeanUtils.java:115)
            ... 40 more
        Caused by: java.lang.NullPointerException
            at org.action.XsAction.<init>(XsAction.java:59)
            at sun.reflect.NativeConstructorAccessorImpl.newInstance0(Native Method)
            at java.lang.reflect.Constructor.newInstance(Constructor.java:526)
            at org.springframework.beans.BeanUtils.instantiateClass(BeanUtils.java:100)
            ... 42 more
```

错误代码行在 at org.action.XsAction.<init>(XsAction.java:59)，即 XsAction 类的第 59 行。

这是由于启动 Web 工程时，Spring 将读取 applicationContext.xml，创建 xsAction 对象，但在调用构造函数时，由于 Spring 的上下文环境还没有生成，因此不能执行 getSession()来获得 session 对象。因此，必须将 XsAction 类构造函数中的两条语句删除，将这两条语句全部放入各自方法中。

最终的 XsAction 类代码如下：

```
package org.action;
import java.util.Iterator;
import java.util.List;
import java.util.Map;
import java.util.Set;
import org.dao.KcDao;
import org.dao.XsDao;
import org.dao.ZyDao;
import org.model.Dlb;
import org.model.Kcb;
import org.model.Xsb;
import com.opensymphony.xwork2.ActionContext;
import com.opensymphony.xwork2.ActionSupport;
public class XsAction extends ActionSupport {
// 定义 1 个 session 变量 user，注意：不需要生成 getter 和 setter 函数
    private Dlb user;
// 定义 8 个 action 变量，生成 getter 和 setter 函数，当执行网页提交时将自动调用
    private Xsb xsInfoJsp_xs;
    public Xsb getXsInfoJsp_xs() {
        return xsInfoJsp_xs;
    }
    public void setXsInfoJsp_xs(Xsb xsInfoJspXs) {
        xsInfoJsp_xs = xsInfoJspXs;
    }
    private Xsb updateXsInfoJsp_xs;
    public Xsb getUpdateXsInfoJsp_xs() {
        return updateXsInfoJsp_xs;
```

```
	}
	public void setUpdateXsInfoJsp_xs(Xsb updateXsInfoJspXs) {
		updateXsInfoJsp_xs = updateXsInfoJspXs;
	}
	private List updateXsInfoJsp_zys;
	public List getUpdateXsInfoJsp_zys() {
		return updateXsInfoJsp_zys;
	}
	public void setUpdateXsInfoJsp_zys(List updateXsInfoJspZys) {
		updateXsInfoJsp_zys = updateXsInfoJspZys;
	}
	private Xsb updateActionXs;
	public Xsb getUpdateActionXs() {
		return updateActionXs;
	}
	public void setUpdateActionXs(Xsb updateActionXs) {
		this.updateActionXs = updateActionXs;
	}
	private List allKcJsp_kcs;
	public List getAllKcJsp_kcs() {
		return allKcJsp_kcs;
	}
	public void setAllKcJsp_kcs(List allKcJspKcs) {
		allKcJsp_kcs = allKcJspKcs;
	}
	private Kcb selectActionKcb;
	public Kcb getSelectActionKcb() {
		return selectActionKcb;
	}
	public void setSelectActionKcb(Kcb selectActionKcb) {
		this.selectActionKcb = selectActionKcb;
	}
	private Set xsKcsJsp_kcs;
	public Set getXsKcsJsp_kcs() {
		return xsKcsJsp_kcs;
	}
	public void setXsKcsJsp_kcs(Set xsKcsJspKcs) {
		xsKcsJsp_kcs = xsKcsJspKcs;
	}
	private Kcb deleteActionKcb;
	public Kcb getDeleteActionKcb() {
		return deleteActionKcb;
	}
	public void setDeleteActionKcb(Kcb deleteActionKcb) {
		this.deleteActionKcb = deleteActionKcb;
	}
// 定义3个依赖注入接口属性，要生成getter和setter函数，当生成bean对象xsAction时将自动调用
	private XsDao xsDao;
	private KcDao kcDao;
	private ZyDao zyDao;
	public XsDao getXsDao() {
		return xsDao;
	}
	public void setXsDao(XsDao xsDao) {
```

```
        this.xsDao = xsDao;
    }
    public KcDao getKcDao() {
        return kcDao;
    }
    public void setKcDao(KcDao kcDao) {
        this.kcDao = kcDao;
    }
    public ZyDao getZyDao() {
        return zyDao;
    }
    public void setZyDao(ZyDao zyDao) {
        this.zyDao = zyDao;
    }
    // 定义一个空白的构造函数
    public XsAction() {
        // 空白
    }
    // 执行 sessionTest.action 时调用 execute 方法
    public String execute() throws Exception {
        Map session = ActionContext.getContext().getSession();
        user = (Dlb) session.get("dlUser");
        xsInfoJsp_xs = xsDao.getOneXs(user.getXh());
        return "success";
    }
    // 执行 updateXsInfo.action 时调用 updateXsInfo 方法
    public String updateXsInfo() throws Exception {
        Map session = ActionContext.getContext().getSession();
        user = (Dlb) session.get("dlUser");
        updateXsInfoJsp_xs = xsDao.getOneXs(user.getXh());
        updateXsInfoJsp_zys = zyDao.getAll();
        return "success";
    }
    // 执行 updateXs.action 时调用 updateXs 方法
    public String updateXs() {
        Map session = ActionContext.getContext().getSession();
        user = (Dlb) session.get("dlUser");
        Xsb updateXs = xsDao.getOneXs(user.getXh());
        updateXs.setXm(updateActionXs.getXm());
        updateXs.setXb(updateActionXs.getXb());
        updateXs.setCssj(updateActionXs.getCssj());
        updateXs.setZxf(updateActionXs.getZxf());
        updateXs.setBz(updateActionXs.getBz());
        updateXs.setZyb(updateActionXs.getZyb());
        xsDao.update(updateXs);
        return "success";
    }
    // 执行 getAllKc.action 时调用 getAllKc 方法
    public String getAllKc() throws Exception {
        allKcJsp_kcs = kcDao.getAll();
        return "success";
    }
    // 执行 selectKc.action 时调用 selectKc 方法
    public String selectKc() {
```

```
            Map session = ActionContext.getContext().getSession();
            user = (Dlb) session.get("dlUser");
            Xsb xs = xsDao.getOneXs(user.getXh());
            Set existedKcs = xs.getKcs();
            Iterator it = existedKcs.iterator();
            while (it.hasNext()) {
                Kcb kcb = (Kcb) it.next();
                if (kcb.getKch().trim().equals(selectActionKcb.getKch()))
                    return "error";
            }
            selectActionKcb = kcDao.getOneKc(selectActionKcb.getKch());
            existedKcs.add(selectActionKcb);
            xs.setKcs(existedKcs);
            xsDao.update(xs);
            return "success";
        }
        // 执行 getXsKcs.action 时调用 getXsKcs 方法
        public String getXsKcs() {
            Map session = ActionContext.getContext().getSession();
            user = (Dlb) session.get("dlUser");
            Xsb xs = xsDao.getOneXs(user.getXh());
            xsKcsJsp_kcs = xs.getKcs();
            return "success";
        }
        // 执行 deleteKc.action 时调用 deleteKc 方法
        public String deleteKc() {
            Map session = ActionContext.getContext().getSession();
            user = (Dlb) session.get("dlUser");
            Xsb xs = xsDao.getOneXs(user.getXh());
            Set updatedKcs = xs.getKcs();
            Iterator iter = updatedKcs.iterator();
            while (iter.hasNext()) {
                Kcb kc = (Kcb) iter.next();
                if (kc.getKch().trim().equals(deleteActionKcb.getKch())) {
                    iter.remove();
                }
            }
            xs.setKcs(updatedKcs);
            xsDao.update(xs);
            return "success";
        }
    }
```

14.8 思考与练习

操作题

1）请测试 XsDao 接口中的方法 getOneXs。

首先，在 applicationContext.xml 中新增 xsDaoImp 对象：

```
    <bean id="xsDaoImp" class="org.dao.imp.XsDaoImp">
        <property name="sessionFactory">
            <ref bean="mysessionFactory" />
```

```
        </property>
    </bean>
```

然后，编写 TestXsDao 类：

```
    XsDao xsDao = (XsDao)context.getBean("xsDaoImp");
    Xsbxs = xsDao.getOneXs ("20160101");
    if(xs != null){
        System.out.println("存在该学生，该学生的学号是" + xs.getXh());
    }else{
        System.out.println("没有该学生");
    }
```

2）请测试 ZyDao 接口中的方法 getOneZy。

3）请测试 KcDao 接口中的方法 getOneKc。

参 考 文 献

[1] 陆舟．Struts2 技术内幕[M]．北京：机械工业出版社，2012.
[2] BAUER C，KING G. Hibernate 实战[M]．杨春花，彭永康，俞黎敏，译．北京：人民邮电出版社，2007.
[3] 计文柯．Spring 技术内幕：深入解析 Spring 架构与设计原理[M]．2 版．北京：机械工业出版社，2012.
[4] WALLS C. Spring 实战[M]．张卫滨，译．北京：人民邮电出版社，2016.
[5] WILLIAMS N. Java Web 编程[M]．王肖峰，译．北京：清华大学出版社，2019.